高等学校电子信息类规划教材

图 像 通 信

何小海　主　编
滕奇志　副主编

滕奇志　陶青川
吴晓红　何小海　等编著

西安电子科技大学出版社

内 容 简 介

本书系统地介绍了图像通信的基本理论和方法以及图像通信的前沿技术，内容包括三大部分：首先在图像压缩编码部分介绍了熵编码、预测编码、变换编码、运动估计、小波变换编码等技术以及 JPEG、MPEG－1、H.264 等国际标准；然后在图像传输部分介绍了 RS 码、交织码、卷积码、Turbo 码以及模拟和数字图像传输技术；最后讲述了会议电视、可视电话、数字电视、VOD、流媒体技术等图像通信应用系统。

本书注重基础理论和基本技术的讲述，也对相关前沿技术进行了介绍。书中内容丰富、新颖，叙述深入浅出，图文并茂，并列举有大量实例。

本书适合作为通信与信息类、计算机类及相关专业本科生或研究生的专业课教材或教学参考书，也可供从事图像通信、图像处理、多媒体通信、数字电视等领域的科技人员参考。

图书在版编目(CIP)数据

图像通信/何小海等编著. 一西安：西安电子科技大学出版社，2005
ISBN 7 - 5606 - 1517 - 1

Ⅰ．图… Ⅱ．何… Ⅲ．① 数字通信－图像通信 ② 数字图像处理 Ⅳ．TN919.8

中国版本图书馆 CIP 数据核字(2005)第 045617 号

策 划	臧延新 云立实	
责任编辑	李惠萍	
出版发行	西安电子科技大学出版社(西安市太白南路 2 号)	
电 话	(029)88242885 88201467	邮 编 710071
http://www.xduph.com	E-mail: xdupfxb001@163.com	
经 销	新华书店	
印刷单位	虎彩印艺股份有限公司	
版 次	2005 年 5 月第 1 版 2006 年 7 月第 2 次印刷	
开 本	787 毫米×1092 毫米 1/16 印张 24	
字 数	572 千字	
印 数	4001～8000 册	
定 价	36.00 元	

ISBN 7 - 5606 - 1517 - 1/TN · 0301

XDUP 1808001 - 2

前　言

随着通信与信息技术的迅速发展，人们对于传输内容的要求早已从语音、数据到了图像、视频。近年来，与图像、视频相关的应用越来越广泛，如可视电话、VOD、视频会议、IP上的视频服务、数字图像监控、数字电视等，而这些都与图像通信及其核心内容——图像的压缩编码有密切的联系。目前，许多高校对图像通信课程都非常重视，同时，工程技术人员对这方面知识的需求也在不断地增长，但是，目前这方面可供选择的参考书不多，所以我们在教学和科研工作的基础上编写了此书。

目前，国内有关图像通信、图像编码的书籍，有些主要针对国际标准进行介绍，有些对于基本理论和技术的涉及面又较窄。本书试图做一些尝试，期望能够较好地体现电子信息类专业的特点和要求，以更加适合作为教学用书和技术参考书。

本书系统地介绍了图像通信的基本理论和方法，主要分为图像压缩编码、图像传输、图像通信应用系统三个大的部分。其中，重点在于介绍静止图像和序列图像编码的基本原理、算法和相关国际标准。在第一部分中介绍了图像编码的基本理论和技术，包括熵编码、预测编码、变换编码、运动估计等内容，并较为详细地讨论了JPEG、MPEG-1国际编码标准及其实现过程，还介绍了H.264等其它标准及发展方向。第二部分介绍了图像传输中的信道编码如RS码、交织码、卷积码、Turbo码等，还介绍了图像信号的模拟、数字传输技术以及图像通信网络等内容。第三部分介绍了图像通信应用系统，如可视电话、数字电视、VOD、流媒体技术等。

本书注重基础理论、基本技术的讲述，并列举了大量的实例，同时注意了选材的深度和广度，还介绍了目前图像通信领域新的发展方向。

本书的主要特色如下：

（1）重视基础理论、基本技术的全面介绍，使读者通过本书的学习，对图像通信中的信源编码、信道编码、传输技术等有系统的了解和把握。

（2）较为详细地介绍了JPEG、MPEG-1的工作原理和过程，通过实例的阐述使读者容易掌握，贴近实际应用。

（3）介绍了目前该领域的新技术、新方法，有利于读者对新的发展情况和趋势的把握。

本书是由参加编写的同志集体讨论、分工编写、交叉修改后完成的。参加编写工作的主要人员有何小海、滕奇志、陶青川、吴晓红、余艳梅、吴炜、王正勇。另外，闵玲、罗明凤、李方、齐守青等参加了初稿的编写、图表绘制等工作，张轶琼、夏薇、张锋等完成了部分程序的调试。本书由何小海、滕奇志分别担任主编和副主编，负责大纲拟定、组织编著和统稿工作。

四川大学电子信息学院的陶德元教授、龙建忠教授、罗代升教授对本书的写作给予了大力支持，提出了不少意见和建议，陶德元教授、罗代升教授还审阅了部分章节，在此向他们表示感谢。

在本书的出版过程中，得到了西安电子科技大学出版社及臧延新老师的诸多帮助，借本书出版之际，向他们表示衷心的感谢！

在本书的编写过程中，参考了大量的文献、书籍及网站等资料。这些资料在本书的参考文献中已尽量列出。但由于写作过程较长，同时有些通过网络上查找的资料和文献没有详细的原始出处，可能会遗漏一些文献和书籍的著录，在此表示歉意。我们对这些作者的辛勤工作致以由衷的敬意。

由于编写工作是在承担着繁忙的科研和教学工作的情况下进行的，时间较为紧张，更由于作者学识水平所限，书中难免有谬误之处，恳请读者批评指正。

作者的电子信箱为：txtx@westimage.com.cn。

编　者

2005 年 2 月于四川大学

目　　录

第一章 图像及图像通信

自从电视诞生以来，图像通信技术已取得了显著进步，其中大部分是在过去20年获得的。进入20世纪90年代以后，ITU-T和ISO制定了一系列图像编码标准，从H.261到H.263，H.263+，H.263++，MPEG-1，MPEG-2和MPEG-4，H.264。这些标准的制定极大地推动了图像编码技术的实用化和产业化，迎来了数字图像通信的新时代。由此而诞生的可视电话、会议电视、数字电视（DTV）、VCD、DVD等已经获得了相当大的成功，极大地丰富了人们的生活。

1.1 图像信号的基本概念

图像是当光辐射能量照在物体上经过反射或透射，或由发光物体本身发出光的能量，在人的视觉器官中所重现出的物体的视觉信息。图像源于自然景物，其原始的形态是连续变换的模拟量。与文字、语音信息相比较，图像信息主要具有以下几个特点。

1）图像信息的信息量大

俗话"百闻不如一见"、"一目了然"等表明图像带给我们的信息量是非常大的。用一幅图像可以直接说明很多问题，而说明同样的问题可能需要许多文字。"百闻不如一见"中的"一见"也表明人们接受图像信息的方式是一种"并行"的方式，一眼看去，图中的所有的像素尽收眼底，而不像看文字一样得一行一行地看。由此可知图像信息的直观性和便于并行接收的特点。

2）图像的直观性强

一般情况下，图像的内容和我们用眼睛直接观察到的呈现在我们脑海中的图像非常接近。图像是外部世界的直接反映。图像信息我们一看就懂，直观性很强，不需要经过人的思维的特别转换，可以被人直接理解。不像语音或文本那样，存在语种的差别，造成交流的困难。如一幅风景画，不管中国人还是外国人都能一看就明白，不存在看不懂的问题。

3）图像信息的模糊性

图像存在一定的模糊性。人们读解图像的能力与其所处的文化背景、年龄大小、性别以及民族习惯等有着密切的关系。来自不同的文化背景的人，由于个人可能接触到的文化内容不同，对同样的视觉图像容易产生带分歧的观点。如对同一幅图像，不同的观察者可能会有不同的理解和感受，甚至有可能给出不同的解释，所以说对图像的理解有很强的主观性。

4）图像的实体化和形象化

图像比文字和语言更具有实体化和形象化的功能。实体化和形象化能够帮助人们更有效地理解、掌握和记忆学习内容。因此图像经常用于多媒体教学中，以提供在传统教育教学中语言和文字无法实现的实体化和具体化。

在高度文明、高度发展的现代社会，随着计算机技术、通信技术、微电子技术、网络技术和信息处理技术的发展，人类社会已进入信息化时代，图像信息的处理、存储和传输在社会生活中的作用将越来越突出，人们对接受图像信息的要求也越来越迫切。图像源于自然景物，是连续的模拟信号，然而当图像以数字形式处理和传输时，具有质量好、成本低、小型化和易于实现等优点。图像通信将是通信事业发展中面临的最大挑战和机遇，也是未来通信领域的市场热点之所在。

1.1.1　图像信号的分类

视觉是人类最重要的感觉，也是人类获取信息的主要来源。据统计，在人类从外界获取的信息中，有70％以上来自视觉。图像与其它的信息形式相比，具有直观、具体、生动等诸多显著的优点。我们可以按照图像的表现形式、生成方法等对其做出不同的划分。

按图像的存在形式分类，可分为实际图像与抽象图像。

(1) 实际图像：通常为二维分布，又可分为可见图像和不可见图像。

可见图像指人眼能够看到并能接受的图像，包括图片、照片、图、画、光图像等。

不可见图像如温度、压力、高度和人口密度分布图等。

(2) 抽象图像：如数学函数图像，包括连续函数和离散函数。

按照图像亮度等级分类，可分为二值图像和灰度图像。

(1) 二值图像：只有黑白两种亮度等级的图像。

(2) 灰度图像：有多种亮度等级的图像。

按照图像的光谱特性分类，可分为彩色图像和黑白图像。

(1) 彩色图像：图像上的每个点有多于一个的局部性质，如在彩色摄影和彩色电视中重现的所谓三基色(红、绿、蓝)图像，每个像点就有分别对应三个基色的三个亮度值。

(2) 黑白图像：每个像点只有一个亮度值分量，如黑白照片、黑白电视画面等。

按照图像是否随时间而变换分类，可分为静止图像与活动图像。

(1) 静止图像：不随时间而变换的图像，如各类图片等。

(2) 活动图像：随时间而变换的图像，如电影和电视画面等。

按照图像所占空间的维数分类，可分为二维图像和三维图像。

(1) 二维图像：平面图像，如照片等。

(2) 三维图像：空间分布的图像，一般使用两个或者多个摄像头来成像。

1.1.2　彩色基础及模型

1. 光和彩色

光和各种射线都属于电磁波。电磁波的波谱范围很广，包括无线电波、红外线、可见光谱、紫外线、X射线、宇宙射线等，如图1.1所示。其中只有人的眼睛能看到的那一部分叫可见光。可见光是携带能量的电磁辐射中的很小一部分，它兼有波动特性和微粒特性。

可见光是由波长在380～780纳米(nm)范围内的电磁波组成的。光源通常能发射某一波长范围内的能量，并且其强度可以在时间、空间上变化。光的彩色感觉决定于光谱成分(即它的波长组成)。

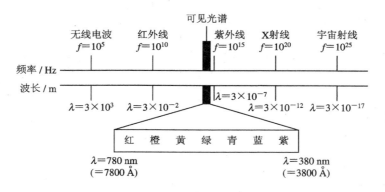

图 1.1 可见光谱的波长的范围

人的眼睛能够接收到两种类型的颜色。自己发光的物体的颜色叫做自己发光的颜色，被照射后物体的颜色叫做物体颜色。

自己发光的物体可能是天然的物体（例如太阳）或人造的物体（例如计算机的显示器、白炽灯、水银灯和其它类似的物体）。物体颜色是指被照射的物体反射的颜色，它由从物体表面反射的光线（即反射光）和从物体表面底层散射的光线合成。

自己发光的物体的彩色感觉取决于它所发射能量的波长范围。照明光源遵循相加原则：几个混合的照明光源的彩色感觉取决于所有光源光谱的总和。

被照射物体的彩色决定于入射光的光谱成分和被吸收的波长的范围。反射光源遵循相减原则：几种混合的反射光源的彩色感觉取决于剩余的未被吸收的波长。

2. 色度原理

人类的彩色感觉具有两个属性：亮度和色度。亮度指被感知的光的明亮度，它是与可视频带中的总能量成正比的；色度指被感知的光的颜色和深浅，它是由光的波长成分决定的。色度又有两个属性特征：色调和饱和度。色调指彩色的类别（即颜色），它是由光的峰值波长决定的；饱和度指颜色有多纯，它是由光谱的范围或带宽决定的。

1）亮度（Intensity）

照射的光越强，反射光也越强，看起来越亮。显然，如果彩色光的强度降到使人看不到了，在亮度标尺上它应与黑色对应。同样，如果其强度变得很大，那么亮度等级应与白色对应。亮度是非彩色属性，彩色图像中的亮度对应于黑白图像中的灰度。需要注意的是，不同颜色的光，强度相同时照射同一物体也会产生不同的亮度感觉。

2）色调（Hue）

色调是一种或多种波长的光作用于人眼所引起的彩色感觉。它描述纯色的属性（纯黄色、橘色或红色）。

3）饱和度（Saturation）

饱和度是指颜色的纯度（即掺入白光的程度）或颜色的深浅程度。饱和度的深浅与色光中白光的成分的多少有关。一种纯彩色光中加入的白光成分越少，该彩色的饱和度越高；反之，白光成分越多，饱和度就越低。饱和度反映了某种色光被白光冲淡的程度。对于同一色调的彩色光，饱和度越深，颜色越鲜明（或越纯），相反则越淡。

饱和度与亮度有一定的关系。在饱和的彩色光中增加白光的成分，相当于增加了光能，因而变得更亮了，但是它的饱和度却降低了。若增加黑色光的成分，则相当于降低了光能，因而变得更暗，其饱和度也降低了。

饱和度越高，色彩越艳丽，越鲜明突出，越能发挥其色彩的固有特性。但饱和度高的色彩容易让人感到单调刺眼。饱和度低，色感比较柔和协调，但若混色太杂则容易让人感觉浑浊，色调显得灰暗。

3. 彩色混合的三基色原理

1) 图像的三基色

所谓三基色原理，是指自然界常见的各种颜色光，都可由红（Red）、绿（Green）、蓝（Blue）三种色光按照不同比例相配而成。同样，绝大多数颜色也可以分解成红、绿、蓝三种色光。这就是色度学中的最基本的原理。混色模式有两种：增色模式（相加混色）和减色模式（相减混色）。

照明光源的基色系通常包括红色、绿色和蓝色，称为 RGB 基色，应用在相加混色中。反射光源的基色系通常包括青色（Cyan）、深红色（也称紫色（Magenta））和黄色（Yellow），称为 CMY 基色，应用在相减混色中。实际中，RGB 基色和 CMY 基色是互补的，也就是说，混合一个色系中的两种彩色会产生另外一个色系中的一种彩色。例如，红色和绿色混合会产生黄色。我们用图 1.2 表示这种关系。上述原理构成了彩色摄影和显示的基础。

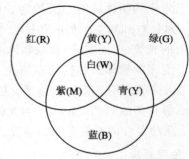

图 1.2　RGB 三原色叠加效果示意图

2) 图像的彩色模型

彩色模型（彩色空间或彩色系统）的用途是在某些标准下用通常可接受的方式简化彩色规范。常常涉及到用几种不同的色彩空间表示图形和图像的颜色，以对应于不同的场合和应用。因此，在数字图像的生成、存储、处理及显示时，对应不同的色彩空间，需要作不同的处理和转换。现在主要的彩色模型有 RGB 模型、CMY 模型、YUV 模型、YIQ 模型、YC_bC_r 模型、HSI 模型等。

（1）RGB——加色混合色彩模型。RGB 色彩模型就是模型中的各种颜色都是由红、绿、蓝三基色以不同的比例相加混合而产生的。即：$C=aR+bG+cB$，其中 C 为任意彩色光，a、b、c 为三基色 R、G、B 的权值。在 CRT 显示中，将 R、G、B 的亮度值限定在一定范围内，如 0～1。每个像素的颜色都用三维空间的一个点来表示，就成为一个三维彩色模型，如图 1.3 所示。在 RGB 彩色空间的原点上，任一基色均没有亮度，即原

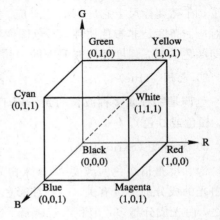

图 1.3　RGB 立方体

— 4 —

点为黑色，坐标为(0，0，0)。当三基色都达到最高亮度时，则为白色，坐标为(1，1，1)。彩色立方体的三个角对应于 R、G、B 三基色，剩下的三个角对应于 C、M、Y 色。任何其它的颜色对应于彩色立方体中相应的一点。目前所有的显示系统都选用 RGB 基色。计算机彩色显示器是典型的 RGB 色彩模型，它就是使用三种颜色基色——红(R)、绿(G)、蓝(B)在视频监视器上混合产生一幅合成的彩色图像。RGB 色彩框架是一个加色模型。

（2）CMY——减色混合色彩模型。CMY 色彩模型就是利用青色(Cyan)、深红色(Magenta)、黄色(Yellow)这三种彩色按照一定比例来产生想要的彩色。CMY 是 RGB 三基色的补色，它与 RGB 存在如下的关系：

$$\begin{bmatrix} C \\ M \\ Y \end{bmatrix} = \begin{bmatrix} 1 \\ 1 \\ 1 \end{bmatrix} - \begin{bmatrix} R \\ G \\ B \end{bmatrix} \tag{1.1-1}$$

CMY 色彩一般应用于硬拷贝设备。例如彩色打印机可以通过适当的比例混合具有所选基色的三种颜料来产生不同的彩色。多数打印机采用 CMY 基色，它们与荧光粉组合光颜色的显示器不同，是通过打印彩墨(Ink)、彩色涂料的反射光来显现颜色的，是一种减色组合。由青、品红和黄三色组成的色彩模型，使用时相当于从白色光中减去某种颜色，因此又叫减色系统。例如青色(Cyan)就是从白光中减去红色。由于彩色墨水、油墨的化学特性、色光反射和纸张对颜料的吸附程度等因素，用等量的 CMY 三色得不到真正的黑色，所以在 CMY 色彩中需要另加一个黑色(Black 用 K 表示)，才能弥补这三个颜色混合不够黑的问题。这就是所谓的 CMYK 基色，它能更真实地再现黑色。在实际应用中，CMY 色彩模型也可称为 CMYK 色彩模型。

（3）YUV 模型和 YIQ 模型——应用于电视传播系统的色彩模型。对于视频信号的传输，为了减少所需的带宽并与单色电视系统兼容，采用亮度/色度坐标系模型。但通常用于彩色显示的 RGB 基色混合了光的亮度和色度属性。1931 年，国际照明协会(CIE)规定了 XYZ 彩色坐标，但 XYZ 基色不能直接用于产生彩色，它主要用于定义其它的基色和彩色的数字说明，如用于传输彩色电视信号的 YIQ 和 YUV 彩色坐标。

在 XYZ 模型中，Y 表示亮度(强度)，另外两个分量共同表示色度和饱和度。除了能分离亮度和色度信息，XYZ 另一个优点是几乎所有的可见彩色都能由非负的激励值规定。XYZ 坐标系中(X，Y，Z)与 RGB 坐标系中(R，G，B)的关系如下式：

$$\begin{bmatrix} X \\ Y \\ Z \end{bmatrix} = \begin{bmatrix} 2.7689 & 1.7517 & 1.1302 \\ 1.0000 & 4.5907 & 0.0601 \\ 0.000 & 0.0565 & 5.5943 \end{bmatrix} \begin{bmatrix} R \\ G \\ B \end{bmatrix} \tag{1.1-2}$$

目前，世界上主要有三种不同的电视系统：PAL 系统用于大多数西欧国家和包括中国以及中东的亚洲国家；NTSC 系统用于北美和包括日本在内的部分亚洲国家和地区；SECAM 系统用于前苏联、东欧、法国以及一些中东国家。

在 PAL 制式中采用的就是 YUV 彩色模型，而 YUV 就来源于 XYZ 彩色模型。根据 RGB 基色与 YUV 基色之间的关系，我们把由摄像机等输入设备得到的彩色图像信号，经分色，分别放大校正得到 RGB，再经过矩阵变换电路得到亮度信号 Y 和两个色差信号 U、V，最后在发送端将亮度和色度三个信号分别进行编码，用同一信道发送出去。这就是我们常用的 YUV 色彩模型。

采用 YUV 色彩空间的重要性是它的亮度信号 Y 和色度信号 U、V 是分离的。如果只有 Y 信号分量而没有 U、V 分量，那么这样表示的图就是黑白灰度图。彩色电视采用 YUV 空间正是为了用亮度信号 Y 解决彩色电视机与黑白电视机的兼容问题，使黑白电视机也能接收彩色信号。

根据美国国家电视制式委员会规定，当白光的亮度用 Y 来表示时，它和红、绿、蓝三色光的关系可用如下所示的方程描述：

$$Y = 0.299R + 0.587G + 0.114B \tag{1.1-3}$$

这就是常用的亮度公式。

色差 U、V 是由 $B-Y$、$R-Y$ 按不同比例压缩而成的，即

$$\begin{cases} U = \alpha(B-Y) \\ V = \gamma(R-Y) \end{cases} \tag{1.1-4}$$

其中 α、γ 为压缩系数。

YUV 色彩空间与 RGB 色彩空间的转换关系如下：

$$\begin{bmatrix} Y \\ U \\ V \end{bmatrix} = \begin{bmatrix} 0.299 & 0.587 & 0.114 \\ -0.147 & -0.289 & 0.436 \\ 0.615 & -0.515 & -0.100 \end{bmatrix} \begin{bmatrix} R \\ G \\ B \end{bmatrix} \tag{1.1-5}$$

如果要由 YUV 空间转化成 RGB 空间，只要进行相反的逆运算即可。

在 NTSC 制中采用的是 YIQ 彩色模型。Y 仍是表示亮度，I 和 Q 分量是 U 和 V 分量旋转 33°后的结果，即

$$\begin{cases} I = V\cos33° - U\sin33° \\ Q = V\sin33° + U\cos33° \end{cases} \tag{1.1-6}$$

对 U 和 V 分量进行旋转后使得 I 对应橙色到青色范围的彩色，Q 对应绿色到紫色范围的彩色。因为人眼对绿色到紫色范围内的变化与橙色到青色范围内的变化相比不敏感，因此 Q 分量可以比 I 分量采用更小的带宽传输。YIQ 色彩空间与 RGB 色彩空间的关系如下：

$$\begin{bmatrix} Y \\ I \\ Q \end{bmatrix} = \begin{bmatrix} 0.299 & 0.587 & 0.114 \\ 0.596 & -0.275 & -0.321 \\ 0.212 & -0.523 & 0.311 \end{bmatrix} \begin{bmatrix} R \\ G \\ B \end{bmatrix} \tag{1.1-7}$$

在 YIQ 彩色模型中，$\arctan(Q/I)$ 近似于色调，而 $\sqrt{I^2+Q^2}/Y$ 反映饱和度。在 NTSC 复合视频中，I 和 Q 分量被复用成一个信号，使得被调制信号的相位是 $\arctan(Q/I)$，而它的幅度为 $\sqrt{I^2+Q^2}/Y$。由于传输误差对幅度的影响比对相位的影响大，因此在广播电视信号中色调信息比饱和度信息能更好地保持。因为人眼对彩色的色调更敏感，所以以上的结果正是人们所希望的。

（4）YC_bC_r 色彩空间。YC_bC_r 色彩空间是由 YUV 色彩空间派生的一种颜色空间，其主要用于数字电视系统以及图像、视频压缩标准中（如 JPEG、MPEG 系列和 H.26x 系列）。从 RGB 到 YC_bC_r 的转换中，输入、输出都是 8 位二进制格式。YC_bC_r 色彩空间与 RGB 色彩空间的关系如下：

$$\begin{bmatrix} Y \\ C_b \\ C_r \end{bmatrix} = \begin{bmatrix} 0.299 & 0.587 & 0.114 \\ -0.1687 & -0.3313 & 0.500 \\ 0.500 & -0.4187 & -0.0813 \end{bmatrix} \begin{bmatrix} R \\ G \\ B \end{bmatrix} + \begin{bmatrix} 0 \\ 128 \\ 128 \end{bmatrix} \tag{1.1-8}$$

（5）HSI——视觉彩色模型。前面讨论的几种彩色模型不是从硬件的角度就是从色度学的角度提出的，都不能很好地与肉眼的视觉特性相匹配。根据人眼的色彩视觉三要素——色调（Hue）、饱和度（Saturation）、亮度（Intensity）提出了 HSI 彩色模型。用这种描述 HSI 色彩空间的模型能把色调、饱和度和亮度的变化情形表现得很清楚。

彩色信息中的色调 H 和饱和度 S 可用图 1.4 所示的光环来表示。饱和度是色环的原点（圆心）到彩色点的半径的长度。在环的外围圆周是纯（饱和度为 1）的颜色，在中心是中型（灰色）色调，即饱和度为 0。色调由角度表示。假设色环的 0°表示彩色为红色，120°为绿色，240°为蓝色，色调从 0°～360°覆盖了所有可见的光谱的彩色。假设光的强度 I 作为色环的垂线，则 H、S、I 坐标将构成一个彩色三维空间。灰度色调沿着轴线从底部的黑变到顶部的白。所以，最大亮度、最大饱和度的颜色位于圆柱的顶面的圆周上。从 RGB 到 HSI 模型的转变关系如下：

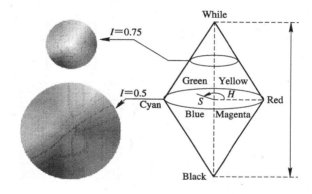

图 1.4　圆形彩色平面的 HSI 彩色模型

色调 H 分量为

$$H = \begin{cases} \theta & B \leqslant G \\ 360 - \theta & B > G \end{cases} \tag{1.1-9}$$

其中

$$\theta = \arccos\left\{ \frac{\frac{1}{2}[(R-G)+(R-B)]}{[(R-G)^2+(R-B)(G-B)]^{1/2}} \right\} \tag{1.1-10}$$

饱和度 S 分量为

$$S = 1 - \frac{3}{(R+G+B)}[\min(R,G,B)] \tag{1.1-11}$$

亮度 I 分量为

$$I = \frac{1}{3}(R+G+B) \tag{1.1-12}$$

1.1.3　图像信号的表示

图像的亮度一般可以用多变量函数表示为

$$I = f(x, y, z, \lambda, t) \tag{1.1-13}$$

其中：x, y, z 表示空间某个点的坐标；t 为时间轴坐标；λ 为光的波长。当 $z = z_0$（常数）时，则表示二维图像；当 $t = t_0$ 时，则表示静态图像；当 $\lambda = \lambda_0$ 时，则表示单色图像。

由于 I 表示的是物体的反射、投射或辐射能量，因此它是正的、有界的，即

$$0 \leqslant I \leqslant I_{max} \qquad (1.1-14)$$

其中 I_{max} 表示 I 的最大值，$I = 0$ 表示绝对黑色。

式(1.1-13)是一个多变量的函数，它不易分析，需要采用一些有效的方法进行降维。由三基色原理知，I 可表示为三个基色分量的和，即

$$I = I_R + I_G + I_B \qquad (1.1-15)$$

式中：

$$\begin{cases} I_R = f_R(x, y, z, \lambda_R) \\ I_G = f_G(x, y, z, \lambda_G) \\ I_B = f_B(x, y, z, \lambda_B) \end{cases} \qquad (1.1-16)$$

其中，λ_R，λ_G，λ_B 为三个基色波长，t 设为一个固定的值，即为一幅静止图像。

由于式(1.1-16)中的每个彩色分量都可以看作一幅黑白图像，所以，在以后的讨论中，所有对于黑白图像的理论和方法都适于彩色图像的每个分量。

1.2　图像信号处理

1.2.1　数字图像处理

图像经过数字化后即变为一幅数字图像。对数字图像的处理是对一个物体的数字表示施加一系列的操作过程，以得到所期望的结果，即将一幅图像经过修改(改进、加工)成为另一幅本质不变的图像。

图像处理主要有以下几种方法：

1) 图像变换

图像变换就是将原定义在图像空间的图像以某种形式转变到另外一些空间，并利用这些空间特有的性质进行相应的处理。在图像处理和图像通信中主要用到的变换有傅里叶变换、余弦变换、沃尔什变换、哈达码变换、小波变换、Gabor 变换等。

2) 图像增强

图像增强的目的是使图像的主观质量得到改善或某些特征得到突出。它是利用各种数学方法和变换手段来实现的，常用的方法有灰度变换、平滑、锐化、几何校正和伪彩色等。图像增强突出了图像中的一部分信息，但它也压制了另一部分信息，也就是说图像增强的方法是有针对性的。

3) 图像分割

图像分割就是指把图像分成各具特征的区域并提取感兴趣的目标的技术和过程。其目的是为了对图像中的物体或目标进行分析和识别等。图像分割所用特征主要有频谱、灰度级、纹理等。要分割到何种程度，要视具体问题而定。如将航空照片分割得到城市、水域、农田、道路、森林等；将车牌图像分割为背景和字符等。

4）图像复原

在图像获取的过程中，由于目标的高速运动、系统畸变、介质散射、噪声干扰等因素，会导致图像质量的退化（或者降质）。图像复原就是对退化的图像进行处理，使它趋于原物体的理想图像，即减去或减轻在图像处理过程中造成的图像质量的下降。由于造成图像退化的原因很多，因此图像复原只能根据实际情况采取不同的技术。

5）图像压缩编码

图像压缩编码是图像处理和图像通信的重要应用。这是由数字图像的特点（数据量大）决定的。例如，一幅 352×288 的彩色图像（24 bit/像素），其数据量为

$$352 \times 288 \times 24 = 2\ 433\ 024 \text{ bit} = 304\ 128 \text{ Byte}$$

因此，无论是图像的存储和图像的传输，图像的压缩编码都十分重要。由于图像压缩编码可以大大节约存储空间或者传输的带宽，因而在当前存储空间有限以及网络带宽有限的条件下非常有用。

1.2.2 图像处理系统

数字图像处理系统主要由 5 个部分（模块）组成，即图像输入（采集）模块，图像输出（显示）模块，图像存储模块，和用户打交道的存取、通信模块，图像处理模块，如图 1.5 所示。

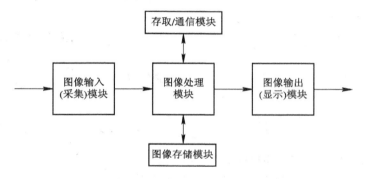

图 1.5 数字图像处理系统模型

1. 图像输入（采集）模块

图像输入（采集）模块主要负责图像的采集，即将景物或模拟图像转换为数字图像，以供图像处理设备进行处理。

数字图像输入设备的主要部件有下述几种。

（1）光源：通常采用白炽灯、激光器、荧光物质、发光二极管（LED）等。

（2）光传感器：有光电发射管、光电二极管、光电三极管、电荷耦合器件 CCD、CMOS 器件等。

（3）扫描系统：有机械扫描装置（滚筒和丝杠）、电子束扫描、静电偏转、磁偏转、电子束聚焦等。

光源通过扫描系统和光电传感器将图像的光强信号转换成电信号；光传感器将图像的光强度按比例转换成电压和电流信号；扫描系统就是可使光源、传感器按照某种机制沿图像移动的系统。

数字图像信号的获得有两种途径，一种是直接的方式，另一种是间接的方式。间接方式是指将模拟视频信号数字化后产生数字视频，这是以前获得数字视频的惟一方法。近年来，随着电子领域数字化的发展，愈来愈多地出现了直接输出数字图像的装置和设备。目前最常用的数字图像输入设备主要有图像扫描仪、数码照相机和数码摄像机以及相应的计算机接口卡(图像采集卡)构成的摄像输入设备。

2. 图像输出(显示)模块

图像输出(显示)模块主要是将图像的处理结果显示给人看。常见的图像输出(显示)设备有电视显示器、彩色打印机、彩色绘图仪等。

数字图像输出设备就是将数字图像转换成可为人接受的形式的设备。图像信号的显示往往是图像处理或图像通信的最终目的。图像信号的显示又可以分为两种方式。一种是"硬拷贝"方式，其目的除了观察图像的内容以外，还可以长期保存图像。这类设备主要有CRT胶片或激光胶片记录仪，各类打印机(包括喷墨打印机、激光打印机、热蜡打印机和针式打印机)及彩色绘图仪等。另一种是"软拷贝"方式，这类设备主要是CRT显示器(如计算机的监视器、普通电视机和专用图像显示器)、平板液晶显示器LCD和PDP显示器等。这类显示器只是为了临时的观察，看完以后并不需要保存。平板液晶显示器LCD和PDP显示器是近年发展很快的显示设备，将很快取代相当一部分CRT显示器。

3. 图像存储模块

由于图像包含有大量的信息，因而存储图像也需要大量的空间。在图像处理中大容量和快速的图像存储设备是必不可少的。

图像存储分为在线存储、离线存储、近线存储等多种形式。现代存储技术的发展使海量存储设备的价格越来越低廉，为图像存储提供了多种选择，如大容量磁盘、磁带、CD-ROM、DVD等等。海量硬盘和CD-ROM通常是图像存储设备较好的选择。海量硬盘容量高达200 GB以上，可存储200 000幅左右1 MB大小的高清晰图像，它提供了最经济快捷的在线存储途径。CD-ROM具有价格低廉(一张盘片只需一到几元左右人民币)、存储时间长(50年以上)、存储容量大(650 MB)等种种优点。它作为性价比最高的离线存储设备，查询、检索方便快捷，易于管理。光盘库作为近线存储设备，使用户管理更加简单。每一光盘库可存放100张以上CD-ROM/DVD光盘，并且可以无限扩展。光盘库可自动管理所有资料，实现真正的自动存储管理功能。

通常为节省图像数据文件占用的存储空间，加快图像数据的传输，都要采用数据压缩技术，对数字化图像文件进行压缩。

4. 图像通信模块

图像通信模块主要负责图像的通信，即将图像传输到远端。在进行图像通信前通常要对图像进行压缩编码，以节约传输的带宽。

5. 图像处理模块

图像处理模块主要是对图像进行相应的处理(如图像压缩编码、图像增强等)，以便进行下一步的图像输出或者通信，它是图像处理系统的核心模块。其核心硬件是具有运算能力的CPU(可以是大型计算机，也可以是一块DSP芯片)。

1.3 人眼的视觉特性

人眼通过视觉接受图像是一个相当复杂的过程。从物理的角度来看，眼睛就是一个由角膜、晶状体和视网膜等构成的光学成像和光电转换系统，景物由瞳孔通过相当于双突透镜的晶状体在视网膜上成像，然后由视网膜中作为光传感器的视细胞转换为视觉信号，如图1.6所示。

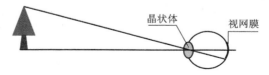

图 1.6　人眼截面示意图

1. 相对视敏度

人眼对辐射功率相同而波长不同的光产生的亮度感觉是不同的。1933年，国际照明委员会(CIE)经过大量实验和统计，给出人眼对不同波长的光亮度的感觉的相对灵敏度，称为相对视敏度。图1.7称为相对视敏函数曲线，它的意义是：人眼对各种波长光的亮度感觉灵敏度是不相同的。实验表明：在同一亮度环境中，辐射功率相同的条件下，波长等于555 nm的黄绿光对于人的亮度感觉最大，并令其亮度感觉灵敏度为1；人眼对其它波长光的亮度感觉灵敏度均小于黄绿光(555 nm)，故其它波长光的相对视敏度$V(\lambda)$都小于1。例如波长为660 nm的红光的相对视敏度$V(660)=0.061$，所以，这种红光的辐射功率应比黄绿光(555 nm)大16倍(即$1/0.061=16$)，才能给人相同的亮度感觉。

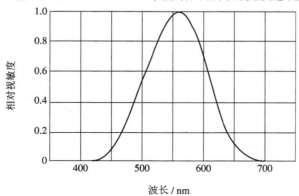

图 1.7　相对视敏函数曲线

当$\lambda<380$ nm 和$\lambda>780$ nm 时，$V(\lambda)=0$。这说明紫外线和红外线的功率再大，也不能引起人眼的亮度感觉，所以红外线和紫外线是不可见光。

2. 明、暗视觉

人眼的相对视敏函数曲线表明的是在白天正常光照下人眼对各种不同波长光的敏感程度，它称为明视觉视敏函数曲线，如图1.8中虚线所示。明视觉过程主要是由锥状细胞完成的，它既产生亮度感觉，又产生彩色感觉。因此，这条曲线主要反映锥状细胞对不同波长光的亮度敏感特性。在弱光条件下，人眼的视觉过程主要由杆状细胞完成。而杆状细胞对各种不同波长光的灵敏程度将不同于明视觉视敏函数曲线，表现为对波长短的光敏度感有所增大，即曲线向左移，这条曲线称暗视觉视敏函数曲线，如图1.8中实线所示。在弱光条件下，杆状细胞只有明暗感觉，而没有彩色感觉。

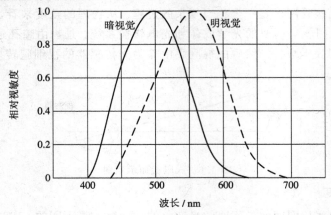

图1.8　暗视觉、明视觉相对视敏函数曲线

3. 对比灵敏度

人类视觉系统能够适应的亮度范围是非常大的，从最暗到最亮可达10^{10}的数量级。然而这并不是说视觉系统可同时工作于这样大的亮度范围。实际上，视觉系统是通过改变其对亮度的总灵敏度来适应这个亮度范围的，这个现象就叫做亮度适应性。人类视觉系统能够同时分辨的亮度范围相对于整个适应范围是很小的，而且人眼对亮度光强变化的响应是非线性的。通常把人眼主观上刚刚可辨别亮度差别所需的最小光强差值称为亮度的可见度阈值。也就是说，当光的亮度I增大时，人眼在一定幅度内感觉不出，必须变化到一定值$I+\Delta I$时，人眼才能感觉到亮度有变化。$\Delta I/I$就是对比灵敏度。视觉系统很难正确判断亮度的绝对大小。然而，当判定两个亮度中哪个更大时，视觉系统则有较好的能力，也就是说，人眼有较好的对比灵敏度。对比灵敏度的试验如图1.9(a)所示。在亮度为I的均匀光场中央，放上一个亮度为$I+\Delta I$的圆形目标，ΔI从零开始增加，直到刚好能鉴别出亮度差异，这时我们测得ΔI的值同背景光I有关。ΔI在很大范围内近似与I成正比，即$\Delta I/I$近似为常数，其值大约为0.02，此值称为韦伯比。如图1.9(b)所示，ΔI与I成正比意味着人眼区分图像亮度差别的灵敏度与它附近区域的背景亮度(平均亮度)有关，背景亮度越高，灵敏度越低。

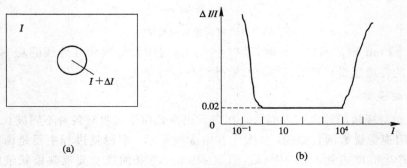

图1.9　对比灵敏度实验

4. 分辨率

分辨率分为空间分辨率和时间分辨率。空间分辨率是指人眼区分相邻的两个发光点的能力。时间分辨率是指人眼对于随时间而变化的目标的分辨能力。当空间平面上两个黑点相互靠拢到一定程度时，离开黑点一定距离的观察者就无法区分它们，这意味着人眼分辨景物细节的能力是有限的，这个极限值也就是空间分辨率。空间分辨率通常用能够分辨两个发光点之间的最小视角表示。

时间分辨率指人眼对于随时间变化的目标的分辨能力。人眼的亮度感觉不会随所观察的事物的消失而消失，而需要一定的过渡时间，这个现象就是视觉惰性。由实验知道，当离散画面的重复频率不低于 24 Hz 时，会形成连续活动画面的感觉。若重复频率低于 24 Hz，会出现闪烁的感觉，相反地，若重复频率高于 24 Hz，人眼则不能分辨相邻两帧画面的间隔。

研究表明，人眼的分辨率有如下一些特点：

（1）当照度太强、太弱时或当背景亮度太强时，人眼分辨率降低。

（2）当视觉目标运动速度加快时，人眼分辨率降低。

（3）人眼对彩色细节的分辨率比对亮度细节的分辨率要差，如果黑白分辨率为 1，则黑红为 0.9，绿蓝为 0.19，如表 1.1。表中数据说明，人眼分辨景象彩色细节的能力很差。例如，彩色电视系统在传送彩色图像时，细节部分只传送黑白图像，而不送彩色信息（采用大面积着色），就是利用上述道理节省传输频带的实际例子。

表 1.1　人眼的相对分辨率

颜色	黑白	黑绿	黑红	黑蓝	绿红	红蓝	绿蓝
分辨力	100%	94%	90%	26%	40%	23%	19%

5. 可见度阈值

可见度阈值指人眼刚好可以发现目标的干扰值。低于该阈值的干扰是觉察不出来的。当某像素的邻近像素有较大的亮度变化时，可见度阈值会增加。对于一条亮度变化较大的边缘，在边缘处的阈值比离边缘较远处的阈值要高。这就是说，边缘"掩盖"了边缘邻近像素的信号干扰。这种效应称为视觉掩盖效应。边缘的掩盖效应与边缘出现的时间长短、运动情况有关。当边缘出现的时间较长时，掩盖效应更显著。当图像稳定地出现在视网膜上时，掩盖效应就不那么明显了。可见度阈值和掩盖效应对图像编码量化器的设计有重要作用。利用这一视觉特效，在图像边缘区域可以容忍较大的量化误差，因而可使量化级减少些，从而可降低数码率。

1.4　图像质量的评估标准与方法

图像质量的评价是图像信息学科的基础研究之一。对图像质量的评价是测度图像处理、编码和传输等的方法和技术及应用系统性能好坏的重要依据。对于图像处理或图像通信系统，其信息的主体是图像，衡量这个系统的重要指标就是图像的质量。

图像质量的含义包括两个方面：一是图像的逼真度，即被评价的图像与原标准图像的偏离程度,如图像经过传输后通常会发生失真或遭遇干扰等,它与传输前的图像相比发生了偏离;另一个是图像的可懂度,即图像能向人或机器提供信息的能力。

当前对图像质量的评估方法主要分成两类:主观评价和客观测量。主观评价的方法与标准已相对完善,而客观测量则处于热点研究中。

1. 主观评价

主观评价是相对较为准确的图像质量评价方法,因为主观评价直接反映人眼的感觉。常用的指标是基于 5 级质量制或 5 级损伤制的平均意见分(MOS 分)。根据 ITU – R BT.500 的规定,在标准环境下对标准图像(标准环境和标准图像的定义详见 ITU – R BT.500 标准)的质量评估标准如表 1.2 所示。

表 1.2　质量评估标准

MOS 分	5 级质量制	5 级损伤制
5	优	看不出劣化
4	良	有劣化,不影响看
3	中	有劣化,稍影响看
2	差	影响看
1	坏	严重影响

主观评价的方法是将待评价的图像序列播放给评论者观看,并记录他们的打分,然后对所有评论者的打分进行统计,得出平均分作为评价结果。ITU – R BT.500 – 7 标准定义了两种标准的主观评价方法。

1) 双刺激连续质量分级法(DSCQS,Double Stimulus Continuous Quality Scale)

这种方法将待评估的图像序列和相应的基准序列交替播放给评估者看,每个图像持续时间为 10 s,按此播放顺序在处理图像的前后都有一个直接的质量比较。每个图像之后有 2 s 的灰画面间隔,评估者可在此期间打分。最后以所有分数的平均值作为该序列的测试值,如图 1.10 所示。这样做的好处是能够最大程度地降低图像场景、情节等对主观评测的影响。

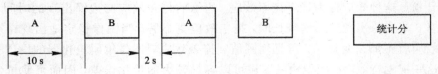

A—基准图像序列;B— 待评估序列

图 1.10　双刺激连续质量分级法(DSCQS)

双刺激连续质量分级法的评分公式如下:

$$平均分数 = \frac{\sum\limits_{j=1}^{5}(j \times n_j)}{\sum\limits_{j=1}^{5} n_j} \tag{1.4 – 1}$$

其中:j 为分值,取 1~5;n_j 为某分值的人数。

2）单刺激连续质量评价方法(SSCQE，Single Stimulus Continuous Quality Evaluation)

这种方法只把被评价的图像序列播放给评估者看，评价时间长达 30 s。评估者在观看的同时通过调节一个滑板的位置指向相应的评价分值给出评分。最终的平均分通过公式(1.4-1)进行统计平均给出。

很显然，主观评价有几个显著的不足之处：

（1）观察者一般需要是一个群体，并且经过培训以准确判定主观评测分。这种评价人力和物力投入大，为时较长。

（2）图像内容与情节千变万化，观察者个体差异大，容易发生主观上的偏差。

（3）主观评价无法进行实时监测。

（4）仅仅只有平均分，如果评测分数低，无法确切定位问题出在哪里。

2. 客观测量

客观测量基于仿人眼视觉模型的原理对图像质量进行客观评估，并给出客观评价分。近几年，随着人们对人眼视觉系统研究的深入，客观测量的方法和工具不断被开发出来，其测量结果也与主观评价较吻合。国际上也成立了 ITU-R 视频质量专家组(ITU-R VQEG，Video Quality Experts Group)专门研究和规范图像质量客观测量的方法和标准。

VQEG 规定了两个简单的技术参数：均方差(MSE)和峰值信噪比(PSNR)。

例如，给定一幅数字化待评价图像 $f(x,y)$ 和参考图像 $f_0(x,y)$，图像的大小是 $M \times N$，它们之间的相似性通常用均方误差以及它的各种变形来表示。

均方差分为两种：① 归一化均方差 NMSE；② 峰值均方差 PMSE。

归一化均方差(NMSE)的定义如下：

$$\text{NMSE} = \frac{\sum_{x=0}^{M-1}\sum_{y=0}^{N-1}\{Q[f(x,y)] - Q[f_0(x,y)]\}^2}{\sum_{x=0}^{M-1}\sum_{y=0}^{N-1}[f(x,y)]^2} \qquad (1.4-2)$$

式中运算符 $Q[\cdot]$ 表示在计算前，为使测量值与主观评价的结果一致而进行的某种预处理，如对数处理、幂处理等。常用的 $Q[\cdot]$ 为 $K_1 \log_b[K_2 + K_3 f(x,y)]$，其中 K_1、K_2、K_3、b 均为常数。

峰值均方差(PMSE)的定义如下：

$$\text{PMSE} = \frac{\sum_{x=0}^{M-1}\sum_{y=0}^{N-1}\{Q[f(x,y)] - Q[f_0(x,y)]\}^2}{M \times N \times f_{max}^2} \qquad (1.4-3)$$

式中 f_{max} 为图像的最大灰度值。例如，对于具有 256 个灰度级的黑白图像，f_{max} 通常取值 255。

峰值信噪比(PSNR)的定义如下：

$$\text{PSNR} = 10 \lg \frac{f_{max}^2}{\frac{1}{MN}\sum_{x=0}^{M-1}\sum_{y=0}^{N-1}[f(x,y) - f_0(x,y)]^2} \qquad (1.4-4)$$

此外，还有许多图像质量模型，这些模型在测量图像质量时都基于人眼视觉特性。图1.11 是一种典型的基于解码图像与基准图像差值的图像质量客观测量模型。

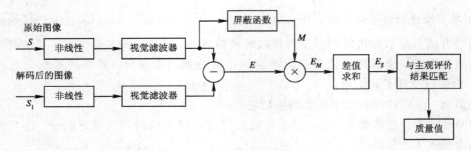

图 1.11　基于解码图像与基准图像差值的质量模型

如图 1.11 所示，该模型的输入是原始信号和待测的解码信号，输出是两个输入图像上各像素幅值之差的和 E_s。在整个处理过程中考虑了人眼对图像差别的主观感觉特性，以使测量结果与主观评价所得结果相吻合。模型中的估算考虑了人眼的非线性、视觉滤波器、人眼的屏蔽效应、差值求和。为了使客观测量与主观评价结果一致，还要使最后所得的数值范围和等级描述与主观测试相对应，对客观测量的数值进行线性转换。这个任务在与主观评价匹配这一级完成。

图像质量的客观测量方法分为两类：相对评估（Relative Evaluation）和绝对评估（Absolute Evaluation）。

（1）相对评估：将处理过的视频（压缩或经传输）与原始视频比较以获得相对评估的指标值，并根据这些指标值评估图像质量。相对评估一般用于片源制作时的质量评估，准确性高。

（2）绝对评估：直接对处理过的视频（压缩或经传输）进行评估以获得绝对评估的指标值，并根据这些指标值评估图像质量。绝对评估一般在线观看测试，准确性不如相对评估。

采用客观测量工具，不仅减少了对人力、物力的需求，而且测量时间大大缩短，甚至可做到实时监测。

1.5　图像通信系统的组成

图像通信系统和我们所熟悉的话音通信系统的组成结构基本是相同的。按照所传输图像信号的性质，基本的图像通信系统可分为模拟系统和数字系统两种。

1. 模拟图像通信系统的组成框图

目前大多数国家和地区的广播电视系统都是这种模拟系统。在模拟图像通信系统中，图像信源是以一定的扫描方式产生的电信号，模拟调制器通常有模拟调幅、调频、调相等方式，实际的系统通常还有对图像信号的滤波、电平调整等处理电路，以及产生载波的振荡电路和对已调波的放大电路等。一个典型的模拟图像通信系统的组成框图如图 1.12 所示。

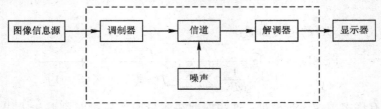

图 1.12　模拟图像通信系统组成框图

2. 数字图像通信系统的组成框图

在数字图像通信系统中，作为信源的输入图像是数字式的，然后由信源编码器进行压缩编码，以减少其数据量。信道编码器则是为了提高图像在信道上的传输质量，减少误码率而采取的有冗余的编码。由于数字图像通信系统具有传输质量好、频带利用率高、易于小型化、稳定性好和可靠性强等特点，正在逐步取代模拟式的图像通信系统。一个典型的数字图像通信系统的组成框图如图 1.13 所示。

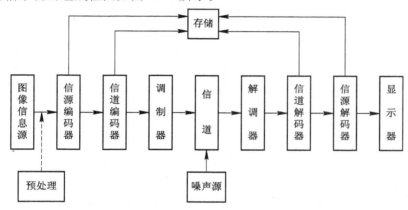

图 1.13　数字图像通信系统组成框图

和以往的模拟系统相比，数字图像传输具有以下优点：

（1）可以多次中继传输而不致引起噪声的严重积累，因此适合于需多次中继的远距离图像通信或在存储中的多次复制。

（2）有利于采用压缩编码技术。虽然数字图像的基带信号的传输需要占用很高的频带，但采用数字图像处理和压缩编码技术后，可在一定的信道带宽条件下获得比模拟传输更高的通信质量，甚至在窄带条件下，也能实现一定质量的图像传输。

（3）易于与计算机技术相结合，实现图像、声音、数据等多种信息内容的综合视听通信业务。

（4）可采用数字通信中的信道编码技术，以提高传输中的抗干扰能力。

（5）易于采用数字的方法实现保密通信，实现数据隐藏，加强对数字图像信息的内容或知识产权的保护。

（6）采用大规模集成电路，可以降低功耗，减小体积与重量，提高可靠性，降低成本，便于维护。

正是由于具有上述优点，数字图像通信技术得到了越来越广泛的应用。本书讲述的内容，也主要集中于数字图像的压缩、编码、传输等方面。

习　题　1

1. 图像相对于文字、语音信息的特点是什么？
2. 目前常用的彩色模型有哪些？它们之间的关系是什么？

3. 试画出数字图像处理系统的组成框图，并解释各个部分的作用。

4. 图像的质量评估方法主要分为哪几类？图像质量的主观评价方法主要分为哪几类？

5. 图像质量的客观评价方法相对于主观评价方法有什么优点？

6. 试画出数字图像通信系统的组成框图，并解释各个部分的作用。

第二章　图像信号的分析与变换

2.1　图像信号的数字化

模拟信号的数字化过程主要是取样、量化和编码。

取样又称抽样或采样，是将时间和幅度上连续的模拟信号转变为时间离散的信号，即时间离散化。

量化是将幅度连续的信号转换为幅度离散的信号，即幅度离散化。

编码是指按照一定的规律，将时间和幅度上离散的信号用对应的二进制或多进制代码表示。

模拟信号数字化框图如图 2.1 所示，其中，f_c 为滤波器的截止频率，f_s 为取样频率。通常将取样、量化和编码合称为模数转换（或 A/D 变换）。信号的 A/D 变换在数字设备广泛应用的今天是一种非常重要的变换。

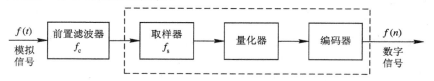

图 2.1　模拟信号数字化框图

人眼所感知的景物一般是连续的，称之为模拟图像。这种连续变化有两个含义：一是空间位置的连续性；二是每一个位置上光的强度变化的连续性。为了便于数字设备和计算机处理，必须首先对其进行数字化处理。模拟图像的数字化相应地包含三个方面：对空间位置的离散化（也就是采样或取样）、对取样点灰度值的离散化（也就是量化）以及编码。

图像在空间上离散化的过程称为取样或采样。被选取的点称为取样点、抽样点、采样点或样点，这些取样点也称为像素或像点。在取样点上的函数值称为取样值或样值。图像的空间取样就是通过采样把一幅完整的图像分割成无数众多的离散像素组成的阵列，即在空间上用有限的取样点来代替连续的无限的坐标值。

对每个取样点灰度值的离散化过程称为量化，也就是指从图像亮度的连续变化中进行离散的采样，即用有限个取值来代替连续灰度图像的无限多个取值。量化一般可分为两大类：一是将每个样值独立进行量化的标量量化方法；另一个是将若干个样值联合起来作为一个矢量来量化的矢量量化方法。在标量量化中按照量化等级的不同又分为两类：一是将样点的灰度值等间隔划分的均匀量化；另一种是不等间隔划分的非均匀量化。

在对取样点量化后再进行二进制编码，即 PCM 编码。如量化后的最大幅值是 10，根据数字电路理论可知，它至少需用 4 位二进制表示。即量化后每个量化区间的量化电平采

用 n 位二进制码表示。对于均匀量化,当量化间隔越小时,量化层数就越多,编码所需的位数也就越多。

图像经过数字化后,得到一个数字图像,这个数字图像实际上是原来连续模拟图像的一个近似图像。为了得到相对原图像的一个良好的近似图像,需要考虑取样个数和灰度级数。一幅图像取多少个样点应该由二维取样定理决定。目前使用的灰度量度级数通常有 $2^6=64$ 级、$2^7=128$ 级和 $2^8=256$ 级,大多数情况下是量化为 256 个灰度级。

2.1.1 图像的采样

1. 二维图像采样定理

图像是空间坐标 x、y、z 的函数,可表示为 $f(x,y,z)$。如果是一幅彩色图像,各点值还反映出色彩的变化,即用 $f(x,y,z,\lambda)$ 表示,其中 λ 为波长。如果是活动的彩色图像,还应是时间 t 的函数,即表示为 $f(x,y,z,\lambda,t)$。对模拟图像来说,$f(x,y,z,\lambda,t)$ 是一个非 0 的连续函数,且是有限的,即 $0 \leqslant f(x,y,z,\lambda,t) \leqslant \infty$。

在日常生活中,静态图像是二维信号,动态图像是三维信号。动态图像是一幅幅图像的时间序列,在某一个瞬间仍可按静态图像来处理,或是从动态图像序列中,每隔一定时间 T 截取一幅图像,将之看作一幅静态图像。这样,动态图像的数字化也就可以归为二维图像的数字化问题。

对于二维图像采样,主要需要解决的问题是:找出能从取样图像精确地恢复原图像所需要的最小 M 和 N(M、N 分别为水平和垂直方向采样点的个数),即各采样点在水平和垂直方向的最大间隔。这一个问题可由二维采样定理解决。

二维采样定理 对于二维带限信号 $f(x,y)$,如果其二维傅里叶变换 $F(u,v)$ 只在 $|u| \leqslant U_{max}$ 和 $|v| \leqslant V_{max}$ 的范围内不为 0,那么当采样频率为 $\Delta u=(1/\Delta x) \geqslant 2U_{max}$,$\Delta v=(1/\Delta y) \geqslant 2V_{max}$(其中 Δx、Δy 为 x、y 方向的采样间隔)时,该信号就能准确地从其采样 $f_s(x,y)$ 中恢复过来。

设二维图像亮度函数为 $f(x,y)$,对于 (x,y) 平面上的任一点 (x_0,y_0),亮度函数的值用 $f(x_0,y_0)$ 表示,如图 2.2(a)所示。二维图像经抽样后的信号频谱应是原图像频谱的周期重复。对于二维图像,要用二维空间抽样函数 $S(x,y)$ 对亮度函数抽样,空间抽样函数表示为

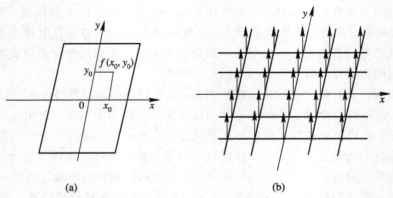

(a)　　　　　　　　　　(b)

图 2.2　二维图像的二维取样示意图

$$S(x,y) = \sum_{i=-\infty}^{\infty} \sum_{j=-\infty}^{\infty} \delta(x-i\Delta x, y-j\Delta y) \qquad (2.1-1)$$

二维空间抽样函数 $S(x,y)$ 如图 2.2(b)所示，它由一系列排列在间隔为 $(\Delta x, \Delta y)$ 的网格上的单个 δ 函数组成。二维图像 $f(x,y)$ 经取样后变成 $f_S(x,y)$，它应是 $f(x,y)$ 与 $S(x,y)$ 的积，即

$$f_S(x,y) = f(x,y) \cdot S(x,y) = f(x,y) \sum_{i=-\infty}^{\infty} \sum_{j=-\infty}^{\infty} \delta(x-i\Delta x, y-j\Delta y)$$

$$= \sum_{i=-\infty}^{\infty} \sum_{j=-\infty}^{\infty} f(i\Delta x, j\Delta y)\delta(x-i\Delta x, y-j\Delta y) \qquad (2.1-2)$$

因为

$$F\{S(x,y)\} = \frac{1}{\Delta x \Delta y} \sum_{i=-\infty}^{\infty} \sum_{j=-\infty}^{\infty} \delta\left(u-\frac{i}{\Delta x}, v-\frac{j}{\Delta y}\right) \qquad (2.1-3)$$

根据傅里叶变换定理，取样图像的傅里叶变换 $F_S(u,v)$ 可表示为理想二维抽样函数 $S(x,y)$ 的傅里叶变换与二维图像傅里叶变换 $F(u,v)$ 的卷积。即

$$F_S(u,v) = F(u,v) * F\{S(x,y)\}$$

$$= F(u,v) * \frac{1}{\Delta x \Delta y} \sum_{i=-\infty}^{\infty} \sum_{j=-\infty}^{\infty} \delta\left(u-\frac{i}{\Delta x}, v-\frac{j}{\Delta y}\right)$$

$$= \frac{1}{\Delta x \Delta y} \sum_{i=-\infty}^{\infty} \sum_{j=-\infty}^{\infty} F\left(u-\frac{i}{\Delta x}, v-\frac{j}{\Delta y}\right)$$

$$\xrightarrow[\Delta v = 1/\Delta y]{\Delta u = 1/\Delta x} \frac{1}{\Delta x \Delta y} \sum_{i=-\infty}^{\infty} \sum_{j=-\infty}^{\infty} F(u-i\Delta u, v-j\Delta v) \qquad (2.1-4)$$

上式说明，$f_S(x,y)$ 的频谱 $F_S(u,v)$ 是由连续信号 $f(x,y)$ 的频谱 $F(u,v)$ 分别在 u、v 方向上以 Δu(即 $\frac{1}{\Delta x}$)和 Δv(即 $\frac{1}{\Delta y}$)为间隔无限平移和叠加的结果。当 $f(x,y)$ 的频谱不为 0 的范围如图 2.3(a)所示时，则 $f_S(x,y)$ 的频谱不为 0 的范围如图 2.3(b)所示。

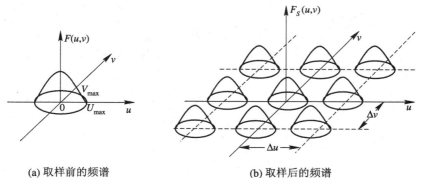

(a) 取样前的频谱   (b) 取样后的频谱

图 2.3　水平、垂直取样前后的二维频谱

由图 2.3 可见，当 $f(x,y)$ 只在 $|u| \leqslant U_{max}$ 和 $|v| \leqslant V_{max}$ 的范围内不为 0 时，只要在采样时满足 $\Delta u = \frac{1}{\Delta x} \geqslant 2U_{max}$ 和 $\Delta v = \frac{1}{\Delta y} \geqslant 2V_{max}$，就可通过一个适当的低通滤波器从 $f_S(x,y)$ 中取出，从而完全恢复出原来的连续信号 $f(x,y)$。

如果在取样时不满足采样定理，图中平移后的各部分频谱就会发生重叠，这时通过低

通滤波器取出的将是失真的信号，这种失真叫做混叠失真或交叠失真。

2. 图像的恢复

数字图像经过处理和传输等操作后，最终需要还原为连续图像以便显示，即从离散的数字信号中恢复连续信号的问题。对于满足采样定理的采样图像，可通过如下的理想低通滤波器来恢复得到原图像。

理想低通滤波器的频率特性为

$$H(u,v) = \begin{cases} \Delta x \Delta y & |u| \leqslant \dfrac{1}{2\Delta x}, \ |v| \leqslant \dfrac{1}{2\Delta y} \\ 0 & \text{其它} \end{cases} \quad (2.1-5)$$

冲激响应 $h(x,y)$ 为

$$\begin{aligned} h(x,y) &= \int_{-\infty}^{\infty}\int_{-\infty}^{\infty} H(u,v)\mathrm{e}^{\mathrm{j}2\pi(ux+vy)}\,\mathrm{d}u\,\mathrm{d}v \\ &= \Delta x \Delta y \int_{-1/2\Delta x}^{1/2\Delta x} \mathrm{e}^{\mathrm{j}2\pi ux}\,\mathrm{d}u \int_{-1/2\Delta y}^{1/2\Delta y} \mathrm{e}^{\mathrm{j}2\pi vy}\,\mathrm{d}v \\ &= \mathrm{sinc}\left(\frac{\pi x}{\Delta x}\right)\mathrm{sinc}\left(\frac{\pi y}{\Delta y}\right) \end{aligned} \quad (2.1-6)$$

恢复图像的频谱 $F_r(u,v)$ 等于采样图像的频谱 $F_s(u,v)$ 和低通滤波器 $H(u,v)$ 的乘积，即

$$F_r(u,v) = F_s(u,v) \cdot H(u,v) \quad (2.1-7)$$

由傅里叶反变换定理知，恢复图像在时域为

$$\begin{aligned} f_r(x,y) &= f_s(x,y) * h(x,y) \\ &= \sum_{i=-\infty}^{\infty}\sum_{j=-\infty}^{\infty} f(i\Delta x, j\Delta y)\delta(x-i\Delta x, y-j\Delta y) * h(x,y) \\ &= \sum_{i=-\infty}^{\infty}\sum_{j=-\infty}^{\infty} f(i\Delta x, j\Delta y)\delta(x-i\Delta x, y-j\Delta y) * \mathrm{sinc}\left(\frac{\pi x}{\Delta x}\right)\mathrm{sinc}\left(\frac{\pi y}{\Delta y}\right) \\ &= \sum_{i=-\infty}^{\infty}\sum_{j=-\infty}^{\infty} f(i\Delta x, j\Delta y)\,\mathrm{sinc}\left(\frac{\pi(x-i\Delta x)}{\Delta x}\right)\mathrm{sinc}\left(\frac{\pi(y-j\Delta y)}{\Delta y}\right) \end{aligned} \quad (2.1-8)$$

由前面分析知，采样图像 $f_s(x,y)$ 通过式(2.1-5)的低通滤波器后的重建图像 $f_r(x,y)$ 应该是原始图像 $f(x,y)$。因此，式(2.1-8)表明，原来连续图像信号可通过以其采样为权值的二维 sinc 函数的线性组合得到。

整个过程可用图 2.4 来表示。

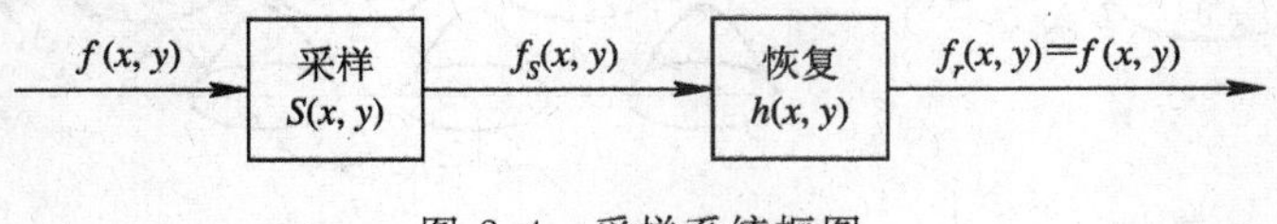

图 2.4 采样系统框图

采样图像 $f_s(x,y)$ 是原图像 $f(x,y)$ 与空间抽样函数 $S(x,y)$ 的乘积，重建图像 $f_r(x,y)$ 是采样图像 $f_s(x,y)$ 和低通滤波器冲激响应 $h(x,y)$ 的卷积。

2.1.2 图像的量化

前面讨论的信号采样，只是将连续信号在时间域或空间域上离散了，但采样后的样本的取值仍是连续变化量，需要进行量化。图像的量化就是将取样后图像的每个样点的取值

范围划分成若干个区间，并仅用一个数值代表每个区间中的所有取值。

量化时，量化值与实际值会产生误差，这种误差称为量化误差或量化噪声。可用信噪比来度量，但量化噪声与一般的噪声是有区别的，主要表现在如下两个方面。

（1）量化误差由输入信号引起，其误差可根据输入信号推测出来，而一般噪声与输入信号无任何直接关系。

（2）量化误差是量化器高阶非线性失真的产物，是高阶非线性的特例。

量化分标量量化和矢量量化，下面分别对其原理作简单介绍。

1. 标量量化（无记忆量化）

1）量化

所谓标量量化，是指每次只量化一个模拟样本值，又叫做零记忆量化或无记忆量化。图 2.5 所示为量化器框图。标量量化有两种方式：一是将样本连续灰度值等间隔分层的均匀量化；另一种是不等间隔分层的非均匀量化。标量量化中最简单的量化方法是均匀量化，也叫线性量化。

图 2.5　量化器框图

图 2.6 为量化器的几何示意图。图中，$\{d_i | i = 0, 1, \cdots, K\}$ 为量化器的判决电平，$\{e_i | i = 0, 1, \cdots, K\}$ 为量化器的量化电平。输入信号 e 的最小值为 e_0，最大值为 e_K，即 e 的值域为 $[e_0, e_K]$。将 e 的值域分成 K 个小区间（可以等分，也可以不等分），即 K 个量化层数。每个小区间称为量化间隔，其中第 i 个小区间量化间隔为 $\Delta = d_i - d_{i-1}$。如果量化器输入信号 e 在两个相邻判决电平 d_i 与 d_{i+1} 之间，即 $d_i \leqslant e < d_{i+1}$，那么信号量化值就用 e_i 表示，即

$$e_i = Q[e] = Q(d_i \leqslant e < d_{i+1}) \qquad e_i \in (e_0, e_1, \cdots, e_{K-1}) \qquad (2.1-9)$$

量化电平 e_i 为 $[d_i, d_{i+1})$ 区间的一个值。如果量化器输入信号 $e = d_K$，则信号量化值表示为 $e_K = d_K = e$。

图 2.6　量化器的几何示意图

一般量化层数 K 用 2 的 n 次幂来表示，即 $K = 2^n$。这样，每个量化区的量化电平可采用 n 位（比特）自然二进制码表示，形成最通用的 PCM 编码。例如采用 8 比特量化，即 $n = 8$，那么图像灰度等级就分为 $2^8 = 256$ 层。

2）误差

量化过程中产生的量化误差用 q_i 表示，即

$$q_i = e - e_i = e - Q[e] \qquad (2.1-10)$$

因为 e 是一个图像信号的采样值，它是一个随机变量，而量化器将 e 映射成离散随机变量 e_i，所以量化误差也是一个随机变量。设 e 为零均值，方差为 σ_q^2，概率密度函数为 $p(e)$ 的随机变量，则量化误差的方差为

$$\sigma_q^2 = E[q_i^2] = E[e - e_i]^2 = \int_{-\infty}^{\infty} [e - e_i]^2 \, p(e) \, \mathrm{d}e \qquad (2.1-11)$$

将积分区间分成 K 个区间，则上式变为

$$\sigma_q^2 = \sum_{i=0}^{K-1} \int_{d_i}^{d_{i+1}} [e - e_i]^2 \, p(e) \, \mathrm{d}e \qquad (2.1-12)$$

量化器输出信号的平均功率为

$$s_q^2 = \sum_{i=0}^{K-1} \int_{d_i}^{d_{i+1}} [e_i]^2 \, p(e) \, \mathrm{d}e \qquad (2.1-13)$$

量化器的输出平均功率信噪比为

$$\frac{s_q^2}{\sigma_q^2} = \sum_{i=0}^{K-1} \frac{\int_{d_i}^{d_{i+1}} [e_i]^2 \, p(e) \, \mathrm{d}e}{\sum_{i=0}^{K-1} \int_{d_i}^{d_{i+1}} [e - e_i]^2 \, p(e) \, \mathrm{d}e} \qquad (2.1-14)$$

3) 均匀量化

对于均匀量化，且输入信号幅度在区间 $[-A, A]$ 内均匀分布，则量化间隔为

$$\Delta = \frac{A - (-A)}{K} = \frac{2A}{K} = d_{i+1} - d_i = e_{i+1} - e_i \qquad (2.1-15)$$

且 $d_i = -A + i\Delta$，$e_i = -A + \left(i + \dfrac{1}{2}\right)\Delta$。从而

$$s_q^2 = \sum_{i=0}^{K-1} \int_{-A+i\Delta}^{-A+(i+1)\Delta} \left[-A + \left(i + \frac{1}{2}\right)\Delta \right]^2 \cdot \frac{1}{2A} \mathrm{d}e \qquad (2.1-16)$$

$$\sigma_q^2 = \sum_{i=0}^{K-1} \int_{-A+i\Delta}^{-A+(i+1)\Delta} \left[e + A - \left(i + \frac{1}{2}\right)\Delta \right]^2 \cdot \frac{1}{2A} \mathrm{d}e \qquad (2.1-17)$$

则均匀量化器的输出平均功率信噪比为

$$\frac{s_q^2}{\sigma_q^2} = K^2 - 1 \qquad (2.1-18)$$

上述计算是在假设信号为均匀分布的条件下得到的统计平均值，如果从瞬时输出信号功率与平均量化噪声功率来分析，均匀量化器的缺点是非常明显的。因为信号小时瞬时功率小，信号大时瞬时功率大，但均匀量化器对信号采样值无论大小都以相同的量化间隔 Δ 量化，量化误差范围 $\pm\Delta/2$ 不变，量化噪声的平均功率固定不变，这样，均匀量化器的瞬时输出信号功率与平均量化噪声功率之比将随信号强弱而具有很大的变动范围。对于弱信号，均匀量化器量化间隔 Δ 不变的缺点可使它达不到给定量化信噪比的要求。为了克服这个缺点，可采用非均匀量化。

4) 非均匀量化

非均匀量化是根据信号的不同区间来确定量化间隔的。对于信号取值小的区间，其量化间隔小，反之，量化间隔大。也就是说先用一个非线性函数变换 $y = F(x)$ 将量化器输入信号进行"压缩"，然后把压缩后的信号再均匀量化。在恢复时，用该非线性变换的逆变换 $x = F^{-1}(y)$ 对量化值进行"扩张"，这样得到原信号。在实际中，常采用对数函数作变换函数。

非均匀量化有两个优点:

(1) 当输入量化器的信号具有非均匀分布的概率密度时,非均匀量化器的量化信噪比得以改善。

(2) 非均匀量化时,量化噪声的均方根值基本上与信号采样值成比例。量化噪声对大、小信号的影响大致相同,这就改善了小信号时的量化信噪比。

2. 矢量量化

在前面介绍的标量量化中,每个样值的量化只和它本身的大小及分层的粗细有关,而和其它的样值无关。实际上图像的样值之间存在着或强或弱的相关性,将若干个相邻像素当作一个整体来对待,用一个值来代替这相似的一组值,就可以更加充分地利用这些相关性,达到更好的效果。这就是矢量量化的基本思路。如将图像的 $N \times K$ 个信号样值划分成 N 个样本小组,每组有 K 个样值,这样样本空间($N \times K$)就分割成 K 维矢量空间。下面简要介绍矢量量化的基本原理。

对于任一信源如语音或图像,若有 $N \times K$ 个样值,可以把连续的一段样值看成一个整体,如 $\boldsymbol{X}_j = (x_{j1}, x_{j2}, \cdots, x_{jk})$,称之为矢量,各矢量维数相同,设为 K,则该信源可构成一矢量集:$\boldsymbol{X} = \{\boldsymbol{X}_1, \boldsymbol{X}_2, \cdots, \boldsymbol{X}_N\}$,$\boldsymbol{X} \in \mathbf{R}^K$($K$ 维欧几里德空间),N 为正整数。再把 $\mathbf{R}^K$ 无遗漏地划分成各互不相交的子空间,即满足完备正交条件:

$$\begin{cases} \bigcup_{i=1}^{J} R_i = \mathbf{R}^K \\ R_i \cap R_j = \varnothing \qquad i \neq j \end{cases} \qquad (2.1-19)$$

求出每个子空间的质心 $\boldsymbol{Y}_i$,所得到的恢复矢量集 $\boldsymbol{Y} = \{\boldsymbol{Y}_1, \boldsymbol{Y}_2, \cdots, \boldsymbol{Y}_J\}$ 就是量化器的输出空间,或称之为码书或码本。$\boldsymbol{Y}_i$ 叫码子或码矢,J 是码书的长度。

在矢量量化过程中,对于 J 阶 K 维的矢量量化,实质上是首先判断输入矢量 $\boldsymbol{X}_j \in \mathbf{R}^K$ 属于哪个子空间 R_i,然后输出该子空间的代表矢量 $\boldsymbol{Y}_i$,映射关系如下:

$$\boldsymbol{Y}_i = Q(\boldsymbol{X}_j) \qquad 1 \leqslant i \leqslant J, 1 \leqslant j \leqslant N \qquad (2.1-20)$$

我们用 $\boldsymbol{Y}_i$ 代替 $\boldsymbol{X}_j$ 进行编码,这就是矢量量化的实质。

实际编码时,在发送端只记录代表矢量 $\boldsymbol{Y}_i$ 的下标 i,所以编码过程是把 X 映射到 $I = \{1, 2, \cdots, J\}$;而译码过程是在接收端依据收到的 I 代码,依据 I 查找码书 Y,获得码字 $\boldsymbol{Y}_j$,用来代替 $\boldsymbol{X}_j$ 重构图像的映射。

因图像的矢量量化过程与第三章的矢量量化编码思路类似,故在此不作详细介绍。

2.1.3 视频信号的数字化

1. 电视制式

黑白电视广播的制式是指电视广播与接收机之间采用的方式与规范。目前国际上存在并通用的标准大致分为四大类 11 种。现在国际上主要使用 625 行/50 场和 525 行/60 场两大类。

用三幅红、绿、蓝基色的图像可合成一幅彩色图像。彩色电视是在黑白电视的基础上发展起来的,所以在发展彩色电视时要考虑与黑白电视的兼容问题,即电视台发送的彩色电视信号能被黑白电视机所接收,图像是黑白的;同时,电视台发送的黑白电视信号也能被彩色电视机所接收，同样也是黑白图像。目前国际上有三种不同的电视制式：NTSC、PAL 和 SECAM。

1）NTSC 制式

NTSC 是国家电视制式委员会（National Television System Committee）的缩写。NTSC 制式的主要优点有：在信号传输无失真的情况下，具有较高的彩色图像质量；兼容性好；重现的彩色图像无明显的"爬行"和亮度闪烁现象；较易于实现信号处理；色度信号的形成和分离都比较简单，因而中心设备和接收机、录像机都可以简化，成本低。

2）PAL 制式

PAL 是相位逐行交替（Phase Alternation Line by Line）的缩写。按色度信号的特点，其色度信号允许以不对称边带传输。PAL 制式的基本原理就是采用逐行倒相正交平衡调幅的色度信号，解调时先经过逐行梳状滤波器将色度信号分离后再同步检波；最后利用视觉平均作用补偿小幅度串色所引起的彩色偏差。PAL 制式的优点有：对相位失真不敏感；多径接收对 PAL 信号影响小。

3）SECAM 制式

SECAM 是顺序与存储彩色电视系统（Sequential Couleur Avec Memoire）的缩写。SECAM 是采用错开传输时间的方法（时分原则）来避免串色及造成的彩色失真，SECAM 是一种顺序同时制。SECAM 的优点是：传输失真对色度信号影响小，大面积彩色图像几乎不受微分增益和微分相位失真的影响，受传输通道频率特性和多径接收的影响也不大。

NTSC、PAL、SECAM 三种制式的实际工作性能都比较好，在传输条件良好的情况下，都可以传送并重现优质的电视图像。

2. 视频信号的数字化

普通电视信号的数字化按输入信号的不同可分为数字复合编码和数字分量编码两种方式。数字复合编码是指直接对模拟复合信号进行数字化。复合信号内有副载波，取样过程又是一非线性过程。因此，取样频率的选取要与副载波频率成整数倍，以避免取样频率与副载波频率的差拍落入带内而造成对亮度信号的差拍干扰。这一限制使 PAL、NTSC、SECAM 三大制式不能统一起来。随着数字技术的发展，这种数字复合编码方式已经被淘汰。为此，ITU－R（原 CCIR）提出了 ITU－R601 标准，建议数字电视演播室采用数字分量编码格式。数字分量是对三基色信号 E_R、E_G、E_B 或对亮度信号 E_Y 和色差信号 E_{R-Y}、E_{B-Y} 分别进行数字化处理。因此，不存在复合编码中与副载波的差拍干扰问题。

1）采样结构的选择

采样结构是指采样点在空间与时间上的相对位置，有正交结构和行交叉结构等。在视频数字化中一般采用正交结构，如图 2.7(a)所示。这种结构在图像平面上沿水平方向采样点等间隔排列，沿垂直方向采样点上下对齐排列，这样有利于帧内和帧间的信号处理。行交叉结构是指每行内的采样点数为整数加半个，如图 2.7(b)所示。

为了保证采样结构是正交的，要求行周期 T_H 必须是采样周期 T_S 的整数倍，即要求采样频率 f_S 应等于行频率 f_H 的整数倍。即

$$f_S = n \cdot f_H$$

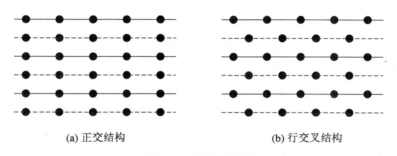

(a) 正交结构   (b) 行交叉结构

图 2.7　采样结构图

2) 采样频率的选择

在视频数字化中，亮度信号采样频率的选择应从以下 4 个方面考虑：

(1) 首先满足采样定理，即采样频率应大于视频带宽的两倍。设亮度信号的带宽 Δf_y 是 6 MHz，则有

$$f_S \geqslant 2\Delta f_y = 12 \text{ MHz} \tag{2.1-21}$$

(2) 为保证采样结构是正交的，采样频率 f_S 应是行频率 f_H 的整数倍，即

$$f_S = n \cdot f_H \tag{2.1-22}$$

(3) 为了便于国际间交流，亮度信号采样频率的选择还必须兼顾国际上不同的扫描格式。现行的扫描格式主要有 PAL 和 SECAM 的 625 行/50 场和 NTSC 的 525 行/60 场两种。它们的行频率分别是 15 625 Hz 和 15 734.265 Hz，这两个行频的最小公倍数约为 2.25 MHz，也就是说采样频率应是 2.25 MHz 的整数倍，即

$$f_S = m \cdot 2.25 \text{ MHz} \tag{2.1-23}$$

其中，m 为整数。

(4) 编码后的比特率 $R_b = f_S \cdot n$，其中 n 为量化比特率。从降低码率考虑，f_S 越接近 $2\Delta f_y$ 越好。在 ITU-R601 建议中，$m=6$，亮度信号采样频率 f_S 为 13.5 MHz。对于 625 行/50 场扫描格式的亮度信号来说，每行的采样点数为

$$\frac{13.5 \times 10^6}{15\ 625} = 864$$

对于 525 行/60 场扫描格式的亮度信号来说，每行的采样点数为

$$\frac{13.5 \times 10^6}{15\ 734.265} = 858$$

3) 色度格式

实验证明，人眼对彩色图像细节的分辨能力比对黑白的低得多，因此，对色度信号 U、V 可以采用"大面积着色原理"。用亮度信号 Y 传输细节，用色差信号 U、V 进行大面积着色。因此，彩色图像的清晰度由亮度信号的带宽保证(PAL 制式亮度信号 Y 的带宽为 4.43 MHz)，而把色度信号的带宽变窄(PAL 制式色度信号带宽限制在 1.3 MHz)。在 NTSC 制式的 YIQ 彩色中情况也类似，即用亮度信号 Y 来传送细节；传送分辨力较强的 I 信号时，可用较宽的带宽(I 的带宽为 1.3~1.5 MHz，这和 PAL 制中的 U、V 带宽差不多)；在传送分辨力最弱的 Q 信号时，可用最窄的频带(Q 的带宽为 0.5 MHz，仅为 I 带宽的 1/3)。

正是由于这个原因，同时又考虑到采样点正交结构的要求，数字化后的图像通常有以

下几种格式：

（1）4∶2∶2格式。在4∶2∶2格式中，色差信号C_r和C_b的采样频率均为亮度信号采样频率f_y的一半，即

$$f_{C_r} = f_{C_b} = \frac{1}{2}f_y = 6.75\ \mathrm{MHz} \qquad (2.1-24)$$

因此亮度采样频率和两个色差信号采样频率之比为

$$f_y \colon f_{C_r} \colon f_{C_b} = 4 \colon 2 \colon 2 \qquad (2.1-25)$$

图2.8给出了4∶2∶2取样格式中亮度信号和色差信号样点的位置。可以看出，色差信号C_r和C_b在水平方向上的采样点数为亮度信号的一半，而在垂直方向的采样点数与Y相同。

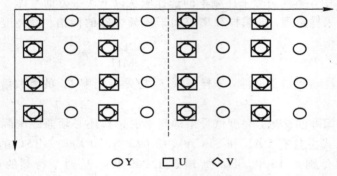

$\bigcirc$ Y $\square$ U $\diamondsuit$ V

图2.8　4∶2∶2格式中样点的位置

（2）4∶4∶4格式。在4∶4∶4格式中，色差信号C_r和C_b的采样频率与亮度信号采样频率相同，即

$$f_{C_r} = f_{C_b} = f_y = 13.5\ \mathrm{MHz} \qquad (2.1-26)$$

因此亮度采样频率和两个色差信号采样频率之比为

$$f_y \colon f_{C_r} \colon f_{C_b} = 4 \colon 4 \colon 4 \qquad (2.1-27)$$

图2.9给出了4∶4∶4取样格式中亮度信号和色差信号样点的位置。色差信号C_r和C_b在水平方向上和垂直方向上的采样点数都和亮度信号Y的一样。

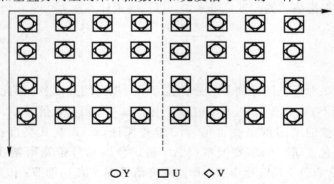

$\bigcirc$ Y $\square$ U $\diamondsuit$ V

图2.9　4∶4∶4格式样点位置

（3）4∶1∶1格式。在4∶1∶1格式中，色差信号C_r和C_b的采样频率均为亮度信号采样频率的1/4，即

$$f_{C_r} = f_{C_b} = \frac{1}{4} f_y = 3.375\,\text{MHz} \qquad (2.1-28)$$

因此亮度采样频率和两个色差信号采样频率之比为

$$f_y : f_{C_r} : f_{C_b} = 4 : 1 : 1 \qquad (2.1-29)$$

图 2.10 给出了 4:1:1 取样格式中亮度信号和色差信号样点的位置。色差信号 C_r 和 C_b 在水平方向上的采样点数为亮度信号 Y 的 1/4，而在垂直方向上的采样点数都和亮度信号 Y 的一样。

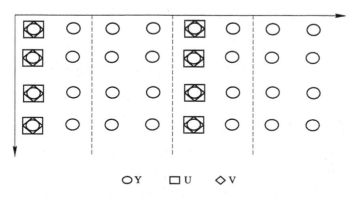

○ Y　　□ U　　◇ V

图 2.10　4:1:1 格式中样点的位置

（4）4:2:0 格式。图 2.11 给出了 4:2:0 取样格式中亮度信号和色差信号样点的位置。

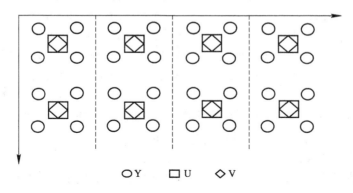

○ Y　　□ U　　◇ V

图 2.11　4:2:0 格式中样点的位置

一般地，4:4:4 和 4:2:2 格式用于视频制作和编辑，4:2:0 格式用于视频发行，如数字光盘(DVD)上的电影，视频点播(VOD)等。

4) 图像格式

对于 PAL 制式和 NTSC 制式的视频信号，进入视频编码器后都转变成公共的中间格式 CIF。该图像格式对亮度信号而言，每幅图像扫描 288 行，每行有 352 个像素；对于色度信号而言为 144 行×176 个像素。在编码器中同时还设置有 1/4CIF 格式或称为 QCIF，该格式的每幅图像行数和每行像素均为 CIF 的一半。此外，还有 SUB_QCIF、4CIF、16CIF 的图像格式，如表 2.1 所示。

表 2.1　各种图像格式参数表

		Sub – QCIF	QCIF	CIF	4CIF	16CIF
每帧行数	Y	96	144	288	576	1152
	C_r	48	72	144	288	576
	C_b	48	72	144	288	576
每行像素数	Y	128	176	352	704	1408
	C_r	64	88	176	352	704
	C_b	64	88	176	352	704

2.2　离散傅里叶变换(DFT)

2.2.1　一维离散傅里叶变换

在连续信号的分析中,傅里叶变换为人们深入理解和从理论上分析各种信号的性质提供了一种强有力的手段。但是,人们面临一个重要问题就是如何将数字计算机的应用和信号分析与处理紧密地联系起来。为此,人们研究得知可采用离散傅里叶变换(Discrete Fourier Transform),该变换为使用计算机进行傅里叶分析提供了理论依据,且大大降低了分析处理的复杂程度。

离散傅里叶变换建立了离散时域(或空间域)与离散频域之间的关系,使时域(或空间域)和频域的有关运算都限制在有限区间。如果信号或图像处理直接在时间域(或空间域)上进行,则计算量大,且随着样点数目的增加而急剧增加,难以实时处理。而采用 DFT 的方法,将输入的数字信号首先做 DFT 变换,把时域(或空间域)中的卷积或相关运算简化为频域的相乘处理,然后再做 DFT 反变换,恢复为时域(或空间域)信号,这样,可大大减少计算量,提高处理速度。另外,DFT 还有一个明显的优点就是具有快速算法,即 FFT 算法。FFT 算法极大地提高了 DFT 的计算速度,随样点数目的增加,其优越性愈加显著。作为一种算法,它的出现彻底改变了难以实时处理的局面,同时引起了人们极大的兴趣,并广泛应用于多个技术领域,

因为许多书籍和资料都对 FFT 算法有详细介绍,所以我们在这里只简单介绍一下它的定义和性质。

1. 一维离散傅里叶变换的定义

定义　设 $\{f(k)|k=0,1,\cdots,N-1\}$ 为一维信号的 N 个采样,其离散傅里叶变换及逆变换分别为

$$F(u) = \sum_{k=0}^{N-1} f(k)e^{-j2\pi uk/N} = \sum_{k=0}^{N-1} f(k)W_N^{ku} \qquad u=0,1,\cdots,N-1 \quad (2.2-1)$$

$$f(k) = \frac{1}{N}\sum_{u=0}^{N-1} F(u)e^{j2\pi uk/N} = \frac{1}{N}\sum_{k=0}^{N-1} F(u)W_N^{-ku} \qquad k=0,1,\cdots,N-1$$

$$(2.2-2)$$

式中 $W_N = e^{-j2\pi/N}$。

2. 一维离散傅里叶变换的性质

离散傅里叶变换具有很多性质，这里我们主要介绍几种常用的性质。

1）线性性质

函数 $af_1(k)+bf_2(k)$ 满足

$$af_1(k)+bf_2(k) \Leftrightarrow aF_1(u)+bF_2(u) \tag{2.2-3}$$

2）时移性质

如果序列 $f(k)$ 向右（或向左）移动 i 位，则有

$$f(k-i) \Leftrightarrow F(u)W_N^{ui} \tag{2.2-4}$$

即位移后的 DFT 是位移前的 DFT 与一指数项相乘。

3）频移性质

对任意实整数，有

$$f(k)W_N^{-ki} \Leftrightarrow F(u-i) \tag{2.2-5}$$

将 $f(k)$ 与一指数项相乘相当于其变换后的频域中心移动到新的位置。

4）时间卷积定理

离散卷积的定义为

$$y(k)=f(k)*g(k)=\sum_{i=0}^{N-1}f(i)g(k-i) \tag{2.2-6}$$

其中 $f(k)$ 和 $g(k)$ 是具有相同周期 N 的周期函数，离散卷积为将一个函数同另一个函数的反折移位形式逐点相乘且将诸乘积相加。

若 $f(k)$、$g(k)$ 的 DFT 分别为 $F(u)$、$G(u)$，则离散卷积的 DFT 为

$$g(k)=f(k)*g(k) \Leftrightarrow F(u)G(u) \tag{2.2-7}$$

5）频率卷积定理

频率卷积为

$$Y(u)=\sum_{i=0}^{N-1}F(i)G(u-i)=F(u)*G(u) \tag{2.2-8}$$

因为 $F(u)$ 和 $G(u)$ 是周期性的，所以上式是在频率平面中的一个循环卷积。此表达式的反 DFT 为

$$Y(u)=F(u)*G(u) \Leftrightarrow f(k)g(k) \tag{2.2-9}$$

6）帕什瓦尔定理

对于离散函数，在时域和频域所计算的功率之间的帕什瓦尔定理关系是

$$\sum_{k=0}^{N-1}f^2(k)=\frac{1}{N}\sum_{u=0}^{N-1}|F(u)|^2 \tag{2.2-10}$$

2.2.2 二维离散傅里叶变换

1. 二维 DFT 的定义

设二维离散信号为 $\{f(x,y)|x=0,1,\cdots,M-1;y=0,1,\cdots,N-1\}$，则其 DFT 的

变换对定义为

$$F(u,v) = \frac{1}{\sqrt{MN}} \sum_{x=0}^{M-1} \sum_{y=0}^{N-1} f(x,y) e^{-j2\pi \left(\frac{ux}{M}+\frac{vy}{N}\right)}$$

$$u = 0,1,\cdots,M-1; \quad v = 0,1,\cdots,N-1 \qquad (2.2-11)$$

$$f(x,y) = \frac{1}{\sqrt{MN}} \sum_{u=0}^{M-1} \sum_{v=0}^{N-1} F(u,v) e^{j2\pi \left(\frac{ux}{M}+\frac{vy}{N}\right)}$$

$$x = 0,1,\cdots,M-1; \quad y = 0,1,\cdots,N-1 \qquad (2.2-12)$$

一般假定图像为方阵，即 $M=N$，则 DFT 变换可简化为

$$F(u,v) = \frac{1}{N} \sum_{x=0}^{N-1} \sum_{y=0}^{N-1} f(x,y) e^{-j2\pi \left(\frac{ux+vy}{N}\right)} \qquad (2.2-13)$$

$$f(x,y) = \frac{1}{N} \sum_{u=0}^{N-1} \sum_{v=0}^{N-1} F(u,v) e^{j2\pi \left(\frac{ux+vy}{N}\right)} \qquad (2.2-14)$$

式中

$$u,x,v,y \in \{0, 1, \cdots, N-1\}$$

需要指出的是，离散变换一方面是连续变换的一种近似，而另一方面，其本身是严格的变换对。在今后的分析中，可以简单地把数字域上得到的结果作为对连续场合的解释，两者是统一的。

2. 二维 DFT 的性质

二维 DFT 存在和一维 DFT 变换相同的性质，如线性、位移、频移、卷积等，下面只介绍在二维情况下才具有的性质。

1）变换的可分离性

由前面的定义知，二维 DFT 正反变换都可以分为两次一维 DFT 运算：

$$F(u,v) = \frac{1}{N} \sum_{x=0}^{N-1} \sum_{y=0}^{N-1} \left[f(x,y) e^{-j2\pi \frac{vy}{N}} \right] e^{-j2\pi \frac{ux}{N}}$$

$$= \frac{1}{\sqrt{N}} \sum_{x=0}^{N-1} \left[\frac{1}{\sqrt{N}} \sum_{y=0}^{N-1} f(x,y) e^{-j2\pi \frac{vy}{N}} \right] e^{-j2\pi \frac{ux}{N}}$$

$$u = 0, 1, \cdots, N-1; \quad v = 0, 1, \cdots, N-1 \qquad (2.2-15)$$

$$f(x,y) = \frac{1}{N} \sum_{u=0}^{N-1} \sum_{v=0}^{N-1} \left[F(u,v) e^{j2\pi \frac{vy}{N}} \right] e^{j2\pi \frac{ux}{N}}$$

$$= \frac{1}{\sqrt{N}} \sum_{u=0}^{N-1} \left[\frac{1}{\sqrt{N}} \sum_{v=0}^{N-1} F(u,v) e^{j2\pi \frac{vy}{N}} \right] e^{j2\pi \frac{ux}{N}}$$

$$x = 0, 1, \cdots, N-1; \quad y = 0, 1, \cdots, N-1 \qquad (2.2-16)$$

上式分离后，二维 DFT 就被分解为水平和垂直两部分运算。上式中方括号中的项表示在图像的行上计算的 DFT，方括号外边的求和则为数组在列上的 DFT。所以，二维 DFT 就被分成了两个一维 DFT 来实现。

2) 旋转不变性

引入极坐标，使

$$\begin{cases} x = r\cos\theta \\ y = r\sin\theta \end{cases} \tag{2.2-17}$$

$$\begin{cases} u = w\cos\varphi \\ v = w\sin\varphi \end{cases} \tag{2.2-18}$$

则 $f(x,y)$ 和 $F(u,v)$ 分别表示为 $f(r,\theta)$ 和 $F(w,\varphi)$。在极坐标中，存在以下变换对：

$$f(r,\theta+\theta_0) \Longleftrightarrow F(w,\varphi+\theta_0) \tag{2.2-19}$$

这表明，如果图像旋转一个角度 θ_0，则它的频率（频谱）也旋转同样的角度。旋转性质在计算机轴向断层扫描技术等方面很有用处。

3) 去相关性

当输入的像素高度相关时，变换系数趋于不相关。变换系数的协方差矩阵中的对角元素的值比非对角元素的值大得多。对于一个信号来说，如果它的各个分量之间完全不相关，那么表示该数据中没有冗余。因此正交变换的去相关性有利于图像数据的压缩。

4) 熵保持性

如果把 $f(x,y)$ 看作是一个具有一定熵值的随机函数，那么变换系数 $F(u,v)$ 的熵值和原来图像信号 $f(x,y)$ 的熵值相等。

3. 二维 DFT 的实现

由前面的讨论可知，二维 DFT 存在可分离性，即用两次一维 DFT 实现二维变换：

$$F(u,v) = F_x\{F_y[f(x,y)]\}$$

或

$$F(u,v) = F_y\{F_x[f(x,y)]\}$$

在具体实现中，x、y 分别为行、列坐标，即

$$F(u,v) = F_{行}\{F_{列}[f(x,y)]\}$$

上式表明先对图像矩阵的各列作行 DFT，然后再对变换结果的各行作列的 DFT。但这种方法存在一个缺点：在计算时要改变坐标，不能用同一个变换程序。采用下面的流程可解决这个问题：

$$f(x,y) \rightarrow F_{列}[f(x,y)] = F(u,y) \xrightarrow{\text{转置}} F(u,y)^{\mathrm{T}}$$

$$\rightarrow F_{列}[F(u,y)^{\mathrm{T}}] = F(u,v)^{\mathrm{T}} \xrightarrow{\text{转置}} F(u,v)$$

二维 DFT 的反变换流程与之类似，利用 DFT 的共轭性质，只需将输入改为 $F^*(u,y)$。

在二维 DFT 的计算中，若直接根据公式计算，共需要 $N^2 \times N^2$ 次复数乘法。随着 N 的增大，运算量将迅速增长。例如，当 $N=8$ 时，需 64×64 次 = 4096 次复数乘法，而当 $N=1024$ 时，就需要 $1024^2 \times 1024^2$ 次复数乘法。因而要对信号进行实时处理就难以实现。但是，根据 DFT 的可分离性质，用两次一维 FFT 就可实现二维 DFT，从而大大减少了计算量。

2.3 离散余弦变换

在数字信号处理领域中，除了应用前面介绍的 DFT 之外，还有许多种离散正交变换被广泛采用，其中离散余弦变换（DCT，Discrete Cosine Transfrom）就是其中一种，并且日益受到重视。特别在语音、数字图像处理技术领域，DCT 与 DFT 相比，显示出许多优点，其中最突出的是：DFT 是复数域的运算，尽管借助 FFT 可以提高运算速度，但在实际应用中，特别是在实际处理中带来了不便，而离散余弦变换是实数变换。

2.3.1 一维 DCT

设有一实信号序列 $\{f(x)|x=0,1,\cdots,N-1\}$，按下式将其延拓为长度为 $2N$ 的实偶对称序列 $f(x)$，如图 2.12 所示。

$$f_1(x)=\begin{cases} f\left(x-\dfrac{1}{2}\right) & x=\dfrac{1}{2},\dfrac{1}{2}+1,\cdots,\dfrac{1}{2}+(N-1) \\ f\left(-x-\dfrac{1}{2}\right) & x=-\dfrac{1}{2},-\dfrac{1}{2}-1,\cdots,-\dfrac{1}{2}-(N-1) \end{cases} \qquad (2.3-1)$$

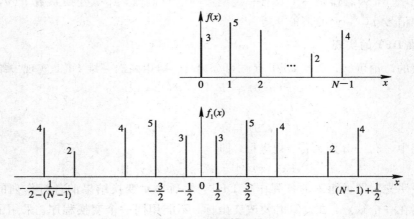

图 2.12 偶函数延拓

设 $f_1(x)$ 的 DFT 为 $F_1(u)$，根据前面的 DFT 定义，有

$$F_1(u)=\frac{1}{\sqrt{2N}}\sum_{x=-\frac{1}{2}-(N-1)}^{\frac{1}{2}+(N-1)} f_1(x)\cdot \mathrm{e}^{-\mathrm{j}2\pi xu/(2N)}$$

$$=\frac{1}{\sqrt{2N}}\sum_{x=-\frac{1}{2}-(N-1)}^{-\frac{1}{2}} f_1(x)\cdot \mathrm{e}^{-\mathrm{j}\pi xu/N}+\frac{1}{\sqrt{2N}}\sum_{x=\frac{1}{2}}^{\frac{1}{2}+(N-1)} f_1(x)\cdot \mathrm{e}^{-\mathrm{j}\pi xu/N} \qquad (2.3-2)$$

对于式(2.3-2)中的第一项，令 $x=-x$ 并代入，得

$$F_1(u)=\frac{1}{\sqrt{2N}}\sum_{x=\frac{1}{2}}^{\frac{1}{2}+(N-1)} f_1(-x)\cdot \mathrm{e}^{\mathrm{j}\pi xu/N}+\frac{1}{\sqrt{2N}}\sum_{x=\frac{1}{2}}^{\frac{1}{2}+(N-1)} f_1(x)\cdot \mathrm{e}^{-\mathrm{j}\pi xu/N}$$

$$(2.3-3)$$

在 $x = \frac{1}{2}$ 到 $\frac{1}{2} + (N-1)$ 段，$f_1(x) = f_1(-x) = f\left(x - \frac{1}{2}\right)$，利用欧拉定理可得

$$F_1(u) = \frac{1}{\sqrt{2N}} \sum_{x=\frac{1}{2}}^{\frac{1}{2}+(N-1)} f\left(x - \frac{1}{2}\right) \cdot \left(e^{j\pi xu/N} + e^{-j\pi xu/N}\right)$$

$$= \frac{2}{\sqrt{2N}} \sum_{x=\frac{1}{2}}^{\frac{1}{2}+(N-1)} f\left(x - \frac{1}{2}\right) \cdot \cos\frac{\pi ux}{N} = \sqrt{\frac{2}{N}} \sum_{x=\frac{1}{2}}^{\frac{1}{2}+(N-1)} f\left(x - \frac{1}{2}\right) \cdot \cos\frac{\pi ux}{N}$$

$$(2.3-4)$$

在上式中作变量代换，令 $x - \frac{1}{2} = x'$，可得

$$F_1(u) = \sqrt{\frac{2}{N}} \sum_{x'=0}^{N-1} f(x') \cdot \cos\frac{\pi\left(x' + \frac{1}{2}\right)u}{N} = \sqrt{\frac{2}{N}} \sum_{x=0}^{N-1} f(x) \cdot \cos\frac{\pi(2x+1)u}{2N}$$

$$(2.3-5)$$

式 (2.3-5) 即为 $f_1(x)$ 的 DFT。从式中可以看出，实偶函数 $f_1(x)$ 的 DFT 也是一个 $2N$ 点的实偶函数，只要知道正频率信息，其负频率信息也就可以推知。因而实际有效信息只有一半，所以我们各取时域和频域的一半作为一种新的变换——离散余弦变换（DCT）。

一维 DCT 的定义如下：

设一个 N 点的实序列 $\{f(x) | x = 0, 1, \cdots, N-1\}$，其离散余弦正、反变换定义为

$$F(u) = C(u) \sqrt{\frac{2}{N}} \sum_{x=0}^{N-1} f(x) \cos\frac{(2x+1)u\pi}{2N} \qquad u = 0, 1, 2, \cdots, N-1 \qquad (2.3-6)$$

$$f(x) = \sqrt{\frac{2}{N}} \sum_{u=0}^{N-1} C(u) F(u) \cos\frac{(2x+1)u\pi}{2N} \qquad x = 0, 1, 2, \cdots, N-1 \qquad (2.3-7)$$

其中，

$$C(u) = \begin{cases} \dfrac{1}{\sqrt{2}} & u = 0 \\ 1 & \text{其它} \end{cases} \qquad (2.3-8)$$

可见一维 DCT 的正反变换的变换核都是

$$g(u, x) = \sqrt{\frac{2}{N}} C(u) \cos\frac{(2x+1)u\pi}{2N} \qquad (2.3-9)$$

则 DCT 变换公式又可写为

$$F(u) = \sum_{x=0}^{N-1} f(x) g(u, x) \qquad u = 0, 1, 2, \cdots, N-1 \qquad (2.3-10)$$

$$f(x) = \sum_{u=0}^{N-1} F(u) g(u, x) \qquad x = 0, 1, 2, \cdots, N-1 \qquad (2.3-11)$$

图像序列 $f(x)$ 可以看成是由变换核函数 $g(u, x)$ 和系数 $F(u)$ 加权和组成的。如果把 $g(u, x)$ 展开则是一组余弦波，又称为基波向量。

以 $N = 8$ 的 DCT 变换为例，变换核函数 $g(u, x)$ 可表示为

$$g(u, x) = \sqrt{\frac{2}{N}} C(u) \cos\frac{(2x+1)u\pi}{16} \qquad u, x = 0, 1, \cdots, 7 \qquad (2.3-12)$$

把变换核函数展开后得到 $N=8$ 的 DCT 变换矩阵，如表 2.2 所示。

表 2.2 $N=8$ 的 DCT 变换矩阵

$\sqrt{2}/2$	$\sqrt{2}/2$	$\sqrt{2}/2$	$\sqrt{2}/2$	$\sqrt{2}/2$	$\sqrt{2}/2$	$\sqrt{2}/2$	$\sqrt{2}/2$
$\frac{1}{2}\cos\frac{\pi}{16}$	$\frac{1}{2}\cos\frac{3\pi}{16}$	$\frac{1}{2}\cos\frac{5\pi}{16}$	$\frac{1}{2}\cos\frac{7\pi}{16}$	$-\frac{1}{2}\cos\frac{7\pi}{16}$	$-\frac{1}{2}\cos\frac{5\pi}{16}$	$-\frac{1}{2}\cos\frac{3\pi}{16}$	$-\frac{1}{2}\cos\frac{\pi}{16}$
$\frac{1}{2}\cos\frac{2\pi}{16}$	$\frac{1}{2}\cos\frac{6\pi}{16}$	$-\frac{1}{2}\cos\frac{6\pi}{16}$	$-\frac{1}{2}\cos\frac{2\pi}{16}$	$-\frac{1}{2}\cos\frac{2\pi}{16}$	$-\frac{1}{2}\cos\frac{6\pi}{16}$	$\frac{1}{2}\cos\frac{6\pi}{16}$	$\frac{1}{2}\cos\frac{2\pi}{16}$
$\frac{1}{2}\cos\frac{3\pi}{16}$	$-\frac{1}{2}\cos\frac{7\pi}{16}$	$-\frac{1}{2}\cos\frac{\pi}{16}$	$-\frac{1}{2}\cos\frac{5\pi}{16}$	$\frac{1}{2}\cos\frac{5\pi}{16}$	$\frac{1}{2}\cos\frac{\pi}{16}$	$\frac{1}{2}\cos\frac{7\pi}{16}$	$-\frac{1}{2}\cos\frac{3\pi}{16}$
$\frac{1}{2}\cos\frac{4\pi}{16}$	$-\frac{1}{2}\cos\frac{4\pi}{16}$	$-\frac{1}{2}\cos\frac{4\pi}{16}$	$\frac{1}{2}\cos\frac{4\pi}{16}$	$\frac{1}{2}\cos\frac{4\pi}{16}$	$-\frac{1}{2}\cos\frac{4\pi}{16}$	$-\frac{1}{2}\cos\frac{4\pi}{16}$	$\frac{1}{2}\cos\frac{4\pi}{16}$
$\frac{1}{2}\cos\frac{5\pi}{16}$	$-\frac{1}{2}\cos\frac{\pi}{16}$	$\frac{1}{2}\cos\frac{7\pi}{16}$	$\frac{1}{2}\cos\frac{3\pi}{16}$	$-\frac{1}{2}\cos\frac{3\pi}{16}$	$-\frac{1}{2}\cos\frac{7\pi}{16}$	$\frac{1}{2}\cos\frac{\pi}{16}$	$-\frac{1}{2}\cos\frac{5\pi}{16}$
$\frac{1}{2}\cos\frac{6\pi}{16}$	$-\frac{1}{2}\cos\frac{2\pi}{16}$	$\frac{1}{2}\cos\frac{2\pi}{16}$	$-\frac{1}{2}\cos\frac{6\pi}{16}$	$-\frac{1}{2}\cos\frac{6\pi}{16}$	$\frac{1}{2}\cos\frac{2\pi}{16}$	$-\frac{1}{2}\cos\frac{2\pi}{16}$	$\frac{1}{2}\cos\frac{6\pi}{16}$
$\frac{1}{2}\cos\frac{7\pi}{16}$	$-\frac{1}{2}\cos\frac{5\pi}{16}$	$\frac{1}{2}\cos\frac{3\pi}{16}$	$-\frac{1}{2}\cos\frac{\pi}{16}$	$\frac{1}{2}\cos\frac{\pi}{16}$	$-\frac{1}{2}\cos\frac{3\pi}{16}$	$\frac{1}{2}\cos\frac{5\pi}{16}$	$-\frac{1}{2}\cos\frac{7\pi}{16}$

将变换式展开整理后，可以写成矩阵形式：

$$\boldsymbol{F} = \boldsymbol{G}f$$

$$G = \sqrt{\frac{2}{N}}\begin{bmatrix} \dfrac{1}{\sqrt{2}} & \dfrac{1}{\sqrt{2}} & \cdots & \dfrac{1}{\sqrt{2}} \\ \cos\dfrac{\pi}{2N} & \cos\dfrac{3\pi}{2N} & \cdots & \cos\dfrac{(2N-1)\pi}{2N} \\ \vdots & \vdots & & \vdots \\ \cos\dfrac{(N-1)\pi}{2N} & \cos\dfrac{3(N-1)\pi}{2N} & \cdots & \cos\dfrac{(2N-1)(N-1)\pi}{2N} \end{bmatrix}$$

$$(2.3-13)$$

2.3.2 二维 DCT

1. 二维 DCT 变换公式

根据一维 DCT 可推得二维 DCT。设 $\{f(x,y)\mid x=0,\cdots,M-1;\ y=0,\cdots,N-1\}$ 为二维图像信号序列集合，则其正变换为

$$F(u,v) = \frac{2}{\sqrt{MN}}C(u)C(v)\sum_{x=0}^{M-1}\sum_{y=0}^{N-1}f(x,y)\cos\frac{(2x+1)u\pi}{2M}\cos\frac{(2y+1)v\pi}{2N}$$

$$(2.3-14)$$

其中，$u=0,1,2,\cdots,M-1$；$v=0,1,2,\cdots,N-1$；$C(u)$，$C(v)$ 的定义同前面一维 DCT 时的情况。

二维 DCT 的逆变换为

$$f(x,y) = \frac{2}{\sqrt{MN}}\sum_{u=0}^{M-1}\sum_{v=0}^{N-1}C(u)C(v)F(u,v)\cos\frac{(2x+1)u\pi}{2M}\cos\frac{(2y+1)v\pi}{2N}$$

$$(2.3-15)$$

从式(2.3-14)和式(2.3-15)可看出，二维 DCT 的正反变换的变换核都相同，且都具有可分离性，即

$$g(u,v,x,y) = g_1(u,x)g_2(v,y)$$

$$= \sqrt{\frac{2}{M}}C(u) \cos \frac{(2x+1)u\pi}{2M} \sqrt{\frac{2}{N}}C(v) \cos \frac{(2y+1)v\pi}{2N} \qquad (2.3-16)$$

当 $M=N$ 时，二维 DCT 变换公式可表示为

$$F(u,v) = \sum_{x=0}^{N-1}\sum_{y=0}^{N-1} f(x,y)g(x,y,u,v) \qquad u,v = 0,1,\cdots,N-1 \qquad (2.3-17)$$

$$f(x,y) = \sum_{u=0}^{N-1}\sum_{v=0}^{N-1} F(u,v)g(x,y,u,v) \qquad x,y = 0,1,\cdots,N-1 \qquad (2.3-18)$$

类似一维矩阵形式的 DCT，可以写出二维时的 DCT 变换的矩阵形式

$$\boldsymbol{F} = \boldsymbol{G}f\boldsymbol{G}^{\mathrm{T}} \qquad (2.3-19)$$

2. 二维 DCT 的物理意义

二维变换核函数 $g(x,y,u,v)$ 按 x,y,u,v 分别展开后得到的是 $N \times N$ 个 $N \times N$ 点的像块组，又称为基图像。其中变量 u 表示基图像水平方向上的空间频率，v 表示垂直方向上的空间频率，例如 $u=0$，$v=0$ 对应的子像块是 $g(x,y,0,0)$，图像在 x 和 y 方向都没有变化。而 $u=7$，$v=7$ 对应的子像块是 $g(x,y,7,7)$，图像的亮度值在 x 和 y 方向上的变化频率在基图像组中是最高的。

二维 DCT 从物理概念上来理解，是将空间像素的几何分布变换为空间频率分布，即

$$f(x,y) = F(0,0)g(x,y,0,0) + F(0,1)g(x,y,0,1) + F(1,0)g(x,y,1,0)$$
$$+ F(1,1)g(x,y,1,1) + \cdots + F(7,7)g(x,y,7,7) \qquad (2.3-20)$$

由上式可见，一个 8×8 点的像块 $f(x,y)$ 是由 8×8 个基图像 $\{g(x,y,0,0)$，$g(x,y,0,1)$，$g(x,y,1,0)$，$\cdots$，$g(x,y,7,7)\}$ 和系数 $F(u,v)$ 的线性加权和构成的，其中系数 $F(u,v)$ 代表各个基图像所占分量的大小。因而可利用基图像来计算 DCT 变换，当 $N=8$ 时，有

$$F(u,v) = \sum_{x=0}^{7}\sum_{y=0}^{7} f(x,y)g(x,y,u,v) \qquad u,v = 0,1,\cdots,7 \qquad (2.3-21)$$

因此，要计算 $F(0,0)$，只需要将像块 $f(x,y)$ 与对应的基图像 $g(x,y,0,0)$ 进行点点相乘，然后再相加求和即可。由于 $g(x,y,0,0)$ 是均一亮度图像，因此实际上是将 $f(x,y)$ 的 64 个样值相加求和，这相当于是图像 $f(x,y)$ 的平均亮度，因此 $F(0,0)$ 又称为直流系数。要计算 $F(5,5)$，只需要将像块 $f(x,y)$ 与对应的基图像 $g(x,y,5,5)$ 进行点点相乘并求和即可。

因此，在 $F(u,v)$ 系数矩阵中，$F(0,0)$ 对应于图像 $f(x,y)$ 的平均亮度，称为直流（DC）系数；其余的 63 个系数称为交流（AC）系数，从左向右表示水平空间频率增加的方向，从上向下表示垂直空间频率增加的方向。

3. 计算举例

设对只有黑白两种亮度电平的三幅图像进行 DCT 变换。图中阴影代表 DCT 系数不为 0，空白代表系数值为 0。

由图 2.13(a) 左边所示的像块可见，$f(x,y)$ 只在水平方向上有一个周期的方波变化，在垂直方向上没有变化，可以说垂直空间频率为 0。DCT 系数 $F(u,v)$ 只可能在 $v=0$ 的位置不为 0，如同一维 DCT 情况，图像序列由 8 个基波的系数加权线性组合而成。根据计算，

其 DCT 系数只可能有 $F(0,0)$、$F(1,0)$、$F(3,0)$、$F(5,0)$ 和 $F(7,0)$ 五个系数不为 0。

而在图 2.13(b)中，$f(x,y)$ 只在垂直方向上有一个周期的方波变化，在水平方向上没有变化，可以说水平空间频率为 0。DCT 系数 $F(u,v)$ 只可能在 $u=0$ 的位置不为 0，DCT 系数只可能有 $F(0,0)$、$F(0,1)$、$F(0,3)$、$F(0,5)$ 和 $F(0,7)$ 五个系数存在。

由图 2.13(c)所示的像块可见，$f(x,y)$ 是棋盘格图案，所以在水平方向上和垂直方向上都有亮度变化。故其变换结果中在多个位置均有不为零的系数存在。

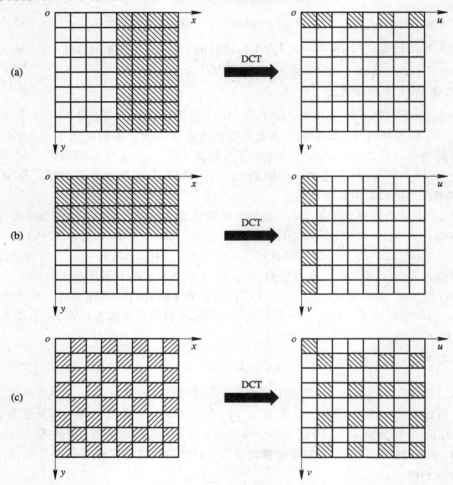

图 2.13　对只有黑白两种亮度电平的三幅图像进行 DCT 变换的示例

由于 DCT 变换核函数 $g(x,y,u,v)$ 是可分离的，类似二维 DFT，因此在计算二维 DCT 变换时，可将二维 DCT 变换分解成级联的两次一维变换。

首先对图像 $f(x,y)$ 的每一列进行 DCT 变换，可得

$$P(x,v) = \sqrt{\frac{2}{N}} C(v) \left[\sum_{y=0}^{N-1} f(x,y) \cos \frac{(2y+1)v\pi}{2N} \right] \qquad (2.3-22)$$

再对 $P(x,v)$ 的每一行进行一维 DCT 变换即可得 $F(u,v)$ 为

$$F(u,v) = \sqrt{\frac{2}{N}} C(u) \left[\sum_{x=0}^{N-1} P(x,v) \cos \frac{(2x+1)u\pi}{2N} \right] \qquad (2.3-23)$$

其流程与 DFT 类似，如下：

$$f(x,y) \rightarrow F_{列}[f(x,y)] = F(u,y) \xrightarrow{转置} F(u,y)^{\mathrm{T}}$$

$$\rightarrow F_{列}[F(u,y)^{\mathrm{T}}] = F(u,v)^{\mathrm{T}} \xrightarrow{转置} F(u,v)$$

为了解决实时处理所面临的运算复杂性，也发现了相应的快速算法。其中一些是由 FFT 的思路发展起来的。这样，二维 DCT 变换可以直接利用一维 DCT 变换的快速算法进行运算，目前已有多种快速 DCT(FCT)算法可以选用。

2.4　离散 K‑L 变换

K‑L 变换称为特征向量变换、主分量变换、霍特林变换，是基于相关函数的一种最佳变换，有连续的也有离散的 K‑L 变换。在现代信号和图像处理中，即使是连续随机信号，往往对它要先作时域(或空域)上的离散取样，得到相应的离散随机信号，然后再对其处理。因此，我们主要介绍离散的 K‑L 变换，该变换的突出优点是相关性好，主要用于数据压缩和图像的旋转。

在实际中，我们可以将图像看作随机信号，如一幅 $N \times N$ 的数字图像 $f(x,y)$ 传输了 M 次，因受各种因素的随机干扰和环境条件的影响，接收到的图像实际上是一个受噪声干扰的数字图像样本的集合：

$$\{f_1(x,y), f_2(x,y), f_3(x,y), \cdots, f_i(x,y), \cdots, f_M(x,y)\}$$

对第 i 次获得的图像 $f_i(x,y)$，可用 $N^2 \times 1$ 维向量 $\boldsymbol{X}_i$ 来表示：

$$\boldsymbol{X}_i = [f_i(0,0), \cdots, f_i(0,N-1); f_i(1,0), \cdots,$$
$$f_i(1,N-1); f_i(N-1,0), \cdots, f_i(N-1,N-1)]^{\mathrm{T}} \quad (2.4-1)$$

也可用下式表示：

$$\boldsymbol{X}_i = [X_{i1}, X_{i2}, \cdots, X_{iN}, \cdots, X_{ij}, \cdots, X_{iN^2}]^{\mathrm{T}} \quad (2.4-2)$$

其中 X_{ij} 表示向量 $\boldsymbol{X}_i$ 的元素。

$\boldsymbol{X}$ 向量的协方差矩阵定义为

$$\boldsymbol{C}_X = E[(\boldsymbol{X}-\boldsymbol{m}_X)(\boldsymbol{X}-\boldsymbol{m}_X)^{\mathrm{T}}] \quad (2.4-3)$$

其中 E 表示求期望值，$\boldsymbol{m}_X$ 是 $\boldsymbol{X}$ 的平均向量值，$\boldsymbol{m}_X$ 的定义为

$$\boldsymbol{m}_X = E[\boldsymbol{X}] \quad (2.4-4)$$

$\boldsymbol{X}_i$ 是 N^2 维向量，所以 $\boldsymbol{C}_X$ 是 $N^2 \times N^2$ 实对称方阵，其中的元素 C_{jj}(在矩阵对角线上)表示第 j 个分量的方差。$\boldsymbol{C}_X$ 中的元素 C_{kl}(不在矩阵对角线上)表示第 k 个元素与第 l 个元素之间的协方差。

根据线性代数理论知，由于 $\boldsymbol{C}_X$ 是 $N^2 \times N^2$ 维实对称矩阵，因此总可以找到 $\boldsymbol{C}_X$ 的 N^2 个满足正交归一化条件的特征向量和对应的特征值。设 e_i 和 λ_i 是 $\boldsymbol{C}_X$ 的满足正交归一化条件的特征向量和对应的特征值，其中 $i = 1, 2, \cdots, N^2$，并设特征值按递减顺序排序，即 $\lambda_1 > \lambda_2 > \lambda_3 > \cdots > \lambda_{N^2}$，那么，K‑L 变换矩阵 $\boldsymbol{A}$ 为

$$\boldsymbol{A} = \begin{bmatrix} e_{11} & e_{12} & \cdots & e_{1N^2} \\ e_{21} & e_{22} & \cdots & e_{2N^2} \\ \vdots & \vdots & & \vdots \\ e_{N^2 1} & e_{N^2 2} & \cdots & e_{N^2 N^2} \end{bmatrix} \quad (2.4-5)$$

这样，K-L变换可表示为

$$Y = A(X - m_X) \tag{2.4-6}$$

该变换式可理解为由中心化图像向量 $X - m_X$ 与变换矩阵 A 相乘即得到变换后的图像向量 Y。

可以证明：

$$E[Y] = E[A(X - m_X)] = m_Y = 0 \tag{2.4-7}$$

即 Y 的均值为 0，且 Y 的协方差矩阵可由 A 和 C_X 得到

$$C_Y = AC_X A^T \tag{2.4-8}$$

C_Y 是一个对角阵，它的主对角线上的元素是 C_X 的特征值，即

$$C_Y = \begin{bmatrix} \lambda_1 & & & 0 \\ & \lambda_2 & & \\ & & \ddots & \\ 0 & & & \lambda_{N^2} \end{bmatrix} \tag{2.4-9}$$

上式说明，Y 的各个元素是互不相关的。由于 λ_i 也是 CX 的特征值，因此 C_Y 和 C_X 有相同的特征值和特征向量。经过 K-L 变换所得的 Y 数据已经消除了各个元素之间的相关性。

和其它变换类似，K-L 变换也有反变换，可以根据 Y 来重建 X。由于 A 矩阵的各行都是正交归一化矢量，所以 $A^{-1} = A^T$，且由 $Y = A(X - m_X)$ 可得

$$X = A^T Y + m_X \tag{2.4-10}$$

上式建立的反 K-L 变换是 X 的重建，但在很多场合下，我们可以从 C_X 取一部分大的特征向量，例如 K 个，来构造 A 的近似矩阵 A_K，由 A_K 可以重建 X 的近似值 X_K：

$$X_K = A_K^T Y + m_X \tag{2.4-11}$$

可以证明，可以通过取不同的 K 值来达到 X_K 和 X 之间的均方误差为任意小。这就是我们常说的 K-L 变换可以做到在均方误差最小意义下的最佳变换。

由上面分析可知，K-L 变换的最大优点是去相关性能很好，所以可将它用于图像压缩处理。但是，因为计算量很大，所以造成 K-L 变换难以应用到实际中去。

2.5　图像的小波变换

我们知道，傅里叶变换的正交基函数是正弦信号，它能将满足狄里克雷条件的任何解析信号表示为正弦波之和；该变换把时域内难以显现的特征在频域中十分清楚地显现出来。但是，它反映的是信号在时域（或空间域）与频率域间的彼此的整体刻画，不能反映时域（或空间域）与频率域各自的局部信息，即不能用于局部分析。

在实际过程中，我们对信号分析的时候，很希望知道突变信号在突变时刻的频率，或者知道信号在时域（空域）或频域的局部特性。很显然，傅里叶变换是无法解决这一问题的。为克服上述缺点，一些数学家们提出了小波变换（WT，Wavelet Transform）。与傅里叶变换等变换相比，小波变换是时间（空间）和频率的局部变换，能有效地从信号中提取局部信息，通过伸缩平移运算对信号逐步进行多尺度细化，达到高频处作细致观察，低频

处作粗略观察的目的。同时，图像的小波变换有很高的压缩比和较优的编码质量。因其上述优点，小波分析理论得到迅速发展和广泛应用，在信号分析、图像处理、数据压缩、地震勘探等领域取得了有价值的研究成果。

2.5.1 连续小波变换与反变换

设 $f(t)$ 是平方可积函数，即 $f(t) \in L^2(R)$，$\Psi(t)$ 是基本小波，则称

$$\mathrm{WT}_f(a, \tau) = \frac{1}{\sqrt{a}} \int f(t) \Psi^* \left(\frac{t-\tau}{a} \right) \mathrm{d}t = \langle f(t), \Psi_{a\tau}(t) \rangle \qquad (2.5-1)$$

为 $f(t)$ 的连续小波变换，简写为 $\mathrm{CWT}_f(a, \tau)$。式中，a、τ 为实数，且 $a>0$，a 是尺度因子，τ 表示基本小波的位移。符号 $\langle f, \Psi \rangle$ 代表内积，它的含义是

$$\langle f(t), \Psi(t) \rangle = \int f(t) \Psi^*(t) \, \mathrm{d}t$$

上标 $*$ 表示取共轭，

$$\Psi_{a\tau}(t) = \frac{1}{\sqrt{a}} \Psi \left(\frac{t-\tau}{a} \right)$$

是基本小波 $\Psi(t)$ 进行平移与尺度伸缩后得到的一个小波族。尺度因子 a 的作用是将基本小波 $\Psi(t)$ 作伸缩，a 愈大 $\Psi(t/a)$ 愈宽，即小波的持续时间 $\Delta\tau$ 随 a 加大而增宽。

当然，不是任意函数都可作为基本小波的，必须满足如下条件，即

$$c_\Psi = \int_0^\infty \frac{|\Psi(\omega)|^2}{\omega} \, \mathrm{d}\omega < \infty \qquad (2.5-2)$$

通常称此条件为容许条件。式中，$\Psi(\omega)$ 为 $\Psi(t)$ 的 FT。

由容许条件，容易推得

$$\Psi(\omega)\Big|_{\omega=0} = \int_{-\infty}^\infty \Psi(t) \, \mathrm{d}t = 0 \qquad \Psi(\infty) = 0 \qquad (2.5-3)$$

所以，基本小波具有带通性质，且在时域（空域）正负交替振荡，使其平均值等于零。常用的基本小波有 Harr 小波、墨西哥帽小波、Morlet 小波等。Harr 小波和墨西哥帽小波的表示式为

Harr 小波：

$$\Psi(t) = \begin{cases} 1 & 0 \leqslant t < 0.5 \\ -1 & 0.5 \leqslant t < 1 \\ 0 & 其它 \end{cases}$$

墨西哥帽小波：

$$\Psi(t) = \frac{2\sqrt{3}}{3\sqrt[4]{\pi}} (1-t^2) \mathrm{e}^{-0.5t^2}$$

设基本小波 $\Psi(t)$ 的时间宽度为 $\Delta\tau$，中心位于 t_0，频率宽度为 $\Delta\omega$，中心位于 ω_0，则 $\Psi_{a,\tau}(t)$ 的时间宽度和中心为

$$\begin{cases} \Delta\tau' = a\Delta\tau \\ t_0' = at_0 + \tau \end{cases} \qquad (2.5-4)$$

频率宽度和中心为

$$\begin{cases} \Delta\omega' = \dfrac{1}{\alpha}\Delta\omega \\[2mm] \omega_0' = \dfrac{1}{\alpha}\omega_0 \end{cases} \qquad (2.5-5)$$

由式(2.5-4)和式(2.5-5)知，小波 $\Psi_{a,\tau}(t)$ 的时频宽度和中心均与尺度因子有关。尺度因子增大时，时宽也增大，时域中心越来越远离原点，频宽减小，频域中心越来越靠近原点。把小波的时、频域画在同一个图上，得到如图 2.14 所示的相平面图。

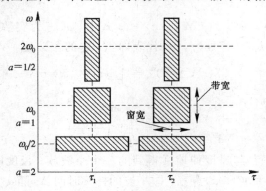

图 2.14   波函数的分析特点

当小波满足容许条件 $c_\Psi = \displaystyle\int_0^\infty \frac{|\Psi(\omega)|^2}{\omega}\,\mathrm{d}\omega < \infty$ 时，连续小波逆变换存在，可表示为

$$f(t) = \frac{1}{c_\Psi} \int_0^\infty \frac{\mathrm{d}a}{a^2} \int_{-\infty}^\infty \mathrm{WT}_f(a,\tau)\Psi_{a\tau}(t)\,\mathrm{d}\tau \qquad (2.5-6)$$

2.5.2   多分辨率分析

我们观察物体的位置远近不同，看到的物体大小与细节也就不同。距离物体远，看到的物体范围就宽而粗略；距离物体近，看到的物体范围就窄而精细。尺度 a 取值大小的变化就如同距离物体的远近改变：a 大时，意味着视野宽而分析频率低，可作概貌观察；a 小时，意味着视野窄而分析频率高，可作细节观察。这种由粗到精对事物进行的逐级分析称为多辨率分析。

1. 多分辨率信号分解与重建

1) 多分辨率分析的引入

如图 2.15 所示，把信号的归一化频带限制在 $-\pi\sim+\pi$ 之间。首先让信号分别通过一个理想低通虑波器 $H(\omega)$ 与一个理想高通滤波器 $G(\omega)$，把信号的正频率部分分解成频带在 $0\sim\pi/2$ 的低频部分和频带在 $\pi/2\sim\pi$ 的高频部分，分别用以反映信号的概貌与细节。显然，两频带不交叠，处理后两路输出必定正交。然后对滤波以后的输出信号分别做"二抽取"处理，即将输入序列按每隔一个输出一次的方式组成长度缩短一半的新序列。

同样，可对每次分解后的低频部分 $H(\omega)$ 继续进行分解。由图 2.16 可见，每一级都能分解成一个低频的粗略逼近 $H(\omega)$ 和一个高频的细节 $G(\omega)$。这就是对原始信号 $f(t)$ 的多分辨率分解。

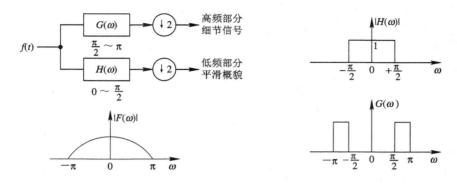

图 2.15 频带的理想部分

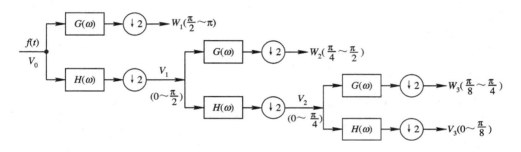

图 2.16 频带的逐级部分

这里，我们把原始信号 $f(t)$ 占据的总频带 $0 \sim \pi$ 定义为空间 V_0。如图 2.16 所示，经过第一级分解后，V_0 被划分成两个子空间，即频带为 $0 \sim \frac{\pi}{2}$ 的低频 V_1 空间和频带为 $\frac{\pi}{2} \sim \pi$ 的高频 W_1 空间。依次分解，可得

$$V_0 = V_1 \oplus W_1,\ V_1 = V_2 \oplus W_2,\ \cdots,\ V_{j-1} = V_j \oplus W_j \qquad (2.5-7)$$

其中，V_j 反映 V_{j-1} 空间信号的低频子空间，W_j 反映 V_{j-1} 空间信号的高频子空间。

可见，各子空间之间的关系如下：

逐级包含：

$$V_0 \supset V_1 \supset V_2 \supset \cdots \qquad (2.5-8)$$

逐级替换：

$$V_0 = W_1 \oplus V_1 = W_1 \oplus W_2 \oplus V_2 = \cdots = W_1 \oplus W_2 \oplus \cdots \oplus W_\infty \oplus V_\infty$$

$$(2.5-9)$$

其中，符号"$\oplus$"表示"直和"，符号"$a \supset b$"表示"a 包含 b"。

信号的分解并不是最终目的，而是一个解决问题的方法，最终还是需要获得原始信号。因此必须能够重建分解后的信号。显然，重建是分解的逆过程，其步骤如图 2.17 所示。首先对每一支路做"二插值"运算，即在输入序列的每两个相邻样本之间补一个零，使数据长度增加一倍，从而恢复"二抽取"前序列的长度。然后做相应的低通 $H(\omega)$ 或带通 $G(\omega)$ 滤波。重复此过程，就可逐级实现对原始信号由粗到精的观察。

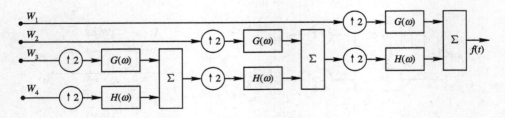

图 2.17　信号的重建

2）尺度函数 $\phi(t)$ 和小波函数 $\Psi(t)$

（1）尺度函数 $\phi(t)$。若 V_0 空间中的低通平滑函数 $\phi(t)$ 的整数移位集合 $\{\phi(t-k), k \in \mathbf{Z}\}$ 是 V_0 中的正交归一基，则称 $\phi(t)$ 为尺度函数。其正交归一性可表示为

$$\langle \phi(t-k), \phi(t-k') \rangle = \delta(k-k') \quad \text{或} \quad \langle \phi_{0,k}(t), \phi_{0,k'}(t) \rangle = \delta(k-k')$$

$$(2.5-10)$$

其中，$\phi_{0,k}(t)$ 是

$$\phi_{j,k}(t) = \frac{1}{2^{j/2}} \phi(2^{-j}t - k)$$

在 $j=0$ 时的蜕化形式，也即

$$\phi_{0,k}(t) = \phi(t-k), \quad \phi_{1,k}(t) = \frac{1}{\sqrt{2}}\phi\left(\frac{t}{2} - k\right)$$

因此，V_0 空间中的任意函数均可用 $\{\phi_{0,k}(t), k \in \mathbf{Z}\}$ 的线性组合来表示。也即如果设 $P_0 f(t)$ 代表 $f(t)$ 在 V_0 上的投影，则一定有

$$P_0 f(t) = \sum_k c_k^0 \phi_{0,k}(t) \tag{2.5-11}$$

其中 c_k^0 是由 $\phi_{0,k}(t)$ 线性组合成 $P_0 f(t)$ 的各权重，其值可表示为

$$c_k^0 = \langle P_0 f(t), \phi_{0,k}(t) \rangle = \langle f(t), \phi_{0,k}(t) \rangle$$

$P_0 f(t)$ 称为 $f(t)$ 在 V_0 中的平滑逼近，它反映了 $f(t)$ 在分辨率 $j=0$ 下的概貌。c_k^0 称为 $f(t)$ 在分辨率 $j=0$ 下的离散逼近。

根据二尺度伸缩特性可以推得，$\phi(t/2)$ 必 $\in V_1$，且 $\{\phi_{1,k}(t), k \in \mathbf{Z}\}$ 必是 V_1 中的正交归一基。即

$$\langle \phi_{1,k}(t), \phi_{1,k'}(t) \rangle = \delta(k-k')$$

因此 V_1 中的任意函数 $P_1 f(t)$ 可表示为

$$P_1 f(t) = \sum_k c_k^1 \phi_{1,k}(t) \tag{2.5-12}$$

且

$$c_k^1 = \langle P_1 f(t), \phi_{1,k}(t) \rangle = \langle f(t), \phi_{1,k}(t) \rangle \tag{2.5-13}$$

$P_1 f(t)$ 是 $f(t)$ 在 V_1 中的平滑逼近，它反映了 $f(t)$ 在分辨率 $j=1$ 下的概貌。c_k^1 是 $f(t)$ 在分辨率 $j=1$ 的离散逼近。

（2）小波函数 $\Psi(t)$。若能在子空间 W_0 中找到一个带通函数 $\Psi(t)$，其整数移位集合 $\{\Psi(t-k), k \in \mathbf{Z}\}$ 构成 W_0 中的正交归一基；与尺度函数类似，$\Psi(t/2)$ 必 $\in W_1$，且

$$\left\{\Psi_{1,k}(t) = \frac{1}{\sqrt{2}}\Psi\left(\frac{t}{2} - k\right), k \in \mathbf{Z}\right\}$$

也构成 W_1 中的一组正交归一基：

$$\langle \Psi_{1,k}(t), \Psi_{1,k'}(t) \rangle = \delta(k-k') \qquad (2.5-14)$$

则称 $\Psi(t)$ 为小波函数。同样，设 $D_1 f(t)$ 代表 $f(t)$ 在 W_1 中的投影，则

$$D_1 f(t) = \sum_k d_k^1 \Psi_{1,k}(t) \qquad (2.5-15)$$

其中 d_k^1 是由 $\Psi_{1,k}(t)$ 组合成 $D_1 f(t)$ 的各权重，有

$$d_k^1 = \langle D_1 f(t), \Psi_{1,k}(t) \rangle = \langle f(t), \Psi_{1,k}(t) \rangle \qquad (2.5-16)$$

（3）综合（1）和（2）的分析，再根据 $V_0 = V_1 \oplus W_1$，有

$$P_0 f(t) = P_1 f(t) + D_1 f(t) = \sum_k c_k^1 \phi_{1,k}(t) + \sum_k d_k^1 \Psi_{1,k}(t) \qquad (2.5-17)$$

由此可见，$D_1 f(t)$ 是 V_0 和 V_1 两级相邻平滑逼近之差，它反映了 V_0 和 V_1 这两级逼近间的细节差异。因此称 $D_1 f(t)$ 为分辨率 $j=1$ 的细节函数。d_k^1 是 $j=1$ 下的离散细节。

将上述分析推广到 V_{j-1} 与 V_j，W_j 之间，则有

$$P_{j-1} f(t) = P_j f(t) + D_j f(t) = \sum_k c_k^j \phi_{j,k}(t) + \sum_k d_k^j \Psi_{j,k}(t) \qquad (2.5-18)$$

$P_j f(t)$ 是 $f(t)$ 在 V_j 中的投影，也就是 $f(t)$ 在分辨率 j 下的平滑逼近，c_k^j 是其离散逼近，$D_j f(t)$ 是 $f(t)$ 在 W_j 中的投影，它反映 $P_{j-1} f(t)$ 和 $P_j f(t)$ 两平滑逼近间的细节差异，而其离散值 d_k^j 就是小波变换 $\mathrm{WT}_f(j,k)$。

2. 尺度函数和小波函数的一些重要性质

由前面的分析可见，找到合适的尺度函数 $\phi(t)$ 和小波函数 $\Psi(t)$ 是进行多分辨率分析的关键。因此本节简要介绍 $\phi(t)$ 和 $\Psi(t)$ 的主要性质。

1）二尺度差分方程

二尺度差分方程的表示如下面两式所示：

$$\phi\left(\frac{t}{2^j}\right) = \sqrt{2} \sum_k h(k) \phi\left(\frac{t}{2^{j-1}} - k\right) \qquad (2.5-19a)$$

$$\Psi\left(\frac{t}{2^j}\right) = \sqrt{2} \sum_k g(k) \phi\left(\frac{t}{2^{j-1}} - k\right) \qquad (2.5-19b)$$

其中，$h(k)$ 是由 $\phi_{j-1,k}(t)$ 线性组合成 $\phi_{j,0}(t)$ 的各权重，即

$$h(k) = \langle \phi_{j,0}(t), \phi_{j-1,k}(t) \rangle = \int \left[\frac{1}{2^{j/2}} \phi\left(\frac{t}{2^j}\right)\right] \left[\frac{1}{2^{(j-1)/2}} \phi^*\left(\frac{t}{2^{j-1}} - k\right)\right] \mathrm{d}t$$

$$= \frac{1}{\sqrt{2}} \int \phi\left(\frac{t'}{2}\right) \phi^*(t'-k) \, \mathrm{d}t' \qquad \left[t' = \frac{t}{2^{j-1}}\right]$$

$$= \langle \phi_{1,0}(t), \phi_{0,k}(t) \rangle \qquad (2.5-20)$$

类似地，$g(k)$ 是由 $\phi_{j-1,k}(t)$ 组合成 $\Psi_{j,0}(t)$ 的各权重，即

$$g(k) = \langle \Psi_{1,0}(t), \phi_{0,k}(t) \rangle \qquad (2.5-21)$$

由式（2.5-19）之两式可见，二尺度差分方程描述了任意两相邻空间 $V_{j-1} \rightarrow V_j$，W_j 的基函数 $\phi_{j-1,k}(t) \rightarrow \phi_{jk}(t)$，$\Psi_{jk}(t)$ 间的内在联系。

2）二尺度差分方程的频域表示

对式（2.5-19）之两式分别作傅里叶变换，可得

$$\sqrt{2}\Phi(2\omega) = H(\mathrm{e}^{\mathrm{j}\omega})\Phi(\omega) \qquad (2.5-22\mathrm{a})$$

$$\sqrt{2}\Phi(2\omega) = G(\mathrm{e}^{\mathrm{j}\omega})\Phi(\omega) \qquad (2.5-22\mathrm{b})$$

其中，$\Phi(\omega)$，$\Psi(\omega)$ 是 $\phi(t)$，$\Psi(t)$ 的连续傅里叶变换，而

$$H(\mathrm{e}^{\mathrm{j}\omega}) = \sum_k h(k)\mathrm{e}^{-\mathrm{j}k\omega} \qquad (2.5-23\mathrm{a})$$

$$G(\mathrm{e}^{\mathrm{j}\omega}) = \sum_k g(k)\mathrm{e}^{-\mathrm{j}k\omega} \qquad (2.5-23\mathrm{b})$$

分别是以 2π 为周期的 $h(k)$，$g(k)$ 的离散序列傅里叶变换。可见它们是连续傅里叶变换和离散序列傅里叶变换的混合式。通常把(2.5-22)式记作

$$\sqrt{2}\Phi(2\omega) = H(\omega)\Phi(\omega)$$

$$\sqrt{2}\Psi(2\omega) = G(\omega)\Phi(\omega)$$

2.5.3　一维离散小波变换与反变换

前面讨论的连续小波变换，主要用于理论分析，在实际应用中多采用离散小波变换(DWT, Discrete Wavelet Transform)，以便数字设备或计算机处理。本节简要介绍一维离散小波正反变换的基本原理。

1. 离散小波变换

将式(2.5-19a)所表示的尺度函数中的 k 换成 n，并令 $j=0$，则有

$$\phi(t) = \sqrt{2}\sum_n h(n) \cdot \phi(2t-n) \qquad (2.5-24)$$

将此式对时间进行伸缩和平移，有

$$\begin{aligned}\phi(2^{-j}t-k) &= \sqrt{2}\sum_n h(n)\phi[2(2^{-j}t-k)-n] \\ &= \sqrt{2}\sum_n h(n)\phi(2^{-j+1}t-2k-n) \qquad (2.5-25)\end{aligned}$$

令 $m=2k+n$，则有

$$\phi(2^{-j}t-k) = \sqrt{2}\sum_m h(m-2k)\phi(2^{-j+1}t-m) \qquad (2.5-26)$$

由(2.5-18)式可得：

$$f(t) = \sum_k c_k^j 2^{-j/2}\phi(2^{-j}t-k) + \sum_k d_k^j 2^{-j/2}\Psi(2^{-j}t-k) \qquad (2.5-27)$$

此时，c_k^j 和 d_k^j 为 j 尺度上的展开系数，且

$$c_k^j = \langle f(t), \phi_{j,k}(t)\rangle = \int_R f(t)2^{-j/2}\phi^*(2^{-j}t-k)\,\mathrm{d}t \qquad (2.5-28)$$

$$d_k^j = \langle f(t), \Psi_{j,k}(t)\rangle = \int_R f(t)2^{-j/2}\Psi^*(2^{-j}t-k)\,\mathrm{d}t \qquad (2.5-29)$$

将(2.5-26)式代入式(2.5-28)得

$$c_k^j = \sum h(m-2k)\int f(t)2^{(-j+1)/2}\phi^*(2^{-j+1}t-m)\,\mathrm{d}t \qquad (2.5-30)$$

由于

$$\int f(t)2^{(-j+1)/2}\phi^*(2^{-j+1}t-m)\,\mathrm{d}t = \langle f(t), \phi_{j-1,m}(t)\rangle = c_m^{j-1}$$

则(2.5-30)式变为

$$c_k^j = \sum_m h(m-2k)c_m^{j-1} \tag{2.5-31}$$

用同样的方法可推得

$$d_k^j = \sum_m g(m-2k)c_m^{j-1} \tag{2.5-32}$$

式(2.5-31)和(2.5-32)说明,j尺度空间的剩余系数c_k^j和小波系数d_k^j可由$j-1$尺度空间的剩余系数c_m^{j-1}经滤波器$h(n)$、$g(n)$进行加权求和得到。实际中$h(n)$、$g(n)$的长度都是有限的,如 Haar 小波、紧支集正交小波,或近似有限长的样条小波等,因此使分解运算变得非常简单。

将V_j空间剩余尺度系数c_k^j进一步分解下去,可分别得到V_{j+1}、W_{j+1}空间的剩余系数c_k^{j+1}和小波系数d_k^{j+1},即

$$c_k^{j+1} = \sum_m h(m-2k)c_m^j \tag{2.5-33}$$

$$d_k^{j+1} = \sum_m g(m-2k)c_m^j \tag{2.5-34}$$

同样地,将尺度空间V_{j+1}的系数c_k^{j+1}继续分解下去,直到任意尺度空间V_J,其分解过程如图 2.18(a)所示(重构过程如图 2.18(b)所示)。

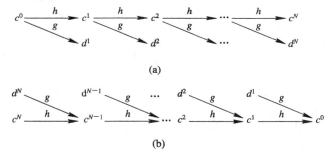

图 2.18 Mallat 算法的分解与重构算法图

式(2.5-33)和式(2.5-34)给出了一种小波变换的快速算法,这就是著名的 Mallat(塔式)算法,其实质是用$h(n)$和$g(n)$在与c_n^j作卷积运算。

2. 离散小波反变换

用类似于信号分解的思路不难递推出信号的重建过程。

由于函数$f(t) \in V_{j-1}$,有

$$f(t) = \sum_k c_k^{j-1} 2^{\frac{-j+1}{2}} \phi(2^{-j+1}t-k) \tag{2.5-35}$$

或表示成对尺度再分解一次的式(2.5-27)

$$f(t) = \sum_k c_k^j 2^{-\frac{j}{2}} \phi(2^{-j}t-k) + \sum_k d_k^j 2^{-\frac{j}{2}} \Psi(2^{-j}t-k) \tag{2.5-36}$$

将二尺度方程(2.5-19a)和(2.5-19b)代入上式,得

$$f(t) = \sum_k c_k^j \sum_n h(n) 2^{\frac{-j+1}{2}} \phi(2^{-j+1}t-2k-n) + \sum_k d_k^j \sum_n g(n) 2^{\frac{-j+1}{2}} \phi(2^{-j+1}t-2k-n)$$

对上式两边同时用$\phi_{j-1,m}(t)$进行内积,并根据尺度函数的正交性和尺度函数与小波函数的

正交性可得

$$c_m^{j-1} = \sum_k c_k^j h(m-2k) + \sum_k d_k^j g(m-2k) \qquad (2.5-37)$$

上式即为小波变换系数的重建公式，其实质是用 $h(n)$ 和 $g(n)$ 在对 c_n^j 和 d_n^j 作卷积运算。

3. 初始输入序列

利用 Mallat 快速算法对信号进行分解时，一个很显然的问题是如何确定初始输入序列 c_k^{j-1}。严格地讲，该序列采用内积方式进行求解，但计算过程较为复杂。实际上当尺度足够小时，可近似为一个 δ 函数。因此内积可近似认为是对原函数的采样。当采样速率大于 Nyquist 速率时，采样数据在该尺度上可很好地近似原函数，而不再需要任何小波系数来描述该尺度上的细节。因此，在大多数应用中，为了简便，常常直接用 $f(t)$ 的采样序列 $f(k\Delta t)$（对时间归一化后表示为 $f(k)$）来近似作为 c_k^0。

$$c_k^0 = f(k\Delta t) \qquad (2.5-38)$$

当然这样做不是很严格，尤其是在当 $f(t)$ 并非过采样的情况下更是如此。

4. 滤波系数 $h(n)$ 和 $g(n)$ 之间的关系

$h(n)$ 是组成尺度函数 $\phi(t)$ 的权重，也称 $\phi(t)$ 的展开系数，它实质上是组成低通滤波器 $H(\omega)$ 的冲击响应，因此又称低通滤波系数。同理，$g(n)$ 是组成小波函数 $\Psi(t)$ 的权重，也称 $\Psi(t)$ 的展开系数，它实质上是组成带通滤波器 $G(\omega)$ 的冲击响应，因此又称带通滤波系数。

再由多分辨率分析和二尺度差分方程可以推得 $h(n)$ 和 $g(n)$ 之间的关系为

$$g(n) = (-1)^n h(1-n)$$

这是进行小波变换的重要依据。

2.5.4 二维离散小波变换与反变换

1. 二维小波变换

由于图像一般是二维甚至多维信号，因此有必要讨论二维或多维小波变换，但高维小波理论还不够成熟，在此主要讨论二维小波变换。

设二维信号 $f(x,y)$ 在 j 尺度下的二维尺度空间 $\tilde{V}_j$ 为

$$\tilde{V}_j = V_j \otimes V_j \qquad j \in \mathbf{Z} \qquad (2.5-39)$$

其中符号 $\otimes$ 表示空间相乘，则由 $\phi_{j,m}(x) = 2^{-j/2}\phi(2^{-j}x-m)$ 和 $\phi_{j,n}(y) = 2^{-j/2}\phi(2^{-j}y-n)$ 是 V_j 的标准正交基可知，$\langle \phi_{j,m}(x), \phi_{j,n}(y) \rangle_{m,n \in \mathbf{Z}}$ 一定是 $\tilde{V}_j$ 的标准正交基。

令 W_j 为 V_j 在 V_{j-1} 中的正交补空间，即

$$W_j \perp V_j, \quad W_j \oplus V_j = V_{j-1} \qquad (2.5-40)$$

则

$$\begin{aligned}
\tilde{V}_{j-1} &= V_{j-1} \otimes V_{j-1} = (V_j \oplus W_j) \otimes (V_j \oplus W_j) \\
&= (V_j \otimes V_j) \oplus (W_j \otimes V_j) \oplus (V_j \otimes W_j) \oplus (W_j \otimes W_j) \\
&= \tilde{V}_j \oplus \tilde{W}_j^1 \oplus \tilde{W}_j^2 \oplus \tilde{W}_j^3 \qquad (2.5-41)
\end{aligned}$$

其中，$\tilde{V}_j = V_j \otimes V_j$ 称二维尺度空间；$\tilde{W}_j^1 = W_j \otimes V_j$，$\tilde{W}_j^2 = V_j \otimes W_j$，$\tilde{W}_j^3 = W_j \otimes W_j$ 分别称二维小波空间。显然 $\langle \phi_{j,m}(x), \phi_{j,n}(y) \rangle_{m,n \in \mathbf{Z}}$ 是 $\tilde{V}_j$ 的标准正交基；$\langle \Psi_{j,m}(x), \phi_{j,n}(y) \rangle_{m,n \in \mathbf{Z}}$ 是

$\widetilde{W}_j^1$ 的标准正交基；$\langle \phi_{j,m}(x), \Psi_{j,n}(y)_{m,n\in\mathbf{Z}}\rangle$ 是 $\widetilde{W}_j^2$ 的标准正交基；$\langle \Psi_{j,m}(x), \Psi_{j,n}(y)_{m,n\in\mathbf{Z}}\rangle$ 是 $\widetilde{W}_j^3$ 的标准正交基。且由式(2.5-40)知，空间 $\widetilde{V}_j, \widetilde{W}_j^1, \widetilde{W}_j^2, \widetilde{W}_j^3$ 必定两两正交。

由式(2.5-41)所示的二维尺度空间分布满足下列关系：

$$\{0\} \subseteq \cdots \subseteq \widetilde{V}_1 \subseteq \widetilde{V}_{-1} \subseteq \cdots \subseteq L^2(\mathbf{R}^2) \tag{2.5-42}$$

同样有

$$\bigcap_{j\in\mathbf{Z}} \widetilde{V}_j = \{0\}, \qquad \bigcup_{j\in\mathbf{Z}} \widetilde{V}_j = L^2(\mathbf{R}^2) \tag{2.5-43}$$

由式(2.5-41)知，将二维尺度空间进行一次分解所得到的四个二维子空间均是由同一尺度的两个一维空间相乘得到的，因此每一子空间在两个方向上的尺度相同，形状为如图 2.19 所示的正方块。我们称用这种分解方法得到的二维正交小波基为正方块形式的二维正交小波基。

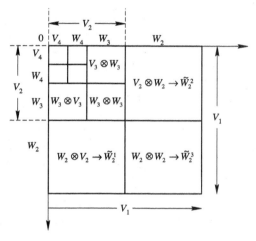

图 2.19 二维正交小波基的空间划分

假设任意 $L^2(\mathbf{R}^2)$ 空间的函数 $f(x,y) \in \widetilde{V}_0$，则 $f(x,y)$ 之二维正交小波基下的展开公式为

$$f(x,y) = \sum_j \sum_{m,n} \left[\alpha_{m,n}^j \Psi_{j,m}(x)\phi_{j,n}(y) + \beta_{m,n}^j \phi_{j,m}(x)\Psi_{j,n}(y) + \gamma_{m,n}^j \Psi_{j,m}(x)\Psi_{j,n}(y) \right]$$
$$+ \sum_j \sum_{m,n} \left[c_{m,n}^j \phi_{j,m}(x)\phi_{j,n}(y) \right] \tag{2.5-44}$$

$$c_{m,n}^j = \iint_{R^2} f(x,y) \, \phi_{j,m}^*(x)\phi_{j,n}^*(y) \, \mathrm{d}x\mathrm{d}y \tag{2.5-45}$$

$$\alpha_{m,n}^j = \iint_{R^2} f(x,y) \, \Psi_{j,m}^*(x)\phi_{j,n}^*(y) \, \mathrm{d}x\mathrm{d}y \tag{2.5-46}$$

$$\beta_{m,n}^j = \iint_{R^2} f(x,y) \, \phi_{j,m}^*(x)\Psi_{j,n}^*(y) \, \mathrm{d}x\mathrm{d}y \tag{2.5-47}$$

$$\gamma_{m,n}^j = \iint_{R^2} f(x,y) \, \Psi_{j,m}^*(x)\Psi_{j,n}^*(y) \, \mathrm{d}x\mathrm{d}y \tag{2.5-48}$$

式(2.5-45)~(2.5-48)为二维正交小波变换的分解公式，它由二维内积的形式给出。上标 j 表示尺度，下标表示两个方向的位移；$c_{m,n}^j$ 为对应于尺度空间 $\widetilde{V}_j$ 的尺度展开系数，$\alpha_{m,n}^j, \beta_{m,n}^j, \gamma_{m,n}^j$ 分别为对应于小波空间 $\widetilde{W}_j^1, \widetilde{W}_j^2, \widetilde{W}_j^3$ 的小波展开系数。

2. 二维小波变换的快速算法与反变换

与一维信号相似,由二维多分辨率分析也可推导二维正交小波变换的快速算法。

首先假定 $c_{i,l}^0$ 为 0 尺度空间的剩余尺度系数序列,并且令 h 和 g 分别为小波函数的低通滤波器和高通滤波器,仿照一维的推导,可得二维小波变换的快速分解形式与公式为

$$c_{i,l}^j = \sum_{k,m} h(k-2i)h(m-2l)c_{k,m}^{j-1} \qquad (2.5-49)$$

$$a_{i,l}^j = \sum_{k,m} g(k-2i)h(m-2l)c_{k,m}^{j-1} \qquad (2.5-50)$$

$$\beta_{i,l}^j = \sum_{k,m} h(k-2i)g(m-2l)c_{k,m}^{j-1} \qquad (2.5-51)$$

$$\gamma_{i,l}^j = \sum_{k,m} g(k-2i)g(m-2l)c_{k,m}^{j-1} \qquad (2.5-52)$$

显然这是一个塔形算法(如图 2.20),实质上是用 $h(k,m)$ 和 $g(k,m)$ 对 $c_{k,m}^{j-1}$ 作二维卷积运算。其重构公式为

$$c_{k,m}^{j-1} = \sum_{i,l} c_{i,l}^j h(k-2i)h(m-2l) + \sum_{i,l} a_{i,l}^j g(k-2i)h(m-2l)$$

$$+ \sum_{i,l} \beta_{i,l}^j h(k-2i)g(m-2l) + \sum_{i,l} \gamma_{i,l}^j g(k-2i)g(m-2l) \qquad (2.5-53)$$

它是用 $h(i,l)$ 和 $g(i,l)$ 分别对 $c_{i,l}^j$, $a_{i,l}^j$, $\beta_{i,l}^j$, $\gamma_{i,l}^j$ 作二维卷积运算。

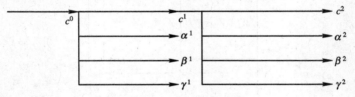

图 2.20　对应于正方块二维正交小波变换的塔形算法示意图

3. 初始矩阵的选取

小波变换的快速算法,是在已知原始二维函数 $f(x,y)$ 在某一尺度空间的展开系数矩阵 $c_{k,m}$ 的基础上进行的。所以初始矩阵 $c_{k,m}^j$ 的选取非常重要。严格地讲,初始矩阵应用式 (2.5-45)计算获得。但二维积分运算比较麻烦,且工程上直接面对的是一个离散矩阵而不是原始连续函数,因此,在工程上就直接将原始二维函数的离散矩阵看成初始矩阵,所以有

$$c_{k,m}^{j-1} = f_{k,m} = f(k\Delta x, m\Delta y) \qquad (2.5-54)$$

这样做虽然会引入一定的误差,但一般情况下是能满足工程需要的。特别是在当要分析的信号为离散二维信号时,就可使用离散信号的二维正交小波变换对信号进行分解和重构。在这种情况下,就不存在初始矩阵的选取问题了。

4. 离散图像的二维小波变换

工程中我们经常会遇到离散图像的分析与处理等问题,因此,本节讨论二维离散信号的小波分解与重构问题。

从数字滤波器的角度来看,式(2.5-49)~(2.5-52)所描述的二维小波系数分解过程可用图 2.21(a)所示的结构来实现。图中的下标 x 表示对矩阵沿行方向进行滤波,下标 y 表示对矩阵沿列方向进行滤波。

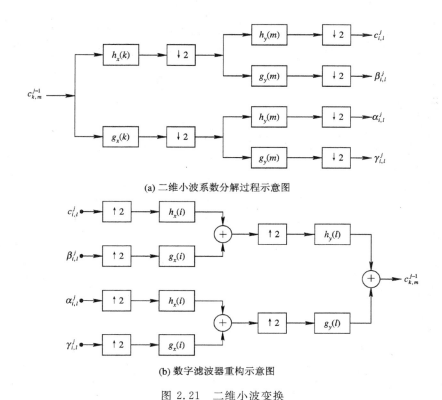

(a) 二维小波系数分解过程示意图

(b) 数字滤波器重构示意图

图 2.21　二维小波变换

　　由于 h 具有低通性质，g 具有高通性质，若将初始输入矩阵看做一个二维离散信号，则一次分解后所得到的四部分输出都分别经过了不同的滤波器，它代表着原始矩阵的不同信息。其中，$c_{i,l}^{j}$ 是经过了行和列两个方向的低通，对应于原始离散图像在下一尺度上的概貌，$\alpha_{i,l}^{j}$ 是经过了行方向上的高通，列方向上的低通，对应于水平方向的细节信号和垂直方向的概貌；相应地，$\beta_{i,l}^{j}$ 表示的是原始图像垂直方向的细节信号和水平方向的概貌，$\gamma_{i,l}^{j}$ 表示的是沿对角线方向的细节。

　　若输入矩阵的大小为 $N \times N$，其四个输出矩阵的维数均为 $(N/2) \times (N/2)$，因此总的输出矩阵仍为 $N \times N$。同一维离散序列的小波变换相似，经过一次小波变换后总的输出数据量同输入数据量相同，只不过按照频率信息不同，将各分量重新进行了分组和排列，更方便于信号处理、图像编码、特征值提取等。

　　若将一次小波分解输出的概貌部分 $c_{i,l}^{j}$ 当成新的 $c_{k,m}^{j-1}$ 继续进行小波分解，我们可得到原始离散图像 $f_{k,m}$ 在不同尺度上的细节和概貌，这就是离散序列的多尺度分析概念。

　　重构公式(2.5 - 53)也可从数字滤波器角度表示成如图 2.21(b)所示的结构。重构输出矩阵的大小仍为 $N \times N$，同样，再加上不同尺度的细节，我们可重构出任意精细尺度上的概貌来，直到最终得到原始图像 $f_{k,m}$。

2.6　图像的统计特性

　　在通常情况下，可把图像信号或经过某种处理后的输出图像信号看成随机信号，因此，我们还可从统计学角度来研究图像信号。

图像的种类繁多，内容千变万化，其统计特性较为复杂，一般可从空间域和频率域两个方面来研究。描述图像统计特性的方法有多种，本节只介绍图像的自相关系数和差值信号的分布，以及谱分布等几项主要统计特性。

2.6.1 图像的自相关系数

自相关系数在对图像的压缩编码研究中具有直接的指导意义，它可以直接反映任意两个像素之间的相关程度。自相关系数的值越大，两个像素的相关性就越强，反之，相关性就越弱。

设(x_1, y_1)、(x_2, y_2)为$N \times N$图像中的两点，其归一化自相关性系数由下式表示：

$$\rho_{1,2} = E \frac{[f(x_1, y_1) - M][f(x_2, y_2) - M]}{\sigma^2}$$

$$= E \frac{f(x_1, y_1) f(x_2, y_2) - M^2}{\sigma^2} \tag{2.6-1}$$

式中，M表示亮度的平均值，σ^2为图像的方差，$E[\cdot]$表示数学期望。

$$M = \frac{1}{N^2} \sum_x \sum_y f(x, y) \tag{2.6-2}$$

$$\sigma^2 = E[f^2(x, y)] - M^2 \tag{2.6-3}$$

先来分析两个像素在同一行$(x_2 = x_1, y_2 = y_1 + \tau)$或同一列$(x_2 = x_1 + \tau, y_2 = y_1)$时的一维自相关系数的分布情况，可用下式表示：

$$\rho_\tau = \frac{\sum_x \sum_y [f(x, y) - M][f(x, y + \tau) - M]}{\sum_x \sum_y [f(x, y) - M]^2} \tag{2.6-4}$$

式中τ为同一行两像素之间的水平间隔或同一列两像素之间的垂直间隔。

根据大量实际图像的统计实验知，两像素的水平或垂直间隔τ较小时，ρ_τ较大，表明了相邻像素之间存在很强的相关性。在像素间隔τ为1～20个像素时，自相关系数平均值基本上呈指数规律衰减，如图2.22所示。在理论分析中，可用下式建立自相关系数的数学模型：

$$\rho_\tau = e^{-\alpha|\tau|} = \rho^{|\tau|} \tag{2.6-5}$$

式中，τ是两像素的水平或垂直间隔，α是常数，参数$\rho = e^{-\alpha}$。参数ρ可通过对实际图像的统计计算获得。对于一般的电视图像，ρ的值为0.95～0.98；对于电视电话图像，ρ为0.9～0.96。

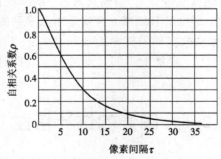

图 2.22 一维自相关系数分布曲线

于是可以设想，对于图像中的任意两点(x,y)和$(x+\tau_1，y+\tau_2)$，其二维自相关系数的数学模型为

$$\rho(\tau_1，\tau_2) = \rho^{|r|} \qquad (2.6-6)$$

式中，r为相关距离

$$r = \sqrt{\tau_1^2 + \tau_2^2}$$

此外，我们还可以用绝对距离坐标表示r，即

$$r = |\tau_1| + |\tau_2|$$

2.6.2　图像差值信号的统计特性

图像差值信号的统计特性可用其在空间域中的分布特性来描述。从前面讨论的自相关系数知，图像相邻像素之间具有较强的相关性，当像素间隔增大时，相关性急剧下降。这也表明，图像相邻两个像素之间差值为0（或接近0）的概率最大；差值绝对值较小的概率远远大于绝对值较大者。

图像差值信号分为帧内差值信号和帧间差值信号。帧内差值就是指一幅图像内相邻像素之间的差值，它可分为图像在水平和垂直方向上相邻像素之间的差值。图像在水平方向上相邻像素的差值$d_h(x,y)$指的是在量化图像矩阵中，若取第x行，第y列的元素，得到离散亮度值$f(x，y)$，其同一行（第x行），上一列（第$y-1$列）的离散亮度值为$f(x，y-1)$，则有

$$d_h(x,y) = f(x,y) - f(x,y-1) \qquad (2.6-7)$$

同样，图像在垂直方向上相邻像素间的差值$d_v(x,y)$为

$$d_v(x,y) = f(x,y) - f(x-1，y) \qquad (2.6-8)$$

对一幅图像内部像素进行的统计分析，通常称为帧内统计特性。图2.23为实际图像水平方向差值信号的统计分布曲线。从图中可以看出，一幅图像相邻两个像素之间差值的统计分布主要集中在零附近。

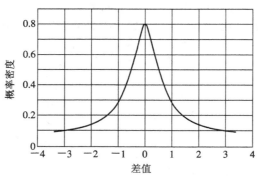

图 2.23　图像的差值信号

图像帧间差值可表示为下式

$$d_t(x,y) = f_k(x,y) - f_{k-1}(x,y) \qquad (2.6-9)$$

式中，$f_k(x，y)$是第k帧图像$(x，y)$位置像素的亮度值，$f_{k-1}(x，y)$是上一帧同一位置像素的亮度值。

对电视图像来说，一般具有这样的特点，即除了景物有剧烈的运动，或是整幅场景更

换以外，相邻帧之间存在较强的相关性。对于一些特殊的应用场合，例如会议电视或可视电话，图像中的内容较简单，主要是一些人的头肩及五官的小幅度运动，因而其相关性比一般的广播电视图像更强。

2.6.3 图像的变换域统计特性

图像在变换域中的统计特性可用其空间频率域中的特性来描述。这里从频谱的角度来介绍频率域上的统计特性。

对大量的电视图像信号进行测量和统计平均所得电视信号的一维频谱特性曲线如图 2.24 所示。从图 2.24 中可以看出，电视信号的绝大部分能量集中于直流和低频，即对于绝大多数电视图像信号，"空间频率域"中的低频部分（相当于电视图像信号缓慢变换的部分）占主要成分，而"空间频率域"中的高频部分（相当于电视图像信号急剧变化的部分）只占较少部分。

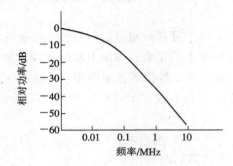

图 2.24　电视信号的一维频谱特性

不难想象，一个实际的量化图像矩阵，在二维空间频率域中将具有如下特点：反映直流成分及低频成分的变换系数的幅值较大，而反映高频成分的变换系数的幅值较小，甚至接近于零。按照空间域和频率域的对应关系，空间域中的强相关性，即图像存在大量的平坦区域，反映在频率域中，就是图像的能量集中在低频部分。也就是说，图像在频率域中呈低通性。

习　题　2

1. 已知信号 $f(t) = 1 + \cos\omega_0 t + \cos 2\omega_0 t$，要求：

(1) 画出该信号的频谱图；

(2) 确定对该信号抽样的最小抽样频率；

(3) 画出理想抽样后的频谱图。

2. 已知信号 $f(t) = 10 \cos 20\pi t \cos 200\pi t$，以 250 次每秒的速率抽样。

(1) 要求给出抽样样值序列的频谱。

(2) 若用理想低通恢复 $f(t)$，则低通滤波器的截止频率为多少？

(3) 若把 $f(t)$ 看作是低通信号，则最低抽样速率是多少？

(4) 若把 $f(t)$ 看作带通信号，则最低抽样速率又是多少？

3. 假设随机变量 X 均匀分布在 0 到 10 之间,用 N 层均匀量化。

（1）计算出所有判决电平；

（2）求均方量化误差。

4. 信号被均匀量化成 41 个电平,试问:

（1）若量化器的量化范围是 0~20,量化后的最高、最低电平是多少?

（2）量化间隔是多少?若用二进制编码时,编码位数 n 等于多少?

5. 说明电视信号数字化的过程。

6. 画图说明 4：4：4、4：2：2 与 4：1：1 三种采样格式。

7. 设 $x(n)$ 的离散傅里叶变换 DFT 为 $X(e^{j\omega})$,证明:

（1）$x(n)$ 经 2：1 抽取后的频谱为 $\dfrac{1}{2}[X(e^{j\omega/2})+X(-e^{j\omega/2})]$；

（2）$x(n)$ 经 1：2 内插后的频谱为 $X(e^{j2\omega})$。

8. 如有一个 8×8 的数字图像,其任意一点的亮度信号值为 $f(x,y)$,其中,x,$y=0$,1,2,…,7。

（1）写出此信号的矩阵表达式；

（2）写出此信号的 DFT 和 IDFT 的表达式。

9. 若二维信号 $f(x,y)$ 的傅里叶变换为 $F(u,v)$,求 $f(ax-b,cy+d)$ 的傅里叶变换。其中,a、$c\neq0$。

10. 证明二维 DFT 的旋转性质。

11. 计算下面块的 DFT 和 DCT。

$$\begin{bmatrix} 16 & 11 & 10 & 16 & 24 & 40 & 51 & 61 \\ 12 & 12 & 14 & 19 & 26 & 58 & 60 & 55 \\ 14 & 13 & 16 & 24 & 40 & 57 & 69 & 56 \\ 14 & 17 & 22 & 29 & 51 & 87 & 80 & 62 \\ 18 & 22 & 37 & 56 & 68 & 109 & 103 & 77 \\ 24 & 35 & 35 & 64 & 81 & 104 & 113 & 92 \\ 49 & 64 & 78 & 87 & 103 & 121 & 120 & 101 \\ 72 & 92 & 95 & 98 & 112 & 100 & 103 & 99 \end{bmatrix}$$

12. 已知随机信号 X 的协方差矩阵为 $C_X=\begin{bmatrix} 1 & 1 & 0 \\ 1 & 1 & 0 \\ 0 & 0 & 1 \end{bmatrix}$,求其 K-L 变换矩阵 A。

13. 设一个二维图像信号 S 为:

$$S=\begin{bmatrix} a & a \\ a & a \end{bmatrix}$$

其中 a 不为 0,求其 DCT 和 IDCT。正、反变换结果说明了什么问题。

14. 怎样理解小波变换具有很强的时间域定位特性?如何理解傅里叶变换的频率定位特性?

15. 对于小波变换,在什么情况下选择离散小波变换比选择连续小波变换更好?

16. 已知 $\Psi(t)$ 的傅里叶变换是 $\Psi(\omega)$,根据傅里叶变换性质,求

$$\Psi_{a,\tau}(t) = \frac{1}{\sqrt{|a|}}\Psi\left(\frac{t-\tau}{a}\right)$$

的傅里叶变换。其中，$a,\tau \in \mathbf{R}$，$a \neq 0$。利用变换结果，就两个参数 a,τ 的变化情况并结合 $\Psi(\omega)$ 进行对比分析。

17. 判断尺度函数

$$\phi(t) = \begin{cases} 1 & 0.25 \leqslant t \leqslant 0.75 \\ 0 & 其它 \end{cases}$$

是否满足多分辨率分析的要求。

18. 如何实现 Mallat 算法？

第三章　数字图像压缩基本理论

图像信号是高维信息，内容复杂，数据量大。如果直接将数字图像信号用于通信或存储，往往受到信道和存储设备的限制，在很多情况下都无法实现，因此，图像的压缩编码成为图像通信的关键技术。从图像信号的特点来说，图像压缩的可能性主要在于：

（1）在空间域上，图像具有很强的相关性，例如，一般连续色调的图像中，两个相邻采样点之间的幅度值很相近。

（2）在频率域上，图像低频分量多，高频分量少。

（3）人眼观察图像时有暂留与掩盖现象，因而可以去除一些信息而不影响视觉效果。

图像压缩最直接的目的就是在一定准则下降低一幅图像的数据量，这些准则主要是保持图像的内容不变，或者使内容的差别控制在一定的范围内，或者保证一定观察效果的主观质量。

根据图像特性，即景物随时间变化性质的不同，可分为静态图像和运动图像。与此相对应的，编码可分为静止图像编码和运动图像编码。

本章首先讨论数据压缩编码系统的基本组成，然后介绍一些基本的编码原理。

3.1　图像编码理论基础

3.1.1　图像压缩编码系统的基本结构

对图像的压缩编码是信源编码问题。在数字传输系统中，信源编码过程就是减少冗余数据的过程。通过对信源冗余信息的压缩，力求用最少的数码传输最大的信息量。图像的冗余信息有两种，一是空间模式上的统计冗余，二是由于人眼对某些空间频率不敏感造成的视觉冗余。图像压缩编码系统的组成框图示于图 3.1。

图 3.1　图像压缩编码系统的组成框图

图 3.1 中，变换器对输入图像数据进行一对一的变换，其输出是比原始图像数据更适合高效压缩的图像表示形式。变换包括线性预测、正交变换、多分辨率变换、二值图像的游程变换等。量化器要完成的功能是按一定的规则对取样值作近似表示，使量化器输出幅值的大小为有限个数。量化器可分为无记忆量化器和有记忆量化器两大类。编码器为量化器输出端的每个符号分配一个码字或二进制比特流，编码器可采用等长码或变长码。不同的图像编码系统可能采用上述框图中的不同组合。

按照压缩编码过程是否失真，图像压缩编码可分为下述两种。

(1) 无失真压缩方法(或称为无损压缩方法)，这是在不引入任何失真的条件下使比特率为最小的压缩方法，它可以保证图像内容不发生改变。

(2) 有失真压缩方法(或称为有损压缩方法)，这种方法是使图像内容的差别控制在一定的范围内，保证观察效果的主观质量。这种方法能够在一定比特率下获得最佳的保真度，或在给定保真度下获得最小的比特率。

在以上的框图中，变换器和编码器是无损的，而量化器是有损的。

图像编码方法有很多种，表 3.1 列举了现在常见的几种。

表 3.1　图像编码方法

| 统计编码：
　　算术编码
　　霍夫曼编码
　　香农编码
　　游程编码 |
| 变换编码：
　　傅里叶变换
　　K - L 变换
　　DCT 变换
　　小波变换 |
| 矢量量化编码 |
| 预测编码 |

3.1.2　信源模型及其熵

由于图像信息的编码必须在保持信息源内容不变，或损失不大的前提下才有意义，因而这就必须涉及信息的度量问题。下面先讨论独立信源，然后讨论联合信源。

1. 独立信源

所谓独立信源，是指连续发生的各个符号都是统计独立的，亦称为无记忆信源。

设独立信源 X 可发出的信息集合为 $A=\{a_i|i=1, 2, \cdots, m\}$，并且记字符 a_i 出现的概率为 $P(a_i)$，简记为 p_i，那么按概率的公理化定义必有：

$$0 \leqslant p_i \leqslant 1 \qquad (i=1, 2, \cdots, m) \tag{3.1-1}$$

香农信息论把字符 a_i 出现的自信息量定义为：

$$I(a_i) = -\log p_i \tag{3.1-2}$$

上述公式中，对数的底不同，则计算的值不同。当底数取大于 1 的整数 r 时，则自信息量的单位称作 r 进制信息单位。当 $r=2$，相应的单位为比特；当 $r=e$(自然数)时，其单位称为奈特(Nat)；当 $r=10$ 时，其单位称为哈特(Hart)。在后面的公式推导中我们取 $r=2$，$\log_2$ 用 lb 表示。

$I(a_i)$ 亦称为自信息函数，其含义是：随机变量 X 取值 a_i 时所携带信息的度量。

对信息源 X 的各符号的自信息量取统计平均，即 a_i 的数学期望，可得平均信息量：

$$H(X) = \sum_{i=1}^{m} p_i I(a_i) = -\sum_{i=1}^{m} p_i \, \text{lb} \, p_i \tag{3.1-3}$$

称 $H(X)$ 为信息源 X 的熵(entropy)，单位为 bit/字符，通常也称为 X 的一阶熵，它可以理解为信息源 X 发出任意一个符号的平均信息量。

现在把上述概念引入到图像信息源。图像信息源 X 的重要的统计特性为熵值 $H(X)$：

$$H(X) = -\sum_i p_i \, \mathrm{lb} p_i \qquad (3.1-4)$$

应用式(3.1-4)来计算熵值时，要注意符号单位的划分。如果考虑一个多幅图像的集合，以每一幅图像为一个基本符号单位时，p_i 表示集合中某一幅图像出现的概率，$H(X)$ 的单位是 bit/每幅图像。以图像为一个基本符号单位时，每幅图像的内容被认为是确定的，需要消除的不确定性是当前接收的图像是集合中的哪一幅。

但是，对于实际通信图像，是以每一幅图像表达的内容为传送信息的，接收者所要消除的不确定性在于每幅图像内容本身。这时，再以一幅图像作为基本符号单位，就不具有实际意义了。而图像内容的信息是由每个像素表达的，因此把像素的抽样值作为信息符号是有意义的，这时，p_i 为各抽样值出现的概率，$H(X)$ 的单位是 bit/像素。图像熵 H 表示像素各个灰度级比特数的统计平均值。熵越大，图像含有的信息量越丰富，各个灰度级的出现呈等概率分布的可能性也越大。

2. 联合信源

通常，连续发生的各个符号不是统计独立的，而是具有统计的关联性，此类信源称为有记忆信源。具有实际通信意义的图像(而不是"雪花状"噪声组成的图像)，其相邻像素间必有一定的联系，因此图像信息源是一种有记忆的信源。有记忆信源的分析十分复杂，我们只考虑其中的一种特殊形式，即马尔可夫信源。如果一个信源符号发生的概率和其前面的 M 个符号有关，这种信源就叫做 M 阶马尔可夫信源。马尔可夫信源用一组条件概率来表示：

$$P(s_i \mid s_{j_1}, s_{j_2}, \cdots, s_{j_M}) \qquad i, j_p (p = 1, 2, \cdots, M) = 1, 2, 3, \cdots, N \qquad (3.1-5)$$

要计算 M 阶马尔可夫信源的熵，先计算在给定状态下信源的熵，即条件熵为

$$H(S \mid s_{j_1}, s_{j_2}, \cdots, s_{j_M}) = -\sum_{i=1}^{N} P(s_i \mid s_{j_1}, s_{j_2}, \cdots, s_{j_M}) \mathrm{lb} P(s_i \mid s_{j_1}, s_{j_2}, \cdots, s_{j_M})$$

$$(3.1-6)$$

再对所有状态下的条件熵计算统计平均，即得到 M 阶马尔可夫信源的熵为

$$H(S) = -\sum_{S^M} P(s_{j_1}, s_{j_2}, \cdots, s_{j_M}) H(S \mid s_{j_1}, s_{j_2}, \cdots, s_{j_M}) \qquad (3.1-7)$$

式中，S^M 是所有状态的集合。

在实际中经常会遇到由多个信源构成的联合信源。例如，音响设备有多个声道，彩色电视信号分解为红、绿、蓝(R、G、B)三种基色。下面以两个随机变量 X 和 Y 组成的联合信源为例进行讨论。

两个信息源 X 和 Y，分别取值于集合 $A_m = \{x_1, x_2, \cdots, x_m\}$ 和 $B_n = \{y_1, y_2, \cdots, y_n\}$，对 X 和 Y 作笛卡儿乘积，就构成联合信源 (X, Y)。

下面给出一些定义或描述信源的性能指标。

(1) 联合概率：$P(x_i, y_j)$——联合信源 (X, Y) 取值为 (x_i, y_j) 的概率。

(2) 边缘概率：

$$\begin{cases} P(x_i) = \sum_{j=1}^{n} P(x_i, y_j) \quad\text{—— 信源 } X \text{ 取值为 } x_i \text{ 的概率。} & (3.1-8) \\ Q(y_j) = \sum_{i=1}^{m} P(x_i, y_j) \quad\text{—— 信源 } Y \text{ 取值为 } y_j \text{ 的概率。} & (3.1-9) \end{cases}$$

(3) 条件概率：

$$\begin{cases} P(x_i \mid y_j) = \dfrac{P(x_i, y_j)}{Q(y_j)} \quad\text{—— 在 } Y \text{ 取值为 } y_j \text{ 的条件下 } X \text{ 取值为 } x_i \text{ 的概率。} \\ \\ \hspace{6.5cm} (3.1-10) \\ \\ Q(y_j \mid x_i) = \dfrac{P(x_i, y_j)}{P(x_i)} \quad\text{—— 在 } X \text{ 取值为 } x_i \text{ 的条件下 } Y \text{ 取值为 } y_j \text{ 的概率。} \\ \\ \hspace{6.5cm} (3.1-11) \end{cases}$$

(4) X 与 Y 的联合熵(即联合信源(X,Y)的熵)定义为

$$H(X,Y) = -\sum_{i=1}^{m} \sum_{j=1}^{n} P(x_i, y_j) \mathrm{lb} P(x_i, y_j) \tag{3.1-12}$$

(5) X 的条件熵定义为

$$H(X \mid Y) = -\sum_{i=1}^{m} \sum_{j=1}^{n} P(x_i, y_j) \mathrm{lb} P(x_i \mid y_j) \tag{3.1-13}$$

(6) Y 的条件熵定义为

$$H(Y \mid X) = -\sum_{i=1}^{m} \sum_{j=1}^{n} P(x_i, y_j) \mathrm{lb} Q(y_j \mid x_i) \tag{3.1-14}$$

3.1.3 无失真编码理论

无失真压缩方法(或称为无损压缩方法)，是指编码后的图像可经译码完全恢复为原图像的压缩编码方法。在编码系统中，无失真编码也称为熵编码。

【定理 3.1(无失真编码定理)】 对于离散信源 X，对其编码时每个符号能达到的平均码长满足以下不等式：

$$H(X) \leqslant \overline{L} < H(X) + \varepsilon \tag{3.1-15}$$

式中，$\overline{L}$ 为编码的平均码长，单位为每符号比特数(b/s)；ε 为任意小的正数；$H(X)$ 为信源 X 的熵，即 $H(X)$ 的表达式为：

$$H(X) = -\sum_{i} P(x_i) \mathrm{lb} P(x_i) \tag{3.1-16}$$

$P(x_i)$ 为信源 X 发出符号 x_i 的概率。

该定理一方面指出了每个符号平均码长的下限为信源的熵，另一方面说明存在任意接近该下限的编码。对于独立信源，该定理适用于单个符号编码的情况，也适用于对符号块编码的情况。对于 M 阶马尔可夫信源，该定理只适应于不少于 M 个符号的符号块编码的情况。

无失真编码定理指出了等于或接近信源的熵的编码是可以实现的，但它并没有告诉我们如何设计这样的编码。通常，这样的编码可通过变字长编码和信源的扩展(符号块)来实现。

1. 变字长编码

经过数字化后的图像，每个抽样值都是以相同长度的二进制码表示的，我们称之为等长编码。采用等长编码的优点是编码简单，但编码效率低。

改进编码效率的方法是采用不等长编码，或称为变字长编码。设图像信源 X 有 n 种符号，$\{x_i | i=1, 2, \cdots, n\}$，且它们出现的概率为 $\{P(x_i) | i=1, 2, \cdots, n\}$，那么，不考虑信源符号的相关性，对每个符号单独编码时，平均码长为：

$$\overline{L} = \sum_{i=1}^{n} P(x_i) L_i \qquad (3.1-17)$$

式中，L_i 是 x_i 的码字长度。可以想到，若编码时对概率大的符号用短码，对概率小的符号用长码，则 $\overline{L}$ 会比等长编码时所需的码字小。

不等长编、译码过程都比较复杂。首先，编码前要知道各符号的概率 $p(x_i)$，为了具有实用性，还要求码字具有惟一可译性和即时可译性。此外，还要求输入、输出的速率匹配。解决译码的惟一可译性和实时性的方法是采用非续长码，而解决速度匹配则是在编码、译码器中引入缓冲匹配器。

所谓非续长码，是指其码字集合中的任何一个码字均不是其它码的字头（前缀），因此，只要传输没有错误，在接收过程中，就可以从接收到的第一个数字开始顺序考察，一旦发现一个符号序列符合某一码字，就立即作出译码，并从下一个数字开始继续考察，直至全部译码完成。显然，非续长码保证了译出的码字的惟一性，而且没有译码延迟。

构造不等长码的方法有很多种，其中以霍夫曼提出的编码方法最佳，并在图像编码中常用该方法作为熵编码。以下首先介绍霍夫曼定理，后面有专门的章节介绍霍夫曼编码方法。

【定理 3.2（最佳变长编码定理）】 在变长编码中，对于出现概率大的信息符号编以短码，对于出现概率小的信息符号编以长码。如果码字的长度严格按照所对应符号出现的概率大小逆序排列，则平均码字长度一定小于其它任何顺序的排列方法。

证明：设最佳排列方式的码字平均长度为 $\overline{L}$，则由式(3.1-17)得

$$\overline{L} = \sum_{i=1}^{m} p_i L_i$$

其中，p_i 为符号 x_i 出现的概率，L_i 为 x_i 的码字长度。设 $p_i \geqslant p_s$，则 $L_i \leqslant L_s$，其中 p_s 为符号 x_s 出现的概率，L_s 为 x_s 的码字长度，$i, s = 1, 2, \cdots, m$。

如果将 x_i 的码字和 x_s 的码字互换，而其余码字不变，这时的平均码字长度记为 L'，则它可以表示为 $\overline{L}$ 加上两码字互换后的平均长度之差，即

$$L' = \overline{L} + \{[p_i L_s + p_s L_i] - [p_i L_i + p_s L_s]\}$$
$$= \overline{L} + (L_s - L_i)(p_i - p_s)$$

因 $p_i \geqslant p_s$，且 $L_i \leqslant L_s$，所以 $L' \geqslant \overline{L}$。

这就说明 N 是最短的码长。证毕。

2. 准变长编码

变长编码在硬件实现中比较复杂，实际电视编码中经常采用一种性能稍差，但实现方便

的方法,即双字长编码。这种编码只有两种长度的码字,对概率小的符号用长码,反之用短码,同时,在短码字中留出一个作为长码字的字头(前缀),保证整个码字集的非续长性。

表 3.2 是一个 3/6 比特双字长编码的例子。从中可见,它可以表达 15 种符号,相当于 4 比特/符号的等字长码的表达能力,而其平均码字长实际是 3.3 比特。由此可见,对于符号集中各符号出现的概率可以明确分为高、低类时,采用这种方法可得到接近熵值的结果,同时硬件实现的复杂性大为降低。这种编码方法有时就称为准变长编码。

表 3.2　3/6 比特双字长码

符　号	编　码	符　号	编　码
0	000	7	111111
1	001	8	111000
2	010	9	111001
3	011	10	111010
4	100	11	111011
5	101	12	111100
6	110	13	111101
		14	111110
出现概率0.9	3 比特码字	出现概率0.10	6 比特码字

平均码长:$3 \times 0.90 + 6 \times 0.10 = 3.30$。

3.1.4　有失真编码理论

失真不超过某给定条件下的编码可称为限失真编码。能使限失真条件下比特数最少的编码则为最佳编码。1948 年香农的经典论文"通讯的数学原理"中首次提到信息率——失真函数的概念,1959 年他又进一步确立了率失真理论,从而奠定了信源编码的理论基础。

1. 独立信源

我们首先考虑独立信源的情况,并且只考虑离散信源。

信源编码过程,实质上就是通过一个编码器,对信息源 X 发出的信息内容通过编码器映射为输出集 Y。其过程如图 3.2 所示,接收者收到的是 X 为 Y 提供的信息。

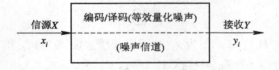

图 3.2　信息发送、接收模型

在信息发、收过程中,如果没有任何信息丢失,发送集和接收集的符号是一一对应的。这时,采用的最佳编码方法就是熵编码。熵编码的下界由一阶熵式(3.1-3)所确定。

在实际应用中,信息提供的内容很丰富,但由于各种因素的限制,如人眼的识别能力、显示装置的分辨能力等,接收者并不能完全感觉到信息的内容,因此一定程度的失真是允许的。在编码时,可以采用量化的方法去掉一些信息符号。这样就可以减少信息符号集的大小,节约相应的编码码字。那么,在给定的失真条件下,最起码需要多大的码率,才能保证不超过允许的失真呢? 为了解答这一问题,有必要引入条件信息量和互信息量。

— 62 —

设信源发出符号为 x_i，编码输出为 y_j，用 $P(x_i, y_j)$ 表示联合概率；用 $P(x_i|y_j)$ 表示已知编码输出为 y_j，估计信源发出 x_i 的条件概率；$Q(y_j|x_i)$ 表示发出 x_i 而编码输出为 y_j 的概率。条件信息量定义为：

$$I(x_i \mid y_j) = -\log P(x_i \mid y_j) \qquad (3.1-18)$$

$$I(y_j \mid x_i) = -\log Q(y_j \mid x_i) \qquad (3.1-19)$$

它们的物理意义可类似于自信息量解释。

互信息量定义为

$$I(x_i, y_j) = I(x_i) - I(x_i \mid y_j) \qquad (3.1-20)$$

式中，$I(x_i)$ 是 x_i 所含的信息量，$I(x_i|y_j)$ 表示已知 y_j 后 x_i 还保留的信息量。它们的差，即互信息量就代表了信源符号 y_j 为 x_i 所提供的信息量。

对于无损编码，由于编码前的符号 $\{x_i\}$ 与编码后的符号 $\{y_j\}$ 之间存在一一对应的关系，因此，$P(x_i|y_j)=1$，$Q(y_j|x_i)=1$，从而 $I(x_i|y_j)=0$，$I(y_j|x_i)=0$，$I(x_i, y_j)=I(x_i)$，这表明 y_j 为接收者提供了与 x_i 相同的信息量。当编码中引入量化后，两个符号集失去了一一对应的关系。这时，$P(x_i|y_j)$ 不等于 1，$I(x_i|y_j)$ 也不等于零。因此可以说，互信息量是扣除了信道中噪声干扰或量化损失的信息量。

平均互信息量定义为

$$I(X,Y) = \sum_{i,j} P(x_i, y_j) I(x_i, y_j) \qquad (3.1-21)$$

可以证明：

$$I(X,Y) = H(X) - H(X \mid Y)$$

上式表示每个编码符号为信源 X 提供的信息量。$H(X)$ 为信源的一阶熵，$H(X|Y)$ 为条件熵，表示由编码引入的对信源的不确定性，它是由于编码造成的信息丢失。

由式(3.1-2)、(3.1-18)、(3.1-20)得

$$
\begin{aligned}
I(x_i, y_j) &= I(x_i) - I(x_i \mid y_j) \\
&= -\log P(x_i) + \log P(x_i \mid y_j) \\
&= -\log P(x_i) + \log \frac{P(x_i, y_j)}{\sum_i P(x_i, y_j)} \\
&= \log \frac{P(x_i, y_j)}{P(x_i) \sum_i P(x_i, y_j)}
\end{aligned}
$$

将上式代入式(3.1-21)，并由式(3.1-9)和式(3.1-11)可得：

$$
\begin{aligned}
I(X,Y) &= \sum_{i,j} P(x_i, y_j) I(x_i, y_j) \\
&= \sum_{i,j} P(x_i, y_j) \log \frac{P(x_i, y_j)}{P(x_i) \sum_i P(x_i, y_j)} \\
&= \sum_{i,j} P(x_i) Q(y_j \mid x_i) \log \frac{P(x_i) Q(y_j \mid x_i)}{P(x_i) \sum_i P(x_i, y_j)} \\
&= \sum_{i,j} P(x_i) Q(y_j \mid x_i) \log \frac{Q(y_j \mid x_i)}{Q(y_j)} \qquad (3.1-22)
\end{aligned}
$$

从式(3.1－22)中可见，平均互信息量由信源符号概率 $P(x_i)$、编码输出符号概率 $Q(y_j)$ 及已知信源符号出现的条件概率 $Q(y_j|x_i)$ 所确定。在信源一定的情况下，$P(x_i)$ 是确定的。编码方法的选择实际上是改变条件概率 $Q(y_j|x_i)$，它同时也决定了引入失真(量化噪声)的大小。我们希望找出在一定允许失真 D 条件下的最低平均互信息量，称之为率失真函数，记为 $R(D)$：

$$R(D) = \min_{\substack{Q(y_j|x_i) \\ D' \subset D}} I(X,Y) \qquad (3.1-23)$$

$R(D)$ 是在平均失真小于允许失真 D 以内能够编码的码率下界。式中，D' 代表平均失真，可将其写为

$$D' = \sum_{i,j} P(x_i,y_j)d(x_i,y_j) \qquad (3.1-24)$$

其中，$d(x_i,y_j)$ 表示信源发出 x_i，而被编码成 y_j 时引起的失真量。可见，平均失真量 D' 是条件概率控制的量，故可记为 $D(Q)$。

对于数字型的符号，通常采用下面两种失真(误差)来度量：

(1) 均方误差，计算公式为

$$(x_i - y_j)^2 \qquad (3.1-25)$$

(2) 绝对误差，计算公式为

$$|x_i - y_j| \qquad (3.1-26)$$

在图像编码中还采用超视觉阈值均方值。由于人眼的视觉特性，图像信号的误差在一定大小范围之内人眼感觉不出来，这个范围对应一个视觉阈值 T。因此，当人眼作为信息接收者时，对于小于 T 的误差可以忽略不计，而只计算大于 T 的误差。为此，定义函数：

$$u = \begin{cases} 1 & |x_i - y_j| \geqslant T \\ 0 & |x_i - y_j| < T \end{cases} \qquad (3.1-27)$$

于是，超视觉均方差为

$$d = (x_i - y_j)^2 u \qquad (3.1-28)$$

失真度量还有多种。在大多数场合，用均方差来进行误差的度量。

把率失真函数写成更为紧凑的式子：

$$R(D) = \min_{Q \subset Q_D} I(X,Y) \qquad (3.1-29)$$

这里，$Q_D = Q(D(Q)<D)$，表示在所有允许失真范围 D 内的条件概率的集合，亦即各种编码方法。

从上式我们可以看出，对于任意给定的失真度 D，可能找到一个编码方案，其编码比特率任意接近 $R(D)$，而平均失真度任意接近 D。反之，不可能找到一种编码，使失真度不大于 D 时，其编码比特率低于 $R(D)$。这个结论已作为定理形式描述，称为 Shannon 的信源编码的逆定理。

【定理 3.3(有失真时信源编码的逆定理)】 当数码率 R 小于率失真函数时，无论采用何种编码方式，其平均失真必大于 D。

率失真函数具有如下性质：

(1) $D<0$ 时，$R(D)$ 无定义；

(2) 存在一个 D_{max}，使 $D>D_{max}$ 时，$R(D)=0$；

(3) 在 $0<D<D_{max}$ 范围内，$R(D)$ 是正的连续下凸函数；

(4) 对独立信源，$R(0)=H(X)$，这即熵编码的结论。

根据以上性质，就可以大致地画出信源的 $R(D)$ 函数曲线，如图 3.3 所示。

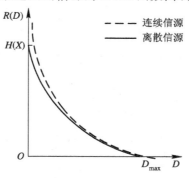

图 3.3 $R(D)$ 的典型曲线

率失真函数 $R(D)$ 对于信源编码具有指导意义，然而，对于一个实际信源，计算其 $R(D)$ 函数很困难。这是因为，一方面，信源符号的概率分布很难确知，即便知道了概率分布，求解其 $R(D)$ 也极为困难，它是一个条件极小值的求解问题，其解的一般结果以参数形式给出；另一方面，人眼的视觉系统所能接受的失真度，是每个像素及其周围像素的复杂函数。

在 $R(D)$ 中起控制作用的只有 $Q(y_j)$，对信源编码通常是通过对 $Q(y_j)$ 的设计与实现，使数码率接近 $R(D)$。但在实际编码中并不是直接去设计 $Q(y_j)$，而是从最后的数码率来对 $R(D)$ 函数进行性能比较。

2. 有记忆信源

上面介绍了无记忆信源的率失真理论。图像信源是有记忆信源，因此还需要考虑有记忆信源的率失真理论。

对于有记忆信源，假设对信源发出的 N 个符号序列进行成组计算时，其熵值为 H_N，而将该信源作为无记忆信源时按符号计算的熵值为 $H(X)$，则有 $H_N<H(X)$。

因此，对有记忆信源不宜按符号编码，而需要进行一些变换(包括预测差值、统计变换等)去除相关性，然后再对新的符号逐个编码，以逼近于信源的熵值。另外，按符号序列成组进行编码，也可达到趋于熵值的目的。

类似地，当把有记忆信源当作无记忆信源时，计算所得的率失真函数比原来的有记忆信源率失真函数值高。因此，图像编码中采用了两类基本方法：一种是变换编码，其目的是对图像信号进行去除相关性的处理，然后再将其作为独立信源对待；另一种是预测编码，它的原理是根据图像的相关性先进行预测，再针对预测的误差进行编码。还有一类高效的编码方法——矢量量化编码，它是基于这样一个原理，将有记忆信源按照符号序列成组编码，而且序列长度很大时，能够趋于率失真函数的码率界限。

3.2   统 计 编 码

在第二章我们已经谈到，图像信号本身固有的统计特性是实现图像压缩的依据。根据信息论的观点，信源的冗余度是由于信源本身所具有的相关性和信源内事件概率分布的不均匀性产生的。因此，图像的统计编码方法就是利用信源的统计特性，去除其内在的相关性和改变概率分布的不均匀性，从而实现图像信息的压缩。下面介绍的几种统计编码都利用了图像信源熵的特性，因而又称为熵编码。

3.2.1 基本理论

所谓编码，就是将不同的消息用不同码字来代表，或称为从消息集到码字集的一种映射。

我们称组成码字的符号个数为码长 L_i。

假设字符 x_i 取自信源符号集合 $X_m = \{x_1, x_2, \cdots, x_m\}$，如果字符 x_i 的编码长度为 L_i 并且其概率为 p_i，则显然 L_i 也是一个非负的随机变量，把它记作：

$$L_i = -\log q_i \qquad (0 \leqslant q_i \leqslant 1, \ i = 1, 2, \cdots, m, \ \sum_{i=1}^{m} q_i = 1)$$

那么对信源 X_m 编码的平均码长就是 $l = \sum_{i=1}^{m} p_i L_i = -\sum_{i=1}^{m} p_i \log q_i$。

信息论中已经证明熵具有极值性，即下式中的等号仅在 $\{q_i\} = \{p_i\}$ 时成立：

$$H(X) = -\sum_{i=1}^{m} p_i \log p_i \leqslant -\sum_{i=1}^{m} p_i \log q_i \qquad (3.2-1)$$

由此我们可知，对于离散无记忆平稳信源，进行压缩的基本条件是：第一，准确得到符号的概率；第二，对各符号的编码长度都达到它的自信息量。

在式(3.2-1)中令 $q_i = 1/m$，可得到如下最大离散熵定理。

【定理 3.4(最大离散熵)】 所有概率分布 p_i 所构成的熵，以等概率时为最大，即

$$H_m(p_1, p_2, \cdots, p_m) \leqslant \log m \qquad (3.2-2)$$

此最大值与熵之间的差值，就是信源 X 所含有的冗余度(redundancy)，即

$$\xi = H_{\max}(X) - H(X) = \log m - H(X) \qquad (3.2-3)$$

所以，独立信源的冗余度隐含在信源符号的非等概率分布之中。只要信源不是等概率分布，就存在着数据压缩的可能性。这就是统计编码的基础。

下面给出一些定义或描述图像压缩的性能指标。

(1) 平均码字长度：设信源 S 的字符 a_i 的编码长度为 L_i 并且其概率为 p_i，则该信源编码的平均码长为

$$\overline{L} = \sum_{i=1}^{m} p_i L_i = -\sum_{i=1}^{m} p_i \log p_i \qquad (3.2-4)$$

(2) 压缩比：编码前后平均码长之比，即

$$r = \frac{n}{\overline{L}} \qquad (3.2-5)$$

其中，n 为压缩前图像每个像素的平均比特数，通常为用自然二进制码表示时的比特数；$\overline{L}$ 表示压缩后每个像素所需的平均比特数。一般情况下压缩比 r 总是大于 1，r 越大则压缩程度越高。

(3) 编码效率：信源的熵与平均码长之比，即

$$\eta = \frac{H(X)}{\overline{L}} \qquad (3.2-6)$$

（4）冗余度：如果编码效率 $\eta \neq 100\%$，这说明还有冗余信息，因此冗余度 ξ 可由下式表示为

$$\xi = 1 - \eta \qquad\qquad (3.2-7)$$

ξ 越小，说明可压缩的余地越小。

（5）比特率：通常指编码的平均码长。在数字图像中，对于静止图像，指每个像素平均所需的比特数，单位为 bit。而对于活动图像，常指每秒输出或输入的比特数，单位为 Mb/s，kb/s 等。

对于一个信息集合中的不同消息，若采用相同长度的不同码字去代表，就叫做等长（或定长）编码。

用作码字的符号可以任意选定，个数也可以按需要而定。若取 M 个不同的字符来组成码字，则称为 M 元编码或 M 进制。最常见的是取两个字符"0"和"1"来组成码字，称作二元编码或二进制编码（与数字计算机的二进制相对应）。

与等长编码相对应，对一个信息集合中的不同信息，也可以用不同长度的码字来表示，这就叫做不等长（或变长）编码。采用变长编码可以提高编码效率，即对相同的信息量所需的平均编码长度可以短一些。在 3.1.3 节已经谈到，编码时对 $P(x_i)$ 大的 x_i 用短码，对 $P(x_i)$ 小的 x_i 用长码，就可以缩短信源的平均码长。这正是变长编码的基本原则。

3.2.2 霍夫曼编码

霍夫曼（D. A. Huffman）于 1952 年提出了一种不等长编码方法，这种编码的码字长度的排列与符号的概率大小的排列是严格逆序的，理论上已经证明其平均码长最短，因此被称为最佳码。

霍夫曼编码步骤如下：

（1）按概率从大到小的顺序排列信源符号；

（2）从最小的两个概率开始编码，将概率较大的信源符号编为 1（或 0），将概率较小的信源符号编为 0（或 1）；

（3）对已编的两个概率相加，将结果与未编码的概率从大到小进行排序；

（4）重复（2）、（3）两步，直到概率达到 1.0 为止；

（5）画出由每个信源符号概率到 1.0 处的路径，记下沿路径的 1 和 0；

（6）对于每个信源符号都写出 1、0 序列，则从右到左就得到霍夫曼编码。

下面举例说明霍夫曼编码的过程。

【例 3.1】 对一个 6 符号信源 $X = \{x_1, x_2, \cdots, x_6\}$ 进行霍夫曼编码。其概率为：

$$\{p_1, p_2, \cdots, p_6\} = \{0.4, 0.25, 0.15, 0.1, 0.05, 0.05\}$$

编码过程如下：

第一步，对信源符号中概率最小的两位进行编码，x_5 编为 1，x_6 编为 0，（概率大的编为 1，概率小的编为 0）；

第二步，将 p_5 与 p_6 相加为 0.1，与前面未进行编码的概率进行由大到小排序；

第三步，重复第一、第二步直到概率为 1.0。

按照上述编码过程，其霍夫曼编码过程及其编码的结果如图 3.4 所示。

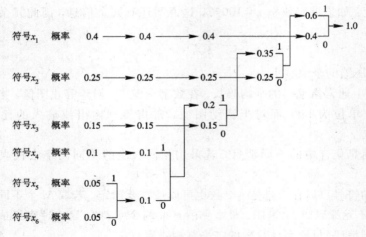

图 3.4 霍夫曼编码过程

编码结果:

$$x_1 \rightarrow 0,\ x_2 \rightarrow 10,\ x_3 \rightarrow 110,\ x_4 \rightarrow 1111,\ x_5 \rightarrow 11101,\ x_6 \rightarrow 11100$$

平均码长:

$$\overline{L} = \sum_{i=1}^{m} p_i L_i = \sum_{i=1}^{6} p_i L_i$$

$$= 0.4 \times 1 + 0.25 \times 2 + 0.15 \times 3 + 0.1 \times 4 + 0.05 \times 5 + 0.05 \times 5$$

$$= 2.25 \text{ b/s}$$

信源熵:

$$H(X) = -\sum_{i=1}^{6} p_i \text{ lb} p_i$$

$$= -(0.4 \text{ lb} 0.4 + 0.25 \text{ lb} 0.25 + 0.15 \text{ lb} 0.15$$

$$+ 0.1 \text{ lb} 0.1 + 0.05 \text{ lb} 0.05 + 0.05 \text{ lb} 0.05)$$

$$= 2.20$$

编码效率:

$$\eta = \frac{H(X)}{L} = \frac{2.20}{2.25} = 97.94\%$$

压缩之前 6 个符号需 3 个比特量化,经压缩以后的平均码字长度为 2.25 bit,因此压缩比为 $r = 3/2.25 = 1.33$。

冗余度:

$$\xi = 1 - \eta = 1 - 97.94\% = 2.06\%$$

应该指出,由于"0"与"1"的指定是任意的,因此由上述过程编出的最佳码并不惟一,但其平均码长是一样的,所以不影响编码效率和数据压缩性能。

对于有记忆信源,可以证明,虽然霍夫曼编码的设计随符号的增大而变得更加复杂,但其编码效率也随之提高。

解码过程很简单,霍夫曼码是惟一的和可即时解码的。解码器中有一个缓冲器,用于存放从已编码的码流中收到的比特。一开始缓冲器为空,每收到一个比特,将它依次压于缓冲器,并将缓冲器中已形成的码字与霍夫曼码表中的每一码字比较。如果找到一个相同的，则输出该码字对应的信源符号，并将缓冲器刷新为空；否则，继续读取码流中的下一个比特，这一过程一直持续到结束。

当把霍夫曼编码用于图像信息的编码时，同样有一个基本符号单元的选择问题。如果把像素的信号作为基本符号单元，根据霍夫曼编码，最多只能达到一阶熵，而图像信息源是有记忆的信息源，一阶熵并不能代表数码率的下界，因而压缩效果往往不是很好。为此需要在熵编码前先进行一些处理。例如二值图像的方块编码，游程长度编码等，都是利用像素组来接近信息熵的方法。此外，还可以利用相关性进行预测，然后再进行变字长编码。总之，对于图像信号，一般都是先经过某种处理，然后再对其输出的新符号进行变字长编码，以取得最大的压缩效率。

3.2.3 香农编码

香农编码也是一种可变长编码，码字长度由符号出现的概率决定。

【定理 3.5】 设离散无记忆信源的熵为 $H(X)$，如对信源符号采用二元码作不等长编码，则码字平均长度 $\bar{L}$ 满足下式：

$$H(X) \leqslant \bar{L} < H(X) + 1 \qquad (3.2-8)$$

证明： 对于符号熵为 $H(X)$ 的离散无记忆信源进行 m 进制不等长编码，一定存在一种无失真编码的方法，其码字平均长度 $\bar{L}$ 满足

$$\frac{H(X)}{\mathrm{lb}m} \leqslant \bar{L} < \frac{H(X)}{\mathrm{lb}m} + 1 \qquad (3.2-9)$$

当 $m=2$ 时，有

$$H(X) \leqslant \bar{L} < H(X) + 1 \qquad (3.2-10)$$

此时 $\bar{L}$ 叫编码速率，有时又叫比特率。对于 m 进制的不等长编码，其编码速率定义为

$$R = \bar{L}\,\mathrm{lb}m \qquad (3.2-11)$$

由此可以导出对于某一个概率为 p_i 的信息符号 x_i 的长度 l_i（码长），存在如下关系式：

$$-\frac{\mathrm{lb}p_i}{\mathrm{lb}m} \leqslant l_i < -\frac{\mathrm{lb}p_i}{\mathrm{lb}m} + 1 \qquad (3.2-12)$$

对于二进制码，可以简化为

$$-\mathrm{lb}p_i \leqslant l_i < -\mathrm{lb}p_i + 1 \qquad (3.2-13)$$

香农编码的码字长度正是根据符号出现的概率，即式(3.2-13)来确定的。

香农编码的步骤如下：

（1）将输入图像的灰度级（信息符号）按出现的概率由大到小顺序排列（相等者可以任意颠倒排列位置）。

（2）计算各概率对应的码字长度 l_i。

（3）计算各概率对应的累加概率 a_i。

$$a_1 = 0$$
$$a_2 = p_1$$
$$a_3 = p_2 + a_2$$
$$\vdots$$
$$a_i = p_{i-1} + a_{i-1} = p_{i-1} + p_{i-2} + \cdots + p_1$$

（4）把各个累计概率由十进制小数转换成二进制小数。

（5）取二进制数小数点后的前 l_i 位，作为输出码字。

下面用前面霍夫曼编码中用到的例子进行香农编码，以便与霍夫曼编码比较。编码过程由表 3.3 所示。

表 3.3　香农编码过程表

符号	概率	l_i	a_i	输出码字（二进制）
x_1	0.4	2	0	00
x_2	0.25	2	0.4	01
x_3	0.15	3	0.65	101
x_4	0.1	4	0.8	1100
x_5	0.05	5	0.9	11100
x_6	0.05	5	0.95	11110

平均码长为

$$\bar{L} = \sum_{i=1}^{6} p_i l_i = 0.4 \times 2 + 0.25 \times 2 + 0.15 \times 3 + 0.1 \times 4 + 0.05 \times 5 + 0.05 \times 5$$

$$= 2.65 \text{ bit}$$

信源的熵为

$$H(X) = - (0.4 \text{ lb} 0.4 + 0.25 \text{ lb} 0.25 + 0.15 \text{ lb} 0.15 + 0.1 \text{ lb} 0.1 + 2 \times 0.05 \text{ lb} 0.05)$$

$$\approx 2.20$$

故其编码效率为

$$\eta = \frac{H(X)}{\bar{L}} = \frac{2.20}{2.65} = 83.02\%$$

可见，香农编码效率比霍夫曼编码效率略低一些，在一般情况下，它的平均码长比均匀编码的码长要短一些。只有当信源符号出现概率正好为 $2^{-i}(i \geqslant 0)$ 时，香农编码能够产生最佳编码。

3.2.4　算术编码

1. 算术编码基本原理

算术编码是 20 世纪 60 年代初期 Elias 提出的，由 Rissanen 和 Pasco 首次介绍了它的实用技术，是另一种变字长无损编码方法。算术编码是信息保持型编码，与霍夫曼编码不同，它无需为一个符号设定一个码字，可以直接对符号序列进行编码。算术编码既有固定方式的编码，也有自适应方式的编码。自适应方式无需事先定义概率模型，对无法进行概率统计的信源比较合适，在这点上优于霍夫曼编码。在信源符号概率比较接近时，算术编码比霍夫曼编码效率要高，但算术编码的算法实现要比霍夫曼编码复杂。

算术编码用区域划分来表示信源输出序列。对一个独立信源，根据信源信息的概率将半开区间 $[0, 1)$ 划分为若干个子区间，使每个子区间对应一个长度为 N（任意整数）的可能序列，各个子区间互不重叠。这样，每个子区间有一个惟一的起始值或左端点，只要知道了该端点，也就能确定具体的符号序列了。

算术编码将待编码的图像数据看作是由多个符号组成的序列，对该序列递归地进行算术运算后，成为一个小数。在接收端，解码过程也是算术运算，由小数反向算术运算，重建图像符号序列。

设输入符号串 s 取自符号集 $X = \begin{Bmatrix} x_1, x_2, \cdots, x_m \\ p_1, p_2, \cdots, p_m \end{Bmatrix}$，$x_i$ 表示符号序列，p_i 为对应的概率。s 后跟符号 $x_i (x_i \in X)$ 扩展成符号串 sx_i，空串记作 ϕ，只有一个符号的序列就是 ϕx_i。算术编码的迭代关系可表示如下：

（1）码字刷新：

$$C(sx_i) = C(s) + \widetilde{P}(x_i)A(s) \qquad (3.2-14)$$

（2）区间刷新：

$$A(sx_i) = P(x_i)A(s) \qquad (3.2-15)$$

其中，

$$\widetilde{P}(x_i) = \sum_{j=1}^{i-1} P(x_j) \qquad (3.2-16)$$

是符号的累积概率。初始条件为 $C(\phi)=0$，$A(\phi)=1$ 和 $\widetilde{P}(\phi)=0$，$P(\phi)=1$。

可见，算术编码在传输任何符号 x_i 之前，信息的完整范围是

$$[C(\phi), C(\phi) + A(\phi)) = [0,1)，表示 0 \leqslant P(x_i) < 1$$

当处理 x_i 时，这一区间的宽度 $A(s)$ 就依据 x_i 的出现概率 $P(x_i)$ 而变窄。符号序列越长，相应的子区间就越窄，编码表示该子区间所需的位数也越多。而大概率符号比小概率符号使区间缩窄的范围要小，所增加的编码位数也少。从上述迭代公式可以看出，每一步新产生的码字 $C(sx_i)$ 都是由上一次的符号串 $C(s)$ 和新的区间宽度 $A(sx_i)$ 进行算术相加而得到的，这便是"算术编码"名称的由来。

下面通过两个具体的算术编码实例来说明算术编码的原理及过程。

【例 3.2】 表 3.4 给出一组信源符号及其概率，试根据该表对符号序列 a_2、a_1、a_3、a_4 进行算术编码。

1）编码

根据表中字符概率，将区间 $[0, 1.0)$ 分为 4 个子区间，每个子区间的长度分别为 0.5、0.25、0.125、0.125，如图 3.5 所示。

表 3.4　信源符号表

符　号	概　率
a_1	0.5
a_2	0.25
a_3	0.125
a_4	0.125

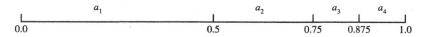

图 3.5　区间概率分布图

（1）设整个序列的概率初值 $C(\phi)=0$，$A(\phi)=1$。

（2）对 a_2 进行编码：

$$\widetilde{P}(a_2) = \sum_{j=1}^{i-1} P(a_j) = P(a_1) = 0.5$$

$$C(a_2) = C(s) + \widetilde{P}(x_i)A(s) = C(\phi) + P(a_2)A(\phi) = 0.0 + 0.5 \times 1.0 = 0.5$$

$$A(a_2) = P(x_i)A(s) = P(a_2)A(\phi) = 0.25 \times 1.0 = 0.25$$

a_2 所在的编码区间为

$$[C(a_2), C(a_2) + A(a_2)) = [0.5, 0.5 + 0.25) = [0.5, 0.75)$$

（3）对 a_1 进行编码：

$$\widetilde{P}(a_1) = \sum_{j=1}^{i-1} P(a_j) = 0.0$$

$$C(a_1) = C(s) + \widetilde{P}(x_i)A(s) = C(a_2) + P(a_1)A(a_2) = 0.5 + 0.0 \times 0.25 = 0.5$$

$$A(a_1) = P(x_i)A(s) = P(a_1)A(a_2) = 0.5 \times 0.25 = 0.125$$

a_1 所在的区间为

$$[C(a_1), C(a_1) + A(a_1)) = [0.5, 0.5 + 0.125) = [0.5, 0.625)$$

（4）对 a_3 进行编码：

$$\widetilde{P}(a_3) = \sum_{j=1}^{i-1} P(a_j) = P(a_1) + P(a_2) = 0.5 + 0.25 = 0.75$$

$$\begin{aligned} C(a_3) &= C(s) + \widetilde{P}(x_i)A(s) = C(a_1) + P(a_3)A(a_1) \\ &= 0.5 + 0.75 \times 0.125 = 0.593\ 75 \end{aligned}$$

$$A(a_3) = P(x_i)A(s) = P(a_3)A(a_1) = 0.125 \times 0.125 = 0.015\ 625$$

a_3 所在的区间为

$$\begin{aligned} [C(a_3), C(a_3) + A(a_3)) &= [0.593\ 75, 0.593\ 75 + 0.0156\ 25) \\ &= [0.59\ 375, 0.609\ 375) \end{aligned}$$

（5）对 a_4 进行编码：

$$\widetilde{P}(a_4) = \sum_{j=1}^{i-1} P(a_j) = P(a_1) + P(a_2) + P(a_3) = 0.5 + 0.25 + 0.125 = 0.875$$

$$\begin{aligned} C(a_4) &= C(s) + P(x_i)A(s) = C(a_3) + P(a_4)A(a_3) \\ &= 0.593\ 75 + 0.875 \times 0.015\ 625 \\ &= 0.607\ 421\ 875 \end{aligned}$$

$$A(a_4) = P(x_i)A(s) = P(a_4)A(a_3) = 0.125 \times 0.015\ 625 = 0.001\ 953\ 125$$

最后输出的区域为

$$\begin{aligned} [C(a_4), C(a_4) + A(a_4)) &= [0.607\ 421\ 875, 0.607\ 421\ 875 + 0.001\ 953\ 125) \\ &= [0.607\ 421\ 875, 0.609\ 375) \end{aligned}$$

取最后区间的左端点数值 0.607421875，转换为二进制数，并去掉小数点，得到字符串 a_2、a_1、a_3、a_4 的编码结果为 100110111。

以上编码过程的区间子分过程如图 3.6 所示。从图中的区间子分过程可以看出，随着输入符号越来越多，子区间分割越来越精细，因此表示其左端点的数值的有效位数也越来越多。如果等到整个符号序列输入完毕后再将最终得到的左端点输出，将遇到两个问题：第一，当符号序列很长时，例如整幅图像，将不能实时编解码；第二，有效位太长的数实际是无法表示的。

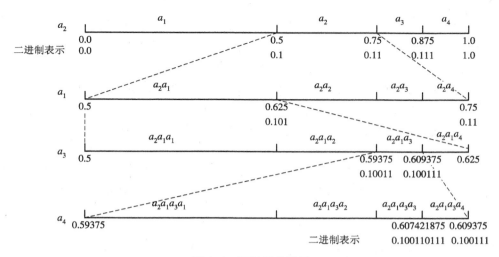

图 3.6　区间子分过程

　　实用的算术编码方案都只用整数（因为浮点数运算慢且精度会丢失），而且不能太长（最好只用单精度）。通常是采用两个有限精度的寄存器存放码字的最新部分。以上例中二进制数表示的端点说明这个问题。从图 3.6 中看到，当某个区间的左端点（Low）和右端点（High）中的最高位相同后，再划分区间时就不会再变了，因此可以把不变的最高位数字移出，并向输出流中写一个数字。随着数字从这两个寄存器中移出，在 Low 的右端移入 0，在 High 的右端移入 1。可将这两个寄存器中的数看成是无限长数字的左端：Low＝$xxxx$0000……，High＝$yyyy$1111……。

　　右端点 High 应该初始化为 1，但是 Low 和 High 的内容应该理解为小于 1 的小数，所以用 0.1111…… 对 High 进行初始化，因为无限长小数 0.1111…… 逼近于 1。同样，在编码过程中，High 的值始终以无限长小数的形式出现，在求得的右端点值的最低位减去 1。上例中，如果用 8 位寄存器表示，右端点 0.11 减去 0.00000001，其输入到寄存器中的值为 0.10111111。

　　对以上实例的编码过程见表 3.5，子区间的左、右端点分别采用 8 位寄存器。

表 3.5　算术编码过程

输入	输出	Low	移出	High	操作
		00000000		11111111	初始区间
a_2		<u>1</u>0000000		<u>1</u>0111111	
	10	00000000	10	11111111	左移 2 位
a_1		<u>0</u>0000000		<u>0</u>1111111	
	0	00000000	0	11111111	左移 1 位
a_3		<u>11</u>000000		<u>11</u>011111	
	110	00000000	110	11111111	左移 3 位
a_4		<u>111</u>00000		<u>111</u>11111	
	111		111		左移 3 位

2) 解码

解码过程与编码过程相反。

(1) 接收到的第一个比特子区间限定在[0.607 421 875，0.609 375]内，首位为0.6。由图3.5可知，0.6是处在[0.5，0.75)之间，所以对应的符号为a_2，且相应的$C(s')=0.5$，$A(s')=0.25$。

(2) $\dfrac{0.607\ 421\ 875-C(s')}{A(s')}=\dfrac{0.607\ 421\ 875-0.5}{0.25}=0.429\ 687\ 5$，其首位为0.4。由图3.5可知，0.4在区间[0.0，0.5)内，对应的符号为a_1，且相应的$C(s')=0.0$，$A(s')=0.5$。

(3) $\dfrac{0.429\ 687\ 5-C(s')}{A(s')}=\dfrac{0.429\ 687\ 5-0.0}{0.5}=0.859\ 375$，由图3.5可知，0.859 375在区间[0.75，0.875)内，对应的符号为a_3，且相应的$C(s')=0.75$，$A(s')=0.125$。

(4) $\dfrac{0.859\ 375-C(s')}{A(s')}=\dfrac{0.859\ 375-0.75}{0.125}=0.875$，由图3.5可知，0.875在区间[0.875，1.0)内，所以对应的符号为a_4。

至此，解码完成。

【例3.3】 如图3.7所示，r表示7个灰度值，t表示时间序列，图中给出了每一时刻t_i出现的灰度。试根据图3.7对另一个按时间顺序排列的灰度序列r_1、r_3、r_7、r_4、r_3、r_2、r_5、r_6、r_1、r_1进行算术编码。

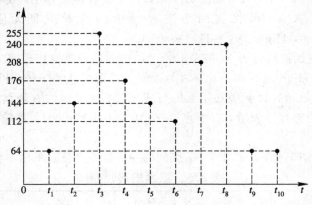

图3.7 灰度概率分布

(1) 列出像素的灰度概率表如表3.6所示。

表3.6 像素的灰度概率表

符号(r_i)	第i个像素的灰度	r_i出现的次数	r_i的概率$P(r_i)$	r_i的起始地址	r_i的末端地址	r_i的累积概率$P(r)$
r_1	64	$3(t_1，t_9，t_{10})$	0.3	0.0	0.3	0.0
r_2	112	$1(t_6)$	0.1	0.3	0.4	0.3
r_3	144	$2(t_2，t_5)$	0.2	0.4	0.6	0.4
r_4	176	$1(t_4)$	0.1	0.6	0.7	0.6
r_5	208	$1(t_7)$	0.1	0.7	0.8	0.7
r_6	240	$1(t_8)$	0.1	0.8	0.9	0.8
r_7	255	$1(t_3)$	0.1	0.9	1.0	0.9

像素的灰度概率在区间[0,1)上的分布如图 3.8 所示。

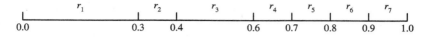

图 3.8 像素的灰度概率分布图

(2) 编码步骤如下：

① 整个序列的概率初值 $C(\phi)=0$，$A(\phi)=1$。

② 对 t_1 时刻的 $r_{1(t_1)}$ 进行编码。

$\tilde{P}(r_{1(t_1)}) = 0.0$

$C(r_{1(t_1)}) = C(s) + \tilde{P}(x_i)A(s) = C(\phi) + \tilde{P}(r_{1(t_1)})A(\phi) = 0.0 + 0.0 \times 1.0 = 0.0$

$A(r_{1(t_1)}) = P(x_i)A(s) = P(r_{1(t_1)})A(\phi) = 0.3 \times 1.0 = 0.3$

③ 对 t_2 时刻的 $r_{3(t_2)}$ 进行编码。

$\tilde{P}(r_{3(t_2)}) = 0.4$

$C(r_{3(t_2)}) = C(r_{1(t_1)}) + \tilde{P}(r_{3(t_2)})A(r_{1(t_1)}) = 0.0 + 0.4 \times 0.3 = 0.12$

$A(r_{3(t_2)}) = P(r_{3(t_2)})A(r_{1(t_1)}) = 0.2 \times 0.3 = 0.06$

④ 对 t_3 时刻的 $r_{7(t_3)}$ 进行编码。

$\tilde{P}(r_{7(t_3)}) = 0.9$

$C(r_{7(t_3)}) = C(r_{3(t_2)}) + \tilde{P}(r_{7(t_3)})A(r_{3(t_2)}) = 0.12 + 0.9 \times 0.06 = 0.174$

$A(r_{7(t_3)}) = P(r_{7(t_3)})A(r_{3(t_2)}) = 0.1 \times 0.06 = 0.006$

⑤ 按照以上方法对 t_4，t_5，t_6，t_7，t_8，t_9，t_{10} 进行编码。

t_4	$r_{4(t_4)}$	$C(r_{4(t_4)})=0.1776$	$A(r_{4(t_4)})=0.0006$
t_5	$r_{3(t_5)}$	$C(r_{3(t_5)})=0.177\,84$	$A(r_{3(t_5)})=0.00012$
t_6	$r_{2(t_6)}$	$C(r_{2(t_6)})=0.177\,876$	$A(r_{2(t_6)})=0.000004$
t_7	$r_{5(t_7)}$	$C(r_{5(t_7)})=0.177\,884\,4$	$A(r_{5(t_7)})=0.0000012$
t_8	$r_{6(t_8)}$	$C(r_{6(t_8)})=0.177\,885\,36$	$A(r_{6(t_8)})=0.00000012$
t_9	$r_{1(t_9)}$	$C(r_{1(t_9)})=0.177\,885\,360$	$A(r_{1(t_9)})=0.000000036$
t_{10}	$r_{1(t_{10})}$	$C(r_{1(t_{10})})=0.177\,885\,360\,0$	$A(r_{1(t_{10})})=0.0000000108$

序列 $r_1r_3r_7r_4r_3r_2r_5r_6r_1r_1$ 的编码结果为 001011011。

以上编码的区间子分过程如图 3.9 所示。

(3) 解码过程(与编码过程相反)：

① 接收到的第一个比特子区间限定在下列范围之内：

$[0.177\,885\,360\,0, 0.177\,885\,360\,0+0.000\,000\,010\,8)=[0.177\,885\,360\,0, 0.177\,885\,370\,8)$

首位为 0.1，查找概率，0.1 是处在 $[0.0,0.3)$ 之间，所以其对应的灰度为 $r_{1(t_1)}=64$，且相应的 $C(r_{1(t_1)})=0.0$，$A(r_{1(t_1)})=0.3$。

② 判断 t_2 时刻的灰度：

$$\frac{0.177\,885\,360\,0 - C(r_{1(t_1)})}{A(r_{1(t_1)})} = \frac{0.177\,885\,360\,0 - 0.0}{0.3} = 0.592\,951\,2$$

— 75 —

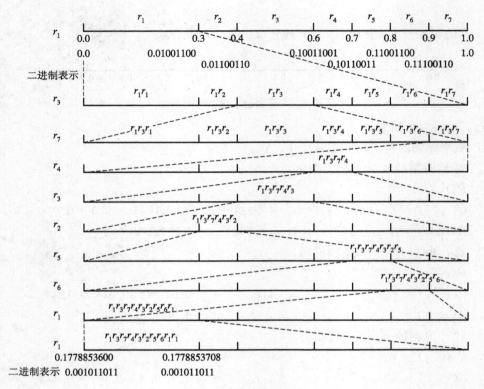

图 3.9　算术编码的区间子分过程

其首位为 0.5，查灰度概率表 3.6，0.5 处在 $[0.4，0.6)$ 内，所以其对应的灰度为 $r_{3(t_2)}$，且相应的 $C(r_{3(t_2)})=0.4$，$A(r_{3(t_2)})=0.2$。

③ 判断 t_3 时刻的灰度：

$$\frac{0.592\,951\,2-C(r_{3(t_2)})}{A(r_{3(t_2)})}=\frac{0.592\,951\,2-0.4}{0.2}=0.964\,756$$

其首位为 0.9，查灰度概率表 3.6，0.9 处在 $[0.9，1.0)$ 内，所以其对应的灰度为 $r_{7(t_3)}=255$，且相应的 $C(r_{7(t_3)})=0.9$，$A(r_{7(t_3)})=0.1$。

④ 依照上述方法判断 t_4，t_5，t_6，t_7，t_8，t_9，t_{10} 时刻的灰度为

t_4	0.647 56	$r_{4(t_4)}=176$
t_5	0.4756	$r_{3(t_5)}=144$
t_6	0.378	$r_{2(t_6)}=122$
t_7	0.78	$r_{5(t_7)}=208$
t_8	0.8	$r_{6(t_8)}=240$
t_9	0.0	$r_{1(t_9)}=64$
t_{10}	0.0	$r_{1(t_{10})}=64$

由上面的例子可知：算术编码就是将每个字符串都与一个子区间 $[C(s)，C(s)+A(s)]$ 相对应，其中子区间宽度 $A(s)\leqslant1$ 是有效的编码控件，而整个算术编码过程，实际上就是依据字符发生的概率对码区间的分割过程（即子区间宽度与正编码字符发生概率相乘的过程）。

2. QM 编码器

算术编码每次递推都要做乘法，而且必须在一个信源符号的处理周期内完成，这有时就难以实施。为此，人们采用查表等近似计算来代替乘法。但若编码对象本身就是二元序列，且其符号概率较小者用 $p(L) = 2^{-Q}$ 形式表示，其中 Q 是正整数（称作不对称数（Skew Number）），则乘以 2^{-Q} 可以用右移 Q 位来代替，而乘以符号概率较大者 $p(H) = 1 - 2^{-Q}$ 可以用移位和相减来代替，这样就完全避免了乘法。因此算术编码很适合二元序列，而 $p(L)$ 常用 2^{-Q} 来近似。

QM 编码器就是采用上述思想设计的一种简单而快速的算术编码方法，它针对二元序列符号，用近似来代替乘法。QM 编码器采用固定精度的整数算术运算，因此也要不停地标定概率区间，以便使近似结果接近真正的乘法。JPEG 图像压缩标准中的算术编码采用的就是 QM 编码器。

1) QM 编码的基本原理

QM 编码器的主要思想是把各输入符号（一个二进制位）分为大概率符号（MPS，More Probable Symbol）或小概率符号（LPS，Less Probable Symbol），先利用一个统计模型来预测下一位更可能是 0 还是 1，然后再输入该位并按其实际值分类。例如，若模型预测更可能为 0 实际却是 1，则编码器就把它归为一个 LPS。编码时，编码器只需知道下一位究竟是 MPS 还是 LPS；解码时，解码器所要知道的也只是刚刚解码的那一位是 MPS 还是 LPS。解码器还需要使用与编码器相同的模型来确定 MPS/LPS 和 0/1 之间的当前关系。当然，这种关系会逐位变化，因为每当编码器输入一位或解码器解出一位，该模型就同步更新。

统计模型可以计算 LPS 的概率 Q_e，因此 MPS 的概率是 $(1-Q_e)$。因为 Q_e 是可能性较小符号的概率，所以范围在 $[0, 0.5]$ 内。编码器根据 Q_e 把概率区间 A 分成两个子区间，把 LPS 子区间（大小为 $A \times Q_e$）放在 MPS 子区间（大小为 $A \times (1-Q_e)$）的上面，如图 3.10 所示。

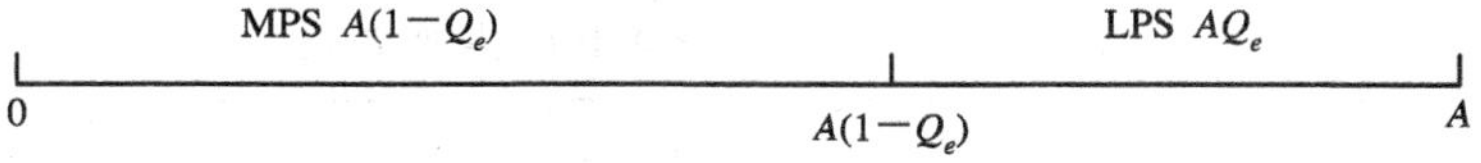

图 3.10　概率区间分布

在传统的算术编码中，概率区间不停地缩小，最后的输出就是最终子区间中的任意一个数。在 QM 编码器中，为简单起见，每一步只把所选择的子区间的下限添加到此前的输出中。用 C 表示输出符号串，即所编的码字，如果当前输入位是 MPS，就把 MPS 子区间的下限（即数字 0）添加到 C 中；如果当前位是 LPS，就把 LPS 子区间的下限（即数字 $A \times (1-Q_e)$）添加到 C 中。当 C 用这种方式更新后，当前的概率区间 A 就缩小到所选子区间的大小。概率区间始终在 $[0, A)$ 中，每一步 A 都会缩小。这就是 QM 编码器的主要原理。编码规则如下：

（1）对于 MPS：

$$C \leftarrow C, \ A \leftarrow A(1-Q_e) \tag{3.2-17}$$

（2）对于 LPS：

$$C \leftarrow C + A(1-Q_e), \ A \leftarrow AQ_e \tag{3.2-18}$$

根据对当前输入位的分类，这些规则使 C 指向 MPS 或 LPS 子区间的下限，也使 A 对应子区间新的大小。

【例 3.4】 对 4 个一位符号进行 QM 编码，假定 4 个符号在 LPS 和 MPS 之间交替变换且 $Q_e = 0.5$。

(1) 初始化：$C = 0$，$A = 1$。

(2) $s1$(LPS)：按照式(3.2 - 18)，则

$$C \leftarrow C + A(1 - Q_e) = 0 + 1 \times (1 - 0.5) = 0.5, \quad A \leftarrow A \times Q_e = 1 \times 0.5 = 0.5$$

(3) $s2$(MPS)：按照式(3.2 - 17)，则 C 不变，

$$A \leftarrow A(1 - Q_e) = 0.5 \times (1 - 0.5) = 0.25$$

(4) $s3$(LPS)：按照规则，

$$C \leftarrow C + A(1 - Q_e) = 0.5 + 0.25 \times (1 - 0.5) = 0.625, \quad A \leftarrow A \times Q_e = 0.25 \times 0.5 = 0.125$$

(5) $s4$(MPS)：C 不变，

$$A \leftarrow A(1 - Q_e) = 0.125 \times (1 - 0.5) = 0.0625$$

这个编码过程概率区间的分割情况如图 3.11 所示。表 3.7 给出了此例的编码过程中 A 和 C 的值。

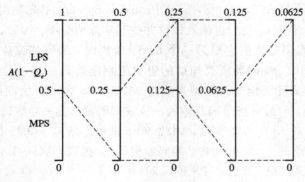

图 3.11 概率区间的分割

表 3.7 4 个符号 $Q_e = 0.5$ 的编码过程

符号	C	A
初始值	0	1
$s1$	$0 + (1 - 0.5) = 0.5$	$1 \times 0.5 = 0.5$
$s2$	不变	$0.5 \times (1 - 0.5) = 0.25$
$s3$	$0.5 + 0.25 \times (1 - 0.5) = 0.625$	$0.25 \times 0.5 = 0.125$
$s4$	不变	$0.125 \times (1 - 0.5) = 0.0625$

2) 重定标(renormalization)

从上面的例子可以看出，QM 编码器原理简单且易于理解，但是有两个问题。第一，区间 A 是从 1 开始不断缩小的，当 A 缩小到很小时，就必须用很高的精度才能把它和 0 区分开来。解决的方法是：保持 A 为一个整数，每当它变得太小时就乘以 2，称为重定标(renormalization)。在二进制中，只要一次逻辑左移就可以实现，每当 A 加倍，C 也要加倍。第二，把概率区间 A 划分成子区间时要做乘法 $A \times Q_e$。为提高速度应尽量用加减和移

位来代替乘法，而重定标也可以解决第二个问题，若保持 $A \approx 1$，则 Q_e 与 $A \times Q_e$ 相差不大，乘积就可以用 Q_e 来近似了。

重定标的目标是使 $A \approx 1$，因此取一个数值 0.75 作为重定标的最小值，当 A 达到 0.75 时，将 A 加倍到 1.5，如果 A 达到小于 0.75 的值，如 0.55 或 0.6，则加倍后更接近于 1。如果在某一步 A 小于 0.5，则需要几次加倍才能达到接近 1，每次同时要把 C 加倍。

重定标时 QM 编码器的规则应修改如下：

（1）对于 MPS：
$$C \leftarrow C, \quad A \leftarrow A(1 - Q_e) \approx A - Q_e$$

（2）对于 LPS：
$$C \leftarrow C + A(1 - Q_e) \approx C + A - Q_e, \quad A \leftarrow A \times Q_e \approx Q_e$$

为了在规则中体现重定标，需要用整数表示 A，也即用整数表示区间 $[0, 1.5)$ 中的实数。以字长 16 位为例，用 16 位 0 表示 0，而用最小的 17 位数字来表示 1.5，即
$$2^{16} = 65\ 536_{10} = 10\ 000_{16} = 1\ \underbrace{0 \cdots 0}_{16}{}_2$$

采用这种方法，我们可以把区间 $[0, 1.5)$ 中的 65 536 个实数表示成 16 位整数（0～65 535）。其中最大的 16 位整数 65 535 对应略小于 1.5 的实数。

几个有关的具体数据如下（⇒表示对应关系，下标代表数的进制）：
$$0.75 = 1.5 / 2 \Rightarrow 2^{15} = 327\ 68_{10} = 8000_{16}$$
$$1 = 1.5 \times 2/3 \Rightarrow 436\ 90_{10} = AAAA_{16}$$
$$0.5 = 1.5 / 3 \Rightarrow 218\ 45_{10} = 5555_{16}$$
$$0.25 = 0.5 / 2 \Rightarrow 109\ 23_{10} = 2AAB_{16}$$

按照上述表示，十进制数 1.0 的对应值是 $AAAA_{16}$，但在实际中需要考虑间隔细分的精度，它是由 Q_e 和 A 的相对值决定的，假设 Q_e 与序列的统计特性匹配，则与十进制数 1.0 相对应的整数就是 A 的平均值，JPEG 中使用的是通过实验获得的 A 的平均值 $B55A_{16}$，与上述 $AAAA_{16}$ 之差为 $AB0_{16}$。

有了上述定义，重定标可以包含在 QM 编码器的规则中，即
$$\text{MPS：} C \leftarrow C, \quad A \leftarrow A - Q_e \qquad (3.2\text{-}19)$$
如果 $A < 8000_{16}$，则 A，C 重定标。
$$\text{LPS：} C \leftarrow C + A - Q_e, \quad A \leftarrow Q_e \qquad (3.2\text{-}20)$$
A，C 重定标。

表 3.8 给出了采用新规则后对例 3.4 重新编码的结果。

表 3.8　4 个符号 $Q_e = 0.5$ 重定标后的编码过程

符号	C	A	重定标 A	重定标 C
初始值	0	1		
s1(LPS)	0+1-0.5=0.5	0.5	1	1
s2(MPS)	不变	1-0.5=0.5	1	2
s3(LPS)	2+1-0.5=2.5	0.5	1	5
s4(MPS)	不变	1-0.5=0.5	1	10

3) 区间转换(interval inversion)

采用上面的方法对乘法进行近似,可能出现的问题之一是当 Q_e 为 0.5 左右时,MPS 子区间的大小可能小到 0.25。为了避免这种子区间大小颠倒,一旦 LPS 大于 MPS,就需要进行区间转换(interval inversion)。表 3.9 给出了示例,它取 $Q_e=0.45$,对 4 个 MPS 符号进行编码。表中第三行的区间 A 由 0.65 翻番为 1.30,在第四行中则缩为 0.85,它大于 0.75,因此不用重定标。而分给 MPS 的子区间变为了 $A-Q_e=0.85-0.45=0.40$,它小于 $Q_e=0.45$ 的 LPS 子区间。显然,当 $Q_e>A/2$ 即 $Q_e>A-Q_e$ 时,容易出现这种问题。

表 3.9 区间转换示例

符 号	C	A	重定标 A	重定标 C
初始值	0	1		
$s1$(MPS)	0	$1-0.45=0.55$	1.1	0
$s2$(MPS)	0	$1.1-0.45=0.65$	1.3	0
$s3$(MPS)	0	$1.3-0.45=0.85$		
$s4$(MPS)	0	$0.85-0.45=0.40$	0.8	0

无论何时当 LPS 子区间变得大于 MPS 子区间,就交换这两个子区间,这叫做有条件的交换(conditional exchange)。区间转换的条件是 $Q_e>A-Q_e$,但由于 $Q_e\leqslant0.5$,有 $A-Q_e<Q_e\leqslant0.5$。显然 Q_e 和 $A-Q_e$(即 MPS 和 LPS 区间)都小于 0.75,因此必须重定标。这说明只有在编码器决定要重定标时才检测条件交换。至此,QM 编码器的最终规则如下:

MPS: $C\leftarrow C$
   $A\leftarrow A-Q_e$ //MPS 子区间
   if $A<8000_{16}$ then   //如果需要重定标
    if $A<Q_e$ then   //如果需要转换
    $C\leftarrow C+A$ //指向 LPS 底部   (3.2-21)
    $A\leftarrow Q_e$ //令 A 为 LPS 子区间
    end if
    A,C 重定标
   end if
LPS: $A\leftarrow A-Q_e$ //MPS 子区间
   if $A\geqslant Q_e$ then   //如果区间大小未转换
    $C\leftarrow C+A$ //指向 LPS 底部   (3.2-22)
    $A\leftarrow Q_e$ //令 A 为 LPS 底部
   end if
   A,C 重定标

4) QM 解码

QM 解码器是 QM 编码器之逆。为简单起见,忽略重定标和有条件的交换,假定 QM 编码器按式(3.2-17)、(3.2-18)的规则运行。在式(3.2-17)、(3.2-18)的规则中,对

更新 C 的方法进行逆过程,就得到用于 QM 解码器的规则(区间 A 用式(3.2-17)、(3.2-18)的规则中相同的方法更新)如下:

对于 MPS:
$$C \leftarrow C, \quad A \leftarrow A(1-Q_e) \tag{3.2-23}$$

对于 LPS:
$$C \leftarrow C - A(1-Q_e), \quad A \leftarrow A \times Q_e \tag{3.2-24}$$

【例 3.5】 对例 3.4 的编码进行解码。

(1) 初始化:$A=1$,例 3.4 中最后一个输出 $C=0.625$。

(2) 解码第一个符号 S_1'。$C=0.625$,$A=1$,分界线为
$$A(1-Q_e) = 1 \times (1-0.5) = 0.5$$

因此 LPS 和 MPS 的子区间分别是 $[0, 0.5)$ 和 $[0.5, 1)$。因 $C=0.625$,指向右边的子区间,解码出第一个字符为 LPS。

更新 C 和 A:
$$C = C - A \times (1-Q_e) = 0.625 - 1 \times (1-0.5) = 0.125, A = A \times Q_e = 1 \times 0.5 = 0.5$$

(3) 解码第二个符号 S_2'。$C=0.125$,$A=0.5$,分界线为
$$A(1-Q_e) = 0.5 \times (1-0.5) = 0.25$$

因此 LPS 和 MPS 的子区间分别是 $[0, 0.25)$ 和 $[0.25, 0.5)$。因 $C=0.125$,指向左边的子区间,解码出第二个字符为 MPS。

更新 C 和 A:
$$C = 0.125, A = A \times (1-Q_e) = 0.5 \times (1-0.5) = 0.25$$

(4) 解码第三个符号 S_3'。$C=0.125$,$A=0.25$,分界线为
$$A(1-Q_e) = 0.25 \times (1-0.5) = 0.125$$

因此 LPS 和 MPS 的子区间分别是 $[0, 0.125)$ 和 $[0.125, 0.25)$。解码出第三个字符为 LPS。

更新 C 和 A:
$$C = C - A \times (1-Q_e) = 0.125 - 0.25 \times (1-0.5) = 0.0, A$$
$$= A \times Q_e = 0.25 \times 0.5 = 0.125$$

(5) 解码第四个符号 S_4'。$C=0.0$,$A=0.125$,分界线为
$$A(1-Q_e) = 0.125 \times (1-0.5) = 0.0625$$

因此 LPS 和 MPS 的子区间分别是 $[0, 0.0625)$ 和 $[0.0625, 0.125)$。解码出第二个字符为 MPS。

更新 C 和 A:
$$C = 0.0, A = A \times (1-Q_e) = 0.125 \times (1-0.5) = 0.0625$$

5) 概率估计

在前面的讨论中,我们假设 Q_e 是一个固定的值,实际上 Q_e 随着编码过程的进行在发生着变化。QM 编码器通过当前的编码情况预测下一位输入的概率,因此,它是一种自适应的算术编码方法。估计下一位输入概率的一种简单思想是:将 Q_e 初始化为 0.5,并根据已经输入的 0 和 1 的个数来更新 Q_e。例如,如果已经输入了 1000 位,其中 750 位为 1,250

位为 0，则 1 就是当前的 MPS，概率为 0.75，而 LPS 的概率就是 $Q_e = 0.25$。但因为 Q_e 每一位都要更新，而且每次计算都涉及一次除法，因而速度很慢。

QM 编码器采用一个估计表进行概率估计，Q_e 的值预置为 0.5，在重定标时修改 Q_e 的值，而不是每输入一位就改变。JPEG 的 QM 编码器使用的概率估计表见附录 C，其 Q_e 的排列顺序是基于 Bayesian 统计量的概率估计而形成的。

MPS 重定标后进行概率估计的过程如下：

      I＝Qe_Index(s)

      I＝Next_Index_MPS(I)

      Qe_Index(s)＝I

      Qe(s)＝Qe_Value(I)

LPS 重定标后进行概率估计的过程如下：

      I＝Qe_Index(s)

      If Switch_MPS(I)＝1

          MPS(s)＝1－MPS(s)

      I＝Next_Index_LPS(I)

      Qe_Index(s)＝I

      Qe(s)＝Qe_Value(I)

（注：这里的 Qe 即文中 Q_e）

下面用近似计算来评估上述的概率估计方法。该方法中，每当重定标后就更新 Q_e，从式(3.2－19)、(3.2－20)可知，每次输入 LPS 后都要重定标，MPS 则不一定。因此可以假设一种理想的均衡输入流，流中每个 LPS 位后紧跟一串 MPS 位，用 q 表示 LPS 的真实（未知）概率。下面我们将说明，这种理想情况下用这种方法产生的 Q_e 值接近 q。

假设一次重定标使 A 变为 A_1（在 1 和 1.5 之间），紧跟的 N 个连续 MPS 将把 A 的值按步长 Q_e 从 A_1 减小到 A_2，然后再进行一次重定标（即 A_2 小于 0.75）。显然有：

$$N = \left[\frac{\Delta A}{Q_e}\right] \qquad\qquad (3.2-25)$$

式中 $\Delta A = A_1 - A_2$。函数 $[x]$ 表示取小于等于 x 的最大整数。因为 q 是一个 LPS 的真实概率，所以一串字符中有 N 个连续 MPS 位的概率是 $P = (1-q)^N$，因此有 $\ln P = N \ln(1-q)$，当 q 很小时可以近似为：

$$\ln P \approx N(-q) = -\frac{\Delta A}{Q_e}q$$

即

$$P = \exp\left(-\frac{\Delta A}{Q_e}q\right) \qquad\qquad (3.2-26)$$

对于特殊情况，$P = 0.5$，此时对 MPS 和 LPS 的重定标次数相同。由 $P = 0.5$，代入上式有：

$$Q_e = \frac{\Delta A}{\ln 2}q \qquad\qquad (3.2-27)$$

因 $\ln 2 \approx 0.693$，ΔA 在典型情况下略小于 0.75，所以对于理想的平衡输入流，有 $Q_e \approx q$。通过这种近似计算可以看到，该估计方法获得的 Q_e 值能够很接近二进制输入流中 LPS 概率的真实值。

3.2.5 LZW 编码

LZW 编码是一种基于字典的编码，它的形成经历了两个阶段：LZ 编码和 LZW 编码。

20 世纪 70 年代末，以色列技术人员 J. Ziv 和 A. Lenmpel 在 1977 年和 1978 年的两篇论文中提出了两种不同但又有联系的编码技术，习惯上简称为 LZ 码，并可按论文发表的年代而分别细分为 LZ77 和 LZ78 两种算法，开创了基于字典编码的新分支。LZ 码以及后来的一些改进算法将变长的输入符号串映射成定长或长度可测的码字，这与霍夫曼编码形成鲜明的对照。LZ 码按照几乎相等的出现概率安排输入字符串，从而使频繁出现符号的串将比不常出现符号的串包含更多的符号。例如，在一张将英文字母和符号串编成 12 位码字的压缩字符串表（表 3.10）中，不常出现的字母 Z 独占 12 位码字；而常用的符号如空格和 0，它们常常以长串出现，但仍然只用一个 12 位码字表示，自然压缩比就很高了。

表 3.10   压缩字符串表

符号串	码字（12 位）	符号串	码字（12 位）
A	1	空空空	12
AB	2	空空空空	13
AN	3	空空空空空	14
AND	4	空空空空空空	15
AD	5	0	16
Z	6	00	17
D	7	000	18
DO	8	0000	19
DO 空	9	00001	20
空	10	...	...
空空	11 $ $ $	4095	

1984 年 T. A. Welch 以 LZW 算法为名给出了 LZ78 算法的实用修正形式，并立即成为 UNIX 等操作系统中的标准文件压缩命令。LZW 算法保留了 LZ 码的自适应性能，其显著特点是逻辑简单，硬件实现廉价，运算速度快。

LZW 编码的基本思想是建立一个如表 3.10 那样的编码表（转换表），T. A. Welch 称之为串表。我们可以把数字图像当作一个一维比特串，算法在产生输出串的同时动态地更新编码表。

LZW 编码的具体步骤如下：

（1）串表的初始化。初始化串表中包含所有的单字符。

（2）新读入的字符 S 必须与紧接前一步的前缀 R 组成字符串 RS。

（3）遍历串表，查 RS 在串表中是否有编码。若无编码，就输出前缀 R，并将 RS 进行编码，放入串表中；若已有编码，则不输出，并把 RS 作为新的前缀。

（4）重复步骤（2）、（3）直到完成所有符号的编码。

GIF（Graphics Interchange Format）图像文件采用一种改良的 LZW 压缩算法，通常称为 GIF - LZW 压缩算法。下面用一个实例来说明 GIF - LZW 编码及解码过程。

【例 3.6】 设有一来源于 4 色(a、b、c、d 表示)图像的数据流 ababcbcbabbd，现对其进行 LZW 编码。编码过程如下：

(1) 初始化一个字符串表。由于只考虑 4 种颜色，因而可以只用 4 比特表示字符串表中每个字符串的索引。如表 3.11 所示，表中前 4 项表示 4 种颜色，后两项分别表示初始化和图像结束标志。设置两个存放临时变量的字符串 S1 和 S2 并初始化为空(即 NULL)，在初始化字串表的末尾添加两个符号 LZW_CLEAR 和 LZW_EOI 的索引值 4H 和 5H。LZW_CLEAR 表示需初始化字符串，LZW_EOI 为结束标志。

表 3.11 初始化字符串表

字符串	索引
a	0H
b	1H
c	2H
d	3H
LZW_CLEAR	4H
LZW_EOI	5H

(2) 读取图像数据流的第一个字符"a"，赋给 S2，因为 S1＋S2＝"a"已存在于字串表中，所以 S1＝S1＋S2＝"a"。

(3) 读入下一个字符"b"并赋给 S2，因为 S1＋S2＝"ab"不存在于字符串表中，所以输出 S1＝"a"的索引值 0H，同时在字符串表末尾添加新字符串"ab"的索引 6H，并使 S1＝S2＝"b"。

(4) 依次读取数据流中的每个字符，如果 S1＋S2 没有出现在字符串表中，则输出 S1 中的字符串的索引，并在字符串表末尾为新字符串 S1＋S2 添加索引，且使 S1＝S2；否则，不输出任何结果，只是使 S1＝S1＋S2。所有字符处理完毕后，输出 S1 中的字符串的索引，最后输出结束标志 LZW_EOI 的索引。至此，编码完毕。完整的编码过程如表 3.12 所示，最后的编码结果为"40162196135H"(以十六进制表示)。

表 3.12 例 3.6 的 GIF－LZW 编码过程

输入数据 S2	S1＋S2	输出结果	S1	生成的新字符串及索引
NULL	NULL	4H	NULL	
a	a		a	
b	ab	0H	b	ab<6H>
a	ba	1H	a	ba<7H>
b	ab		ab	
c	abc	6H	c	abc<8H>
b	cb	2H	b	cb<9H>
c	bc	1H	c	bc<AH>
b	cb		cb	
a	cba	9H	a	cba<BH>
b	ab		ab	
b	abb	6H	b	abb<CH>
d	bd	1H	d	bd<DH>
		3H		
		5H		

下面对上述编码的结果"40162196135H"进行解码。解码过程如下：

（1）设置两个存放临时变量的字符串 Code 和 OldCode。读取的第一个字符为 4H，并赋值 Code=4H。由于它为 LZW_CLEAR，因此需初始化字符串表，结果如表 3.11 所示（在实际应用中，可根据文件头中给定的信息建立初始字符串表）。

（2）读入下一个编码 Code=0H。由于它不等于 LZW_CLEAR，因此输出字符串表中 0H 对应的字符串"a"，同时使 Oldcode=0H。

（3）读入下一个编码 Code=1H。由于字符串表中存在该索引，因此输出 1H 所对应的字符串"b"，然后将 OldCode=0H 所对应的字符串"a"加上 Code=1H 所对应的字符串的第一个字符"b"，即将"ab"添加到字符串表中，其索引为 6H，同时使 Oldcode=Code=1H。

（4）依次读取数据流中的每个编码，每读入一个编码就赋值于 Code。检索字符串表中有无此索引，若有，则输出 Code 对应的字符串，并将 OldCode 对应的字符串（用 Str(OldCode)表示）与 Code 对应的字符串的第一个字符（用 FirstStr(Code)表示）组合成新串，添加到字符串表中，并使 OldCode=Code；若没有，则将 OldCode 对应的字符串及该串的第一个字符组合成新串，输出新串，并把新串添加到字符串表中，使 OldCode=Code。

（5）接收到编码 Code=5H，它等于 LZW_EOI。

至此，数据解码完毕，最后的解码结果为"ababcbcbabbd"。为了清晰可见，完整的解码过程如表 3.13 所示。

表 3.13　例 3.6 GIF－LZW 解码过程

输入数据 Code	新字符串的来源 Str(OldCode)＋FirstStr(Code)	输出结果	OldeCode	生成的新串及索引
4H				
0H		a	0H	
1H	ab	b	1H	ab＜6H＞
6H	bab	ab	6H	ba＜7H＞
2H	abc	c	2H	abc＜8H＞
1H	cb	b	1H	cb＜9H＞
9H	bcb	cb	9H	bc＜AH＞
6H	cbab	ab	6H	cba＜BH＞
1H	abb	b	1H	abb＜CH＞
3H	bd	d	3H	bd＜DH＞
5H				

由以上实例可以看出，LZW 编码有如下性质：

（1）自适应性。LZW 码从一个空的符号串表开始工作，然后在编、解码过程中逐步生成表中的内容，从这个意义上讲，算法是自适应的。

（2）前缀性。表中任何一个字符串的前缀字符串也在表中，即任何一个字符串 R 和某一个字符 S 组成一个字符串 RS，若 RS 在串表中，则 R 也在表中。字符串表是动态产生的。编码前可以将其初始化以包含所有的单字符串，在压缩过程中，串表中不断产生正在压缩的信息的新字符串（串表中没有的字符串），存储新字符串时也保存新字符串 RS 的前缀 R 相对应的码字。

（3）动态性。LZW 编码算法在编码与解码过程中所建立的字符串表是一样的，都是动态生成的，因此在压缩文件中不必保存字符串表。

LZW 算法不但速度快，而且对各种类型的计算机文件都有较好的压缩效果。除了用于某些操作系统外，LZW 算法还在带有标识符的 TIFF 图形图像文件格式中作为标准的文件压缩命令，在 BMP、GIF 等图形图像格式中也使用了 LZW 变型算法来压缩数据中的重复序列。

3.3 变 换 编 码

变换编码是另一种"经典的"数据压缩方法，其基本概念是：将空间域里描述的图像，经过某种变换（常用的是二维正交变换，如傅里叶变换、离散余弦变换、K－L 变换以及小波变换等），在变换域中进行描述，达到改变能量分布的目的，将图像能量在空间域的分散分布变为在变换域的能量相对集中的分布。在通常的变换编码中，先将一幅 $M \times N$ 的待编码图像分割为 $n \times n$ 的图像方块，或称为子图像，然后对每个图像进行正交或其它变换，变换系数经过量化以后再由熵编码器进行符号编码。变换编码的基本模型图示于图 3.12。

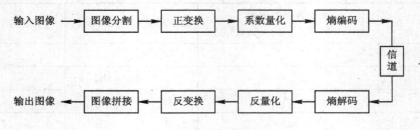

图 3.12 变换编码的基本模型

利用映射变换进行编码的原因可从两方面解释。第一，常用的酉变换或正交变换都是线性变换，而线性变换具有坐标旋转的作用，这可用于去除或减少图像在空间域中的相关性，而相关性的去除或减少将导致图像在变换域中的能量分布更为集中，更有利于对系数的量化和熵编码，从而在保证一定图像质量的条件下使压缩比得到提高。当然，变换本身并不产生压缩作用，它只是使能量集中于少数变换系数，而使多数系数只有很少的能量。只有对这些系数的量化和高效的熵编码才能产生压缩作用。第二，常用的 DCT 等正交变换，其变换域通常就是某种频率域，因此，在变换域中可以方便地按照图像的频率特性或人类视觉系统（HVS）特性对变换系数进行量化。

下面介绍几种常用的变换编码。

1. 正交变换

正交变换的概念已在第二章作过介绍。一个域的数据变换到另一个域中后，其分布的变化情况可以用一个简单的例子来说明。

假设把一个 $n \times n$ 像素的子图像看作是 n^2 维坐标系中的一个坐标点，即这个坐标系中的每个坐标点对应于 n^2 个像素。这个坐标点各维的数据是其对应的 n^2 个像素的灰度组合。为便于说明，我们以 $1×2$ 个像素构成一个子图像（即相邻两个像素组成的子图像），每个像素有 256 个可能的灰度级。

图 3.13 给出了两幅图像，其中图（a）是较差的连续色调，图（b）的大部分为连续色调，图（c）和图（d）是分别对两幅图像所有相邻两个像素灰度值的统计结果，其中 f_1 轴表示第一个像素可能取的 256 个灰度值，f_2 轴表示第二个像素可能取的 256 个灰度值。由 f_1，f_2 组成的二维坐标系中的每个坐标点对应一个 $1×2$ 的子图像，该点数据由两个像素的灰度组成，因此有 $256×256=655$ 36 种可能的灰度组合。从图中我们可以看到，大多数点分布在 $f_1=f_2$ 线的附近，说明相邻像素之间存在很强的相关性。而图（c）的相关区域呈椭圆形，图（d）的相关区域明显要扁长一些，这说明图像（b）比图像（a）的相关性更强。

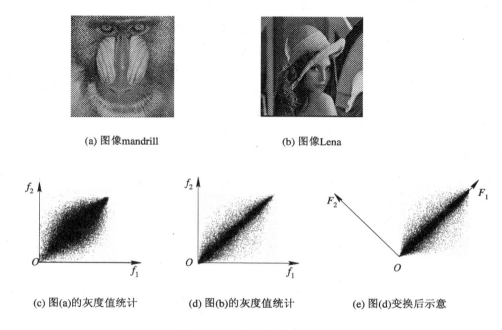

(a) 图像mandrill

(b) 图像Lena

(c) 图(a)的灰度值统计

(d) 图(b)的灰度值统计

(e) 图(d)变换后示意

图 3.13　正交变换的物理概念

若对图 3.13（b）的数据进行正交变换，从几何上相当于把图 3.13（d）所示的（f_1，f_2）坐标系旋转 45°，如图 3.13（e）所示，变成（F_1，F_2）坐标系。那么此时分布密集的点正好处在 F_2 坐标轴上下，且该区域越扁长，它在 F_1 上的投影就越大，而在 F_2 轴上的投影就越小。由此表明，F_1、F_2 之间的联系比 f_1、f_2 之间的联系小，在统计上更加独立，而且方差也重新分布。在原来坐标系中子图像的两个像素具有较大的相关性，能量的分布比较分散，两者具有大致相同的方差 $\sigma_{f_1}^2 \approx \sigma_{f_2}^2$；而在变换后的坐标系中，子图像的两个像素之间的相关性大大减弱，能量的分布向 F_1 轴集中，而 F_1 的方差也远大于 F_2 的方差，即 $\sigma_{F_1}^2 \gg \sigma_{F_2}^2$。样本的方差总和并未因坐标旋转而变，即保持 $\sigma_{f_1}^2 + \sigma_{f_2}^2 = \sigma_{F_1}^2 + \sigma_{F_2}^2$。

从这个例子可以看出，这种变换后坐标上方差不均匀分布正是正交变换编码能够实现图像数据压缩的理论根据。图像在 n^2 维变换域中，相关性大幅度下降。因此，用变换后的系数进行编码，将比直接使用原图数据编码可以获得更大的数据压缩。

综上所述，正交变换实现数据压缩的物理本质是：经过多维坐标系中适当的旋转和变换，能够把在各个坐标系上的接近均匀分布的原始图像数据，在新的、适当的坐标系中集中到少数坐标轴上，因此可用较少的编码位数来表示一幅图像，实现高效率的压缩编码。

2. K-L 变换

在第二章中我们已经介绍过 K-L 变换，K-L 变换使矢量信号的各个分量互不相关，即变换域信号的协方差矩阵为对角线型，并且 K-L 变换是在均方误差准则下失真最小的一种变换，故又称最佳变换。

由于 K-L 变换的最大优点是去相关性能很好，所以可将它用于图像数据的旋转或压缩处理。但是，二维 K-L 变换不是可分离的变换，不能通过求两次一维 K-L 变换来完成二维 K-L 变换的运算。同时，它是一种和图像数据相关的变换，在变换中，需要先知道图像数据的协方差矩阵并求出特征值，计算量庞大，即使能借助于计算机求解，也很难满足实时处理的要求。这就是 K-L 变换难以应用到实际(尤其是实时应用)中去的主要原因。人们一方面继续寻找特征值与特征向量的快速算法，另一方面则寻找一些虽不是"最佳"，但也有较好的去相关性与能量集中性，而且实现起来容易得多的变换方法。而 K-L 变换常常作为对这些变换性能的评价标准。

3. 离散余弦变换(DCT)

在目前常用的正交变换中，DCT 常常被认为是对语音和图像信号的准最佳变换，其性能接近 K-L 变换。进一步研究表明，对于常用的马尔可夫过程数据模型，当相关系数 $r=1$ 时，K-L 变换便退化为经典的 DCT。DCT 变换矩阵与图像内容无关，而且由于它构造成对称的数据序列，从而避免了子图像边界处的跳跃和不连续现象，并且也有快速算法。因此，DCT 变换在图像编码中占据了重要地位。

在编码过程中，被编码图像被划分成相互不重叠的 $n \times n$ 的子块，每个子块通过前向通道 DCT(FDCT)变换成 n^2 个 DCT 系数，其中包含一个直流 DC 系数和 (n^2-1) 个交流 AC 系数，对于这 n^2 个 DCT 系数，根据人眼的视觉特性，通过设置不同的视觉阈值或量化电平，将许多能量较小的高频分量量化为零，这样就增加了变换系数中"0"的个数，而能量较大的系数保留下来，从而实现了较高效率的压缩。

图 3.14(a)是图像"Lena"左眼角上的一个 8×8 像素块，3.14(b)为经过 DCT 变换得到的系数矩阵。图 3.14(c)是图像"Lena"背景中灰度比较平坦部分的一个 8×8 像素块，图 3.14(d)是图(c)经过 DCT 变换得到的系数矩阵。图 3.14(e)和图 3.14(f)分别为(b)、(d)图的系数矩阵用 8 作为步长进行量化后得到的系数矩阵(四舍五入)。可以看到，图(f)所示矩阵中 64 个系数有 55 个为 0，代表平滑部位的子块(f)中的系数分布比代表眼角处的子块(e)中的系数分布要更为集中。

变换编码是目前已有的多种国际图像压缩编码标准中普遍采用的一种编码方法，例如国际静止图像压缩编码标准 JPEG，国际活动图像压缩编码标准 MPEG，国际会议电视图像压缩编码标准 H.261 和极低比特率活动图像压缩编码标准 H.263，以及已知的各国高清晰度电视的图像压缩编码方案，都以变换编码作为其中的主要技术。

$$\begin{bmatrix} 75 & 88 & 115 & 115 & 122 & 137 & 145 & 133 \\ 128 & 112 & 118 & 100 & 93 & 109 & 112 & 73 \\ 115 & 107 & 105 & 85 & 82 & 84 & 81 & 56 \\ 125 & 110 & 100 & 94 & 99 & 92 & 94 & 80 \\ 137 & 127 & 115 & 107 & 103 & 94 & 90 & 85 \\ 142 & 131 & 127 & 120 & 112 & 95 & 93 & 94 \\ 152 & 137 & 129 & 124 & 119 & 105 & 99 & 94 \\ 158 & 143 & 131 & 122 & 115 & 106 & 100 & 98 \end{bmatrix}$$

(a) 眼角处像素块的像素值

$$\begin{bmatrix} 65 & 66 & 65 & 64 & 66 & 59 & 62 & 65 \\ 64 & 62 & 64 & 64 & 63 & 60 & 65 & 63 \\ 65 & 65 & 63 & 63 & 65 & 63 & 65 & 63 \\ 60 & 66 & 60 & 61 & 63 & 57 & 63 & 64 \\ 60 & 66 & 65 & 62 & 61 & 60 & 66 & 66 \\ 66 & 61 & 63 & 60 & 59 & 60 & 65 & 62 \\ 64 & 62 & 65 & 64 & 68 & 62 & 61 & 68 \\ 65 & 64 & 61 & 64 & 65 & 62 & 64 & 66 \end{bmatrix}$$

(c) 平滑部位像素块的像素值

$$\begin{bmatrix} 873.5 & 88.381 & 5.8631 & 19.406 & -9.25 & 14.186 & 1.0892 & 10.683 \\ -54.963 & -67.163 & -12.742 & 2.0475 & -26.489 & 11.944 & 2.722 & 4.0696 \\ 52.832 & -40.228 & -9.9801 & -6.6776 & -7.1369 & 4.4725 & 4.3232 & -1.0938 \\ 38.399 & -39.1 & -11.27 & -14.413 & 5.7999 & -3.0081 & -0.4979 & -1.0791 \\ 15.25 & -36.37 & -0.34306 & -3.8928 & 4.5 & -6.3506 & -1.4815 & -1.7617 \\ -0.727\,79 & -28.442 & -7.8895 & -3.4223 & 5.28 & -4.8384 & -1.5781 & 1.4567 \\ -11.601 & -9.4518 & -4.6768 & -10.646 & 1.062 & -5.119 & 0.980\,08 & 0.086\,728 \\ -8.4404 & 1.6554 & -3.6193 & -2.5003 & -2.6363 & -3.4317 & 0.805\,51 & -1.5854 \end{bmatrix}$$

(b) 像素块(a)的DCT系数

$$\begin{bmatrix} 506.25 & 0.742\,92 & 4.5886 & -4.4124 & 3.25 & -1.3417 & -4.605 & 4.3936 \\ 0.008\,060\,8 & 2.6193 & -1.1337 & -0.75922 & -1.2489 & 0.24594 & -2.1934 & 0.688\,22 \\ 4.5005 & 1.2456 & -2.1875 & 1.5973 & 5.0417 & 0.341\,39 & 2.4231 & 0.38572 \\ -1.1382 & 1.3458 & 1.4699 & -2.5432 & -1.0965 & 1.5164 & 2.2205 & 1.5653 \\ -0.5 & -0.221\,89 & 0.835\,01 & -3.0263 & -0.5 & -3.5254 & -3.8636 & -1.3186 \\ 0.446\,62 & 0.87922 & -1.5319 & -0.074\,564 & 3.3478 & -4.4798 & 0.195\,83 & 0.772\,57 \\ -0.240\,59 & 1.9599 & 2.1731 & 3.5531 & -1.5471 & 1.9812 & -0.064\,34 & 0.495\,21 \\ 5.3507 & -0.902\,77 & -1.9193 & -1.1727 & -0.393\,99 & -2.2038 & 1.4122 & 0.096\,313 \end{bmatrix}$$

(d) 像素块(c)的DCT系数

$$\begin{bmatrix} 109 & 11 & 1 & 2 & -1 & 2 & 0 & 1 \\ -7 & -8 & -2 & 0 & -3 & 1 & 0 & -1 \\ 7 & -5 & -1 & -1 & -1 & 1 & 1 & 0 \\ 5 & -5 & -1 & -2 & 1 & 0 & 0 & 0 \\ 2 & -5 & 0 & 0 & 1 & -1 & 0 & 0 \\ 0 & -4 & -1 & 0 & 1 & -1 & 0 & 0 \\ -1 & -1 & -1 & -1 & 0 & -1 & 0 & 0 \\ -1 & 0 & 0 & 0 & 0 & 0 & 0 & 0 \end{bmatrix}$$

(e) 块(b)中取8为量化步长后的系数

$$\begin{bmatrix} 63 & 0 & 1 & -1 & 0 & 0 & -1 & 1 \\ 0 & 0 & 0 & 0 & 0 & 0 & 0 & 0 \\ -1 & 0 & 0 & 0 & 1 & 0 & 0 & 0 \\ 0 & 0 & 0 & 0 & 0 & 0 & 0 & 0 \\ 0 & 0 & 0 & 0 & 0 & 0 & 0 & 0 \\ 0 & 0 & 0 & 0 & 0 & -1 & 0 & 0 \\ 0 & 0 & 0 & 0 & 0 & 0 & 0 & 0 \\ 1 & 0 & 0 & 0 & 0 & 0 & 0 & 0 \end{bmatrix}$$

(f) 块(d)中取8为量化步长后的系数

图 3.14   图像块的 DCT 实例

在变换编码中，编码是在图像方块的基础上进行的，这导致了变换编码的一个固有缺点——方块效应，人眼对此非常敏感。为了解决方块效应，最直观的想法就是利用各种滤波器来平滑块边界处的"突变"，但这将会或多或少地模糊图像的细节。另一个解决方案就是对重叠相邻分块的部分数据点再做变换，以这种方式减小量化带来的误差。但这样会造成效率的降低。为了克服这一不足，Precen 和 Bradly 提出了一种修正的 DCT（MDCT，Modified DCT），它利用时域混叠消除（TDAC，Time Domain Aliasing Cancellation）技术，可以在不牺牲效率的情况下达到减小量化误差的目的。

对变换系数的编码还有其它一些方法，如区域编码、门限编码等。区域编码只保留系数方块中一个特定区域的系数，将其它所有系数置零，因为大多数图像的频谱具有低通特性，所以通常是保留低频部分的系数，保留下来的系数经过量化后用等长码字编码。门限编码则根据不同方块的频率特性和统计特性设置一个门限，只保留每个方块中幅度超过门限的系数。

3.4 线性预测编码

预测编码也是基于图像统计特性的一类数据压缩方法。它是利用图像信号的空间或时间相关性，用已传输的像素对当前的像素进行预测，然后对预测值与真实值的差即预测误差进行编码处理和传输。

根据已知样本与待测样值之间的位置关系，预测编码分为下述三类。

一维预测（行内预测）：用与待测样值处于同一扫描行的因果性样值来预测。若只用待预测值左侧最邻近的样值来预测，即为前值预测。

二维预测（帧内预测）：不但用到与待测样值处于同一扫描行的几个因果性样值，还要采用相应位于待测样值以前几行中的取样值来预测。

三维预测（帧间预测）：不但利用本行的因果性样值、前几行的相邻取样值，而且还要利用相邻几帧（或不同波段）上的取样值。

1. 线性预测原理

1952 年贝尔（Bell）实验室的 B. M. Oliver 等人开始了线性预测编码理论的研究，同年，该实验室的 C. C. Cutler 取得了差值（或差分）脉冲编码调制（DPCM，Differential Pulse Code Modulation）系统的专利，奠定了真正实用的预测编码系统的基础。这是一种目前用得较多的线性预测编码方法，它的一个重要特点是算法简单，易于硬件实现。其原理图如图 3.15 所示。

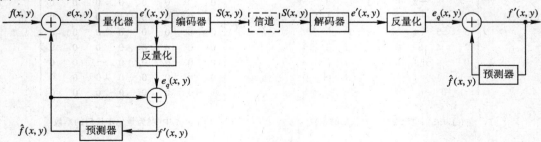

图 3.15 DPCM 系统原理图

DPCM 系统工作时，发送端先发出一个起始值 $f_0(m, n)$，接着就只发送预测误差值 $e' = f(m, n) - \hat{f}(m, n)$，从而很大程度上减少了数据量。据图像信号的统计特性的分析，可以作出一组适当的预测系数，使得预测误差的分布大部分集中在"0"附近，经非均匀量化，采用较少的量化分层，图像数据得到压缩。而量化噪声又不易被人眼所察觉，从而使得图像主观质量并无明显下降。

DPCM 编码性能的优劣，很大程度上取决于预测器的设计，而预测器的设计主要是确定预测器的阶数 N，以及各个预测系数。所谓阶数 N，是指预测器的输出是由 N 个输入数据的线性组合而成的，考虑到实用中硬件实现上的方便，预测器阶数不宜过高并应尽量减少乘法运算。实验表明，对于一般图像，取 $N = 4$ 就足够了。当 $N > 5$ 时，预测效果的改善程度已不明显。图 3.16 和图 3.17 是一个 4 阶预测器的示意图。图 3.16 表示预测器所用输入像素和被预测像素之间的位置关系，X_0 和 X_1、X_2、X_3、X_4 分别代表当前像素和其邻近像素的亮度取样值；图 3.17 表示预测器的结构。

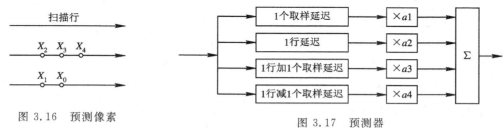

图 3.16　预测像素　　　　　　　　图 3.17　预测器

2. 最佳线性预测

所谓最佳线性预测器，是指使预测器的某种误差函数为最小的线性预测器。普通的准则是使均方预测误差最小化。

为了不失一般性，将图 3.17 的预测器推广到 N 阶。假定当前待编码的像素为 X_k，其前 N 个已编码像素分别为 X_1，X_2，$\cdots$，X_N，若用它们对 X_k 进行预测，并用 $\hat{X}_k$ 表示预测值，$\{a_i | i = 1, 2, \cdots, N\}$ 表示预测系数，则可写成

$$\hat{X}_k = \sum_{i=1}^{N} a_i X_{(k-i)} \tag{3.4-1}$$

预测误差为

$$e_k = X_k - \hat{X}_k = X_k - \sum_{i=1}^{N} a_i X_{(k-i)} \tag{3.4-2}$$

预测误差的均方值为

$$\sigma_{(k)}^2 = \sum_{k=0}^{\infty} [(X_k - \hat{X}_k)^2] \tag{3.4-3}$$

将式(3.4-1)代入上式，得

$$\sigma_{(k)}^2 = \sum_{k=0}^{\infty} \left[\left(X_k - \sum_{i=1}^{N} a_i X_{(k-i)} \right)^2 \right] \tag{3.4-4}$$

采用均方误差极小准则，使上述误差最小的 $\hat{X}_k$ 即为最佳线性预测值，亦即令 $\frac{\partial \sigma_{(k)}^2}{\partial a_i} = 0$，希望找到一组 a_i 为最佳预测系数。

根据上面的公式，作如下推导：

$$\frac{\partial \sigma^2_{(k)}}{\partial a_i} = \frac{\partial \sum\limits_{k=0}^{\infty} \left[\left(X_k - \sum\limits_{i=1}^{N} a_i X_{(k-i)} \right)^2 \right]}{\partial a_i} = 0 \qquad (3.4-5)$$

$$\frac{\partial \sum\limits_{k=0}^{\infty} \left[\left(X_k - \sum\limits_{i=1}^{N} a_i X_{(k-i)} \right)^2 \right]}{\partial a_i} = 2 \sum\limits_{k=0}^{\infty} \left(X_k - \sum\limits_{i=1}^{N} a_i X_{(k-i)} \right) \frac{\partial \left(X_k - \sum\limits_{i=1}^{N} a_i X_{(k-i)} \right)}{\partial a_i}$$

$$= -2 \sum\limits_{k=0}^{\infty} \left(X_k - \sum\limits_{i=1}^{N} a_i X_{(k-i)} \right) X_{(k-j)}$$

$$= -2 \sum\limits_{k=0}^{\infty} X_k X_{(k-j)} + 2 \sum\limits_{i=1}^{N} a_i X_{(k-i)} X_{(k-j)} \qquad (1 \leqslant j \leqslant N)$$

上式中，$\sum\limits_{k=0}^{\infty} X_k X_{(k-j)} = R(j)$，$\sum\limits_{k=0}^{\infty} X_{(k-i)} X_{(k-j)} = R(j-i)$，$R$ 表示自相关函数。所以

$$\frac{\partial \sum\limits_{k=0}^{\infty} \left[\left(X_k - \sum\limits_{i=1}^{N} a_i X_{(k-i)} \right)^2 \right]}{\partial a_i} = -2R(j) + 2 \sum\limits_{i=1}^{N} a_i R(j-i) = 0 \qquad (3.4-6)$$

即

$$R(j) = \sum\limits_{i=1}^{N} a_i R(j-i) \qquad i, j = 1, 2, \cdots, N \qquad (3.4-7)$$

这是一个 N 阶线性方程组，可由此解出 N 个预测系数 $\{a_i | i=1, 2, \cdots, N\}$。由于它们使预测误差的均方值极小，因此称之为最佳预测系数。

为了使恒定的输入能得到恒定的输出，预测系数应满足等式：

$$\sum\limits_{i=1}^{N} a_i = 1 \qquad (3.4-8)$$

自相关函数具有偶对称性，求解此线性方程组，可得一组最佳线性预测系数如下：

$$\begin{bmatrix} a_1 \\ a_2 \\ \vdots \\ a_N \end{bmatrix} = \begin{bmatrix} R(0) & R(1) & \cdots & R(N-1) \\ R(1) & R(0) & \cdots & R(N-2) \\ \vdots & \vdots & \ddots & \vdots \\ R(N-1) & R(N-2) & \cdots & R(0) \end{bmatrix}^{-1} \begin{bmatrix} R(1) \\ R(2) \\ \vdots \\ R(N) \end{bmatrix} \qquad (3.4-9)$$

在最佳预测前提下，可以证明预测误差的均方值为

$$\sigma^2_e = E[(X_k - \hat{X}_k)^2] = \sigma^2 - \sum\limits_{i=1}^{N} a_i R(j-i) \qquad j = 1, 2, \cdots, N \qquad (3.4-10)$$

其中，σ^2 为原图像的方差，由此可见，$\sigma^2_e < \sigma^2$，这说明误差序列的方差小于信号序列的方差，甚至有可能 $\sigma^2_e \ll \sigma^2$。这意味着误差序列的相关性比原始信号序列的相关性弱，甚至可能弱很多。因此利用线性预测，传送去除了相关性的误差序列，将有利于数据的压缩。信号序列的相关性越大，σ^2_e 越小，所能达到的压缩比也越大。

3.5 矢量量化编码

1. 编码方法

矢量量化相对于标量量化具有以下的优点：

（1）压缩能力强；

（2）一定产生失真，但失真量容易控制；

（3）矢量量化是定长码，对于通信尤为可贵。

基本的矢量量化编码器和解码器如图 3.18 所示。

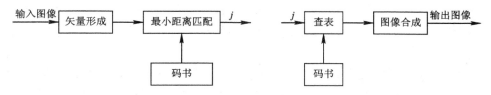

图 3.18　矢量量化编码器和解码器框图

- 编码过程：将一幅图像分解为 n 维图像矢量 $\boldsymbol{X}$。如果在空间域分解，每个像素就是矢量的一维，其可能的灰度值为矢量的参数，如一个 $M \times N = k$ 的图像子块中，k 个像素即组成了一个 k 维矢量。如果在频率域分解，则可利用频域变换的系数组成矢量。将得到的每个矢量 $\boldsymbol{X}$ 和码书中预先按一定顺序存储的码矢量集合 $\{\hat{\boldsymbol{X}}_i | i=1, 2, \cdots, C\}$ 相比较，得到距离最小的码矢量 $\hat{\boldsymbol{X}}_j$，并将其序号发送到信道上。

- 解码过程：解码器按照收到的序号 j 进行查表，从与编码器中完全相同的码书中找到码矢量 $\hat{\boldsymbol{X}}_j$，并用该矢量代替原来的编码矢量 $\boldsymbol{X}$，然后由各个矢量合成为解码恢复图像。

两矢量 $\boldsymbol{X}$ 和 $\hat{\boldsymbol{X}}$ 间最常用的误差测度是均方误差，相当于两者之间欧几里德（Eucliden）距离的平方，即

$$d(X, \hat{X}) = \frac{1}{n} \sum_{i=1}^{n} (x_i - \hat{x}_i)^2 \qquad (3.5-1)$$

该误差虽不能总和视觉结果相一致，但由于计算简单而得到广泛的应用。

2. 码书的设计

由上可知，矢量量化中的一个关键问题就是码书的设计。码书设计得越适合待编码图像的类型，矢量量化器的性能就越好。实际中，不可能为每幅待编码图像单独设计一个码书，所以通常是以一些代表性图像构成的训练集为基础，为一类图像设计一个码书。

码书是所有矢量的集合。按照一定的准则将矢量空间划分为若干区域后，在每个区域中选取一个代表性矢量作为码矢量。这里以二维矢量量化为例来说明码书的生成方法。图 3.19 为二维矢量空间的划分和码矢量的示意图。

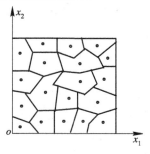

图 3.19　二维矢量空间划分和码矢量

假设此时的输入矢量为 $\boldsymbol{X} = \{x_1, x_2\}$，图中黑点表示每个小区域的代表码矢量的位置 $\boldsymbol{X}_i'$。所有这些代表码矢量的集合 $\{\boldsymbol{X}_i' \mid i = 1, 2, \cdots, C\}$ 就是码书。因此，设计码书就是在给定训练矢量集的基础上对矢量空间进行划分，并确定所有的码矢量，以使量化误差为最小。

码书设计的常用方法是 LBG(Linde-Buzo-Gray)算法，对于给定的训练集 $\{\boldsymbol{X}_i \mid i = 1, 2, \cdots, N\}$，$N$ 是训练矢量的个数，所设计的矢量量化的码书共有 C 个输出码字。其具体过程如下：

（1）设置初值。置迭代次数初值为 $n = 0$，从一个有 $C_i^{(n)}$（其中 n 的当前值为 0，但每次迭代都会增加）项的初始码书开始，用 $\boldsymbol{X}_i'^{(n)}$ 表示第 n 次迭代的码矢量，取相对误差变化量阈值为 ε（在 0～1 之间，一般不大于 0.01，用于判断算法是否收敛），设所有训练矢量的平均量化误差的初始值 $D^{(-1)} = \infty$。

（2）确定每个码矢量 $\boldsymbol{X}_i'^{(n)}$ 所在的区域 R_i，即按照最小距离原则，将训练集中的每个矢量划归相应的码矢量。

（3）计算用码矢量代替所在判决区域中所有训练矢量时的平均量化误差 $D^{(n)}$，若相对误差变化量 $\dfrac{D^{(n-1)} - D^{(n)}}{D^{(n-1)}} \leqslant \varepsilon$，则算法已收敛，结束迭代；否则，继续下一步。$D^{(n)}$ 的计算步骤如下：

先计算各个判决区域中的平均量化误差

$$D_j^{(n)} = \frac{1}{N_j} \sum_{X_i \in R_j}^{n} \| X_i - X_j' \|^2 \tag{3.5-2}$$

式中，N_j 为判决区间 R_j 中含有训练矢量的数目，然后计算总的平均量化误差

$$D^{(n)} = \frac{1}{N} \sum_{j=1}^{C} N_j D_j^{(n)} \tag{3.5-3}$$

（4）重新确定各判决区间中的码矢量，即各区间中所有训练矢量的平均矢量

$$\boldsymbol{X}_j'^{(n+1)} = \frac{1}{N_j} \sum_{x_j \in R_j} \boldsymbol{X}_j \tag{3.5-4}$$

并转至第二步。

上述 LBG 算法只能保证所设计出的码书是局部最优的，但通常存在多个局部最优点，有一些局部最优点的性能并不好。因此，初始码书的选择非常重要，好的初始码书通常能产生高性能的矢量量化器。选取初始码书的方法很多，大多是以给定的训练矢量集为基础产生的。一种最简单的方法是随机码书法，即随机地从训练矢量集中选取 C 个矢量作为初始码书，一般取前 C 个矢量。

如果 ε 取得太小，可能出现算法不收敛的情况，因此，通常规定迭代次数达到某个预定的最大值后算法强制结束。

下面以一个例子来说明 LBG 算法的码书设计过程。

【例 3.7】 假定要压缩的图像为 8 位灰度，为了便于理解，我们在二维坐标系 (x, y) 上进行说明，因此，取 1×2 的图像子块。设 k 为迭代次数，初始值 $k = 0$。

假定图像有 24 个像素，按照其空间位置组织为 12 个块，如图 3.20 所示。

$X_1 = (32, 32)$，$X_2 = (60, 32)$，$X_3 = (32, 50)$，$X_4 = (60, 50)$，

$$X_5 = (60, 150), \quad X_6 = (70, 140), \quad X_7 = (200, 210), \quad X_8 = (200, 32),$$
$$X_9 = (200, 40), \quad X_{10} = (200, 50), \quad X_{11} = (215, 50), \quad X_{12} = (215, 35)$$

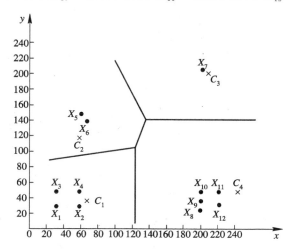

图 3.20 LBG 算法举例的 12 个点和 4 个码书项 $C_i^{(0)}$

（1）从图 3.20 可以看出，12 个点集中在 4 个区域。选择初始码书的 4 项为
$$C_1^{(0)} = (70, 40), \quad C_2^{(0)} = (60, 120), \quad C_3^{(0)} = (210, 200), \quad C_4^{(0)} = (225, 50)$$
这些项的选择有一定的随机性。根据这些数据的图形特点，很容易确定 4 个初始的训练矢量。它们是
$$P_1^{(0)} = (X_1, X_2, X_3, X_4),$$
$$P_2^{(0)} = (X_5, X_6),$$
$$P_3^{(0)} = (X_7),$$
$$P_4^{(0)} = (X_8, X_9, X_{10}, X_{11}, X_{12})$$

（2）计算各矢量的平均量化误差（根据欧氏距离），见表 3.14 所示。

表 3.14 $k = 0$ 的各矢量的平均量化误差

1	$(70-32)^2 + (40-32)^2 = 1508$	$(70-60)^2 + (40-32)^2 = 164$
	$(70-32)^2 + (40-50)^2 = 1544$	$(70-60)^2 + (40-50)^2 = 200$
2	$(60-60)^2 + (120-150)^2 = 900$	$(60-70)^2 + (120-140)^2 = 500$
3	$(210-200)^2 + (200-210)^2 = 200$	
4	$(225-200)^2 + (50-32)^2 = 949$	$(225-200)^2 + (50-40)^2 = 725$
	$(225-200)^2 + (50-50)^2 = 625$	$(225-215)^2 + (50-50)^2 = 100$
	$(225-215)^2 + (50-35)^2 = 325$	

第一次迭代得到的总平均误差为
$$D^{(0)} = \frac{1508 + 164 + 1544 + 200 + 900 + 500 + 200 + 949 + 725 + 625 + 100 + 325}{12}$$
$$= 607.5$$

（3）因 $D^{(-1)} = \infty$，有 $\dfrac{D^{(-1)} - D^{(0)}}{D^{(0)}} = \infty$，所以，将 k 加 1，计算 4 个新的码书项 $C_i^{(1)}$（为

了简化将其四舍五入为最接近的整数），如图 3.21 所示。

$$C_1^{(1)} = \frac{X_1 + X_2 + X_3 + X_4}{4} = (46, 41)$$

$$C_2^{(1)} = \frac{X_5 + X_6}{2} = (65, 145)$$

$$C_3^{(1)} = X_7 = (200, 210)$$

$$C_4^{(1)} = \frac{(X_8 + X_9 + X_{10} + X_{11} + X_{12})}{5} = (206, 41)$$

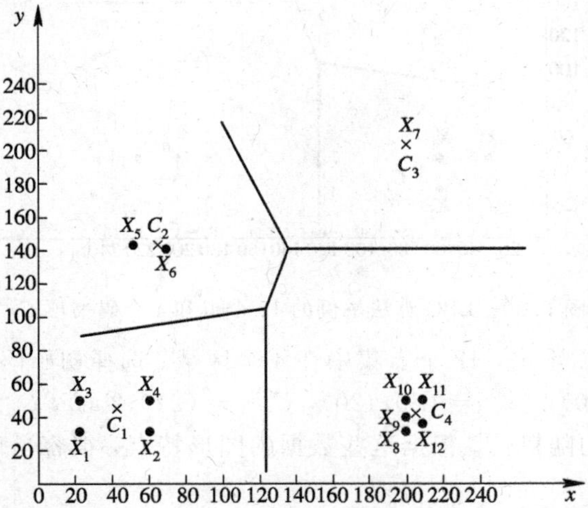

图 3.21　LBG 算法举例的 12 个点和 4 个码书项 $C_i^{(1)}$

（4）通过计算这 12 个像素块到各个码书项的欧氏距离，可以确定 4 个第一次迭代后的训练矢量：

$$P_1^{(1)} = (X_1, X_2, X_3, X_4), \quad P_2^{(1)} = (X_5, X_6),$$

$$P_3^{(1)} = (X_7), \quad P_4^{(1)} = (X_8, X_9, X_{10}, X_{11}, X_{12})$$

（5）表 3.15 表示重新划分后各矢量的平均量化误差（根据欧氏距离）。

表 3.15　$k=1$ 的各矢量的平均量化误差

1	$(46-32)^2 + (41-32)^2 = 277$ $(46-32)^2 + (41-50)^2 = 277$	$(46-60)^2 + (41-32)^2 = 277$ $(46-60)^2 + (41-50)^2 = 277$
2	$(65-60)^2 + (145-150)^2 = 50$	$(65-70)^2 + (145-140)^2 = 50$
3	$(200-200)^2 + (210-210)^2 = 0$	
4	$(206-200)^2 + (41-32)^2 = 117$ $(206-200)^2 + (41-50)^2 = 117$ $(206-215)^2 + (41-35)^2 = 117$	$(206-200)^2 + (41-40)^2 = 37$ $(206-215)^2 + (41-50)^2 = 162$

第二次迭代得到的总的平均误差为

$$D^{(1)} = \frac{277 + 277 + 277 + 277 + 50 + 50 + 0 + 117 + 37 + 117 + 162 + 117}{12}$$

$$= 146.5$$

(6) $\dfrac{D^{(0)}-D^{(1)}}{D^{(1)}}=3.17>\varepsilon$，将 k 加 1，计算 4 个新的码书项 $C_i^{(2)}$：

$$C_1^{(2)}=\frac{X_1+X_2+X_3+X_4}{4}=(46,41)$$

$$C_2^{(2)}=\frac{X_5+X_6}{2}=(65,145)$$

$$C_3^{(2)}=X_7=(200,210)$$

$$C_4^{(2)}=\frac{(X_8+X_9+X_{10}+X_{11}+X_{12})}{5}=(206,41)$$

(7) 通过计算这 12 个像素块到各个码书项的欧氏距离，可以确定 4 个第二次迭代后的划分为

$$P_1^{(2)}=(X_1,X_2,X_3,X_4),\qquad P_2^{(2)}=(X_5,X_6),$$

$$P_3^{(2)}=(X_7),\qquad P_4^{(2)}=(X_8,X_9,X_{10},X_{11},X_{12})$$

(8) 表 3.16 表示重新划分后各矢量的平均量化误差(根据欧氏距离)。

表 3.16 $k=2$ 的各矢量的平均量化误差

1	$(46-32)^2+(41-32)^2=277$	$(46-60)^2+(41-32)^2=277$
	$(46-32)^2+(41-50)^2=277$	$(46-60)^2+(41-50)^2=277$
2	$(65-60)^2+(145-150)^2=50$	$(65-70)^2+(145-140)^2=50$
3	$(200-200)^2+(210-210)^2=0$	
4	$(206-200)^2+(41-32)^2=117$	$(206-200)^2+(41-40)^2=37$
	$(206-200)^2+(41-50)^2=117$	$(206-215)^2+(41-50)^2=162$
	$(206-215)^2+(41-35)^2=117$	

第三次迭代得到的总的平均误差为

$$D^{(2)}=\frac{277+277+277+277+50+50+0+117+37+117+162+117}{12}$$

$$=146.5$$

(9) $\dfrac{D^{(1)}-D^{(2)}}{D^{(2)}}=0<\varepsilon$ 迭代结束。

需要说明的一个问题是，LBG 算法第二步要将训练集中的每个矢量划归相应的码矢量，有可能对于某一码矢量 C_i 没有相应的矢量与之接近，产生空的划分区域，而下一步迭代时需要当前区域的平均值。解决的办法是将该码矢量删除，从最大划分区域的矢量中随机选出一个作为新的码矢量。

3. 初始化码书

LBG 算法的收敛情况依赖于初始码书的选择，初始码书影响着整个算法的性能。对于初始码书的讨论有很多种方法，常用的有随机选择法、分裂法、乘积码技术或分析统计法等。

下面简单地介绍分裂法，简记为 SA(Splitting Algorithm)，具体步骤如下。

(1) 计算整个训练序列的质心，设为 Y_0，以 Y_0 作为第一个码字；

(2) 选择扰动矢量 δ，以 $\{Y_0-\delta,Y_0+\delta\}$ 为初始码书，利用 LBG 算法，设计仅含有两个

码字的码书$\{Y_1, Y_2\}$；

（3）以$\{Y_1-\delta, Y_1+\delta, Y_2-\delta, Y_2+\delta\}$为初始码书，利用 LBG 算法，设计仅含有 4 个码字的码书，再加上扰动矢量 δ 以扩大码字的数目，如此反复，经过 lb$N$ 次设计，就得到所要求的有 N 个码字的初始码书。

扰动矢量 δ 的取法有两种：

（1）$\delta = \alpha\sigma = (\alpha\sigma_1, \alpha\sigma_2, \cdots, \alpha\sigma_K)$，其中，比例因子 $\alpha > 0$，σ_i 为训练矢量中的第 i 个分量的标准方差，$i=1, 2, \cdots, K$，K 为训练矢量的维数；

（2）$\delta = \alpha\theta = (\alpha\theta_1, \alpha\theta_2, \cdots, \alpha\theta_K)$，其中，比例因子 $\alpha > 0$，θ 为训练矢量的协方差矩阵的最大特征值所对应的特征向量。

在分裂法中，对中间码书的每一个码字都要一分为二，然后利用 LBG 算法形成数目是原码书的两倍的新码书，其码字均匀或近似均匀地分布在样本空间，而实际信源是非均匀的，容易造成有些码字利用率低，此外，这种分裂法的运算工作量较大。

习 题 3

1. 为什么要对数字图像信号进行压缩？压缩的依据是什么？图像压缩的目的是什么？
2. 证明：$I(X,Y) = H(X) - H(X|Y)$。
3. 证明：$H(X|Y) = H(X,Y) - H(Y)$。
4. 设有离散无记忆信源 $\{a_0, a_1, a_2, a_3, a_4, a_5, a_6\}$，包含每个字符 a_i 的概率 $P(a_i)$ 如下表所示：

符号	a_0	a_1	a_2	a_3	a_4	a_5	a_6
概率	0.25	0.20	0.15	0.15	0.1	0.1	0.05

（1）计算该信源的熵；

（2）用霍夫曼编码方法对此信源进行编码；

（3）计算平均码长，并讨论霍夫曼编码性能。

5. 试对习题 4 中的信源进行香农编码，讨论香农编码的性能，并与霍夫曼编码进行比较。

6. 有 3 个符号 a_1、a_2、a_3，概率分别为 $P_1=0.4$，$P_2=0.5$，$P_3=0.1$，试对由以上三个符号组成的符号序列"$a_2 a_1 a_2 a_3 a_1$"进行算术编码及解码。

7. 设有 4 个一位的符号序列在 LPS 和 MPS 中交替变化，且 $Q_e=0.1$，如下表：

S1	LPS
S2	MPS
S3	LPS
S4	MPS

对上表中的符号序列进行 QM 编码和解码。

8. 试对算术编码和霍夫曼编码进行比较，算术编码在哪些方面具有优越性？

9. 试对简单字符串"alf eat alfal"作出 GIF – LZW 编码及解码过程。

10. 用 LZW 编码方法分析字符串"ccccc…"的编码结果。

11. DCT 变换本身能不能压缩数据？为什么？请说明 DCT 变换编码的原理。

12. 请说明预测编码的原理，并画出 DPCM 编解码器的原理框图。

13. 在预测编码系统中，可能引起图像失真的主要原因是什么？

14. 设有如图所示的 8×8 图像块 $f(m,n)$：

$$f(m,n) = \begin{bmatrix} 4 & 4 & 4 & 4 & 4 & 4 & 4 & 4 \\ 4 & 5 & 5 & 5 & 5 & 5 & 4 & 3 \\ 4 & 5 & 6 & 6 & 6 & 5 & 4 & 3 \\ 4 & 5 & 6 & 7 & 6 & 5 & 4 & 3 \\ 4 & 5 & 6 & 6 & 6 & 5 & 4 & 3 \\ 4 & 5 & 5 & 5 & 5 & 5 & 4 & 3 \\ 4 & 4 & 4 & 4 & 4 & 4 & 4 & 3 \\ 4 & 4 & 4 & 4 & 4 & 4 & 4 & 3 \end{bmatrix}$$

（1）计算该图像的熵；

（2）对该图像作前值预测（即列差值，区域外像素值取零）：

$$\hat{f}(m,n) = f(m, n-1)$$

试给出误差图像及其熵值；

（3）对该图像块再作行差值：

$$\hat{e}(m,n) = \hat{f}(m-1, n)$$

再给出误差图像及其熵值；

（4）试比较上述 3 个熵值，你能得出什么结论？

15. 矢量量化编码有何特点？其主要实现思想是什么？

第四章　静止图像编码

4.1　概　　述

　　所谓静止图像，是相对于运动图像而言，指观察到的图像内容和状态是不变的。静止图像有两种情况，一种是信源为静止的，如数码相机面对静止物体拍摄的照片；另一种是从运动图像中截取的某一帧图像，例如在某些实时性不是很强的监控场合，虽然场景是活动的，但间隔较长时间才采集并传送一幅图像，这样的每一幅图像可以看作是独立的。因此，从编码的角度看，静止图像是指不考虑各帧之间相关性的一幅幅独立的图像。

　　由于静止图像是用于静态的显示，人眼对图像细节观察得较仔细，因此对它的编码来说，提供高的图像清晰度是一个重要的指标，也就是说，希望解码出来的图像与原始图像的近似程度尽量高。从图像的传输速度和传输效率考虑，静止图像的编码器要求能提供灵活的数据组织和表示功能，如渐进传输方式等。另外，编码码流还需要能够适应抗误码传输的要求。

　　静止图像数字传输系统的一般结构如图 4.1 所示。第一步是图像采集，通过摄像机摄下一幅图像，经过 A/D 数字化后，送至帧存储器，编码器对帧存储器中存放的数字图像进行压缩编码，再经调制后送到信道中传输。接收过程正好相反，被接收的信号经解调、解码后送至帧存储器，然后以一定的方式读出，经 D/A 变换后在显示屏上显示，或被存储下来。如果是数字式摄像机，则 A/D、D/A 部分直接在摄像机中完成。

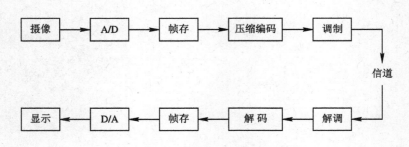

图 4.1　静止图像数字传输系统结构

　　在这一类系统中，存储器是连接图像采集和编码传输，以及接收解码与显示的桥梁。编码部分由于时间宽裕，且有帧存储器，因此可以用较复杂的算法提高压缩比，并可达到较高的清晰度。信道传输有多种形式，如公共电话网、数字数据网等。为了适应信道的传输，就必须采用相应的接口方式和调制解调方式。

　　静止图像又分为二值图像和连续色调图像，下面我们分别介绍它们的编码方法。

4.2　二值图像编码

有多个亮度或灰度的图像，称为灰度图像。而二值图像是特殊图像，它只有两个灰度级，一般取为"黑"、"白"两个亮度值，因此，有时又称为黑白图像。很少有自然存在的二值图像，它们大都是人为产生的，如文件图像、建筑工程绘图、电路设计图等。另外，灰度图像经过特殊处理，比如比特平面分解、图像二值化、抖动处理后，也可变为二值图像。

由于二值图像只有两个亮度值，所以采集时每像素用一个比特表示，用"1"代表"黑"，"0"代表"白"，或者反之，这通常称之为直接编码。显然，直接编码时，代表一帧图像的码元数等于该图像的像素数。

二值图像的质量一般用分辨率来表示，它是一个单位长度所包含的像素数。分辨率越高，图像细节越清晰，图像质量越高，但同时，表示一幅图像的比特数就越多。分辨率的多少视图像的质量要求和种类而定。

与灰度图像相似，二值图像的相邻像素之间也存在很强的相关性。其突出表现为，图像中的黑点或白点都是以很大的概率连续出现的，这种相关性构成了研究和设计二值图像编码方法的基础。

二值图像传输最典型的应用场合是传真。ITU－T 选出了 8 种标准文件样张作为研究二值图像编码的测试样张，并建议使用两种分辨率：

（1）1728 像素/行(8 抽样/mm)；3.85 行/mm；

（2）1728 像素/行(8 抽样/mm)；7.7 行/mm。

二值图像编码的方法有很多种，本章介绍其中广泛应用的两种编码方法：行程长度编码和二值图像方块编码。

4.2.1　行程长度编码

行程长度编码，又叫做游程编码(RLC，Run－Length Coding)，其基本思想是：当按照二值图像从左到右的扫描顺序去观察每一行时，一定数量的连续白点和一定数量的连续黑点总是交替出现，如图 4.2 所示。我们把若干取相同值的连续像素的数目叫做行程长度，简称游长，把连续白点和黑点的数目分别叫做"白行程"和"黑行程"。如果对于不同的行程长度根据其概率分布分配相应的码字，可以得到较好的压缩。在进行行程长度编码时可以将黑行程与白行程合在一起统一编码，也可以将它们分开，单独进行编码。

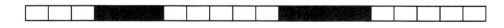

图 4.2　白游长和黑游长

行程长度编码先对每一行交替出现的白长和黑长进行统计，然后进行变长编码。在进行变长编码时，经常采用霍夫曼编码，在大量统计的基础上，得到每种白长和黑长的发生概率。其概率可分为两种情况：一种是白长和黑长各自发生的概率分布；另一种是游长的概率分布，而不区分白长和黑长。对于第一种情况，要分别建立白长和黑长的霍夫曼码表；对于第二种情况，只需建立游长的霍夫曼码表。在编码时，对每一行的第一个像素要有一个标志码，以区分该行是以白长还是以黑长开始；对于后面的游长，按照其值，查相应的霍夫曼码表，并输出对应的码字。由于白长和黑长是交替出现的，所以在解码时只要知道了每一行是以白长还是以黑长开始的，以后各游长是白长还是黑长就自然确定了。

设行程长度编码的信息符号集由长度为 $1, 2, \cdots, N$ 的各种游程组成。这里 N 是一条扫描线上的像素总数。如果不分黑、白游长而进行统一编码，并设 p_i 为长度为 i 的游长的概率，则游长的熵 H 和平均游长 $\bar{L}$ 分别为

$$H = -\sum_{i=1}^{N} p_i \, \mathrm{lb} \, p_i \tag{4.2-1}$$

$$\bar{L} = \sum_{i=1}^{N} i p_i \tag{4.2-2}$$

于是行程长度的符号熵(即平均每个像素的熵)为

$$h = \frac{H}{L} \tag{4.2-3}$$

当根据各游长的概率，利用霍夫曼编码时，则每个行程的平均长度 $\bar{N}$ 满足下列不等式：

$$H \leqslant \bar{N} \leqslant H + 1 \tag{4.2-4}$$

将该不等式两边同除以平均游长 L，可得每个像素的平均码长 n 的估值为

$$h \leqslant n \leqslant h + 1 \tag{4.2-5}$$

因此，每个像素的熵 h 即为游长编码可达到的最小比特率的估值。

游长编码主要应用于 ITU(CCITT) 为传真制定的 G3 标准中，在该标准中，游长的霍夫曼编码分为形成码和终止码两种。在 0～63 之间的游长，用单个的码字，即终止码表示；大于 63 的游长，用一个形成码和一个终止码的组合表示，其中，形成码表示实际游长中含有 64 的最大倍数，终止码表示其余小于 64 的差值。标准中对黑长和白长分别建立了霍夫曼码表，完整的码表详见附录 A 中的表 A-1、表 A-2、表 A-3。标准规定，每一行总是以白长开始，且其长度可以是 0，而以一个一维的 EOL(行尾)码结束。

此外，还可以采用一些更加简单的准最佳方法，其原则是根据游长的概率，给概率大的短码，反之用长码。同时，码字的构造要简单，既保证一定的编码效率，又易于实现。例如，当游长的分布是短游长出现的概率大，长游长的概率小时，可以采用所谓线性码，这种码的码长近似与游长成正比，常称为 A_i 码。这里，i 代表码字固定的长度递增单位(比特)。

上述方法的编码过程在每一扫描行内进行，又称为一维改进型霍夫曼编码。而为了充分利用二值图像数据在主、副两个扫描方向上的相关性以进一步提高压缩比，还发展了二维编码方案。

上面只介绍了二值图像的行程编码，实际上，行程编码也可以用于灰度图像，这时行程的像素值不止 0，1 两种值，而是可以为各种灰度级别的取值。

4.2.2 二值图像的方块编码

将一幅二值图像分成大小为 $m \times n$ 的子块，一共有 $2^{m \times n}$ 种不同的子块图案。采用霍夫曼编码为每个子块分配码字，可以得到最佳压缩，但如果子块尺寸大于 3×3，符号集将迅

速增大，使得霍夫曼码的码表过于庞大而无法实际应用，因而在很多场合使用了降低复杂度的准最佳编码方案。

在实际中，大多数二值图像都是白色背景占大部分，黑像素只占图像像素总数的很少一部分，因此分解的子块中像素为全白的概率远大于其它情况，如果跳过白色区域，只传输黑色像素信息，就可使每个像素的平均比特数下降。跳过白色块（WBS）编码正是基于这一思想提出的。

WBS 的编码方法是：对于出现概率大的全白子块，分配最短码字，用 1 比特码字"0"表示；对有 N 个黑色像素的子块用 $N+1$ 比特的码字表示，第一个比特为前缀码"1"，其余 N 个比特采用直接编码，白为 0，黑为 1。

对图像分别逐行或逐列进行 WBS 编码，可用一维 WBS，此时 $N=1\times n$，即将图像的每条扫描线分成若干像素段，每一段的像素个数为 n。

例如：

某段像素值	相应编码
黑白白黑	11001
白白白白	0

将一维 WBS 的像素段推广为像素块，按照 $m\times n$ 的方形子块进行编码，被称为二维 WBS，$N=m\times n$。

WBS 编码的码字平均长度，即比特率 b_N 为

$$b_N=\frac{p_N+(1-p_N)(N+1)}{N}=1+\frac{1}{N}-p_N \qquad (\text{bit/像素}) \qquad (4.2-6)$$

p_N 为 N 个像素为全白的子块的概率，可由试验确定。

如果能跟据图像的局部结构或统计特性改变段或子块的大小，进行自适应编码，则编码效果会得到进一步改善。自适应编码方法很多，下面给出两个具体的例子。

【例 4.1】 图 4.3 是一种一维自适应 WBS。设一行像素为 1024 个，编码时将 1024 个像素分成几段，每段长度分别为 1024，64，16，4，所设计的码字如图 4.3(b)所示。

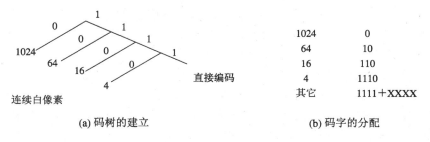

1024	0
64	10
16	110
4	1110
其它	1111+XXXX

(a) 码树的建立   (b) 码字的分配

图 4.3 一维自适应 WBS 编码的码字分配

【例 4.2】 图 4.4 为二维自适应 WBS 编码的码字分配图。图像分为 $2^n\times 2^n$（n 为正整数）的子块，每一个子块按四叉树结构分为 4 个次子块，并依次分割下去，如图 4.4(a)所示；码字的构造与一维时的类似，如图 4.4(b)所示。在编码过程中，如某一块全白，则直接由图中得到码字；反之，依次考察下面 4 个子块，如果最小的 2×2 子块不是全白，则对其进行直接编码，并加前缀"1111"。

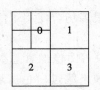 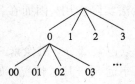 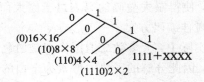

(a) 子块分割的四叉树结构　　　　(b) 不同子块的码字分配

图 4.4　二维自适应 WBS 编码的码字分配

4.2.3　JBIG 标准

JBIG(Joint Bi－level Image Expert Group)是 ISO/IEC 和 ITU－T 的联合二值图像专家组于 1993 年制定的二值图像压缩编码的国际标准，其国际标准号为 ISO/IEC 11544，也称 ITU－TT.82 建议。这一标准确定了具有逐层、逐层兼容顺序和单层顺序三种模式的编码方法，并提出了获得任意低分辨率图像的方法。所谓逐层传输，就是先传输原图像的一个低分辨率版本的压缩数据，然后，按照需要传输其余的压缩数据，在已经传输的低分辨率版本的基础上逐步提高分辨率。

从技术上看，JBIG 具有以下几方面的特征。

1) 高压缩性能

JBIG 采用自适应算术编码作为主要压缩手段，对于不同的图像类型具有稳定性。对印刷文字的计算机生成的图像，压缩比可高达 5 倍；对半色调或抖动技术生成的具有灰度效果的图像，压缩比可高达 2～30 倍。

2) 通过参数定义实现二值图像的累进编码

JBIG 建议一种 PRES(Progressive Reduction Standard)算法，以生成原始图像的半分辨率图像，主观质量明显好于简单的水平和垂直亚采样后的图像。

3) 适应灰度和彩色图像的无失真编码

将这些图像分解成比特面，然后对每个比特面分别进行编码。试验表明，若灰度图像的比特深度小于 6 bit/像素，JBIG 的压缩效果要优于 JPEG 的无失真压缩模式；当比特深度为 6～8 bit/像素时，两者的压缩效果相当。

JBIG 具有以下几种编码模式：

（1）累进编码模式。JBIG 采用累进编码模式，发送端的编码要经过多次扫描：第一次扫描分辨率最低，编码数据也比最终分辨率的图像编码少得多，接收端可以很快解码以重建一幅"粗糙"的图像；以后每次扫描只传送新增信息，接收端重建图像的分辨率也逐次倍增。这样不断累进，直至达到发送端图像的原分辨率或某一令人满意的中间分辨率图像质量。

（2）兼容的累进/顺序编码。使累进编码与顺序编码相兼容，是 JBIG 标准一个十分有用的特征，特别是对于需要在不同分辨率设备上显示的应用场合更为明显。累进编码用于分辨率可变的显示很有效，但对于硬复制输出就不需要那些低分辨率的中间层，而是希望解码分辨率"一步到位"。为了使这两种编码模式兼容，JBIG 算法先将各分辨率层次和图像划分成很窄的带，然后进行压缩。

（3）单层编码。JBIG 方法并不限制分辨率倍增的级数，在硬复制传真之类的应用中完全可以令它为 0，使累进编码不起作用。此时，JBIG 算法无需缓存并在一定程度上得到简化。具有累进编码功能的解码器也一样能够读出按单一分辨率层方式压缩的图像，但显然按单一分辨率层方式工作的解码器只能读出按累进编码模式压缩的图像的最低分辨率。

JBIG 的编、解码基本框图如图 4.5 所示。

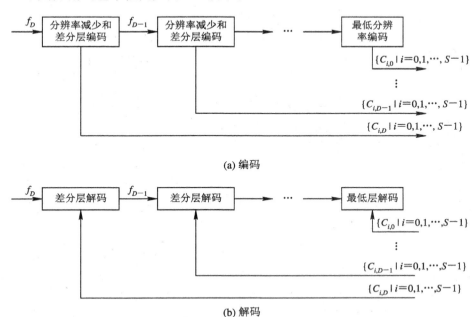

(a) 编码

(b) 解码

图 4.5 JBIG 编码和解码基本框图

JBIG 的主要特点之一就是逐层编码，上一层图像的分辨率在水平和垂直两个方向上都是下一层的两倍，在分辨率减小的过程中，输出下一层较低分辨率的图像，同时按照上下两层图像之间的相关性，对差分层进行编码。对一幅二值图像，JBIG 将其从上而下分割为若干水平的条（stripe），每一条图像是一个基本的编码单位。每条中的行数 L_0 是一个可选的参数。对于灰度或彩色图像，则首先将其分解为各个比特平面，然后将每个比特平面看作一般的二值图像进行编码。图 4.5(a) 是 JBIG 编码的基本框图，它是由 D 个差分层编码器和一个底层编码器组成的。其中 f_D 表示第 D 层图像数据，$C_{i,j}$ 表示第 j 层第 i 条带的编码数据。图 4.5(b) 是 JBIG 解码的基本框图。

JBIG 逐渐编码模式的编码方法是：假设图像分为 D 个分辨率层，先从最高分辨率图像得到下一层降低分辨率的图像，两个图像一起实施差分层编码；然后再将该低分辨率图像作为下一层高分辨率图像，重复上面的过程，直到第 D 个差分层编码；最后将底层图像进行顺序编码。对于差分层编码和最底层顺序编码都是使用预测和自适应算术编码。

下面简单介绍一下各个模块。

1. 分辨率减少模块

图 4.5(a) 中的每级分辨率减少和差分层编码模块功能完全相同，只是输入、输出的数据不同，因而在实现时只需要对一个编码模块循环调用即可。这里只给出其中一级的框

图，如图 4.6 所示。图中 $i_{s,d}$ 表示第 d 级分辨率图像的第 s 条，经过分辨率减少后成为
$i_{s,d-1}$。

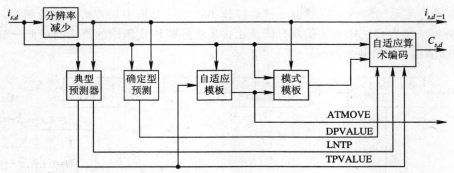

图 4.6 分辨率减小和差分层编码

其中差分层编码模块的组成部分为：典型预测器（TP，Typical Predictor）、确定型预测器（DP，Deterministic Predictor）、自适应模板（AT，Adaptive Template）、模式模板（MT，Mode Template）和自适应算术编码器（AAE，Adaptive Arithmetic Encoder）。

JBIG 的分辨率减小过程，是按照水平和垂直分辨率都缩小 1/2 的方式进行的。

2. 差分层编码模块

差分层编码为解码器从低分辨率图像恢复高分辨率图像提供必要的编码信息。差分层编码所有的输出码流都是由自适应算术编码器生成的，前面的各个模块为其提供相应的信息，使其能够或者跳过某些像素，或者更准确地估计像素的发生概率，以提高压缩比。具体地讲，典型预测器用以帮助确定当前的一个低分辨率像素和对应的 4 个高分辨率像素是否相等；确定型预测器用以确定当前的一个高分辨率像素是否可由其某种邻域内的像素惟一确定。以上两种情况存在时，算术编码器都不必对相应的高分辨率像素编码。

3. 低分辨率层的编码

最低分辨率层编码器与差分层编码器的结构大致相同，但由于这时只涉及一个分辨率层，所以不再需要确定型预测器模块，并且，其它模块也有所不同，具体框图如图 4.7 所示。

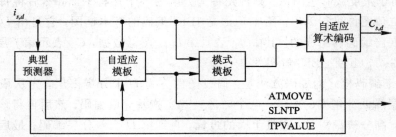

图 4.7 最低分辨率层编码

以上所述的是逐渐编码模式的基本原理，如果需要进行顺序编码，只要将 D 设为 0，编码器就仅对底层编码模块进行顺序编码。可见，顺序编码只是一种特殊的逐渐编码模式。此外，以上编码过程中如果还考虑了条带分割，则实际上成为一种兼容的逐渐顺序编码。

4.3 灰度图像编码

在本书中，我们主要考虑空间的二维数字图像，此时灰度图像从数学上说就是一个二维数组，也称为单分量。一幅数字图像用一个二维数组表示，数组的一个元素被称为像素。对一个包含 $K=2^P$ 个灰度等级的图像，每个像素的比特深度为 P，即图像信源的符号集由 2^P 个有物理意义的幅度值组成。

对于彩色图像的编码，可以采用灰度图像的方法分别对各个彩色分量进行编码。为了获得高效率的编码，在编码之前，可能需要进行一些彩色（分量）变换去除各分量之间的相关性，例如将 RGB 图像变换为 YUV 图像等。

4.3.1 抖动编码

抖动编码是将灰度图像转换为二值图像，然后再对二值图像进行编码的方法。其基本思想是：通过一个抖动矩阵定出灰度图像中各个像素的阈值，根据这些阈值确定原图像相应的像素取 1 或 0。

所谓抖动矩阵是指一个 $m \times m$ 的模板，每个元素值均不相同，取值为 $0,1,\cdots,2^m-1$，表示 0 到 2^m-1 个灰度级别的值。例如 256 级灰度值的抖动矩阵为 16×16 的矩阵，每个元素取值分别为 0 到 255。

下面介绍一种由 Limb 在 1969 年提出的抖动矩阵的算法。

设

$$\boldsymbol{M}_1 = \begin{bmatrix} 0 & 2 \\ 3 & 1 \end{bmatrix}$$

通过递推关系有

$$\boldsymbol{M}_{n+1} = \begin{bmatrix} 4 \times \boldsymbol{M}_n & 4 \times \boldsymbol{M}_n + 2 \times \boldsymbol{U}_n \\ 4 \times \boldsymbol{M}_n + 3 \times \boldsymbol{U}_n & 4 \times \boldsymbol{M}_n + \boldsymbol{U}_n \end{bmatrix} \tag{4.3-1}$$

其中 $\boldsymbol{M}_n$ 和 $\boldsymbol{U}_n$ 均为 $2^n \times 2^n$ 的方阵，$\boldsymbol{U}_n$ 的所有元素都是 1。根据这个算法，可以得到：

$$\boldsymbol{M}_2 = \begin{bmatrix} 0 & 8 & 2 & 10 \\ 12 & 4 & 14 & 6 \\ 3 & 11 & 1 & 9 \\ 15 & 7 & 13 & 5 \end{bmatrix}$$

$\boldsymbol{M}_2$ 为 16 级灰度的标准图像。

抖动编码的具体方法可描述为：将灰度图像的像素值与抖动矩阵相比较，当图像的像素值大于对应抖动矩阵的像素值时输出为 1，反之，输出为 0。原图像的灰度等级由输出的二值图像的黑白像素的密度反映。显然，经过抖动处理，每个像素只用 1 bit 表示，数据得到了压缩，但降低了图像的分辨率，结果图像变得较粗糙。

图 4.8 是一个用 4×4 的抖动矩阵 $\boldsymbol{M}_2$ 进行抖动处理的例子。将原图像分为与抖动矩阵同样大小的子块后分别与抖动矩阵进行比较，就可得到一个二值图像。

注意：在上述例子中，选取的图像子块的灰度级别在抖动矩阵的灰度级别范围 $0 \sim 15$ 之内，用 4×4 的抖动矩阵可以获得二值图像。实际的灰度图像灰度级别一般都在 0 到 255

3	5	7	6	6	7
14	9	4	11	6	7
7	7	7	7	8	8
8	8	8	8	7	7
7	7	7	8	8	8
7	7	7	8	7	7

0	8	2	10	0	8
12	4	14	6	12	4
3	11	1	9	3	11
15	7	13	5	15	7
0	8	2	10	0	8
12	4	14	6	12	4

1	0	1	0	1	0
1	1	0	1	0	1
1	0	1	0	1	0
0	1	0	1	0	0
1	0	1	0	1	0
0	1	0	1	0	1

(a) 输入图像　　　　　　　(b) 抖动矩阵　　　　　　　(c) 输出二值图像

图 4.8　抖动建立二值图像

之间分布，因此，在进行抖动编码时须根据图像的灰度层次情况选择适当阶数的抖动矩阵。

当被编码图像的灰度级别范围较宽，超出抖动矩阵的阈值时，有几种解决方法。一是选用阶数更高的矩阵，例如对于动态范围为 0～255 的图像，只有选用 16×16 的矩阵，才能将图像的灰度级别表现出来。二是仍用低阶数的矩阵，这需要调整矩阵的阈值。图4.9 是一种被称为贝雅型的 4×4 矩阵的阈值配置，用该矩阵也可以对灰度范围 0～255 的

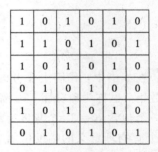

8	136	40	168
200	72	232	104
56	184	24	152
248	120	216	88

图 4.9　贝雅型 4×4 矩阵的阈值配置

图像进行抖动处理。另外，还可以根据图像灰度的分布情况整体调整原图的灰度范围，将图像灰度平移若干个灰度级别，使之适合于抖动矩阵的范围。

图 4.10 是将一幅 256×256 的灰度图像经过 16×16 的抖动矩阵抖动后获得的二值图像。从图中可以看到，黑色部分是由很密的 0 组成，灰色部分由间隔的 0 和 1 组成，而浅色部分表明大部分像素都为 1。也就是说，利用黑色像素的疏密程度表现了图像的灰度。实际上，抖动编码方法主要是早期图像处理中用于图像的打印，现在这种方法已很少使用。

图 4.10　原始图像及抖动后用二值图表示的灰度图像

对于抖动后得到的二值图像，还可以用前述的二值图像编码，以便获得进一步的数据压缩。

4.3.2　块截止编码

块截止编码（BTC，Block Trunction Coding）亦称为块截断编码，是把一幅图像分割为 $n×n$ 的图像方块（子块），由于小块内各相邻像素间具有灰度相互近似的相关性，因此按照

每个小块的统计特性进行局部的二值量化，选用两个适当的灰度来近似代表小块内各像素原来的灰度，然后指明子块内的各像素分别属于哪个灰度值，形成一个比特图。解码时，按照所接收到的比特图，在每个像素处代之以相应的灰度值。

1. 基本编码方法

块截止编码方法是基于图像的统计特性而提出的。在一个相对较小的邻域内（典型的是 4×4），图像的灰度变化不大，少数变化较大的情况主要是图像中的边缘部分，而边缘部分主要是两个平坦区域的交界处，因此，对一个小的图像块只用两个有代表性的灰度值表示。BTC 编码的主要过程如图 4.11 所示。

图 4.11　块截止编码器框图

设图像中一个子块的大小为 $m = N \times N$ 个像素，子块中第 i 个像素的灰度值为 X_i，方块的两个代表性灰度为 a_0、a_1，用一个二元码 ϕ_i 指明像素 i 编码后属于 a_0 或 a_1，ϕ_i 称为分辨能力。设方块内的灰度阈值为 X_T，像素 i 编码后的电平值为 Y_i，则基本编码方法可用下式表示：

$$Y_i = \overline{\phi_i} \cdot a_0 + \phi_i \cdot a_1 \qquad (4.3-2)$$

$$\phi_i = \begin{cases} 1 & X_i \geqslant X_T \\ 0 & X_i < X_T \end{cases} \qquad (4.3-3)$$

由上述两式可知，直接传输 a_0、a_1 和 $\{\phi_1, \phi_2, \cdots, \phi_m\}$，接收端即可恢复出编码图像。

设 a_0、a_1 各用 P 比特，则编码后每个像素的平均比特数为

$$B = (m + 2P)/m = 1 + 2P/m \qquad (4.3-4)$$

由于 a_0、a_1 是用来代表灰度层次的，一般需要 6~8 bit，如果 $m = 4 \times 4$，$P = 8$，则经方块编码后可压缩到 2 bit/像素。

由式(4.3-4)可见，m 越大，B 越小，可压缩比越高，但此时图像质量也会下降。一般选择的折衷方案是 $m = 4 \times 4$。

【例 4.3】　给定以下的 4×4 图像方块，对该图像进行块截止编码：

$$\boldsymbol{X} = \begin{bmatrix} 121 & 114 & 56 & 47 \\ 37 & 200 & 247 & 255 \\ 16 & 0 & 12 & 169 \\ 43 & 5 & 7 & 251 \end{bmatrix}$$

如果我们以图像方块的均值为判决阈值，分别以高于和低于判决阈值的像素集合的均值为量化值 a_0 和 a_1，对于该图像方块，可求得判决阈值为 $\overline{X} = 98.75$，比特图如下：

$$B = \begin{bmatrix} 1 & 1 & 0 & 0 \\ 0 & 1 & 1 & 1 \\ 0 & 0 & 0 & 1 \\ 0 & 0 & 0 & 1 \end{bmatrix}$$

式中，"0"表示像素的值小于判决阈值，"1"表示像素的值大于判决阈值。分别计算两组像素的均值并四舍五入取整数后可得量化值为 $a_0 = 194$，$a_1 = 25$，这两个值将和以上比特图一起传输给接收端，解码恢复图像如下：

$$\hat{X} = \begin{bmatrix} 194 & 194 & 25 & 25 \\ 25 & 194 & 194 & 194 \\ 25 & 25 & 25 & 194 \\ 25 & 25 & 25 & 194 \end{bmatrix}$$

如果原图像为 8 bit 的灰度图像，两个量化值仍然用 8 bit 表示。比特图的数据量为 16 bit，加上两个 8 位值 194 和 25，不经过熵编码的比特率为 $(16+2\times8)/16=2$ bit/像素，与原始块的 8 bit/像素比较，压缩率为 4。

2. 量化器设计

量化器的设计主要是按照一定的准则，确定其判决阈值和两个量化值。判决阈值用于确定图像块中的每个像素量化为量化值 a_0 还是 a_1。在上面的例子中，我们选择图像方块的局部均值作为判决阈值和量化值。实际上，还可以运用各种其它的准则设计块截止编码中的量化器。由于量化器是由一个判决阈值和两个量化值确定的，所以在设计时可以设定三个限定条件。

m 一定时，编码参数 a_0、a_1 及 X_T 的选择对恢复图像的质量有很大的影响。下面是两种较为典型的方式。

1) 保持一阶矩、二阶矩的参数选择

假设一个 $n\times n$ 的图像方块，像素总数为 $m=n^2$，方块中的像素值为 f_0，f_1，…，f_{m-1}。

取阈值 $X_T=\overline{X}$，$\overline{X}$ 为图像方块均值，并记：$q=\sum\limits_{X_i\geqslant X_T}\phi_i$，它为编码后亮度为 a_0 的像素的个数。编码的策略是保持子块的一阶矩和二阶矩不变，即

$$\begin{cases} m\overline{X} = (m-q)a_0 + qa_1 \\ m\overline{X^2} = (m-q)a_0^2 + qa_1^2 \end{cases} \tag{4.3-5}$$

其中，

$$\overline{X} = \frac{1}{m}\sum_{i=0}^{m-1} x_i, \qquad \overline{X^2} = \frac{1}{m}\sum_{i=0}^{m-1} x_i^2$$

解此方程组可得

$$\begin{cases} a_0 = \overline{X} - \sigma\sqrt{q/(m-q)} \\ a_1 = \overline{X} + \sigma\sqrt{(m-q)/q} \end{cases} \tag{4.3-6}$$

其中，$\sigma^2 = \overline{X^2} - (\overline{X})^2$ 为子块的均方差。

由上式看到，当 $\overline{X}$ 和 σ 已知时，可求得 a_0 和 a_1，而 q 可以从比特图得到，因此，也可以用 $\overline{X}$ 和 σ 代替 a_0 和 a_1 传送给接收端，而且研究证明，对 $\overline{X}$ 和 σ 的编码比对 a_0 和 a_1 的编码占用更少的比特数。

2) 均方误差最小的参数选择

取 $X_T=\overline{X}$，编码策略是使均方差最小，即

$$\min \varepsilon^2 = \sum_{i=1}^{m}(X_i - Y_i)^2 \tag{4.3-7}$$

同样，记 $q=\sum\limits_{X_i\geqslant X_T}\phi_i$，则有

$$\varepsilon^2 = \sum_{X_i < X_T} (X_i - a_0)^2 + \sum_{X_i \geqslant X_T} (X_i - a_1)^2 \tag{4.3-8}$$

令 $\dfrac{\partial \varepsilon^2}{\partial a_i} = 0$，$i = 0,1$，可以得出

$$\begin{cases} a_0 = \dfrac{1}{m-q} \displaystyle\sum_{X_i < X_T} X_i \\[3mm] a_1 = \dfrac{1}{q} \displaystyle\sum_{X_i \geqslant X_T} X_i \end{cases} \tag{4.3-9}$$

由于 a_0、a_1 分别是小于和大于阈值 X_T 的像素的平均值，因此有时记作 X_L 和 X_H。

以上介绍的是两种比较简单的方案。由于算法中已指定了 $X_T = \overline{X}$，所以比较容易实现。在一些场合还可以增加一个方程，作为 X_T 或 q 的限制条件，这样可以增加一些保持信息，但同时增加了算法的复杂程度。

方块编码只使用了两个电平的量化器，在计算均值等运算中也会引入一些误差，因此方块编码是非信息保持型编码。

3. 进一步降低码率的方法

在方块尺寸固定的情况下，为了进一步降低码率，可以将 $\overline{X}$ 和 σ 进行联合量化。由于人眼的视觉特性，图像中灰度变化大的区域（方差较大），人眼对误差不太敏感，而在较平滑的区域（方差较小），人眼对误差比较敏感，因此，可以根据 σ 的大小确定 $\overline{X}$ 的量化级别或比特数。表 4.1 给出了一个 4 bit 图像的 $\overline{X}$ 和 σ 联合量化方案。如果分别传输 $\overline{X}$ 和 σ，共需 $4+3=7$ bit，按照表中列出的 64 种组合，每个编码只需要 6 bit。使用该表时，先将 σ 量化为表中 8 个值之一，再根据 σ 的量化值将 $\overline{X}$ 量化到对应行中最接近的值。

表 4.1 均值和方差联合量化表

σ	$\overline{X}$	所需码字数
0	0~15	16
1	1~14	14
2	1, 3, 5, 7, 9, 11, 13, 15	8
3	2, 4, 6, 8, 10, 12, 14	7
4	2, 4, 6, 8, 10, 12, 14	7
5	2, 5, 8, 11, 14	5
6	3, 6, 9, 12	4
7	4, 7, 10	3

另外，还有一些方法可以降低码率。如利用第三章介绍的矢量量化方法，对均值 $\overline{X}$ 和小量化值组成的矢量进行矢量量化。通过比特面的再划分，可以对各个子块进行不等长编码。

4.3.3 比特面编码

比特面编码是将图像按比特位分解为一个个层面，对于每个层面可以采用本章第二节介绍的二值图像编码进行高效的压缩。而通过层面的分解，还可以将图像按照不同的分辨率进行显示或传输，这种方式又称为图像的分层传输。

1. 灰度图像的比特面分解

比特面编码是一种固定分辨率的分层编码。固定分辨率是指将每个比特平面作为一个图像层时，所有图像层的大小都是相同的，或者说，所有图像层的分辨率都和原图像相同。

比特面编码把灰度图像或彩色图像的编码转换为对各比特面的二值编码。假如灰度图像为 8 bit/像素，将每个像素的第 j 个比特抽取出来，就得到一个称为比特面的二值图像，于是图像完全可以用一组共 8 个比特面来表示，对灰度图像的编码转化为对比特面的编码。

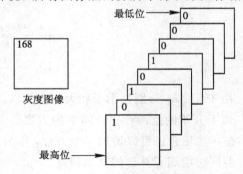

图 4.12　8 bit 灰度图像的比特面分解
（以一个像素点为例）

图 4.12 是对上述 8 bit 的灰度图像的比特面的分解情况。

由于在进行比特面转换过程中，实际上也自然对数据按重要性进行了分割，可以实现逐渐显示的编码，因此，比特面编码得到了广泛的应用。

2. 比特平面的格雷码表示

如前所述，对于二值图像的编码，主要是利用其存在连续的"0"和连续的"1"这样的统计特性。通常，数字化后像素的电平值都是 PCM 自然二进制码，这种码的特点是高位最重要的比特面图像简单，但重要性稍差的比特面图像相当复杂，尤其是低位最不重要的比特面噪声为主要成分。在这样的比特面中，"0"、"1"交替出现的情况较多，各比特平面中相关性减小，因而使得压缩效率降低。其原因是 PCM 编码中，若相邻像素的灰度值变化一个等级，其编码可能相差好几个比特。例如，灰度图像中两相邻像素的值分别为 63 和 64，其自然二进制码为 00011111 和 01000000，相邻像素间只发生了细微的灰度变化，却引起比特面的突变。因此，常常采用格雷（Gray）码来表示像素的灰度值。两个相邻值的格雷码之间只有一个比特是不同的，这就保持了相邻像素间较强的相关性。表 4.2 列出了部分自然二进制码和格雷码的对照。

表 4.2　自然二进制码和格雷码的对照

自然二进制码	格雷码	自然二进制码	格雷码
000	000	100	110
001	001	101	111
010	011	110	101
011	010	111	100

自然二进制码和格雷码之间的转换规则如下：

若自然二进制码为 $b_{k-1}, \cdots, b_1, b_0$，相应的格雷码为 $g_{k-1}, \cdots, g_1, g_0$，则有 $g_{k-1} = b_{k-1}$ 及 $g_i = b_{i+1} \oplus b_i (0 \leqslant i < k-1)$，式中，"$\oplus$"表示模二相加。

图 4.13 所示为一幅图像的第 0，3，4，5，6，7 个比特面，（a）为原图；（b）为格雷码表示；（c）为自然二进制码表示。

(a) 图像Mandrill原图

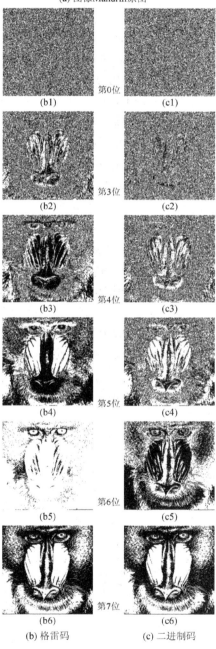

第0位
(b1)　　　　　　(c1)

第3位
(b2)　　　　　　(c2)

第4位
(b3)　　　　　　(c3)

第5位
(b4)　　　　　　(c4)

第6位
(b5)　　　　　　(c5)

第7位
(b6)　　　　　　(c6)

(b) 格雷码　　　　　(c) 二进制码

图 4.13　图像 Mandrill 的比特面分解

比较图 4.13 的(b)系列和(c)系列可以看出,对于两种码字,低位平面的像素间相关性都很差,高位平面中格雷码比自然二进制码呈现了更好的像素相关性。因此,从整体来说,格雷码的压缩效率高于自然二进制码。

4.3.4 渐进编码

在传输速率较低的情况下,传送一幅较高质量的静止图像需要很长时间。以前采用光栅扫描方式压缩和解压时,接收者需要等待图像大部分或全部显示出来才能了解图像的内容,而有时等了很长时间接收到的图像可能却是没有用的,这就浪费了传输信道资源和时间。为此,人们提出了渐进(Progressive)编码方式。

渐进编码方式的思想是:在发送端首先传输一幅低分辨率的图像,然后随着传输过程的进行,逐渐传送细节部分;在接收端,解码器可以快速显示一整幅低质量的图像,接收者可以较快地看到图像的大致轮廓;随着接收和解压的图像越来越多,显示质量逐渐提高,最后看到一幅清晰的图像。事实上,注视着屏幕上正在显现中的图像的接收者,通常在只解压出 5~10% 时就能识别出大部分图像特征。如果在显示过程中,接收者觉得不用收看更为仔细的部分,可通知发送端立即停止发送新的细节部分,这样就提高了传输的效率。

渐进编码的另一个好处是,如果图像经过多次压缩,并需在不同分辨率的设备上显示时,解码器可根据需要确定解码过程,当图像达到特定输出设备的分辨率时即停止解码。

渐进编码可以先压缩最重要的图像信息,再压缩次重要的信息并加到输出流中,如此继续。因此渐进编码是一种可控制的有损模式,用户可通过设置参数来确定编码器何时停止编码,从而控制失真总量。编码停止越早,压缩比越高,数据失真也越大。

我们使用数码相机对存储卡中的图像进行浏览时,会看到图像由模糊逐渐"聚焦"变得清晰,这就是使用了渐进编码方式。

渐进编码的特点主要体现在对图像数据的组织和传输次序上。因而,就有不同的实现方式。本节中,主要介绍四叉树编码。

1. 四叉树渐进编码方式

图像的四叉树渐进编码基于这样的原理:对于图像中任意一个像素,其相邻的几个像素值有可能与其非常相似甚至相同。因此,当我们用相邻几个像素的平均值代替这几个像素时,仍然可以看出原图的轮廓。

1) 图像的分层

假设一幅 $2^n \times 2^n$ 像素的图像(n 为正整数),将图像按照分辨率分出层次,原始图像作为 0 级,然后将图像划分成 2×2 的子块,计算每个子块的灰度均值,这个均值作为 1 级图像(大小为 $2^{n-1} \times 2^{n-1}$ 像素)的像素灰度值,以后再依次划分为 $4 \times 4, 8 \times 8, \cdots, 2^{n-1} \times 2^{n-1}$ 的子块,形成一种金字塔的形式,如图 4.14 所示,每一级的灰度值都是下一级 4 个灰度值的均值。0 级图像分辨率最高;n 级图像分辨率最低,只有一个像素灰度值,即整个图像的灰度均值。

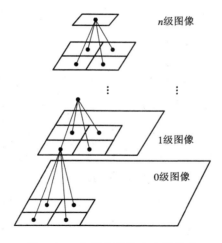

图 4.14　分层编码的金字塔结构

2）图像的四叉树表示

上述图像层次用一种数据结构——四叉树来表示，其底层为叶节点，即原图像像素，向上一级节点是下级中相邻 4 个像素的灰度均值，逐级往上，根节点为整幅图像的灰度均值。图 4.15 为一幅 4×4 像素图像的四叉树表示方法。

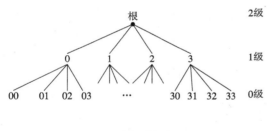

(a) 四叉树　　　　　　　　　　　(b) 图像方阵

图 4.15　四叉树及其对应的图像方阵

假设原始图像为 $N \times N$ 像素（$N = 2^n$，n 为正整数），由上述四叉树可看到，节点 0 表示用像素 01，02，03，04 的灰度均值代表子块 0，因此，从叶节点到根节点，图像实际需要存储或传输的像素（均值）数依次为 $N \times N$，$N/2 \times N/2$，$\cdots$，1×1。对于一幅 $2^n \times 2^n$ 像素的图像，如果要记录整个四叉树，则要记录的节点数为

$$L = \sum_{i=1}^{n} 4^i = \frac{(4^{n+1} - 1)}{3} > 4^n \qquad (4^n \text{ 为原图像尺寸}) \qquad (4.3-10)$$

可见，总存储或传输量比原图像还大。但是实际上并不需要将整个四叉树的数据全部传输，而是采用以下方法记录四叉树。

如图 4.16(a)，考虑图像中的第一个 2×2 的子块，f_0，f_1，f_2，f_3 为它的 4 个灰度值，计算它们的均值 $\overline{f}$ 和差值 d_i。

$$\overline{f} = \frac{1}{4} \sum_{i=0}^{3} f_i \qquad (4.3-11)$$

$$d_i = f_i - \overline{f} \qquad i = 1, 2, 3 \qquad (4.3-12)$$

于是有

$$f_i = d_i + \bar{f} \tag{4.3-13}$$

$$
\begin{aligned}
f_0 &= (f_0 + f_1 + f_2 + f_3) - (f_1 + f_2 + f_3) \\
&= 4\bar{f} - (f_1 + f_2 + f_3) \\
&= \bar{f} - (f_1 - \bar{f} + f_2 - \bar{f} + f_3 - \bar{f}) \\
&= \bar{f} - \sum_{i=1}^{3} d_i
\end{aligned} \tag{4.3-14}
$$

由上式可见，利用图像子块的一个均值和三个差值，可以恢复出该子块的 4 个像素值。因此可以用均值 $\bar{f}$ 和差值 d_i 作为存储数据，具体算法如下所述。

第一步，置图像级数 $k=0$。

第二步，将第 k 级图像分为 2×2 的子块，对每个子块按上面的式（4.3-11）和式（4.3-12）计算其均值 $\bar{f}$ 和三个差值 $d_1 \sim d_3$。

第三步，将计算的均值构成第 $k+1$ 级图像，如图 4.16 所示，而差值记为差值数组 $D(k+1)$。如果 $k < n-1$，则 $k=k+1$，转第二步；否则，结束。

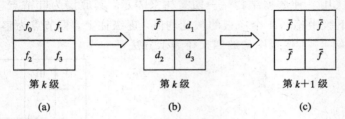

图 4.16　各级图像的建立

【例 4.4】　通过两次分层使一个 4×4 的矩阵只有一个均值。矩阵如下：

2	5	1	6
4	5	4	1
2	4	5	8
4	6	3	4

第一次分层后，从图 4.17(a) 的上图左上角的 4 个像素 f_{00}、f_{01}、f_{02}、f_{03} 中计算出均值 $\bar{f}_0$，如图 4.17(b) 上图所示。$\bar{f}_1$、$\bar{f}_2$、$\bar{f}_3$ 的计算以此类推，显示时则用 $\bar{f}_0$ 代替 4 个像素的原灰度值（如图(c)所示）。其它的显示以此类推，同时储存差值 $D(1)$（包括 4 组数据 D_{10}、D_{11}、D_{12}、D_{13}）：

$$
D_{10}: \begin{cases} f_{01} - \bar{f}_0 = 1 \\ f_{02} - \bar{f}_0 = 0 \\ f_{03} - \bar{f}_0 = 1 \end{cases}
\qquad
D_{11}: \begin{cases} f_{11} - \bar{f}_1 = 3 \\ f_{12} - \bar{f}_1 = 1 \\ f_{13} - \bar{f}_1 = -2 \end{cases}
$$

$$
D_{12}: \begin{cases} f_{21} - \bar{f}_2 = 0 \\ f_{22} - \bar{f}_2 = 0 \\ f_{23} - \bar{f}_2 = 2 \end{cases}
\qquad
D_{13}: \begin{cases} f_{31} - \bar{f}_3 = 3 \\ f_{32} - \bar{f}_3 = -2 \\ f_{33} - \bar{f}_3 = -1 \end{cases}
$$

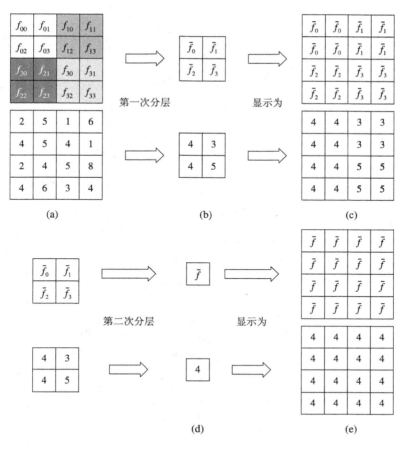

图 4.17　例 4.4 的分层过程

第二次分层后，从图4.17(b)的上图的4个像素 $\bar{f}_0$、$\bar{f}_1$、$\bar{f}_2$、$\bar{f}_3$ 中计算出均值 $\bar{f}$，如图 4.17(d)所示。显示时，用 $\bar{f}$ 代替 4 个像素的值(如图(e)所示)。其它的显示以此类推，同时储存差值 $D(2)$：

$$D(2): \begin{cases} \bar{f}_1 - \bar{f} = -1 \\ \bar{f}_2 - \bar{f} = 0 \\ \bar{f}_3 - \bar{f} = 1 \end{cases}$$

在以上建立各级图像的过程中，只需要存储各级图像对应的差值数组，而各级图像只用于建立上一级图像和相应的差值数组，以后就不需要存储了。最终得到的全部数据为

$$I(n), D(n), D(n-1), \cdots, D(1)$$

其中，$I(n)$ 为最后一层(第 n 级)图像的均值，实际上只有一个灰度值，$D(n)$，$D(n-1)$，$\cdots$，$D(1)$ 为各层的差值数组，总数据量与原图像像素数目相同，为 $2^n \times 2^n$。

发送端依次传输 $I(n), D(n), D(n-1), \cdots, D(1)$，接收端就可以先在 $N \times N$ 大小的整幅画面上显示 $I(n)$，然后，随着 $D(n), D(n-1), \cdots, D(1)$ 的接收，恢复出 $I(n-1)$，$I(n-2)$，$\cdots$，$I(0)$，显示的图像越来越清晰，直到显示原图像。各层图像传输和恢复过程如下：

$$I(n) \xrightarrow{D(n)} I(n-1) \xrightarrow{D(n-1)} \cdots I(1) \xrightarrow{D(1)} I(0)$$

假如在传输过程中，接收端收到某一 $D(i)$ 时清晰度已足够或不需要此幅图像，则可以通知发送端不再发送后续值，这就减少了传输数据率。

图 4.18 是用四叉树渐进编码方式得到的几幅图像。

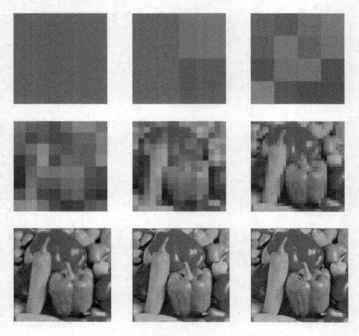

图 4.18　图像 peppers 的渐进显示

2. 其它渐进编码方式

将图像按比特面分层，通过从最高位到最低位的顺序传输各个比特面，如图 4.19 所示，这样也能实现渐进编码。从最高位的比特面恢复出的是一幅二值图像，随着接收的比特面越来越多，图像的灰度级也越来越丰富。当接收到全部比特平面以后，就可以恢复出原始图像。

如果对每一个比特面再采用第二节介绍的二值图像编码方法，还可以提高传输速率。

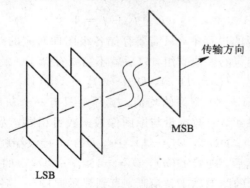

图 4.19　比特面传输的渐进编码方式

4.4 JPEG 标准

4.4.1 JPEG 标准概述

JPEG 是联合图像专家组(Joint Photographic Expert Group)的简称,它是一个由国际标准组织(ISO,International Standardization Organization)和国际电话电报咨询委员会(CCITT,Consultation Committee of the International Telephone and Telegraph)所建立的,从事静态图像压缩标准制定的委员会。现在人们也用 JPEG 表示静态图像压缩标准,其国际标准号为 ISO/IEC 10918。由于 JPEG 标准具有高压缩比,使得它广泛应用于多媒体和网络传输中。

JPEG 是用于彩色和灰度静止图像的一种完善的有损/无损压缩方法,对相邻像素颜色相近的连续色调图像的处理效果很好,而用于处理二值图像效果较差。JPEG 是一种图像压缩方法,它对一些图像特征如像素宽高比、彩色空间或位图行的交织方式等并未作严格的限制。

JPEG 的主要特点如下:

(1) 压缩比高,压缩质量比较好,图像主观质量的损伤难以察觉。

(2) 有多个参数,用户能得到所需的压缩比或图像质量。

(3) 无论连续色调图像的维数、彩色空间、像素宽高比或其它特征如何,都能得到良好的压缩效果。

(4) 处理速度快,且有成熟的价格低廉的硬件电路支持。

(5) 有四种运行模式:(a) 顺序模式,在对图像分量进行压缩时,只有一种从左到右、自上而下的扫描;(b) 渐进模式,图像压缩由粗到细地进行;(c) 无损模式,这对于不允许有像素损失的场合很重要(代价是与有损模式相比其压缩比降低);(d) 分级模式,图像在多分辨率下压缩,可以先显示低分辨率的块,而不必先解压后面较高分辨率的块。

JPEG 标准在压缩与解码的处理过程中,可以采用无损和有损两种方式。使用者能够根据需要调整压缩参数,以尽量减少图像质量的降低而使压缩比增大。它具有适中的计算复杂度,从而使得压缩算法既可以用软件实现,也可以用硬件实现,并具有较好的实用性能。

JPEG 标准中实际定义了三种编码系统:

1) 基于 DCT 的有损编码基本系统

这一基本系统可用于绝大多数压缩应用场合。每个编解码器必须实现一个必备的基本系统(也称为基本顺序编码器)。基本系统必须合理地解压缩彩色图像,保持高压缩率并能处理从 4 bit/像素到 16 bit/像素的图像。

2) 用于高压缩比、高精度或渐进重建应用的扩展编码系统

扩展系统包括各种编码方式,如长度可变编码、渐进编码、分层编码。这些特殊用途的扩展可适用于各种应用。所有这些编码方法都是基本顺序编码方法的扩展。

3）用于无失真应用场合的无损系统

特殊无损功能（也称作预测无损编码法）确保了在图像被压缩的分辨率下，解压后的数据没有造成初始原图像中任何细节的损失。

4.4.2　JPEG 标准的基本框架

JPEG 标准中定义了三个基本要素：编码器、解码器与交换格式。

1. 编码器

编码器是编码处理的实体，如图 4.20 所示，其输入是数字原图像以及各种表格定义，输出是根据一组指定过程产生的压缩图像数据。

图 4.20　JPEG 编码器

2. 解码器

解码器是解码处理的实体，如图 4.21 所示，其输入是压缩图像数据以及各种表格定义，输出是根据一组指定过程产生的重建图像数据。

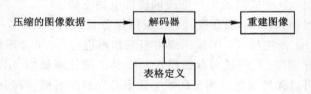

图 4.21　JPEG 解码器

3. 交换格式

交换格式如图 4.22 所示，是压缩图像数据的表示，包括了编码中使用的所有表格。交换格式用于不同应用环境之间。

图 4.22　JPEG 的交换格式

JPEG 标准包含四种编码模式，每种模式中又规定了不同的几种编解码器，这些编解码器的主要差别在于两点：一是所处理的被编码图像的采样精度不同；二是采用的熵编码方法不同。各种编码模式以及它们的编解码处理的关系如表 4.3 所示。

表 4.3 各种编码处理模式表

基本的顺序处理 （所有基于 DCT 的 解码器均支持）	• 基于 DCT 的处理 • 输入原图像：每个图像分量 8 bit/采样 • 顺序处理 • 霍夫曼编码：2 张 AC 码表和 2 张 DC 码表 • 解码器处理具有 1, 2, 3 和 4 个分量的扫描 • 交织和非交织扫描
基于 DCT 的扩展处理	• 基于 DCT 的处理 • 输入原图像：每个图像分量 8 bit/采样或 12 bit/采样 • 顺序处理或渐进处理 • 霍夫曼编码或算术编码：4 张 AC 码表和 4 张 DC 码表 • 解码器处理具有 1, 2, 3 和 4 个分量的扫描 • 交织和非交织扫描
无损处理	• 预测处理（不是基于 DCT） • 输入原图像：P bit/采样($2 \leqslant P \leqslant 16$) • 顺序处理 • 霍夫曼编码或算术编码：4 张 DC 码表 • 解码器处理具有 1, 2, 3 和 4 个分量的扫描 • 交织和非交织扫描
分等级处理	• 多帧（非差分的和差分的） • 使用基于 DCT 的扩展处理或无损处理 • 解码器处理具有 1, 2, 3 和 4 个分量的扫描 • 交织和非交织扫描

最简单的基于 DCT 的编码处理被称为基本的顺序处理(Baseline Sequential)，它提供了大部分应用所需的性能。具有这种能力的编码系统称为 JPEG 基本系统(Baseline System)。目前我们在大部分应用中所遇到的都是 JPEG 基本系统压缩的图像，例如，在 Internet 的网页图像、数码照相机照片等。下面我们着重介绍 JPEG 基本系统的编码过程。

4.4.3 基于 DCT 的编码过程

基于 DCT 的编码模式的核心过程如图 4.23 所示，此处表示的是单个图像分量（灰度图像）压缩的情况。基于 DCT 压缩的本质，是针对灰度图像样本 8×8 的子块数据流进行的。对于彩色图像，将其各个分量看作多层的灰度图像进行压缩，可以一个分量一个分量地处理，也可以按 8×8 的块依次交替进行。

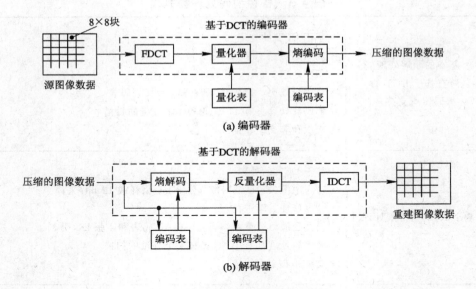

图 4.23　基于 DCT 的编解码过程

1. 数据单元

在编码前,输入图像的每个分量被分割成相互不重叠的 8×8 的子块,块内的 64 个数据组成一个数据单元(DU),如果图像的行数或列数不是 8 的倍数,则复制底行和最右边一列至所需的倍数。

对于彩色图像,JPEG 分别压缩图像的每个分量。虽然 JPEG 可以压缩通常的 RGB 分量,但在亮度/色度空间(YUV 空间)压缩效果更好。因为人眼对亮度的细小变化很敏感,而对色度则不然,所以色度部分可以丢弃大量数据实现高倍压缩,而不会过多减弱图像的总体视觉质量。JPEG 标准并不规定彩色空间,因此,RGB 与 YUV 之间的转换并不包含在编解码器中,而是应用程序在编码之前和解码之后根据需要完成。但是这一步很重要,因为算法的其余部分只单独压缩各彩色分量,如果不变换彩色空间,则三个彩色分量都不能容忍大误差,压缩效果差。

在对图像各分量采样时,可以采用不同的采样频率,这种技术称为二次采样。由于亮度比色彩更重要,因而对 Y 分量的采样频率可高于对 U、V 分量的采样频率,这样有利于节省存储空间。常用的采样方案有 YUV422 和 YUV411。以采样频率最低的分量为准,将该分量一个 DU 所对应像区上覆盖的所有各分量上的 DU 按顺序编组为一个最小编码单元(MCU)。对于灰度图像,只有一个 Y 分量,MCU 就是一个数据单元;对于彩色图像,以 $4:1:1$ 的采样方案为例,则一个 MCU 由 4 个 Y 分量的 DU、1 个 U 分量的 DU 和 1 个 V 分量的 DU 组成。

2. 8×8 的 FDCT 和 IDCT

按照第二章的定义,8×8 的前向 DCT(FDCT)和反向 DCT(IDCT)的算式如下:

$$F(u,v) = \frac{1}{4}C(u)C(v)\sum_{x=0}^{7}\sum_{y=0}^{7}f(x,y)\cos\left[\frac{\pi(2x+1)u}{16}\right]\cos\left[\frac{\pi(2y+1)v}{16}\right]$$

$$(4.4-1)$$

和

$$f(x,y) = \frac{1}{4} \sum_{u=0}^{7} \sum_{v=0}^{7} F(u,v)C(u)C(v) \cos\left[\frac{\pi(2x+1)u}{16}\right] \cos\left[\frac{\pi(2y+1)v}{16}\right]$$

$$(4.4-2)$$

式中

$$C(u),\ C(v) = \begin{cases} \dfrac{1}{\sqrt{2}}, & \text{当 } u,v = 0 \\ 1, & \text{其它} \end{cases}$$

$$(4.4-3)$$

$f(x,y)$ 和 $F(u,v)$ 的矩阵形式分别表示为

$$\{f(x,y)\} = \begin{bmatrix} f(0,0) & f(0,1) & \cdots & f(0,7) \\ f(1,0) & f(1,1) & \cdots & f(1,7) \\ \vdots & \vdots & & \vdots \\ f(7,0) & f(7,1) & \cdots & f(7,7) \end{bmatrix}$$

$$(4.4-4)$$

和

$$\{F(u,v)\} = \begin{bmatrix} F(0,0) & F(0,1) & \cdots & F(0,7) \\ F(1,0) & F(1,1) & \cdots & F(1,7) \\ \vdots & \vdots & & \vdots \\ F(7,0) & F(7,1) & \cdots & F(7,7) \end{bmatrix}$$

$$(4.4-5)$$

每一个数据单元通过前向 DCT 变换成 64 个 DCT 系数，其中包含一个直流分量 DC 系数(即 $F(0,0)$)和 63 个交流 AC 系数。JPEG 标准是开放式的，可以采用任何一种快速 DCT 算法。在 JPEG 基本系统中，$f(x,y)$ 为 8 bit 像素，取值范围为 0～255，由此可以求出 DC 系数 $F(0,0)$ 的取值范围为 0～2040，实际上，$F(0,0)$ 是图像均值的 8 倍。

对以无符号数表示的具有 P 位精度的输入数据，在 DCT 前要先将其减去 2^{p-1}，转换成有符号数(反变换后再加上 2^{p-1}，以消除该电平偏移)。在 JPEG 基本系统中，各分量均为 $P=8$，因而输入像素 $f(x,y)$ 的动态范围由 0～255 偏移至 -128～127。

3. 量化

8×8 图像子块通过 DCT 变换后，其低频分量主要集中在左上角，高频分量分布在右下角。由于人眼对高频分量远没有对低频分量敏感，大量的图像信息(如亮度)主要包含在低频中，所以编码时，可以忽略图像的高频分量，从而在视觉损失很小的情况下达到压缩的目的。要将高频分量去掉，就要用到量化，它是产生信息损失的根源。

量化过程就是每个 DCT 系数除以各自的量化步长并取整，得到量化系数：

$$\tilde{F}(u,v) = \text{INT}\left[\frac{F(u,v)}{S(u,v)} \pm 0.5\right]$$

$$(4.4-6)$$

这里的取整采用四舍五入的方式。反量化则是在解码器中由量化系数恢复 DCT 系数的过程：

$$\hat{F}(u,v) = \tilde{F}(u,v)S(u,v)$$

$$(4.4-7)$$

对于 DCT 变换后的 64 个系数，利用量化表中相对应的 64 个数值(量化步长)进行均匀量化(线性量化)，实现图像数据的实际压缩。应用程序可以根据图像的性质、显示设备和观察条件等因素设定量化表的值。JPEG 标准没有规定缺省的量化表，但它给出了一些

指导性的量化表。如表 4.4、4.5 所示的量化表分别用于亮度和色差信号。之所以用两张量化表，是因为亮度分量比色差分量更重要，因而对亮度采用细量化，对色差采用粗量化。量化表左上角的值较小，右下角的值较大，这样就达到了保持低频分量、抑制高频分量的目的。

表 4.4 亮度信号的量化表							
16	11	10	16	24	40	51	61
12	12	14	19	26	58	60	55
14	13	16	24	40	57	69	56
14	17	22	29	51	87	80	62
18	22	37	56	68	109	103	77
24	35	55	64	81	104	113	92
49	64	78	87	103	121	120	101
72	92	95	98	112	100	103	99

表 4.5 色差信号的量化表							
17	18	24	47	99	99	99	99
18	21	26	66	99	99	99	99
24	26	56	99	99	99	99	99
47	66	99	99	99	99	99	99
99	99	99	99	99	99	99	99
99	99	99	99	99	99	99	99
99	99	99	99	99	99	99	99
99	99	99	99	99	99	99	99

这两个量化表均基于两个因素：一是人的视觉心理阈值；二是对于大量图像的观测，适应于 8 bit 精度、水平方向进行 2∶1 抽样的图像。目前在许多一般应用的 JPEG 基本系统中均使用这两个量化表，并且取得了良好的效果。

4. DC 系数和 AC 系数扫描

在量化之后，DCT 系数还要经过两种数据变换，以适应于用熵编码进一步压缩数据的目的，如图 4.24 所示。从 DCT 变换的公式可以看出，直流（DC）系数反映了 8×8 子块内 64 个像素均值的度量，它包含了整个图像总能量的重要部分，因此将 DC 系数和其余 63 个交流（AC）系数分别编码。由于相邻的 8×8 子块的 DC 系数通常具有很强的相关性，对 DC 系数使用一维前值预测，即用前一个子块的 DC 系数预测当前子块的 DC 系数，而后将预测误差进行熵编码，如图 4.24(a)所示。其余 63 个交流系数则用"Zig - zag"之字形扫描转换成一维序列，如图 4.24(b)所示，编码顺序为箭头所示的方向。"Zig - zag"扫描可以使低频系数出现在高频系数前面，有利于熵编码的进行。AC 系数和 DC 系数均为二进制补码表示的整数。

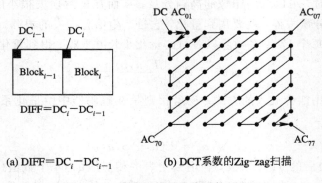

(a) DIFF=$DC_i - DC_{i-1}$ (b) DCT系数的Zig-zag扫描

图 4.24 熵编码前对量化系数的处理

63 个 AC 系数行程编码的码字用两个字节来表示，这里记为 Symble－1 和 Symble－2，如图 4.25 所示。

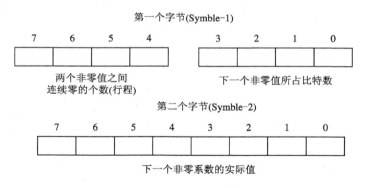

图 4.25　行程编码示意图

Symble－1 包括了两个值：行程和比特数，用(行程数，比特数)表示。行程字节表示的零行程长度为 0～15，而实际的 Zig－zag 序列中零行程数可能大于 15，因此，用高 4 位为 15、低 4 位为 0 来表示行程＝16，即扩展的 Symble－1：(15，0)。可以用连续三个扩展 Symble－1(15，0)，直到终止的 Symble－1。扩展 Symble－1×16＋终止 Symble－1 中的行程数即为实际的行程数，终止 Symble－1 后面跟随一个 Symble－2。当最后一个零行程包含最后一个(第 63 个)AC 系数时，用特殊的 Symble－1：(0，0)来表示 EOB(End of Block)，并可以将其看作 8×8 子块终止的特别符号，它的后面将不再出现 Symble－2。

5. 熵编码

经过以上转换后的符号通过熵编码过程进一步压缩。JPEG 建议的熵编码方法有两种，一种是霍夫曼编码，另一种是算术编码。前者使用霍夫曼码表，而后者使用算术码的条件码表。在所有的工作模式中，两种方法均可选用。由于 JPEG 基本系统使用霍夫曼编码，因此下面我们主要介绍霍夫曼编码。

在第三章我们介绍过，在进行霍夫曼编码前，首先要计算各符号的概率，因而必须经过两次扫描，这样必将影响编码速度。在 JPEG 的具体实现中采用了查表方式，在大量实际图像测试结果的基础上生成了霍夫曼码表，编码时只需直接查表即可。

编码时，DC 系数与 AC 系数分别使用不同的霍夫曼编码表，亮度与色度也需要不同的霍夫曼编码表，所以一共需要 4 个编码表。

1) 直流系数编码

如前所述，用刚刚编码的前一块 DC_{i-1} 作为对本块 DC_i 的预测值 Pred，再对差值 Diff＝DC_i－Pred 进行无失真编码。若 DC 系数的动态范围为－1024～＋1023，则 Diff 的动态范围可达－2047～＋2047，如果给每个值赋予一个码字，则码表过于庞大。因此，JPEG 对码表进行了简化，采用"前缀码(SSSS)＋尾码"：前缀码指明尾码的有效位数(设为 B 位)，用标准的霍夫曼编码；尾码则直接采用 B 位自然二进制码(对于给定的前缀码它为定长码，高位在前)。对于 8 bit 精度的基本系统，DC 系数为图像均值的 8 倍，最大值不会超过 8×255＝2040，故 SSSS 值的范围为 0～11，其码表有 12 项，如表 4.6 所示。

表 4.6　原始图像分量为 8 bit 精度时 DC 系数差值的典型霍夫曼编码表

SSSS	Diff	亮度码长	亮度码字	色度码长	色度码字
0	0	2	00	2	00
1	$-1, 1$	3	010	2	01
2	$-3, -2, 2, 3$	3	011	2	10
3	$-7, \cdots, -4, 4, \cdots, 7$	3	100	3	110
4	$-15, \cdots, -8, 8, \cdots, 15$	3	101	4	1110
5	$-31, \cdots, -16, 16, \cdots, 31$	3	110	5	11110
6	$-63, \cdots, -32, 32, \cdots 63$	4	1110	6	111110
7	$-127, \cdots, -64, 64, \cdots, 127$	5	11110	7	1111110
8	$-255, \cdots, -128, 128, \cdots, 255$	6	111110	8	11111110
9	$-511, \cdots, -256, 256, \cdots, 511$	7	1111110	9	111111110
10	$-1023, \cdots -512, 512, \cdots 1023$	8	11111110	10	1111111110
11	$-2047, \cdots, -1024, 1024, \cdots, 2047$	9	111111110	11	11111111110

根据 Diff 的幅度范围由表 4.6 查出其前缀码字和尾码的位数后，则可以按以下规则直接写出尾码码字，即

$$\text{尾码为 Diff 的 B 位} \begin{cases} \text{原码，若 Diff} \geq 0 \\ \text{反码，若 Diff} < 0 \end{cases}$$

按此规则，当 Diff≥0 时，尾码的最高位是"1"；当 Diff<0 时，则尾码为"0"。解码时可借此来判断 Diff 的正负。当然，如果不在乎存储空间，也完全可以将此编码规则用查表法实现。

例如，对于亮度编码，Diff＝17。因 17 落入（$-31, \cdots, -16, 16, \cdots, 31$）区间，查表 4.6 得 SSSS＝5，其前缀码字为"110"；5 位尾码为 17 的二进制原码"10001"，从而 Diff＝17 的编码为"11010001"。如果 Diff＝-17，5 位尾码则为 17 的二进制反码"01110"，从而 Diff＝-17 的编码为"11001110"。解码时，由前缀码"110"知尾码为 5 位：若码字是"10001"，因其最高位为"1"，立即可得 Diff＝17；若码字是"01110"，则因其高位为"0"知 Diff 应为负数，尾数是个反码，取反后可得实际值 Diff＝-17。

2）交流系数编码

JPEG 利用 Zig-zag 扫描，将二维量化系数矩阵转换成了一维数组 ZZ 中的"零行程/非零值"。若最后一个"零行程/非零值"中只有零行程（ZRL），则直接传块结束码字"EOB"（End of Block）结束本块（否则无需加 EOB 码）。

JPEG 将"零行程/非零值"编码表示为"NNNNSSSS＋尾码"，其中：4 位"NNNN"为相对于前一个非零值的零行程计数，表示 ZRL＝0～15；4 位"SSSS"及"尾码"的含义则与 DC 系数类似，但这里是将"NNNNSSSS"组合为一个新的"前缀码"，用二维霍夫曼编码。

如果 ZRL＞15，则用"NNNNSSSS"＝"11110000"表示 ZRL＝16，再对 ZRL＝

ZRL-16 继续编码。虽然 SSSS 可将 AC 系数表示到 15 位精度，但对于 JPEG 基本系统，SSSS 将不超过 10（见表 4.7），因此前缀码的二维霍夫曼码表的大小为 NNNN×SSSS＋2＝162。亮度和色差各有自己的码表，分别见附录表 B-1 和表 B-2。

表 4.7 AC 系数的尾码位数赋值表

SSSS	AC 系数的幅度值
1	$-1, 1$
2	$-3, -2, 2, 3$
3	$-7, \cdots, -4, 4, \cdots, 7$
4	$-15, \cdots, -8, 8, \cdots, 15$
5	$-31, \cdots, -16, 16, \cdots, 31$
6	$-63, \cdots, -32, 32, \cdots, 63$
7	$-127, \cdots, -64, 64, \cdots, 127$
8	$-255, \cdots, -128, 128, \cdots, 255$
9	$-511, \cdots, -256, 256, \cdots, 511$
10	$-1023, \cdots -512, 512, \cdots, 1023$

若 $ZZ(k)$ 为待编码的非零 AC 系数，则其编码步骤与 DC 系数的类似，如下所示：

（1）根据 $ZZ(k)$ 的幅度范围由表 4.7 查出尾码的位数 SSSS＝B。

（2）由 ZRL 计数值 NNNN 以及 SSSS 从附录表 B-1 和表 B-2 中查出前缀码字，按以下规则直接写出尾码的码字，即

$$尾码 = ZZ(k) 的 B 位 \begin{cases} 原码, 若 ZZ(k) \geqslant 0 \\ 反码, 若 ZZ(k) < 0 \end{cases}$$

6. 一个 JPEG 基本系统的实例

下面以一个实例介绍 JPEG 基本系统的编解码过程。图 4.26(a) 所示是从实际图像上截取的一个 8×8 子块，将其进行电平位移，即每个像素减去 128，再进行 FDCT，得到 DCT 系数（见图 4.26(b)），然后用量化系数表（见图 4.26(c)）进行量化，得到量化后的 DCT 系数如图 4.26(d) 所示，图 4.26(e) 表示的是反量化后的 DCT 系数，再将其进行 IDCT，即得到重建后的图像值（见图 4.26(f)）。可以看到，图 4.26(f) 与图 4.26(a) 的值很接近。

当然，图 4.26(d) 中的数字在传输到解码器之前必须用霍夫曼方法进行编码。子块中第一个编码的数是 DC 系数，DC 系数的编码方法是差值编码。假设在前一个子块中，量化后的 DC 系数值是 12，差值为＋3，查表 4.6 得 SSSS＝2、尾码为 3 的二进制形式。

接着对 AC 系数进行编码。由图 4.24(b) 的 Zig-zag 顺序，第一个非零系数是 -2，它之前的 0 的个数是 1，查表 4.7 得 SSSS＝2，所以可用 (1, 2)(-2) 表示；接下来三个非零系数都是 -1，它们之前 0 的个数都是 0，都可用 (0, 1)(-1) 表示；最后一个非零系数是 -1，它之前的 0 的个数是 2，可用 (2, 1)(-1) 表示。因为这是最后一个非零系数，所以这个 8×8 子块的终止码是 EOB 或 (0, 0)。

$$\begin{bmatrix} 139 & 144 & 149 & 153 & 155 & 155 & 155 & 155 \\ 144 & 151 & 153 & 156 & 159 & 156 & 156 & 156 \\ 150 & 155 & 160 & 163 & 158 & 156 & 156 & 156 \\ 159 & 161 & 162 & 160 & 160 & 159 & 159 & 159 \\ 159 & 160 & 161 & 162 & 162 & 155 & 155 & 155 \\ 161 & 161 & 161 & 161 & 160 & 157 & 157 & 157 \\ 162 & 162 & 161 & 163 & 162 & 157 & 157 & 157 \\ 162 & 162 & 161 & 161 & 163 & 158 & 158 & 158 \end{bmatrix}$$

(a) 源图像采样

$$\begin{bmatrix} 253.6 & -1.0 & -12.1 & -5.2 & 2.1 & -1.7 & -2.7 & 1.3 \\ -22.6 & -17.5 & -6.2 & -3.2 & -2.9 & -0.1 & 0.4 & -1.2 \\ -10.9 & -9.3 & -1.6 & 1.5 & 0.2 & -0.9 & -0.6 & -0.1 \\ -1.7 & -1.9 & 0.2 & 1.5 & 0.9 & -0.1 & 0.0 & 0.3 \\ -0.6 & -0.8 & 1.5 & 1.6 & -0.1 & -0.7 & 0.6 & 1.3 \\ 1.8 & -0.2 & 1.6 & -0.3 & -0.8 & 1.5 & 1.0 & -1.0 \\ -0.3 & -0.4 & -0.3 & -1.5 & -0.5 & 1.7 & 1.1 & -0.8 \\ -2.6 & 1.6 & -3.8 & -1.8 & 1.9 & 1.2 & -0.6 & -0.4 \end{bmatrix}$$

(b) 前向DCT系数

$$\begin{bmatrix} 16 & 11 & 10 & 16 & 24 & 40 & 51 & 61 \\ 12 & 12 & 14 & 19 & 26 & 58 & 60 & 55 \\ 14 & 13 & 16 & 24 & 40 & 57 & 69 & 56 \\ 14 & 17 & 22 & 29 & 51 & 87 & 80 & 62 \\ 18 & 22 & 37 & 56 & 68 & 109 & 103 & 77 \\ 24 & 35 & 55 & 64 & 81 & 104 & 113 & 92 \\ 49 & 64 & 78 & 87 & 103 & 121 & 120 & 101 \\ 72 & 92 & 95 & 98 & 112 & 100 & 103 & 99 \end{bmatrix}$$

(c) 量化系数表

$$\begin{bmatrix} 15 & 0 & -1 & 0 & 0 & 0 & 0 & 0 \\ -2 & -1 & 0 & 0 & 0 & 0 & 0 & 0 \\ -1 & -1 & 0 & 0 & 0 & 0 & 0 & 0 \\ 0 & 0 & 0 & 0 & 0 & 0 & 0 & 0 \\ 0 & 0 & 0 & 0 & 0 & 0 & 0 & 0 \\ 0 & 0 & 0 & 0 & 0 & 0 & 0 & 0 \\ 0 & 0 & 0 & 0 & 0 & 0 & 0 & 0 \\ 0 & 0 & 0 & 0 & 0 & 0 & 0 & 0 \end{bmatrix}$$

(d) 量化后的DCT系数

$$\begin{bmatrix} 240 & 0 & -10 & 0 & 0 & 0 & 0 & 0 \\ -24 & -12 & 0 & 0 & 0 & 0 & 0 & 0 \\ -14 & -13 & 0 & 0 & 0 & 0 & 0 & 0 \\ 0 & 0 & 0 & 0 & 0 & 0 & 0 & 0 \\ 0 & 0 & 0 & 0 & 0 & 0 & 0 & 0 \\ 0 & 0 & 0 & 0 & 0 & 0 & 0 & 0 \\ 0 & 0 & 0 & 0 & 0 & 0 & 0 & 0 \\ 0 & 0 & 0 & 0 & 0 & 0 & 0 & 0 \end{bmatrix}$$

(e) 反量化后的DCT系数

$$\begin{bmatrix} 144 & 146 & 149 & 152 & 154 & 156 & 156 & 156 \\ 148 & 150 & 152 & 154 & 156 & 156 & 156 & 156 \\ 155 & 156 & 157 & 158 & 158 & 157 & 156 & 155 \\ 160 & 161 & 161 & 162 & 161 & 159 & 157 & 155 \\ 163 & 163 & 164 & 163 & 162 & 160 & 158 & 156 \\ 163 & 164 & 164 & 164 & 162 & 160 & 158 & 157 \\ 160 & 161 & 162 & 162 & 162 & 161 & 159 & 158 \\ 158 & 159 & 161 & 161 & 162 & 161 & 159 & 158 \end{bmatrix}$$

(f) 重建图像值

图 4.26　JPEG 基本系统的编解码实例

这个 8×8 子块的最终符号序列如下：

$\quad\quad$ (2)(3)，(1, 2)(−2)，(0, 1)(−1)，(0, 1)(−1)，(0, 1)(−1)，(2, 1)(−1)，
(0, 0)

接下来形成代码。对于这个例子，由表 4.6 得到 DC 系数差值(2)的霍夫曼编码为 011。

由附录 B 中表 B-1 可得各 AC 系数的霍夫曼编码，对照如下：

$\quad\quad$ (0, 0)　　　1010

$\quad\quad$ (0, 1)　　　00

$\quad\quad$ (1, 2)　　　11011

$\quad\quad$ (2, 1)　　　11100

尾数及其对应的二进制编码是：

$\quad\quad$ (3)　　　　11

$\quad\quad$ (−2)　　　01

$\quad\quad$ (−1)　　　0

因此，这个 8×8 子块的比特流是：

$\quad\quad$ 011, 11, 11011, 01, 00, 0, 00, 0, 00, 0, 11100, 0, 1010

对于该子块，可以求得其编码的压缩比为

$$r = \frac{8 \times 64}{31} = 16.51$$

比特率为

$$b = \frac{总比特数}{总像素数} = \frac{31}{64} = 0.484\,375$$

对恢复出的图像块，可以采用对整幅图像的评价方法计算其质量指标。例如，可得到其峰值信噪比为

$$\text{PSNR} = 10\,\lg \frac{255^2}{\dfrac{1}{64}\sum\limits_{x=0}^{7}\sum\limits_{y=0}^{7}[f(x,y)-\hat{f}(x,y)]^2} = 10\,\lg \frac{255^2}{\frac{333}{64}} = 41.0(\text{dB})$$

不同的应用目的，可能需要不同的编码质量或编码比特率。JPEG 标准通过改变量化步长实现了对编码质量或编码比特率的控制，以适应用户或信道的需要。JPEG 标准中设定一个质量控制因子 Q，在量化时，用该因子和量化表中的量化步长相乘以后作为实际的量化步长。当要求较高比特率时，Q 取较小的值，如 0.1，使量化步长按同一比例减小；当要求较低的比特率时，Q 取较大的值，如 10.0，使量化步长按同一比例增大。这样，Q 也应该作为一个编码参数和编码比特流一起传输给接收端。图 4.27 给出了几幅使用不同控制因子压缩的 JPEG 图像。

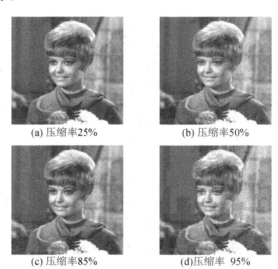

(a) 压缩率25%　　　　　(b) 压缩率50%

(c) 压缩率85%　　　　　(d)压缩率 95%

图 4.27　不同控制因子下的 JPEG 标准压缩图像

4.4.4　多分量图像

前面主要介绍了 JPEG 标准对于单分量图像的基于 DCT 的编码和预测编码。JPEG 标准中对于多分量图像(如彩色图像)的处理和控制也给出了建议。

1. 图像维数和采样因子

JPEG 定义一幅输入的原图像包括 N 个分量。每一个分量用一个专门的识别符 C_i 表

示，是一个由 x_i 列和 y_i 行个采样组成的从左到右、从上到下的矩形二维数组。例如，一幅 RGB 彩色图像就由三个分量 R、G、B 组成，而且每一个分量的维数通常是相同的；一幅 YUV 彩色图像由三个分量 Y、U、V 组成，通常取 4：1：1 或 4：2：2 的格式。

所有分量的维数都可以通过两个参数 X 和 Y 推导出来，它们分别是该图像所有分量的 x_i 和 y_i 的最大值。对于每一个分量，采用一对采样因子 H_i 和 V_i，将分量的维数 x_i 和 y_i 与最大值 X 和 Y 通过以下关系式联系起来：

$$x_i = X \times [H_i/H_{\max}], \quad y_i = Y \times [V_i/V_{\max}] \qquad (4.4-8)$$

其中，$H_{\max}$ 和 $V_{\max}$ 分别是所有分量的最大水平和垂直采样因子（函数 $[x]$ 表示取大于等于 x 的最小整数）。

需要指出的是，参数 X、Y、H_i 及 V_i 被包含在压缩图像数据的帧头内，而 x_i 和 y_i 是由解码器在解码时根据以上参数推导出来的。如果一幅输入原图像的维数 x_i 和 y_i 不满足关系式(4.4-8)，则解码时就不能正确地重建。

2. 采样精度

一个采样是具有 P 比特的无符号整数，取值范围为 $0 \sim 2^{P-1}$。一幅图像中所有分量的采样均具有相同的精度，而 P 的精度是由编码的工作模式决定的。对于 DCT 编码模式，P 的取值为 8 或 12；对于预测模式，P 的取值为 $2 \sim 16$。

3. 图像扫描

在图像扫描中，若仅有一个成分，则数据是以非交织方式处理，MCU 相当于一个数据单元，其扫描方式是由上到下、由左到右进行的，如图 4.28 所示；若扫描中有多个成分，则数据是以交织方式处理，而 MCU 就由多个不同成分中的数据单元组成，其排列方式与 H_i 和 V_i 有密切关系。在交织方式中，若将整个图像作为一个区域，扫描方式为从左到右、从上到下，单独看每个小的像素块内部，扫描方式也是从左到右、从上到下进行的，如图 4.29 所示。

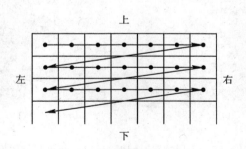

图 4.28　非交织数据顺序

图 4.29 是一个交织编码的例子，有 4 个分量。MCU 由 C_{s_1} 分量左上角矩形块以及随后的 C_{s_2} 分量、C_{s_3} 分量、C_{s_4} 分量的左上角矩形块组成。

该例中，交织数据是 MCU 的一个有序序列，一个 MCU 单元中的内容是由交织成分的数量和与它们相关的采样因子决定的。交织成分的数量最大为 4，一个 MCU 单元中的数据单元的最大数量为 10。

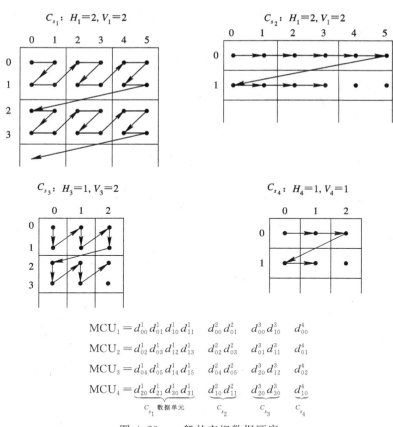

C_{s_1}: $H_1=2, V_1=2$　　　　　C_{s_2}: $H_1=2, V_1=2$

C_{s_3}: $H_3=1, V_3=2$　　　　　C_{s_4}: $H_4=1, V_4=1$

$$\mathrm{MCU_1}=d_{00}^1 d_{01}^1 d_{10}^1 d_{11}^1 \quad d_{00}^2 d_{01}^2 \quad d_{00}^3 d_{10}^3 \quad d_{00}^4$$

$$\mathrm{MCU_2}=d_{02}^1 d_{03}^1 d_{12}^1 d_{13}^1 \quad d_{02}^2 d_{03}^2 \quad d_{01}^3 d_{11}^3 \quad d_{01}^4$$

$$\mathrm{MCU_3}=d_{04}^1 d_{05}^1 d_{14}^1 d_{15}^1 \quad d_{04}^2 d_{05}^2 \quad d_{20}^3 d_{12}^3 \quad d_{02}^4$$

$$\mathrm{MCU_4}=\underbrace{d_{20}^1 d_{21}^1 d_{30}^1 d_{31}^1}_{C_{s_1}\text{ 数据单元}} \quad \underbrace{d_{10}^2 d_{11}^2}_{C_{s_2}} \quad \underbrace{d_{20}^3 d_{30}^3}_{C_{s_3}} \quad \underbrace{d_{10}^4}_{C_{s_4}}$$

图 4.29　一般的交织数据顺序

4. 码表选择控制

除了上面讨论的交织控制，JPEG 编码需要针对不同分量使用适当的码表。在一个分量中，必须采用一个或一组相同的量化表和熵编码表编码所有的数据单元。

JPEG 解码器可最多同时储存 4 个不同的量化表和 4 个熵编码表（基本顺序的解码例外，它最多只能同时储存两套熵编码表）。在解压一个包含多分量（交织）的扫描时，为了保证合适的表用于合适的分量，需要在不同的表之间进行切换。该表不能在扫描解压过程中临时装载。图 4.30 说明了一个编码过程是如何从原图像分量和多组表格中选择编码的。

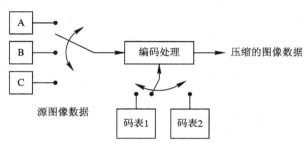

图 4.30　码表选择控制

4.4.5　无损压缩

无损工作模式包括两种：一是使用霍夫曼编码的无损编码；二是使用算术编码的无损编码。JPEG 选择了完全独立于 DCT 过程的简单预测方法作为无损编码模式。图 4.31 是单分量图像主要处理步骤的示意图。

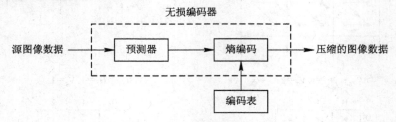

图 4.31　无损模式编码过程

用三个相邻采样点(A、B 和 C)对当前编码采样点 X 进行预测，如图 4.32 所示，再用 X 的实际值减去预测值，对其差值作无损的熵编码：霍夫曼编码或算术编码。表 4.8 列出 7 个无损编码的预测器。

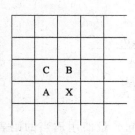

图 4.32　当前采样点与三邻域预测采样点

表 4.8　无损编码预测器

选择值	预　测
0	无
1	A
2	B
3	C
4	A+B−C
5	A+(B−C)/2
6	B+(A−C)/2
7	A+B/2

选择值 1，2，3 为一维预测，选择值 4，5，6，7 为二维预测，选择值 0 只能用于分等级编码模式的差分编码。此处的熵编码类似于 4.4.3 节中介绍的 DC 系数的霍夫曼编码。

在无损模式中，定义了两种不同的编解码器，分别对应两种熵编码方法。编码器处理的图像精度为 2～16 bit/采样，可以选用表 4.8 中除选择值为 0 之外的任何一种预测器。解码器必须能够处理任何采样精度和任意的预测器。无损编码对于一般复杂场景的彩色图像产生约 2∶1 的压缩。

4.4.6　DCT 渐进模式

DCT 渐进模式有与顺序模式同样的 FDCT 和量化步骤，关键的不同之处在于每个图像分量通过多次扫描完成编码，第一次扫描编码一幅粗略的但能识别其轮廓的图像，这幅图像能以相对于整个传输时间而言较快的速度传输出去，随着以后的扫描，图像逐渐细化直至量化表定义的质量。

为此，在量化器之后、熵编码器之前需要一个额外的与图像大小相同的系数缓存器。缓存器必须足够存储量化后的 DCT 系数，如果是直接存储，每个 DCT 系数比被编码图像像素值大 3 比特。当每一个子块进行了 DCT 变换和量化以后，量化系数存入缓存器，然后在每一次扫描中，对缓存器中的系数分别进行编码。

对上述缓存中系数的编码有两种方式。第一种，在一次扫描中，只对 Zig - zag 扫描序列中的部分指定频域变换系数进行编码，通常是先对 8×8 子块扫描较低频率分量的系数，再扫描更高频率分量的系数，直到将所有频率系数编码完毕，因此这种方式称为频谱选择法。第二种，在每次扫描中不对当前的频带量化系数的全部量化精度进行编码，而是先取 N 个最重要的比特编码，在后续扫描中，再对其余比特编码，这种方式称为连续近似法。两种方式可以分别使用，也可以灵活地组合使用。

图 4.33 是频谱选择和连续近似的渐进处理示意图。

4.4.7　分级模式

分级模式提供了一种"金字塔"式的编码方式，将图像从水平和垂直两个方向以 2 的倍数进行下抽样，形成不同分辨率的图像分层，类似于 4.3.4 节介绍的渐进编码方式。分级编码过程如下：

（1）对原始图像从水平和垂直两个方向以 2 的适当倍数进行下抽样滤波。

（2）对减少尺寸的图像编码。可以使用顺序 DCT、渐进 DCT 或无损编码。

（3）将减少尺寸的图像解码，在水平和（或）垂直方向以 2 的倍数插值并进行上抽样，使用与接收方相同的插值滤波器。

（4）将上抽样后的图像作为这一分辨率级别原始图像的预测值，并对差分图像编码。可以使用顺序 DCT、渐进 DCT 或无损编码。

（5）重复第（3）步、第（4）步，直至所有分辨率图像全部编码完毕。

第（2）步和第（4）步的编码可以仅使用基于 DCT 的处理，或仅使用无损处理，或先用基于 DCT 的处理最后再用无损处理。

分级编码对于高分辨率图像必须以低分辨率显示的场合是很有用的，例如一幅图像以高分辨率扫描并压缩，可以在一台高质量的打印机上打印出来，同时又能在一台低分辨率的显示器上显示。

4.4.8　压缩文件

JPEG 压缩大体上可以分成两个部分：标记码和压缩数据。标记部分给出了 JPEG 图像的所有信息，如图像的宽、高、霍夫曼表、量化表等。标记码由两个字节组成，其中高字节是固定值 0xFF。每个标记之前还可以添加数目不限的 0xFF 填充字节。表 4.9 列出了所有的 JPEG 标记（前 4 组是帧起始标记）。把压缩的数据单元结合在最小编码单元（MCU）中，其中 MCU 要么是单个数据单元（非交织模式），要么是从 3 个图像分量得到 3 个数据单元（交织编码）。

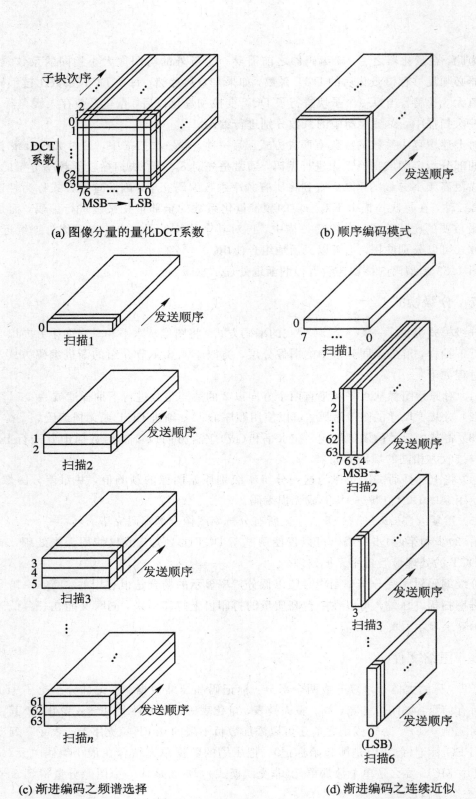

(a) 图像分量的量化DCT系数

(b) 顺序编码模式

(c) 渐进编码之频谱选择

(d) 渐进编码之连续近似

图 4.33 频谱选择和连续近似的渐进处理示意图

表 4.9　JPEG 标记

值	名　称	说　明
不差分的霍夫曼编码		
FFC0	SOF0	基本 DCT
FFC1	SOF1	扩展的顺序 DCT
FFC2	SOF2	渐进 DCT
FFC3	SOF3	无损(顺序)
差分的霍夫曼编码		
FFC5	SOF5	差分的顺序 DCT
FFC6	SOF6	差分的渐进 DCT
FFC7	SOF7	差分的无损(顺序)
不差分的算术编码		
FFC8	JPG	为扩展而保留
FFC9	SOF9	扩展的顺序 DCT
FFCA	SOF10	渐进 DCT
FFCB	SOF11	无损(顺序)
差分的算术编码		
FFCD	SOF13	差分的顺序 DCT
FFCE	SOF14	差分的渐进 DCT
FFCF	SOF15	差分的无损(顺序)
霍夫曼码表规范		
FFC4	DHT	定义霍夫曼码表
算术编码条件规范		
FFCC	DAC	定义算术编码条件
重启动间隔终点		
FFD0－FFD7	RSTm	用模 8 和计数值 m 重启动
其它标记		
FFD8	SOI	图像开始
FFD9	EOI	图像结束
FFDA	SOS	扫描开始
FFDB	DQT	定义量化表
FFDC	DNL	定义线数
FFDD	DRI	定义重启动间隔
FFDE	DHP	定义等级渐进
FFDF	EXP	扩展的参改分量
FFE0－FFEF	APPn	为应用段而保留
FFE0－FFED	JPGn	为 JPEG 扩展而保留
FFFE	COM	注译
保留标记		
FF01	TEM	临时私用
FF02－FFBF	RES	保留

图 4.34 显示了 JPEG 图像压缩文件的主要部分(方括号是可选项)。

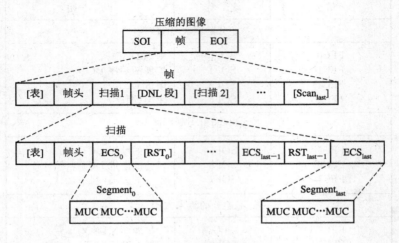

图 4.34　JPEG 文件格式

　　文件从 SOI 标记开始,至 EOI 标记结束。在这些标记中间,压缩的文件按帧来组织。分级模式中有几帧,而所有其它模式都只有一帧。每帧的图像信息包含在一个或多个扫描中,但是帧中还包含一个头和几个可选表(而反过来,表中又可能包含标记)。第一次扫描后面可能跟着一个可选的 DNL 段(线的定义数),它从 DNL 标记开始,并包含着图像中由帧表示的线数。一个扫描从可选表开始,后面是扫描头,再后面是几个熵编码段(ECS),由(可选的表)重新开始标记(RST)隔开。每个 ECS 包含一个或多个 MCU,与前面的解释一样,MCU 或者是单个数据单元或者是 3 个数据单元。

4.5　JPEG2000 标准

4.5.1　JPEG – LS 标准

　　JPEG 标准的优势主要在于能产生较大的压缩率,而且解压后在很大程度上满足了主观视觉质量,但从数据的损失来看,它的无损模式并不成功,因此一般流行的 JPEG 都不实现无损模式,而其有损模式在限制损失量方面较差。为此,ISO 提出了另一种用于连续色调图像无损压缩的标准,称为 JPEG – LS。

　　JPEG – LS 标准的全称为 Information technology – Lossless and nearlossless compression of continuous – tone still images,即无损和近无损连续色调静止图像的压缩,适应于灰度和彩色图像。这里的近无损是指重建采样值的误差在预先定义的误差范围内。其基本系统包括三个方面:

　　(1)规定编码器处理过程,它将原图像数据转为压缩图像数据;

　　(2)规定解码器处理过程,它将压缩图像数据转为重建图像数据;

　　(3)提供实际中如何实施以上处理过程的指南。

在标准中，规定了三个主要因素：

· 编码器：这是一个编码处理过程的实体。编码器的输入是数字原图像数据和规定的参数，它通过一系列规定的过程，得到压缩图像数据输出。

· 解码器：这是一个由解码处理过程和采集变换处理过程组成的实体。解码器的输入是压缩的图像数据和规定的参数，它通过一系列规定的过程，得到重建的数字图像数据的输出。

· 交换格式：一种压缩的图像数据表示，它包括所有在编码过程中使用的规定参数。交换格式用于不同应用环境之间的数据输出。

4.5.2　JPEG2000 标准

JPEG 静止图像压缩标准在高速率上有较好的压缩效果，但是，在低比特率情况下，重构图像存在严重的方块效应，不能很好地适应当代对网络图像传输的需求。虽然 JPEG 标准有四种操作模式，但是大部分模式是针对不同的应用提出的，不具有通用性，这给交换、传输压缩图像带来了很大的麻烦。因此，更高压缩率和更多新功能的新一代静态图像压缩技术 JPEG2000 就诞生了。

JPEG2000 主要由以下 6 部分组成：

第一部分：图像编码系统，这是标准的核心系统，规定了实现 JPEG2000 功能基本部分的编解码方案。

第二部分：编码扩展，规定了核心编码系统不具备的功能扩展。

第三部分：运动 JPEG2000，针对运动图像提出的解决方案，规定了以帧内编码形式将 JPEG2000 用于运动图像压缩的扩展功能。

第四部分：一致性测试，规定了用于依据性测试的规程。

第五部分：参考软件，提供了实现标准可参考的样本软件。

第六部分：混合图像文件格式，规定了以图形文字混合图像为对象的代码格式，主要是针对印刷和传真应用。

其中，第一部分为编码的核心部分，具有相对而言最小的复杂性，可以满足约 80% 的应用需要，它是公开的并可免费使用(无需付版税)。它对于二值、灰度或彩色静止图像的编码定义了一组有损和无损的方法。具体地说，有以下规定：

(1) 规定了解码过程，以便于将压缩的图像数据转换成重建图像数据。

(2) 规定了码流的语法，由此包含了对压缩图像数据的解释信息。

(3) 规定了 JP2 文件格式。

(4) 提供了编码过程的指导，由此可以将原图像数据转变为压缩图像数据。

(5) 提供了在实际进行编码处理时的实现指导。

JPEG2000 采用全帧离散小波变换（DWT）取代了 JPEG 基本系统中的基于子块的 DCT 变换。由于 DWT 自身具有多分辨率图像表示性能，并且它可以大范围地去除图像的相关性，将图像能量分布更好的集中，因此压缩效率得到提高。同时，使用整数 DWT 滤波器，在单一码流中可以同时实现有损和无损压缩。

JPEG2000 通过使用一种带中央"死区"的均匀量化器实现嵌入式编码。对于量化系数各比特面进行基于上下文的自适应算术编码，这些由比特面提供的嵌入式码流同时又提供了 SNR 的可分级性。

另外，每个子带的比特面被限制在独立的矩形块中，通过三次扫描完成编码，由此得到最佳的嵌入式码流、改进的抗误码能力以及部分空间随机存取能力，简化了某些几何操作，得到了非常灵活的码流语法。

JPEG2000 将 JPEG 编码方式、JBIG 编码方式和 JPEG - LS 统一起来，成为应对各种图像的通用编码方式。

JPEG2000 有如下主要特点：

1）良好的低比特率压缩性能

这是 JPEG2000 标准最主要的特征。JPEG 标准对于细节分量多的灰度图像，当压缩数码率低于 0.25 bpp（bpp, bit per pixel）时，视觉失真大。JPEG2000 格式的图片压缩比可在 JPEG 标准的基础上再提高 10%～30%，而且压缩后的图像显得更加细腻平滑。尤其在低比特码率下，具有良好的率失真性能，以适应窄带网络、移动通信等带宽有限的应用需求。

2）连续色调和二值图像压缩

JPEG2000 的目标是成为一个标准编码系统，既能压缩连续色调图像又能压缩二值图像。该标准对于每一个彩色分量使用不同的动态范围进行压缩和解压。

3）同时支持无损和有损压缩

JPEG2000 针对渐进解压的应用提供了自然的无损压缩。例如，医学图像一般是不允许失真的，在图像检索中，重要的图像要求高质量保存，而显示则可以降低质量。JPEG2000 提供的是嵌入式码流，允许从有损到无损的渐进解压。

4）按像素精度和图像分辨率的渐进传输

通过不断向图像中插入像素以不断提高图像的空间分辨率或增加像素精度实现图像的渐进传输（Progressive Transmission）。用户根据需要，对图像传输进行控制，在获得所需的图像分辨率或质量要求后，在不必接收和解码整个图像的压缩码流的情况下便可终止解码。

5）感兴趣区域（ROI, region of interest）编码

常常有这样的情况，图像中某一部分的内容比其它部分更为重要，ROI 编码可以将这些区域定义为感兴趣区域，在对这些区域压缩时，指定特定的压缩质量，或在恢复时指定解压要求。也就是说，可以对 ROI 区域采用低压缩比以获取较好的图像质量，而对其它部分采用高压缩比以节省空间。同时还允许对 ROI 部分进行随机处理，即对码流进行旋转、移动、滤波和特征提取等操作。

结合渐进传输和 ROI 编码这两个特点，我们在网络上浏览 JPEG2000 格式图像时就可以从传输的码流中解压出逐步清晰的图像，传输过程中即可判断是否需要，同时在图像显示过程中还可多次指定感兴趣区域，编码过程将在已经发送的数据的基础上继续编码，而不需要重新开始。

6）良好的抗误码性

在传输图像时，JPEG2000 系统采取一定的编码措施和码流格式来减少因解码失败而

造成的图像失真。

7) 开放的框架结构

开放的框架结构为不同的图像类型和应用提供最优化的系统。

JPEG2000 的特点还有：基于内容的描述，增加附加通道空间信息，图像保密性，与 JPEG 兼容等等。

JPEG2000 标准的基本模块组成如图 4.35 所示，其中包括：预处理、DWT、量化、自适应算术编码以及码流组织等五个模块。

图 4.35　JPEG2000 基本编码模块组成

JPEG2000 的第三部分定义了运动 JPEG2000(MJP2)，MJP2 广泛应用于各种领域：既可用于静止图像又可用于运动序列图像的编解码器(如带活动视频的数码相机)，高质量的运动图像(如医学图像，在同一编解码器中同时要求有损和无损压缩)，以及英特网视频、移动电话/PDA、遥控监视系统等等。

JPEG2000 标准允许一个或多个 JPEG2000 压缩图像序列与同步的声音信号、元数据一起存储为 MPJ2 格式的文件。运动 JPEG2000 的目标是使 JPEG2000 文件格式与 MPEG－4 文件格式互用。

习　题　4

1. 设有一页传真文件，其中某一扫描线上的像素点如图 4.36 所示。求：

图 4.36　像素点分布

(1) 该扫描行的霍夫曼编码；

(2) 编码后的比特总数；

(3) 本编码行的数据压缩比。

2. 试对如下 4×4 矩阵进行渐进编码，写出每一步显示的矩阵和传输的差值数组。

$$\begin{bmatrix} 4 & 1 & 3 & 8 \\ 5 & 6 & 4 & 2 \\ 8 & 3 & 1 & 5 \\ 2 & 7 & 5 & 3 \end{bmatrix}$$

3. 对下面的 4×4 图像块进行块截断编码，请分别采用保持矩不变和均方误差最小两种方法选择量化参数。

$$\begin{bmatrix} 136 & 27 & 144 & 216 \\ 172 & 83 & 43 & 219 \\ 200 & 254 & 1 & 128 \\ 64 & 32 & 96 & 25 \end{bmatrix}$$

4. JPEG 标准采用何种压缩算法？请画出 JPEG 基本系统的原理框图，写出 JPEG 基本系统编码算法的主要步骤。

5. 编写程序，将 $n \times n$ 矩阵变换为 Zig-zag 序列。

6. 按照 JPEG 基本系统编码方法，试对如下所示的 8×8 源图像的亮度取样值。

$$\begin{bmatrix} 142 & 144 & 151 & 156 & 156 & 157 & 156 & 156 \\ 140 & 143 & 148 & 150 & 154 & 155 & 156 & 155 \\ 148 & 150 & 156 & 160 & 158 & 158 & 156 & 158 \\ 159 & 160 & 162 & 161 & 160 & 159 & 158 & 160 \\ 158 & 162 & 161 & 164 & 162 & 160 & 160 & 162 \\ 160 & 164 & 143 & 162 & 160 & 158 & 157 & 159 \\ 162 & 163 & 148 & 160 & 158 & 156 & 154 & 156 \\ 163 & 160 & 150 & 154 & 154 & 154 & 153 & 155 \end{bmatrix}$$

(1) 求出该图像的全部码字(假设前一个子块量化后的 DC 系数为 11)；

(2) 计算数据的压缩比；

(3) 求出该压缩图像的重建矩阵；

(4) 计算该重建图像的归一化均方误差。

7. 编写程序，对一幅图像分别按自然二进制码和格雷码分解其比特面，比较两种码字的图像情况。

8. 编写程序，用 16×16 抖动矩阵对一幅图像进行抖动编码。

9. 编写程序，对一幅图像进行四叉树渐进编码。

第五章 序列图像编码及运动估计

与人类生产、生活相伴随而产生的通信技术发展到今天，已经从面对面的语言、手势的信息交流，发展到相隔万里的声音、文字及图像信息的交流。在丰富多彩的图像信息中，以充分表现活动彩色场景的活动图像最为引人注目，因此，活动图像信息的传输在当今的信息社会中倍受欢迎，在现代通信中占据了重要的地位。日趋成熟的通信技术使得活动图像通信在许多方面得到了广泛应用。近年来随着微电子和计算机技术日新月异的发展，多媒体和网络通信技术也得到了飞速的发展，数字电视、VCD、DVD、VOD、会议电视、流媒体、多媒体数据库和计算机网络等技术的日益融合和广泛应用，已经遍及国民经济和社会生活的各个方面。语音、图形、图像和数据等信息的传输、处理、存储及检索技术成为这些技术中重要的组成部分。为了能够有效地传输和存储这些信息，人们广泛采用了数字压缩编码技术，在这一领域中，新概念、新算法、新标准、新协议正在不断涌现，这门技术已经成为当今信息与通信工程学科的主要研究热点之一。

5.1 序列图像编码系统

在现实生活中，图像可以分为静止图像和活动图像。在对数字化的活动图像编码时，需要考虑时间变量。由于实际的活动图像都是一帧一帧地传输（如图 5.1 所示），通常将活动图像看作一个沿时间轴分布的图像序列，统称为序列图像，其编码称为序列图像编码。由于目前涉及活动图像的处理、传输和存储等大都针对视频信号，因此我们这里主要讨论序列图像中的视频图像，对视频图像的压缩编码称为视频编码，即对构成视频的图像序列中的图像进行压缩编码。当然，其基本原理对于其它的序列图像也是适用的。对于序列图像中的一帧图像，我们一般不考虑其时间因素，所有静止图像的编码方法都可以用于对单独一帧图像的编码。

(a) 第10帧   (b) 第15帧   (c) 第20帧   (d) 第25帧

图 5.1 视频图像中的几帧示意图

视频编码的主要目的就是在保证一定重建质量的前提下，以尽量少的数据量来表征视频信息，以减少视频序列的码率，便于能够在给定的通信信道上实时传输视频信号。传统的压缩编码以香农信息论为出发点，用统计概率模型来描述信源，编码实体是像素或像素块，以显示器件为图像/视频系统的最后环节。这种基于数据统计的、以消除视频数据相关冗余为目的的第一代视频编码技术获得了巨大成功。采用第一代视频编码技术（如熵编码、变换编码、预测编码以及运动补偿技术等）制定的 JPEG、MPEG - 1、MPEG - 2、H. 261、H. 263 等压缩编码国际标准，以及它们对多媒体产业的巨大影响就是有力的证明。但是，第一代视频编码技术并未考虑信息接收者的主观特性、视频信息的具体含义和重要程度等，只是力图去消除数据冗余。真正代表视频编码方向的是基于内容的第二代视频编码技术，它所关心的是如何去消除视频内容的冗余，它认为人眼是视频信号的最终接收者，视频编码时应充分考虑人眼视觉特性这个因素，这是目前视频编码中最为活跃的一个领域。

5.1.1　视频图像压缩的必要性

众所周知，图像信号的数字化在图像处理中具有一系列的优点，然而数字化后的图像数据量却相当庞大。如果不经过压缩处理，要想对一帧 NTSC 制式的彩色视频图像进行数字化传输（视频图像数字化成 720 像素×480 线，每种颜色分量中的每个像素用 8 bit 表示，每秒传输 30 帧），则要求信道的传输能力要达到约 248 Mb/s。同样，一帧 HDTV 的彩色电视图像，其分辨率为 1920 像素×1080 线，每种颜色分量中的每个像素用 8 bit 表示，每秒传输 30 帧，那么需要信道的传输速率为 1. 4 Gb/s。一幅高档电影图像，通过数字化成 4096 像素×3112 线，并且每种颜色分量中的每个像素用 10 bit 表示，如果每秒传输 24 帧图像，那么一秒钟的彩色电影图像需要大约 8. 6 Gb 的存储空间。按照这样的数据传输速率计算，在对图像不进行压缩的情况下，一张存储空间大约为 5 Gb 的 CD 盘能够存储大约 20 s 的 NTSC 制式的视频图像或 3 s 的 HDTV 视频图像。因此，不进行视频图像的压缩将对存储器的存储容量、传输信道的传输率（带宽）及计算机的处理速度等方面造成极大的压力。为了解决这些问题，对视频图像进行压缩编码就显得十分必要和迫切了。近 10 多年来，人们在视频编码领域取得了巨大的进展，后面的部分我们将对视频编码方法进行具体讨论。

5.1.2　视频图像编码系统的一般结构

视频编码系统算法的组织在很大程度上是由视频序列所采用的信源模型确定的。视频编码器依赖其信源模型来描述视频序列的内容，由信源模型可假设出图像序列像素之间在时间和空间上的相关性，它也可考虑物体的形状和运动或照度的影响。在图 5.2 中，我们给出了一个视频编码系统的基本组成。在编码器中，首先用信源模型的参数描述数字化的视频序列。如果我们使用像素统计独立的信源模型，那么这种信源模型的参数就是每个像素的亮度和色度幅度；如果我们把一个场景描述成几个物体的模型，那么参数就是各个物体的形状、纹理和运动。接着，信源模型参数被量化成有限的符号集，量化参数取决于比特率与失真之间所期望的折衷。最后，用无损编码技术把量化参数映射成二进制码字，这种技术进一步利用了量化参数的统计特性。最终产生的比特流在通信信道上传输。解码器反向进行编码器的二进制编码和量化过程，重新得到信源模型的量化参数。然后，解码器用信源模型的量化参数利用图像合成算法恢复解码后的视频帧。

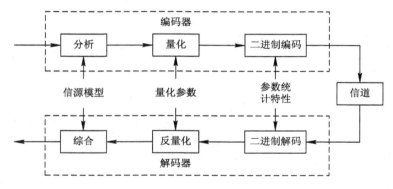

图 5.2　视频编码系统示意框图

5.1.3　视频编码方案分类

　　这里，我们介绍目前较流行的几种视频编码算法，并把它们分别放入相应的信源模型中(见表 5.1)。信源模型可做出图像序列的像素之间在时间和空间上相关性的假设，它也可考虑物体的形状和运动或照度的影响。目前，一个编码算法的信源模型要根据其编码参数集和图像合成算法确定。图像合成算法是根据解码参数构成解码图像。

1. 基于波形的编码

　　此类编码都试图尽可能准确地表示各个像素的颜色值，而不考虑一个实际物理实体可以由一组图像中不同部分的组合来表示。

　　把像素假设为统计上独立的，这样得到的模型是最简单的信源模型(见表 5.1)，相关的编码技术就称为脉冲编码调制(PCM)。图像信号的 PCM 表示通常不用于视频编码，因为它与其它信源模型相比效率较低。

表 5.1　信源模型、参数集和编码技术的比较

信 源 模 型	编 码 参 数	编 码 技 术
统计独立的像素	每个像素的颜色	PCM
统计相关的像素	每个块的颜色	变换编码、预测编码和矢量量化
平移运动的块	每个块的颜色和运动矢量	基于块的混合编码
运动的未知物体	每个物体的形状、运动和颜色	分析与合成编码
运动的已知物体	每个已知物体的形状、运动和颜色	基于知识的编码
已知行为的已知运动物体	每个物体的形状、颜色和行为	语义编码

　　在大多数图像中，我们发现邻近像素的颜色、色度都存在较高的相关性。为了减少编码比特率，最好用变换来利用这种性质，如 K－L 变换、DCT 变换或小波变换。变换旨在去除原图像像素点间的相关性，并把原始信号的能量集中到少数的几个系数上。需要量化和编码的参数是变换系数。利用相邻样点间相关性的另一种方法是预测编码，先由前面编码的样点预测要编码的样点值，然后对预测误差进行量化和编码。预测误差与原始信号相比具有较小的相关性和较低的能量。

　　现在使用的视频编码标准如 H.261、H.263、MPEG－1、MPEG－2 和 MPEG－4 等都

采用了基于块的混合编码的编码方法，它综合了预测编码和变换编码。这种编码技术把每幅图像分成固定大小的块，第 k 帧的每个块可用前面第 $k-1$ 帧的一个相同尺寸的块合成得到。对第 k 帧的所有块都这样处理，所产生的图像称为预测图像。编码器把所有块的二维运动矢量传送到解码器，以便解码器能够计算得到同样的预测图像。编码器从原始图像中减去这幅预测图像，得到的就是预测误差图像。如果用预测图像合成一个块不够准确，也就是说如果块的预测误差超过了某个阈值，那么编码器就用变换编码把这个块的预测误差传送到解码器。解码器把预测误差与预测图像相加，合成解码图像。因此，基于块的混合编码是基于平移的运动块信源模型的。除了颜色信息编码为预测误差的变换系数外，还必须传送运动矢量。

2. 基于内容的编码

上述基于块的混合编码技术实际上是用固定大小的方块来近似场景中物体的形状，因此在物体边界上的块中会产生较高的预测误差。如果这些边界块中包含了具有不同运动的两种物体，那么用一个运动矢量就不能说明两个不同的运动。基于内容的编码器认识到这样的问题，企图把视频帧分成对应于不同物体的区域，并分别编码这些物体，对于每个物体，除了运动和纹理信息外，还必须传送形状信息。

在基于物体的分析与合成编码中，通过模型物体描述视频场景的每个运动物体。为了描述物体的形状，分析与合成编码采用分割算法。此外，还要估计每个物体的运动和纹理参数。在最简单的情况下，二维轮廓描述物体的形状，运动矢量场描述物体的运动，颜色波形描述物体的纹理。其它方法用三维线框描述物体。用第 $k-1$ 帧中物体的形状、颜色和运动的更新参数来描述第 k 帧中的物体。解码器用当前的运动和形状参数以及前一帧的颜色参数合成物体。

在视频序列中的物体已知的情况下，可采用基于知识的编码，这种编码使用特别设计的线框来描述已识别出的物体类型。目前，已经开发了几种用预定义的线框来编码人头的方法。使用预定义线框可增加编码效率，因为它自适应于物体的形状，有时也把这种技术称为基于模型的编码。

当已知可能的物体类型和它们的行为时，可以用语义基编码。例如，对于一个人脸来说，"行为"指的是与特殊面部表情相关的一系列面部特点的时间轨迹。人脸的可能行为包括典型的面部表情，在这种情况下，估计描述物体行为的参数并传输给解码器。这种编码方法能够达到非常高的编码效率，因为物体(例如人脸)可能的行为数目很小，所以说明行为所需的比特数比用传统的运动和颜色参数描述实际动作所需的比特数要少很多。

5.2　二维运动估计

运动估计是视频处理系统的一个重要组成部分，广泛应用于视频压缩、采样率转换、滤波等。为得到一定场景下的二维运动矢量，可以有很多种二维运动估计方法。例如，在计算机视觉应用中，利用二维运动矢量得到一个三维运动物体的结构和其运动参数，在一些关键特征点上，利用一个简单的二维运动矢量集可能就足够了。在视频压缩的应用中，根据估计出的运动矢量和前一个已编码的参考帧，可以得到当前帧的运动补偿预测。运动估计最终要达到的目的是使编码运动矢量和预测误差所用的总的比特数最少。我们可以在运动估计的准确性与表示运动参数所用的比特数之间做出折衷的选择。在某些情况下，虽然估计的运动并不是精确的实际物体运动，但仍可以产生好的运动预测。本章将讨论以运动补偿处理为目的的多种二维运动估计算法。

5.2.1　二维运动估计的基本概念

运动估计相关的算法是视频图像处理、分析的基本问题之一，它涉及到图像平面二维运动或物体三维运动的估计，以及序列图像中的二维运动和真实的三维运动之间的关系。二维运动估计既是迈向三维运动分析的第一步，也是运动补偿滤波和压缩的主要部分。所有运动估计算法都是基于图像亮度的时间变化。实际上，基于亮度变化观察到的二维运动可能不同于真实的运动。为了更精确起见，把观测到的或表现出来的二维运动矢量的速度称为光流，它不仅可以由物体运动引起，而且可以由摄像机运动或照明条件的变化引起。下面介绍二维运动相关的基本知识。

1. 二维运动相关概念

二维运动(也称为投影运动)指的是三维运动在图像平面上的透视或正交投影。三维运动的特征可依据物体像素的三维瞬时速度或三维位移来表征。二维位移和速度场分别是三维场在图像平面上的投影。

图 5.3 说明了二维位移矢量的概念。假设在 t 时刻物体位于空间 P 点，在 t' 时刻运动到 P' 点。点 P 和点 P' 在图像平面上的投影分别是图像点 p 和点 p'，我们把点 p 到点 p' 的运动图像作为相应物体点的三维运动透视投影。要注意的是，由于投影作用，凡是运动的起点在 OP 线上而终点在 OP' 线上的三维位移矢量都有相同的二维位移矢量投影，这将引起三维运动估计的模糊问题。

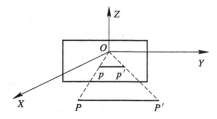

图 5.3　运动物体的三维和二维矢量透视投影关系

定义在 t 和 t' 间的投影位移，令 $t'=t+l\Delta t$(l 是整数，Δt 是采样时间间隔)，二维平面上投影坐标为 (x, y)，由此产生一个连续的实值二维位移矢量函数 $d(x, y, t, t')$。一个二维位移场是二维位移矢量的集合。根据三维瞬时速度与位移之间的关系(位移对时间的导数即速度)，同样可定义时刻 t 的投影速度函数 $v_c(x, y, t)$ 和二维速度矢量场 $v_p(x, y, t)$。

二维运动矢量导致视频亮度信号 $f(x, y, t)$ 的变化，从时刻 t 到 t' 的图像平面坐标的位移称为一个对应矢量。一个光流矢量定义为在特定点 $(x, y, t) \in R$ 上的图像平面坐标的瞬时变化率，即 $(v_x, v_y)=(dx/dt, dy/dt)$，这如同由亮度特性曲线 $f(x, y, t)$ 的时空变化来决定一样，它对应于瞬时的像素速度矢量(从理论上讲，在区间 $\Delta t=t-t'$ 趋向于 0 时，光流矢量和对应矢量是等同的，此时可以看到理想的连续视频图像)。事实上，依据在二维图像亮度特性曲线时空点阵上具有可观察的变化这一点，将对应场定义为像素位移的矢量场，将光流场定义为像素速度的矢量场。对应场和光流场还分别被称为"视在二维位移场"

和"视在二维速度场"。一般来说，"视在二维位移场"和"视在二维速度场"不同于前面讲述的投影产生的二维位移（速度）场，因为：

(1) 实际视频信号缺乏足够的空间图像梯度。在实际运动能被观察到的运动范围内要有足够的灰度等级（颜色）变化，才能产生光流，否则光流就不可观测。

(2) 外部光照的变化。一个可观测到的光流，并不总是对应于实际的运动。例如，如果外部照明按照一帧接一帧的变化时，即使没有运动，光流亦可观察到。因此，外部照明变化妨碍了真实的二维运动场估计。在一些情况下，即使外部照明没有变化，色调也会一帧接一帧地变化。例如，如果一个物体绕它的表面法线而变化，则会引起色调的变化。这个色调的变化可能引起沿运动轨迹的像素的亮度变化，这些都是二维运动估计中要考虑到的。

总之，二维位移和速度场分别是三维场在图像平面上的投影。而对应场和光流场是由时变亮度图像特性得到的位移和速度函数。实际应用中，由于只能观察到光流场和对应场，所以我们在本章中假设它们等同于二维运动场。

2. 二维运动估计解决的主要问题

运动估计的算法一般需要相关的运动场模型。参数模型是为了描述曲面的三维运动（位移和速度）在图像平面上的正交或透视投影。一般来说，三维曲面的表达式决定了带参数的二维运动场模型。例如，一个平面三维刚体运动产生的二维运动场，在正交投影下，可用 6 个参数仿射模型描述；在透视投影下，可用 8 个参数的非线性模型描述。参数模型的主要缺点是它只适用于三维刚体运动。换言之，在不使用三维刚体运动模型下，可将非参数均匀性（平滑度）约束条件强加于二维运动场上。非参数约束条件可归纳为确定性和随机性的平滑度模型。本章介绍的块运动模型和像素递归法均属于非参数方法。

二维运动估计解决以下两种问题：

(1) 在时间 t 和 $t+l\Delta t$ 之间，图像平面中运动对象对应矢量 $d(x, y, t; l\Delta t) = [d_x(x, y, t; l\Delta t), d_y(x, y, t; l\Delta t)]^T$ 的估算；

(2) 对应的光流矢量的估算 $v(x, y, t) = [v_x(x, y, t), v_y(x, y, t)]^T$。对应矢量和光流矢量通常是逐像素变化着（空间变化运动），同时也作为时间的函数来变化。二维运动估计根据时间变量 t 的变化，又可分为正向估计和逆向估计；在对运动属性缺乏附加假设的情况下，仅依据于两帧图像来进行二维运动估计，往往不存在惟一的解或解不连续地依赖于数据，这就称为不确定问题（病态问题）。二维运动估计中的遮挡问题、孔径问题和解的连续性问题就是其中的代表。

解的连续性是指运动估计对于视频图像中出现的噪声是非常敏感的。一个很小的噪声也可能引起运动估计的解的很大误差。

遮挡问题中遮挡指的是一个表面的覆盖/显露问题，不能为覆盖/显露的背景像素建立对应关系，这就引起二维运动估计解的存在性，也即所知的遮挡问题。它是由仅占有一部分观察场的物体的三维旋转及平移所引起的。

孔径问题（运动矢量出现多义性称为孔径问题）重申了二维运动估计问题的解不是惟一的。如果每一个像素的位移（或速度）分量被当作独立分量，那么未知分量个数将是已知量个数的两倍，因为每个像素的运动矢量都有两个分量，故解不是惟一的。

虽然运动估计如此困难，但由于视频序列图像有着自身的特点，故视频编码中的运动估计往往比理论的运动估计算法要简单些，下面详细介绍帧间图像的运动估计。

5.2.2 帧间图像预测编码

对于视频图像，由于相邻帧间的时间间隔很短（为 $1/25\sim1/30$ 秒），因而在运动不是很剧烈的场合，相邻帧的相关性很强。直观地说，就是相邻帧的两幅图像中的相似部分很多。如果编码时能够充分利用序列图像在时间轴方向的相关性进行压缩编码，就可能获得较高的压缩比，这就是帧间编码。有时，根据实际情况还可进一步分为帧间预测（利用相邻帧的相关性）和场间预测（利用相邻场之间的相关性）。可以说，目前帧间预测已经成为序列图像编码的代表性技术。

1. 帧间图像编码的依据

对运动图像序列进行编码时，如果使用不同帧中的像素（或像素块）对当前像素（或像素块）进行预测，这种方法称为帧间预测编码。帧间编码主要有两方面的依据：

首先，从信源的角度看，自然景物大多都处于相对不变或缓变状态，这是帧间相关性存在的前提条件。在用摄像机摄取图像时，根据不同应用场合的需要有不同的取景方式，这样，帧间相关性表现的形式也不相同。目前，视频编码中考虑的主要是一些简单形式。

为了很好地利用序列图像特有的性质进行编码，首先分析一下可视电话中的典型景物。最简单的情景是在一个图像细节不十分复杂的背景前，有一个活动量不大的单个人物的头—肩像。假设第 k 帧与第 $k-1$ 帧相比有位移，则可将整幅图像分为 3 个各具特点的区域，如图 5.4 所示。

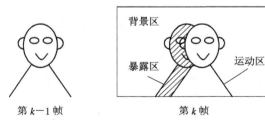

图 5.4 图像区域分类

（1）背景区。这里指摄像机不动而摄取人物后面的背景区域，它对人物起陪衬的作用，一般是静止的，若外界条件不变，则这两帧背景区的绝大部分数据相同，这就意味着两帧图像的背景区之间的相关性很强。

（2）运动物体区。若将物体运动近似看作简单的平移，则第 k 帧与第 $k-1$ 帧的运动区的数据也基本相同。假如能采用某种运动估计的方法对位移矢量进行"运动补偿"，那么两帧的运动区之间的相关性也是很强的。

（3）暴露区。指运动后所暴露出来的曾被物体遮盖住的区域。如果有存储器将这些暴露区的数据暂时存储，则可发现再次经过遮盖暴露出来的数据与原先存储的数据相同。这也是一种帧间的强相关性。

以上三类区域的帧间相关性虽然是最理想的情况，但却是帧间压缩编码的重要依据。当然，若是整个画面从一类景物切换为另一类景物时，就谈不上帧间相关性的利用了。

除了上述的摄像机不变的情况外，对一些摄像机运动的场合也有类似的结论。例如，如果序列图像是在行进的车辆中摄取的前方景物，或摄像机用"倍焦"工作摄取的前方景物，或者摄像机用"扫视"方式摄取的图像(如航拍)，其图像相邻帧之间都存在着很强的相关性。

普通电视图像及 HDTV 图像则灵活多变，它们可以看成是上述几类各具特点的序列图像的复杂组合，因而总存在一定程度的帧间相关性，可以采用序列图像的帧间编码。

在序列图像编码中，除了利用信源的特性外，还可以利用人的视觉特性，根据景物的活动特性适当调整码率，这就是所谓的空间分辨率与时间分辨率的交换。

研究表明，人类视觉对图像中的静止部分有较高的分辨率，必须给予充分的空间(Spatial)分辨率，即在传输静止图像或序列图像的静止部分时，要保证较高的水平和垂直分辨率，但此时可以减少传输帧数。在接收端依靠帧存储器把未传输的帧补充出来，而周期传输的数据对帧存储器起定期刷新的作用。因而对传输序列图像而言，可适当降低时间(Temporal)的分辨率。另一方面，人类视觉对序列图像中运动物体的分辨率将随着运动物体速率的增大而显著降低。而且摄像器件和电路灵敏度是积分式灵敏度，从而造成运动部分的灵敏度下降。此外，电视监视器中的显示器件也存在一定的积分模糊效应，可以降低这部分图像的清晰度，物体的运动速度越高，就可用更低的清晰度进行传输。例如，可以对序列图像中的静止部分每两帧传输一次，而对运动部分采用 2:1 的亚抽样，这样就降低了空间分辨率，而且对视觉来说，不易觉察出收端的复原图像的质量有较明显的降低。

综上所述，如果根据图像的内容在清晰度和活动性(帧率)之间进行调整，可以使重建图像在视觉上保持基本一致的主观效果。

2. 简单编码方法

由于视频图像中大量存在的静止或缓变区域，可以采用下面一些简单方法进行编码。

1) 场(帧)重复工作方式

对于图像中的景物变化缓慢的场合，可以少传一些帧，如由 30 帧/秒减少到 15 帧/秒、10 帧/秒等。通常也把这种方式称为抽帧或跳帧。在接收端可以采用对前帧重复读出的方式补满 25 帧/秒(PAL 制式)或 30 帧/秒(NTSC 制式)。这种方法通常用在可视电话等传输码率很低的应用场合。

2) 条件修补法

将第一帧图像存于参考帧存中，并将其发送到对方，之后将第 k 帧图像位于 $z=(x, y)$ 的像素采样值 $I_k(z)$ 的预测值 $\hat{I}_k(z)$ 作为第 $k-1$ 帧图像的同一位置像素的复原值 $I'_{k-1}(z)$。帧间差 $\mathrm{FD}_k(z)$ 为

$$\mathrm{FD}_k(z) = I_k(z) - I'_{k-1}(z) \tag{5.2-1}$$

现在定义一个阈值 T_H，并采用以下步骤：

如果 $|\mathrm{FD}_k(z)| \leqslant T_\mathrm{H}$，认为 $I_k(z)$ 位于图像的相对静止部分(背景区)，不用传输。为克服误差累积引起的"突变"，对这种区域的像素采用定期刷新的方法，每隔一定时间才传送一次。

如果 $|\mathrm{FD}_k(z)| > T_\mathrm{H}$，认为 $I_k(z)$ 位于图像的运动区域，可用 8 bit/像素 PCM 传输 $I_k(z)$，同时还要传送其它码字，以便收端能更新相应位置的像素值。

目前在 H.261 等视频编码中采用的简单的帧间编码模式就是对这种方法的改进。编码采用以固定次序的子块为单位进行预测，即帧间差是以子块进行计算，比单独对每个像素进行预测传输可以节省码率；对运动量比较适中的序列图像，编码传送子块的帧差 $FD_k(z)$，z 表示子块的中心，恢复子块时采用下面的公式：

$$I_k^{'}(z) = I_{k-1}^{'}(z) + FD_k(z) \qquad (5.2-2)$$

5.2.3　运动估计与补偿的基本概念

采用帧间预测编码可以减少时间域上的冗余度，提高压缩比。例如将前一帧相同空间位置处的像素值作为待编码的当前帧的预测值，这种预测对图像中的静止背景部分是很有效的，但这种不考虑物体运动的简单的帧间预测效果并不好。如果有办法在对当前帧某像素（或像素块）进行预测时知道这个像素（或像素块）是从前一帧的哪个位置移动过来的，则在做预测时以真实对应位置上的像素值作为预测值，这样预测的准确性将大大提高。也就是说采用运动补偿帧间预测技术，可以更好地利用序列图像的时间冗余度，使预测差值的方差大大减小，从而降低误码率，提高压缩比。这项技术现在已经广泛应用于视频图像编码的国际标准中，取得了很好的效果。显然，获得好的运动补偿的关键是运动估计。运动估计和运动补偿是紧密联系的，它是视频图像压缩编码中使用的一项核心技术，主要解决视频图像中时间冗余的问题。经验表明，实用化的压缩方法可以将运动图像数据压缩30倍（压缩成原来的1/30）而不致在视觉上有明显的失真。

如图 5.5 所示的是视频图像序列"sign_irene"中的前 4 帧。画面中背景图像是静止的，而图中的人物 irene 的上半身是运动的。图像中基本对象（如 irene 的手臂、嘴等部分）在相邻两帧之间变化不大，但其位置发生了明显的移动。通过两个相邻帧之间的误差图像，我们可以将运动部分突现出来。图 5.6 就是图 5.5 中第 1 帧和第 2 帧之间、第 3 帧和第 4 帧之间的亮度误差图像。从误差图像可以看出第 2 帧相对于第 1 帧，人物主要是作手部的运动；而第 4 帧相对于第 3 帧，人物同时作头部、手部的运动。

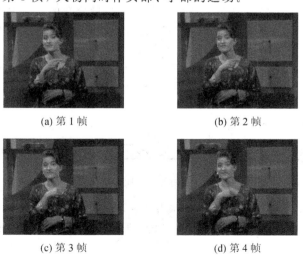

(a) 第 1 帧　　　　　　　　(b) 第 2 帧

(c) 第 3 帧　　　　　　　　(d) 第 4 帧

图 5.5　"sign_irene"序列运动图像的前 4 帧

(a) 第1帧与第2帧的亮度差值图   (b) 第3帧与第4帧的亮度差值图

图 5.6 "sign_irene"序列运动图像帧间的亮度差值图

1. 运动估计

这里介绍常用的基于图像块的运动估计的概念，基于像素的估计与其类似。通常我们将图像分成若干个块，并检测出当前帧中的每个块在前一帧（参考帧）图像中的对应位置，这个过程叫做运动估计。运动估计应用于帧间编码方式时，通过参考帧图像产生对被压缩图像的估计。运动估计常以宏块为单位进行，计算被压缩图像与参考图像在对应位置上的宏块间的位置偏移。这种由运动估计得到的位置偏移是以运动矢量（即前面提到的二维位移矢量）来描述的，一个运动矢量代表水平和垂直两个方向上的位移。运动估计研究的主要内容就是如何快速、有效地获得较高精度的运动矢量。运动估计的主要过程如图 5.7 所示。

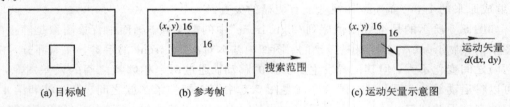

(a) 目标帧   (b) 参考帧   (c) 运动矢量示意图

图 5.7 宏块、搜索区域与运动矢量的关系

图 5.8 给出了运动图像序列中的两帧及其运动矢量分布的大致情况，图中运动目标有球拍和乒乓球。图 5.8(c)是对两帧进行运动估计计算后，根据结果作出的运动矢量分布图（图中只保留了主要的运动矢量），矢量箭头的方向为宏块的运动方向。从图中可以看出相对于前一帧，球拍作向下运动，乒乓球作斜上运动。

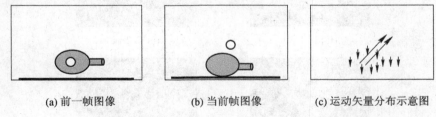

(a) 前一帧图像   (b) 当前帧图像   (c) 运动矢量分布示意图

图 5.8 两帧运动图像序列及其运动矢量分布情况

这种运动估计方法是基于局部运动估计的，它对图像中的宏块进行操作，在参考帧图像的搜索范围内，搜索与当前帧最接近的宏块，从而得到这个宏块的运动矢量。编码过程只对这个运动矢量和当前宏块与在参考帧中搜索到的宏块的差值进行编码。运动估计越准确，那么所要编码的残差图像就越小，运动补偿编码所需的位数就越少。在实际的应用中，

人们采用了许多方法进行运动估计,来寻找当前块在参考帧中的最佳匹配块。在本章后面部分我们将对视频编码中的二维运动估计方法进行详细介绍。

2. 运动补偿

运动补偿就是根据求出的运动矢量,找到当前帧的像素(或像素块)是从前一帧的哪个位置移动过来的,从而得到当前帧像素(或像素块)的预测值。由于用当前帧在前一帧图像中的对应部分来对当前帧进行预测,而相邻两帧中对应的运动部分的图像信息会有所不同,故一般会产生补偿残差。运动补偿假设当前帧中的图像块是参考帧的图像块的某种平移,这就为使用预测和内插提供了机会。假设当某帧图像被作为参考时,后续帧只是由于摄像机或图像中物体的移动与前面稍有不同,运动补偿试图在压缩时补偿物体或摄像机的这一运动。对于当前帧中每个要被编码的块,参考帧中的最佳匹配块都是在许多候选块中搜索得到的。得到的运动矢量被看作是一种分析指示,从参考帧中已有的块的位置指向正被编码的帧中它的新位置。从某种意义上讲,这是试图与运动物体的新位置保持一致。这种保持一致的过程可基于预测或内插。预测只需要当前帧和参考帧。为了得到准确的运动矢量值,预测方法试图发现物体新的相对位置并通过详尽地比较某些块来确认它。在内插中,运动矢量的产生与两个参考帧相关,一个来自前面的帧,另一个是以后的预测帧。在两个参考帧中搜索最佳匹配块,取平均值作为块在当前帧的位置。运动估计及补偿的基本原理就是利用帧间运动估计得到待编码图像块的一个(或多个)参考块,然后用这个参考块进行运动补偿,将补偿后的残差进行 DCT 变换和可变长编码。从原理上讲,运动补偿帧间预测编码包括以下 4 个部分:

(1) 物体划分。对于编码区域中有较大运动的图像,可以将图像划分为静止区域和运动区域,运动补偿预测编码主要是针对运动区域进行编码。

(2) 运动估计。对每一个运动物体进行位移估计,找出运动矢量。

(3) 运动补偿。用运动矢量建立同一物体在不同帧的空间位置的对应关系。

(4) 预测编码。对运动补偿后的物体的位移帧差信号(DFD,Displacement Frame Difference)进行 DCT 变换、量化、编码后与运动矢量共同经熵编码,然后以比特流传输出去。

图 5.9 表示了帧间运动估计与补偿预测的基本过程。

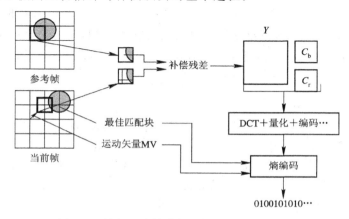

图 5.9　帧间运动估计与补偿预测的基本过程

由于实际的序列图像内容千差万别，把运动物体以整体形式划分出来是十分困难的，因此有必要采用一些简化模型。目前已经得到广泛应用的是块匹配法，它在 H.261、H.263、MPEG-1、MPEG-2 以及 MPEG-4 等国际标准中都被采用，下面详细介绍。

5.2.4　基于块的运动估计——块匹配算法

基于块的运动估计和补偿是视频编码中最通用的算法。它把图像域分割成互相不重叠的称为块的小区域，并且假定每一个块内的运动都可以用一个简单的参数模型特征化，如果块足够小，那么这种模型是相当合理的。目前这种方法被广泛用于视频标准变换运动补偿滤波和采用基于块的运动补偿进行的数字视频压缩。这里主要介绍用基于块的运动方式开发出的运动估计算法——块匹配算法。块匹配算法由于它具有较少的硬件复杂度，容易在超大规模集成电路中实现，因此被认为是最通用的算法。

1. 基本思想及研究现状

我们将图像序列的每一帧分成多个大小为 $M \times N$ 的宏块（一般情况下 $M = N$），然后对于当前帧中的每一块根据一定的匹配准则在参考帧某一给定搜索范围内找出与当前块最相似的块，即匹配块，由匹配块与当前块的相对位置计算出运动位移，所得运动位移即为当前块的运动矢量。运动估计越准确，补偿的残差就越小，编码的效率也就越高，解码出的图像质量越好。但这种运动估计在整个系统中的计算复杂度很大，往往占整个系统的 50% 以上。如何提高运动估计的效率，使运动估计算法的搜索过程更健壮、更快速、更高效，成为人们关注的重点。

目前，块匹配运动估计算法中搜索精度最高的是全搜索法，它对搜索范围内的每一个像素点进行块匹配运算以得到一个最优的运动矢量。但它的计算复杂度太高，不适合实时应用，为此，人们提出了许多快速运动估计算法。早期的三步法、二维对数法、交叉法等主要是通过限制搜索位置的数目来减少计算量；动态搜索窗调整法是根据当前结果动态调整下一步搜索步长的大小，算法性能在一定程度上有了改进；新三步法、新四步法、基于块的梯度下降法等利用运动矢量具有中心偏移的分布特性，提高了匹配速度，减少了陷入局部极小的可能性；预测搜索法、自适应运动跟踪法等利用相邻块的运动相关性选择一个反映当前运动块趋势的预测点作为初始搜索点，以提高搜索速度和预测的准确性；1999 年 10 月，菱形法被 MPEG-4 国际标准采纳并收入验证模型（VM，Verification Model）；继菱形法后又相继出现了正方形菱形法和线性菱形并行搜索法等算法。随着新技术的出现和发明，块匹配运动估计算法的性能将不断得到提高。

2. 提高搜索效率的主要技术

块匹配的基本思想是依据一定的匹配法则，通过在两帧之间的像素域利用搜索程序找到最佳的运动矢量估计。如图 5.10 所示，其中帧 k（当前帧）中的 $M \times N$ 像素块（中心位置在 (x_0, y_0)）的位移就是通过搜索帧 $k-1$（搜索帧）中同样大小的最佳匹配块来确定的。从计算因素考虑，搜索通常限制在 $(M + 2M_1, N + 2N_1)$ 范围内（称为搜索窗口）。M_1、N_1 的值可以根据具体的估计要求确定。

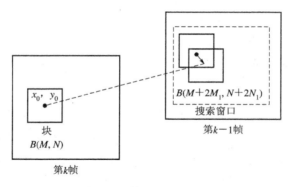

图 5.10 块匹配法原理图

运动估计算法的整体效率主要体现在图像质量、压缩码率和搜索速度(复杂度)三个方面。运动估计越准确,预测补偿的图像质量越高,补偿的残差就越小,编码所需位数也就越少,比特率也越小;运动估计速度越快,越有利于实时应用。提高图像质量,加快估计速度,减小比特率等都是运动估计算法的研究目标。通常是通过研究初始搜索点的选择、匹配准则和运动搜索策略等来提高算法效率。

1) 初始搜索点的选择

(1) 直接选择参考帧对应块的中心位置。这种方法简单,但容易陷入局部最优点。如果采用的算法初始步长太大,而原点(以下均指待搜索块的中心点在参考帧中的相同位置的对应点,而不是坐标位置的真正原点)又不是最优点,有可能使快速搜索跳出原点周围的区域(这些区域可能包含最优点)而去搜索远距离的点,导致搜索方向的不确定性,这就有可能陷入局部最优。

(2) 选择预测的起点。由于相邻块之间和相邻帧之间具有很强的相关性,因而许多算法都利用这种相关性先对初始搜索点进行预测,以预测点作为搜索起点。大量实验证明预测点越靠近最优匹配点,越会使得搜索次数减少。

下面举例说明几种常见的预测方法。

方法 1 基于 SAD(the Sum of Absolute Differences)值的起点预测方法。分别求出当前块与其相邻块间的 SAD 值,然后选取 SAD 最小的块的运动矢量作为预测值。这种方法预测精度高,但计算 SAD 值的时间开销大。改进的方法是利用运动矢量的相关性来预测起点。

方法 2 利用相邻块和相邻帧对应块的运动矢量来预测当前块的搜索起点。序列图像的运动矢量在空间、时间上具有很强的相关性。由于保存前一帧运动矢量信息在解码端要占用大量内存,使得系统复杂化,故大多算法仅考虑同帧块的空间相关性来预测运动。比较典型的是"平均预测",在 H.263 中使用三个相邻块的运动矢量的中值作为当前块运动矢量的预测。

方法 3 基于相邻运动矢量相等的起点预测方法。如果当前块的各相邻块的运动矢量相等,则以其作为当前块运动矢量的预测值;否则,使用方法 1 求出当前块与其相邻块间的 SAD 值,然后选取 SAD 值最小的块作为预测起点。这种方法在保证精度的基础上利用运动矢量相关性大大减少了计算量。在图像序列中存在大量的静止块和缓动块,属于同一对象的块在运动中常保持一致。

2) 块匹配准则

运动估计算法中常用的匹配准则有三种，即最小绝对值差（MAD）、最小均方误差（MSE）和归一化互相关函数（NCCF）。它们分别定义如下：

（1）最小绝对值差：

$$\text{MAD}(d_x, d_y) = \frac{1}{MN} \sum_{(x_1, y_1) \in B} | f_k(x_1, y_1) - f_{k-1}(x_1 + d_x, y_1 + d_y) | \qquad (5.2-3)$$

式中，B 代表 $M \times N$ 宏块，(d_x, d_y) 为运动矢量，f_k 和 f_{k-1} 分别为当前帧和前一帧的灰度值，若在某一个点 (x, y) 处 $\text{MAD}(d_x, d_y)$ 达到最小，则该点为要找的最优匹配点。

（2）最小均方误差：

$$\text{MSE}(d_x, d_y) = \frac{1}{MN} \sum_{(x_1, y_1) \in B} \big[f_k(x_1, y_1) - f_{k-1}(x_1 + d_x, y_1 + d_y) \big]^2 \qquad (5.2-4)$$

能够使 MSE 值最小的点为最优匹配点。

（3）归一化互相关函数：

$$\text{NCCF}(d_x, d_y) = \frac{\displaystyle\sum_{(x_1, y_1) \in B} f_k(x_1, y_1) f_{k-1}(x_1 + d_x, y_1 + d_y)}{\Big[\displaystyle\sum_{(x_1, y_1) \in B} f_k^2(x_1, y_1) \Big]^{1/2} \Big[\displaystyle\sum_{(x_1, y_1) \in B} f_{k-1}^2(x_1 + d_x, y_1 + d_y) \Big]^{1/2}}$$

$$(5.2-5)$$

NCFF 的最大值点为最优匹配点。

在运动估计中，匹配准则对匹配的精度影响不是很大，由于 MAD 准则不需要作乘法运算，实现简单、方便，所以使用最多，通常使用 SAD 代替 MAD。SAD 即求和绝对误差，其定义如下：

$$\text{SAD}(d_x, d_y) = \sum_{(x_1, y_1) \in B} | f_k(x_1, y_1) - f_{k-1}(x_1 + d_x, y_1 + d_y) | \qquad (5.2-6)$$

3）搜索策略

搜索策略选择恰当与否对运动估计的准确性、运动估计的速度都有很大的影响。有关搜索策略的研究主要是解决运动估计中存在的计算复杂度和搜索精度这一矛盾。目前快速搜索算法很多，下面我们具体介绍几种算法的原理和搜索步骤。

3. 典型的块匹配算法

目前，搜索精度最高的是全搜索法，但由于它计算复杂度高，不宜实时应用，为此人们提出了各种改进的快速算法。为了更好地理解各种算法，我们先介绍一下全搜索法。

1）全搜索法（FS, Full Search method）

（1）算法思想：全搜索法也称为穷尽搜索法，是对搜索范围内所有可能的候选位置计算其 $\text{SAD}(i, j)$ 值，从中找出最小 SAD，其对应偏移量即为所求运动矢量。此算法计算量虽大，但最简单、可靠，找到的一定是全局的最优点。

（2）算法描述：

Step 1：从原点出发，按顺时针方向由近及远，在每个像素处计算 SAD 值，直到遍历搜索范围内的所有点。

Step 2：在所有的 SAD 中找到最小块误差（MBD）点（即 SAD 最小值的点），该点所在位置即对应最佳运动矢量。

（3）模板及搜索过程图示：如图 5.11 所示。

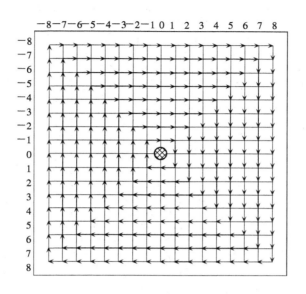

图 5.11　全搜索法搜索过程图示

（坐标是以原点为(0,0)的相对值，以下类同）

（4）算法分析：FS 算法是最简单、最原始的块匹配算法，由于可靠，且能够得到全局最优的结果，通常是其它算法性能比较的标准，但它的计算量很大，这就限制了在需要实时压缩的场合的应用，所以有必要进一步研究其它快速算法。

2）二维对数法（TDL，Two-Dimensional Logarithmic）

二维对数搜索法由 J. R. Jain 和 A. K. Jain 提出，它开创了快速算法的先例，分多个阶段搜索，逐次减小搜索范围直到不能再小时才结束。

（1）基本思想：二维对数搜索法是从原点开始，以"十"字形分布的五个点构成每次搜索的点群，通过快速搜索跟踪 MBD 点。

（2）算法描述：

Step 1：从原点开始，选取一定的步长，在以"十"字形分布的五个点处进行块匹配计算并比较。

Step 2：若 MBD 点在边缘四个点处，则以该点作为中心点，保持步长不变，重新搜索"十"字形分布的五个点；若 MBD 点位于中心点，则保持中心点位置不变，将步长减半，构成"十"字形点群，在五个点处计算。

Step 3：若步长为1，在中心及周围8个点处找出 MBD 点，该点所在位置即对应最佳运动矢量，算法结束；否则，重复 Step 2。

（3）搜索过程图示：如图 5.12 所示。

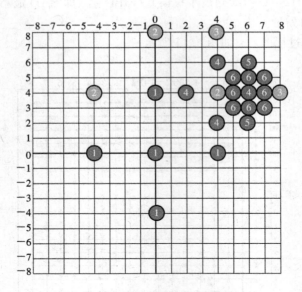

图 5.12 二维对数法搜索过程图示

(4) 算法分析：TDL 算法搜索时，最大搜索点数为 $2+7 \text{ lb}W$，这里 W 表示最大偏移量 $\max(dx_{max}, dy_{max})$。若发现新的"十"字形点群的中心点位于搜索区域的边缘，则步长也减半。后来有人提出应该在搜索的每个阶段都将步长减半。所有这些改动都是为了使算法搜索范围很快变小，提高收敛速度。TDL 算法的前提是假设搜索区域内只有一个极小值点，如果搜索区域内存在多个极小值点时，该方法找到的可能是局部最小点。不能保证找到全局最优点也正是大部分快速搜索算法的缺点。

3) 三步搜索法（TSS，Three Step Search）

三步搜索法与 TDL 类似，由于其简单、健壮、性能良好的特点，已为人们所重视。若最大搜索长度为 7，搜索精度取 1 个像素，则步长为 4、2、1，共需要三步即可满足。

(1) 基本思想：TSS 算法的基本思想是采用一种由粗到细的搜索模式，从原点开始，按一定步长取周围 8 个点构成每次搜索的点群，然后进行匹配运算，跟踪最小块误差 MBD 点。

(2) 算法描述：

Step 1：从原点开始，选取最大搜索长度的一半为步长，在中心点及周围 8 个点处进行块匹配计算并比较。

Step 2：将步长减半，中心移到上一步的 MBD 点，重新在中心点及周围的 8 个点处进行块匹配计算并比较。

Step 3：在中心点及周围 8 个点处找出 MBD 点，若步长为 1，该点所在位置即对应最佳运动矢量，算法结束；否则，重复 Step 2。

(3) 搜索过程图示：一个可能的搜索过程如图 5.13 所示。图 5.13 中点 [+4，+4]、[+6，+4] 是第一、第二步的最小块误差点。第三步得到最终运动矢量为 [+7，+5]，每个点上的数字表明了每个阶段搜索时计算的候选块的位置。

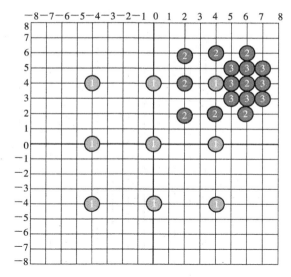

图 5.13　三步搜索法搜索过程图示

（4）算法分析：TSS 算法搜索时，整个过程采用了统一的搜索模板，使得第一步的步长过大，容易引起误导，因此对小运动模式的效率较低。最大搜索点数为 $1+8\ \mathrm{lb}W$，当搜索范围大于 7 时，仅用三步是不够的，搜索步数的一般表达式为 $\mathrm{lb}(d_{\max}+1)$。总体来说，三步法是一种较典型的快速搜索算法，后来又相继出现了许多改进的新三步法，改善了它在小运动模式下的估计性能。

4）交叉法（CSA，Cross Search Algorithm）

1990 年，Ghanbari 提出了交叉搜索算法，它也是在 TDL 和 TSS 基础上为进一步减少计算量而发展起来的快速搜索法。

（1）基本思想：CSA 是从原点开始，以"×"字形分布的五个点群构成每次搜索的点群，以 TDL 的搜索方法检测 MBD 点，仅在最后一步采用"十"字形点群。

（2）算法描述：

Step 1：从原点开始，选取最大搜索长度的一半为步长，在以"×"字形分布的五个点处进行块匹配计算并比较，然后移动中心点。

Step 2：以上一步的 MBD 点为中心，步长减半，继续进行"×"字形的五点搜索。若步长大于 1，则重复 Step 2；若步长为 1，则进行 Step 3。

Step 3：最后一步根据 MBD 点的位置，分别进行"十"字形和"×"字形搜索。若上一步 MBD 点处于中心点、左下角或右上角，则做"十"字形搜索；若上一步 MBD 点处于左上角或右下角，则做"×"字形搜索。由当前 MBD 点得到最佳运动矢量，算法结束。

（3）搜索过程图示：图 5.14 是 CSA 搜索的一个具体实例。图中每个点上的数字表明了每个阶段搜索时计算的候选块的位置，点[+4，+4]、[+6，+2]是第一、二步搜索的 MBD 点。第三步箭头说明了两种不同的搜索模式。

（4）算法分析：CSA 的最大搜索点数为 $5+4\ \mathrm{lb}W$，搜索速度很快，但是运动补偿的效果不是太好。在搜索区域的边界上有四分之一的点 CSA 没有考虑到，因此它不适用于较复杂的运动模式。

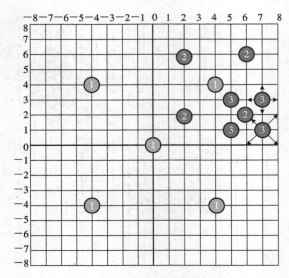

图 5.14 交叉法搜索过程图示

5）四步搜索法(FSS，Four Step Search)

四步搜索法是 1996 年由 Lai-man Po 和 Wing-Chung Ma 提出的，该算法类似于三步法，但它基于现实中序列图像的一个特征，即运动矢量大多都是中心分布的，从而在 5×5 大小的搜索窗口上构造了有 9 个检测点的搜索模板。

(1) 基本思想：TSS 算法第一步用了 9×9 的搜索窗，这很容易造成搜索方向的偏离，FSS 算法首先用 5×5 的搜索窗口，每一步搜索窗的中心移向 MBD 点处，且后两步搜索窗的大小依赖于 MBD 点的位置。

(2) 算法描述：

Step 1：以搜索区域原点为中心选定 5×5 的搜索窗，然后在 9 个检测点处进行匹配计算，如图 5.15(a)所示。若 MBD 点位于中心点，则跳到 Step 4；否则进行 Step 2。

Step 2：窗口保持为 5×5 大小，但搜索模式取决于上一步的 MBD 点位置。

若上一步 MBD 点位于窗口的四个角上，则另外再搜索 5 个检测点，如图 5.15(b)所示；

若上一步 MBD 点位于窗口的四边中心点处，则只需再搜索 3 个检测点，如图 5.15(c)所示；

若这一次 MBD 点在窗口中心，则跳到 Step 4，否则，进行 Step 3。

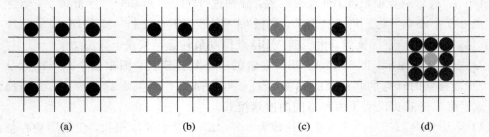

图 5.15　四步搜索法的搜索模板

Step 3：搜索模式同 Step 2，但最终要进行 Step 4；

Step 4：将窗口缩小到 3×3，这时计算出最小误差点的位置即对应最佳运动矢量，如图 5.15(d)所示。

（3）搜索过程图示：图 5.16 是 FSS 搜索的一个具体实例。首先搜索到点[0，2]，由于该点处于边的中心点处，故采用图 5.15(c)的模板进行搜索，结果为[2，4]；由于该点处于搜索窗的角上，故用图 5.15(b)的模板进行搜索，结果为模板中心点[2，4]；接着采用图 5.15(d)的模板进行搜索，得到的结果为[3，5]，故最终得到的运动矢量为[3，5]。图中每个点上的数字表明了每个阶段搜索时计算的候选点的位置。

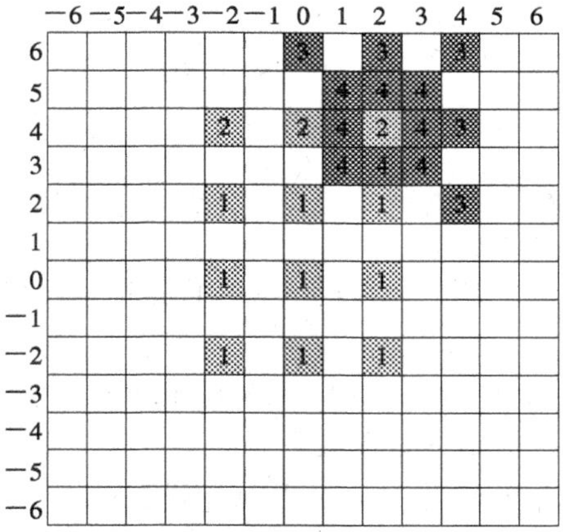

图 5.16　四步搜索法搜索过程图示

（4）算法分析：FSS 是快速搜索算法的又一次进步，它在搜索速度上不一定快于 TSS，搜索范围为±7 时，FSS 最多需要进行 27 次块匹配。但是 FSS 的计算复杂度比 TSS 低，它的搜索幅度比较平滑，不至于出现方向上的误导，所以获得了较好的搜索效果，在摄像机镜头伸缩、有快速运动物体的图像序列中被广泛应用。

6）菱形搜索法(DS，Dimond Search)

菱形搜索算法最早由 Shan Zhu 和 Kai‐kuang Ma 两人提出，后又经过多次改进，已成为目前快速匹配算法中性能最优异的算法之一。1999 年 10 月，DS 算法被 MPEG‐4 国际标准采用并收入验证模型。

（1）基本思想：搜索模板的形状和大小不但影响整个算法的运算速度，而且也影响它的性能。块匹配的误差实际上是在搜索范围内建立了误差表面函数，全局最小点即对应着最佳运动矢量。由于这个误差表面通常不是单调的，所以搜索窗口太小，就容易陷入局部最优；而搜索窗口太大，又容易产生错误的搜索路径。另外，统计数据表明，视频图像中进行运动估计时，最优点通常在零矢量周围(以搜索窗口中心为圆心，两像素为半径的圆内)，如图 5.17(a)所示。

基于这两点事实，DS 算法采用了两种搜索模板，分别是 9 个检测点的大模板 LDSP 和有 5 个检测点的小模板 SDSP，如图 5.17(b)和(c)所示。搜索时先用大模板计算，当最小误差块 MBD 点出现在中心点处时，将大模板换为小模板，再进行匹配计算，这时 5 个点中的 MBD 即为最优匹配点。

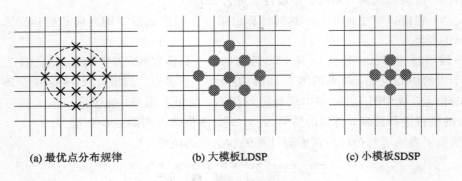

(a) 最优点分布规律   (b) 大模板LDSP   (c) 小模板SDSP

图 5.17　搜索模板

（2）算法描述：

Step 1：用 LDSP 在搜索区域中心及周围 8 个点处进行匹配计算，若 MBD 点位于中心点，则进行 Step 3；否则，到 Step 2。

Step 2：以上一次找到的 MBD 点为中心点，用新的 LDSP 来计算，若 MBD 点位于中心点，则进行 Step 3；否则，重复 Step 2。

Step 3：以上一次找到的 MBD 点为中心点，将 LDSP 换为 SDSP，在 5 个点处计算，找出 MBD 点，该点所在位置即为最佳运动矢量。

（3）搜索过程图示：图 5.18 显示了一个用 DS 算法搜索到运动矢量(−4，−2)的例子。搜索共分 5 步，MBD 点分别为(−2，0)、(−3，−1)、(−4，−2)，使用了 4 次 LDSP 和 1 次 SDSP，共搜索了 24 个点。

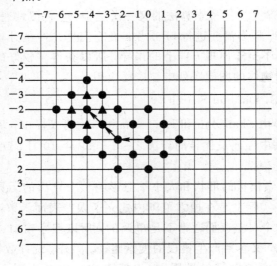

图 5.18　菱形搜索法搜索过程图示

（4）算法分析：DS 算法的特点在于它分析了视频图像中运动矢量的基本规律，选用了大小两种形状的搜索模板 LDSP 和 SDSP。先用 LDSP 搜索，由于步长大，搜索范围广，可以进行粗定位，使搜索过程不会陷于局部最小；当粗定位结束后，可以认为最优点就在 LDSP 周围 8 个点所围的菱形区域内，这时再用 SDSP 来准确定位，使搜索不至于有大的起伏，所以它的性能优于其它算法。另外，DS 搜索时各步骤之间有很强的相关性，模板移动时只需要在几个新的检测点处进行匹配计算，所以也提高了搜索速度。

7）亚像素搜索

在块匹配算法中，搜索相应块的步长不一定是整数。为了得到更精确的运动表示，需要亚像素精度。使用亚像素步长的一个问题是对于当前帧里给定的一个采样点，在参考帧里可能没有相应的采样点，这些采样点必须由可利用的样点内插得到。通常用双线性内插（如图 5.19 所示）达到这个目的。一般地，为了实现 $1/K$ 像素步长，参考帧必须先进行 K 倍内插。图 5.20 给出了 $K=2$ 的例子，称为半像素精度搜索。已经证明，与整像素精度搜索相比，半像素精度搜索在估计精度上有很大的提高，特别是对于低清晰度视频信号。

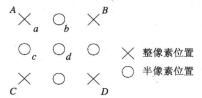

$a=A$，$b=(A+B+1)/2$，$c=(A+C+1)/2$，$d=(A+B+C+D+2)/4$

图 5.19　采用双线性内插法实现半像素精度预测

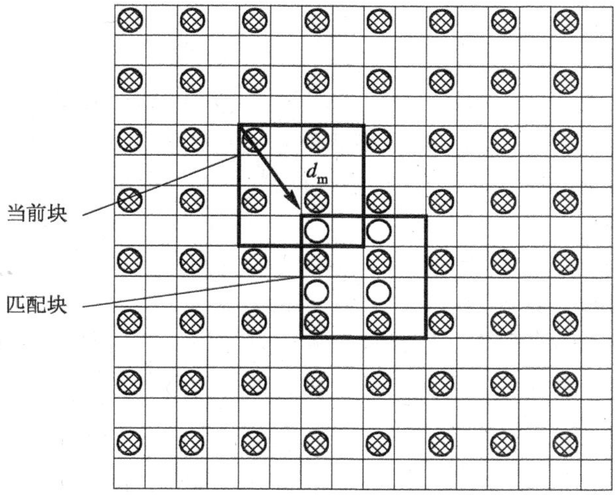

图 5.20　半像素精度块匹配

这里自然产生的一个问题是对于运动估计合适的搜索步长是多少。显然，它依赖于所估计的运动矢量的应用场合。对于视频编码，由于按某种搜索步长估计的运动矢量用于补偿当前帧，故能够使预测误差最小的运动矢量对应的搜索步长，即为最优步长。

显然，应用亚像素步长搜索，其复杂性较大。例如，使用半像素搜索，搜索点的总数四倍于整数像素精度搜索。考虑到内插参考帧所需的额外计算量，总的复杂性要大于四倍。

图 5.20 中实心圆是参考帧的采样点，空心圆是计算匹配误差时候选运动矢量 d_m 所需要的内插样点。替换时，要求为每一个候选运动矢量计算这些样点。

5.2.5　基于像素的运动估计

除了基于块的常用运动估计方法外，还有其它的方法，下面我们讨论基于像素的运动估计方法。在基于像素的运动估计中，必须估计每一个像素的运动矢量。显然这个问题是难以处理的。如果使用恒定亮度假设，对于参考帧的每一个像素，在目标帧里将会有许多完全相同亮度的像素。如果使用光流方程，这个问题的解仍然是不确定的。为了防止这个问题发生，可以加入一些先验知识和约束条件，使病态问题变为良态问题(即正则化)。目前常用的有四种调整方法：第一，可以使用正则化技术在运动场上施加平滑约束，使得新像素的运动矢量受周围像素的运动矢量的约束；第二，可以假定每一个像素周围邻域中的运动矢量是相同的，并且把恒定亮度假设或光流方程应用到整个邻域；第三，可以利用另外一些不变量约束，除利用光流方程的亮度不变量外，还可以假设运动中的亮度梯度是不变的；第四，可以利用运动前后帧的相位函数之间的关系。

1. 用运动平滑约束正规化

Horn 和 Schunck 提出了最小化以下的目标函数来估计运动矢量，这个目标函数是基于光流的规则(式 5.2 − 7 中的第一项)与运动平滑性准则(式 5.2 − 7 中的第二项)的联合：

$$E(v(x,y)) =$$

$$\sum_{(x,y)\in\Lambda}\left(\frac{\partial f(x,y,t)}{\partial x}d_x + \frac{\partial f(x,y,t)}{\partial y}d_y + \frac{\partial f(x,y,t)}{\partial t}d_t\right)^2 + w_s(\parallel\nabla v_x\parallel^2 + \parallel\nabla v_y\parallel^2)$$

$$(5.2-7)$$

式中，Λ 表示所有像素的集合，$v(x,y)$ 为光流矢量，$f(x,y,t)$ 为图像亮度函数，∇v_x、∇v_y 为空间梯度，w_s 为平滑系数。在最初的算法中，空间梯度 v_x 和 v_y 是由下式近似的。这个误差函数的最小化是通过称为高斯-斯德尔法的基于梯度的方法实现的。

$$\nabla v_x = [v_x(x,y) - v_x(x-1,y), v_x(x,y) - v_x(x,y-1)]^T \quad (5.2-8)$$

$$\nabla v_y = [v_y(x,y) - v_y(x-1,y), v_y(x,y) - v_y(x,y-1)]^T \quad (5.2-9)$$

Nagle 和 Enkelmann 对运动估计平滑约束的效果做出了一个全面的评价。为了避免运动场的过平滑，Nagle 建议了一个定向平滑性约束方法，在这种方法中，平滑性是沿着物体边界而不是穿越边界施加的。这使得运动估计的精度显著提高。

2. 使用多点邻域

在这种方法中，当估计像素 (x_n, y_m) 的运动矢量时，假定 (x_n, y_m) 周围的一个邻域 $\beta(x_n, y_m)$ 内的所有像素的运动矢量都是相同的，用 $d(d_x, d_y)$ 表示。为了确定 d，既可以最小化 $\beta(x_n, y_m)$ 上的预测误差，又可以用最小平方法解光流方程。这里我们介绍第一种方法。为了估计 d，我们最小化 $\beta(x_n, y_m)$ 上的位移帧差误差(DFD)：

$$E(d) = \frac{1}{2}\sum_{(x,y)\in\beta(x_n,y_m)}\omega(x,y)[f_{k-1}(x+d_x, y+d_y) - f_k(x,y)]^2 \quad (5.2-10)$$

其中 $\omega(x,y)$ 是分配给像素 (x,y) 的权值(一般权值随 (x,y) 到 (x_n, y_m) 的距离的增加而减小)。

关于 d 的梯度如下：

$$g(d_x) = \frac{\partial E}{\partial d_x} = \sum_{(x,y)\in\beta(x_n,y_m)}\omega(x,y)e(x,y,d)\frac{\partial f_{k-1}}{\partial x}\Big|_{(x+d_x,y+d_y)} \quad (5.2-11)$$

$$g(d_y) = \frac{\partial E}{\partial d_y} = \sum_{(x,y) \in \beta(x_n, y_m)} \omega(x,y) e(x,y,d) \frac{\partial f_{k-1}}{\partial y} \Big|_{(x+d_x, y+d_y)} \qquad (5.2-12)$$

其中 $e(x,y,d) = f_{k-1}(x+d_x, y+d_y) - f_k(x,y)$ 是在 (x,y) 处具有估计结果 d 的位移帧差。令 $d^{(l)}$ 代表第 l 次迭代的估计，那么可以采用如下一阶梯度下降更新算法：

$$d^{(l+1)} = d^{(l)} - ag(d^{(l)}) \qquad (5.2-13)$$

这里 a 表示步长，g 表示梯度。由 d 的梯度公式，每次迭代的更新都依赖于各像素处图像梯度的和，梯度可根据这些像素处的加权位移帧差值的大小按比例进行缩放。

除了使用基于梯度的更新算法外，也可以使用穷尽搜索法寻找 d，得到在一个给定搜索区域内的最小值，这就是穷尽块匹配算法。不同的是这里所使用的邻域是一个滑动窗口，每个像素的运动矢量由最小化其邻域内的误差决定。一般来说邻域不一定是一个矩形块。

3. 像素递归方法

这种算法不同于块匹配算法，它以一个个像素为单位，在前一帧中搜索它的最佳匹配，即查找正在编码的像素在前一帧中的坐标，这两个坐标差就是该像素的运动矢量。在使用运动补偿预测的视频编码中，我们必须指定运动矢量（MV）和位移帧差误差（DFD）图像。对于基于像素的运动表示，需要为每一个像素指定一个运动矢量，这需要很大的工作量。在像素递归运动估计算法中，运动矢量是递归得出的，当前像素的运动矢量是由在此之前已经编码的邻近像素的运动矢量更新的。根据同样的更新规则，解码器也可以导出同样的运动矢量，从而不必再编码。实际应用中人们已经开发出多种这样的算法，它们的更新都遵循统一类型的梯度下降法这一规则。

像素递归法是预测值校正器型估值器，具有如下形式：

$$\hat{d}_i(x,y,t;\tau) = \hat{d}_{i-1}(x,y,t;\tau) + u_i(x,y,t;\tau) \qquad (5.2-14)$$

其中，$\hat{d}_i(x,y,t;\tau)$ 表示在位置 (x,y) 处时刻 t 时估计的运动矢量，$\hat{d}_{i-1}(x,y,t;\tau)$ 表示预测的运动矢量估计值，$u_i(x,y,t;\tau)$ 是修正项。下标"i"和"$i-1$"分别表示在像素位置 (x,y,t) 处修正后和修正前的值。

估计器通常用递归形式，通过在 (x,y,t) 上执行一次或多次迭代，移动到扫描方向上的下一个像素位置，因此称为像素递归法。在这种算法中用得最多的是梯度法，这里简单介绍一下梯度法。

当物体位移为 d 时，定义像素点位移的帧差为

$$D(x,y,t,d) = f_k(x,y,t) - f_{k-1}(x+d_x, y+d_y, t-\tau) \qquad (5.2-15)$$

式中，τ 是两帧的时间间隔。若物体在一帧时间内位移为 d，在不考虑亮度变化的前提下，帧差 $D(x,y,t,d)=0$。递归估计的目的就是不断调整 d 的估计值，使得绝对帧差 $|D(x,y,t,d)|$ 减小，最后确定位移的估计值。

首先假设一个 $\hat{d}_{i-1}$ 来估计 $\hat{d}_i$，根据式（5.2-14），各种估计方法的不同就在于使用了不同的 $u_i(x,y,t;\tau)$。梯度法就是令 u_i 为帧差的梯度函数，即

$$u_i = -\frac{\varepsilon}{2} \nabla_d [D(x,y,t,\hat{d}_{i-1})]^2 \qquad (5.2-16)$$

其中，ε 是加权系数（如 $1/1024$）。ε 大，则递归时收敛速度快，但估计精度低；ε 小，则估计

精度高，但收敛速度慢。∇_d 表示对帧差函数求梯度。

递归过程如图 5.21 所示。开始假设位移估计值为 $\hat{d}_{i-1}$，由帧差函数求得 u_i。经过第一次递归修正后，求得 $\hat{d}_i$，然后检验此处的帧差 D 是否小于前一个 D 值。以此类推，不断进行递归运算，直到帧差的平方 $[D(x,y,t,\hat{d})]^2$ 为最小，最后得到位移估计值 d。

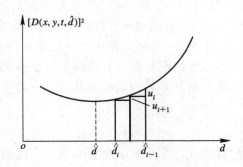

图 5.21　位移估计递归过程

尽管像素递归方法非常简单，但它们的运动估计精度相当低，预测的误差也很大，而且需要相当多的编码比特。但是因为这种方法简单，所以在较早几代的视频编解码器中应用较多。现在的编/解码器使用更加复杂的运动估计算法，它们能在用于指定运动矢量和位移帧差误差图像的比特之间提供较好的平衡。

5.2.6　基于网格的运动估计

由于块匹配算法使用规则的块模型，各个块中的运动参数都是独立规定的。除非邻近的块的运动参数被约束得非常平滑，一般所估计的运动场通常是不连续的，有时还是混乱的（如图 5.22（a）所示）。解决这个问题的一个办法是采用基于网格的运动估计。如图 5.22（b）所示，当前帧被一个网格所覆盖，运动估计的问题是寻找每一个节点（这里的节点指任意形状的运动区域的部分边界特征点）的运动，使得当前帧中每一个元素内（即任意形状的运动区域）的图案与参考帧中相应的变形元素很好地匹配。每一个运动区域内各点的运动矢量是由该区域的节点的运动矢量内插得到的。只要当前帧的节点仍构成一个可行的网格，基于网格的运动表示就保证是连续的，从而不会有与基于块的表示相关联的块失真。基于网格表示的另一个优点是，它能够连续地跟踪相继帧上相同的节点集，这在需要物体跟踪的应用中是很好的。如图 5.22（c）所示，我们可以为初始帧生成一个网格，然后再在每两帧间估计其节点的运动。每一个新帧都使用前一帧所产生的网格，使得相同的节点集在所有的帧内得到跟踪。这在基于块的表示中是不可能做到的。

在使用这种运动估计方法时，其模型可以看作是橡胶板的变形，它是各处连续的。在视频序列中，物体边界处的运动经常是不连续的，更精确的表示可以对不同的物体使用分离的网格。与基于块的表示一样，基于网格的运动估计的精度依赖于节点数。只要使用足够数量的节点，就可以重现非常复杂的运动场。为了使所需要的节点数最小，网格的选择应该自适应成像场景，使每个元素中的真实运动是平滑的（即可以由节点的运动精确地内插）。如果使用一个常规的网格，那么为了精确地近似运动场就需要大量的节点。

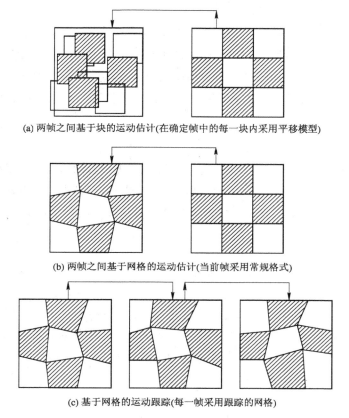

(a) 两帧之间基于块的运动估计(在确定帧中的每一块内采用平移模型)

(b) 两帧之间基于网格的运动估计(当前帧采用常规格式)

(c) 基于网格的运动跟踪(每一帧采用跟踪的网格)

图 5.22　基于块和基于网格的运动估计方法的比较

5.2.7　全局运动估计

在实际应用中，一个视频序列通常由两部分组成：背景图像和前景图像。前景图像中可能包含多个不同的物体。通常，图像中任何像素的运动可以分解为由摄像机运动引起的"全局运动"和由物体运动引起的"局部运动"。一般有两种估计全局运动的方法：一种是在一个给定运动参数集下，通过最小化预测误差来直接估计全局运动参数；另外一种是首先用前面描述的方法确定像素或块的运动矢量，然后用一种回归方法寻找与估计的运动场最匹配的全局运动模型，这种方法也可以应用于所选定的特征点(例如具有很强的边缘的点)的运动矢量。

1. 健壮估计法

在实际的序列图像中，不是同一帧的所有像素都经历全局运动，理想情况下不应该对整帧应用相同的运动模型。当全局运动与其它局部运动相比占主导地位时，即经历相同的全局运动或者经历这个全局运动的像素与那些不经历这个全局运动的像素相比占有图像域中相当大的一部分，可以采用健壮估计法。

健壮估计的基本思想是假定像素都进行相同的全局运动，并且通过最小化所有像素的预测或匹配误差来估计运动匹配误差。误差超过某一阈值的像素被归为外露层，并且在下一次迭代时去掉，然后对剩下的内围层像素重复这个过程，直到没有外露层像素存在为止。这种方法称为硬阈值健壮估计法。

如果不在每次迭代时简单地把一个像素分类为内围层或是外露层，也可以为每个像素设计一个不同的权重，对小的误差加大权值，对大的误差加小权值。则在下一个最小化或匹配迭代中，使用一个加权的误差测量，这样在前一次迭代中有较大误差的像素将比那些有较小误差的像素对估计算法具有较小的影响。这个方法称为软阈值健壮估计法。

2. 直接估计法

前面提到的硬阈值或者软阈值健壮估计法中，每一次迭代都涉及误差函数的最小化。这里导出当模型参数是直接由最小化预测误差得到时该函数的形式。由于硬阈值的情况可以认为是权值为 0 或 1 时的特例，因而这里只考虑软阈值的情况。假设从当前帧到参考帧的运动场用 $d(x; a)$ 表示，其中 a 是包含所有全局运动参数的矢量，预测误差可以写为

$$E_{\text{DFD}} = \sum_{n,m} \omega(x_n, y_m) \mid f_1(x_n + d_x(x_n, y_m; a), y_m + d_y(x_n, y_m; a)) - f_2(x_n, y_m) \mid^p$$

$$(5.2-17)$$

其中，x_n，y_m，$n \in \{1, 2, 3, \cdots, N\}$，$m \in \{1, 2, 3, \cdots, M\}$，表示估计全局运动所用的所有像素，$\omega$ 是像素 (x_n, y_m) 的加权系数，$f(x_n, y_m)$ 为亮度函数。在健壮估计过程的每一次迭代中，参数矢量 a 是通过最小化这个误差，用基于梯度或穷尽搜索法估计出来的。加权因子 ω 在一次新的迭代中，将会根据 x_n，y_m 的位移帧差 DFD 进行调整，位移帧差 DFD 是根据前一次迭代中估计的运动参数计算的。

3. 间接估计法

对于间接估计，假定运动矢量 d 已经在一组足够密集的点估计出来了，也可以选择只在选定的特征点处估计运动矢量，因为在那些地方估计精度是比较高的。这里需要确定 a，使得模型 $d(x, y; a)$ 能够很好地近似预估计的运动矢量 d。这可以通过最小化下面的匹配误差来实现：

$$E_{\text{fit}} = \sum_{n,m} \omega(x_n, y_m) \mid d(x_n, y_m; a) - d \mid^p \qquad (5.2-18)$$

全局运动一般用多项式函数近似。在这种情况下，a 由多项式的系数组成，$d(x_n, y_m; a)$ 是 a 的线性函数，即 $d(x_n, y_m; a) = [A(x_n, y_m)]a$。如果选择 $p=2$，那么最小化问题变成了一个加权的最小平方问题。通过求偏导数 $\partial E_{\text{fit}} / \partial a = 0$，得到如下结果：

$$a = \left\{ \sum_{n,m} \omega(x_n, y_m) [A(x_n, y_m)]^{\text{T}} [A(x_n, y_m)] \right\}^{-1} \left\{ \sum_{n,m} \omega(x_n, y_m) [A(x_n, y_m)]^{\text{T}} d \right\}$$

$$(5.2-19)$$

例如，考虑仿射运动模型，运动参数矢量是 $a = [a_0, a_1, a_2, b_0, b_1, b_2]^{\text{T}}$，矩阵 $[A(x_n, y_m)]$ 是：

$$[A(x_n, y_m)] = \begin{bmatrix} 1 & x_n & y_m & 0 & 0 & 0 \\ 0 & 0 & 0 & 1 & x_n & y_m \end{bmatrix} \qquad (5.2-20)$$

实际应用中，x 和 y 维的参数并不是成对的，可以分别估计，这就减小了所估计的矩阵的尺寸。

5.2.8 基于区域的运动估计

前面我们已经提到，在一个成像的场景中通常有很多类型的运动，它们对应于与不同物体有关的运动。在基于区域的运动估计中，把图像帧分割成多个区域，并估计每个区域的运动参数。这种分割使一个单一的参数运动模型可以很好地表示每个区域所单独进行的平移运动。但是这可能会产生太多小的区域，因为在对应于一个物理物体的区域中的二维运动时，极少能够用一个简单的平移来模型化，这样一个区域必须分割成许多小的子区域，使每一个子区域具有单一的平移运动。对于更高效的运动表示，应该使用仿射（正交）和透视运动模型。

实现基于区域的运动估计一般有 3 种方法：

（1）首先把参考帧分割成不同的区域——基于纹理的同性质、边缘信息以及有时通过对两帧间不同图像的分析得到的运动边界，然后估计每一个区域中的运动，这种方法称为区域优先。

（2）首先估计整个图像的运动场，然后分割得到的运动场，使得每一个区域的运动可以用单一的参数模型来描述，这种方法称为运动优先。得到的区域可以在一些空间的连通性约束下进一步优化。这个方法中的第一步可以用前面描述的各种运动估计方法来实现，包括基于像素、块和网格的方法。第二步则涉及基于运动的分割。

（3）第三种方法是对区域分割和每一个区域的运动进行联合估计。一般使用一个迭代过程交替地进行区域分割和运动估计。

1. 基于运动的区域分割

基于运动的分割是指把运动场分成多个区域，使每个区域中的运动都可以由一个单一的运动参数集来描述。这里给出两种实现方法：第一，使用聚类技术确定相似的运动矢量；第二，采用分层技术从占主导运动的区域开始，相继地估计区域和相应的运动。

1）聚类

这里要求每个区域的运动模型是纯平移的情况。分割是把所有具有类似运动矢量的空间相连的像素分组到一个区域，采用自动聚类方法（例如 K 均值方法）。分割过程是一个迭代过程，从一个初始分割开始计算每个区域的平均运动矢量（称为质心），然后每个像素被重新划分到其质心最接近这个像素的运动矢量的区域，从而产生一个新的分割，重复这两步，直到分割不再变化为止。在分割过程中，由于没有考虑空间的连通性，得到的区域可能包含空间不连通像素，这样在迭代的末尾可以加一个后处理步骤，以改进所得到区域的空间连通性。例如，一个单一区域可以分成几个子区域，使得每个区域都是一个空间连通的子集，孤立的像素可以合并到它周围的区域中，最后，区域边界可以使用形态学算子进行平滑。

当每个区域的运动模型不是一个简单的平移时，因为不能用运动矢量间的相似性作为准则来进行聚类，这样基于运动的聚类就较复杂。一种解决方法是通过给像素邻域内的运动矢量匹配一个指定的模型，为每一个像素寻找一个运动参数集，然后利用前面描述的聚类方法，用运动参数矢量替换原始的运动矢量。如果原始运动场是用高阶模型的基于块的表示给出的，那么可以把有相似运动参数的块聚类到同一个区域中。同样，如果使用基于网格的运动表示，则对于每一个基于节点位移的元素，都可以导出一个运动参数集，然后把具有相似参数的元素聚类到同一个区域中。

2）分层

实际中，可以把运动场分解为不同的层，用第一层表示主导的运动，第二层表示次主导的运动，以此类推。这里，运动的主导性是由进行相应运动的区域范围决定的。主导的运动通常反映摄像机的运动，它影响整个区域。例如，在网球比赛的视频剪辑中，背景是第一层，一般进行一致的全局运动；运动员是第二层，它通常包含对应于身体不同部位的运动的几个子物体级的运动；球拍是第三层；球是第四层。为了提取不同层的运动参数，我们可以递归地使用健壮估计方法。首先，尝试用单个参数集来模型化整个帧的运动场，并且连续地从剩余的内围层组中去掉外露层像素，直到所有的内围层组中的像素能够被很好地模型化。这样便产生了第一个主导区域（相应于内围层区域）和与之相关的运动。然后对剩余的像素（外露层区域）应用同样的方法，确定次主导区域及其运动。持续进行这个过程直到没有外露层像素为止。同前面一样，在迭代的末尾可启用后处理以改善所得区域的空间连通性。

为了使这种方法能很好地工作，在任何一次迭代中，内围层区域都必须明显大于外露层区域。这意味着最大的区域必须大于所有其它区域的联合，次最大区域必须大于剩余区域的联合。这个条件在大多数视频场景中是满足的，它通常含有一个静止的覆盖大部分图像的背景和具有变化尺寸的不同的运动物体。

2. 联合区域分割和运动估计

从理论上讲，可以把区域分割图和每个区域运动参数的联合估计公式转换为一个最优化问题。最小化目标函数可以是运动补偿预测误差和区域平滑度量的联合。然而，因为高维的参数空间和这些参数之间复杂的相互依赖关系，解决这个最优化的问题是困难的。在实际应用中，经常采用次最优化的方法，即轮换地进行分割估计和运动参数估计。基于初始的分割，估计每一个区域的运动，在下一次迭代中，优化这个分割。例如，去掉每个预测误差大的区域中的外露层像素，合并共用相似运动模型的像素，然后重新估计每个优化区域的运动参数，持续这个过程直到分割图不再发生变化为止。

另一个方法是以分层的方式估计区域及其有关的运动，这类似于前面所述的分层方法。这里假定每一个点的运动矢量都是已知的，使用一个运动参数集表示各个运动矢量所造成的匹配误差来确定最主导运动区域（即内围层）。这实质上是前面介绍的间接健壮估计法。在联合区域分割和运动估计方法中，为了从剩余的像素中提取次主导区域和相关运动，可以使用直接健壮估计法，即通过最小化这些像素的预测误差来直接估计运动参数。参数一旦确定，通过检验这个像素的预测误差，就可以确定这个像素是否属于内围层组，然后通过只最小化内围层像素的预测误差，来重新估计运动参数。

5.3 采用时间预测和变换编码的视频编码

一种流行和有效的视频编码方法是基于块的时间预测和变换编码。目前，这种混合编码方法是多数国际视频编码标准的核心。

5.3.1 三种常用的视频帧

典型的视频压缩技术是将第一帧图像按照静态图像编码，接着确定出前一帧与当前帧的差值，通过对这些差值进行编码来得到后续帧图像的编码。如果当前帧图像与前一帧图像区别很大，应该独立于其它帧图像对其进行单独编码。在视频压缩中，常使用三种视频帧，其关系见图5.23所示。

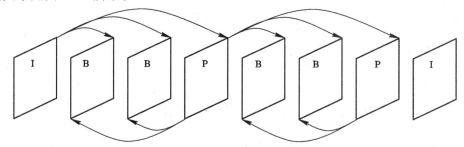

图 5.23 三种常用的视频帧的相互关系

1. 帧内图像

帧内图像(Intra Frame 或 Intra)也称 I 帧图像，是不考虑与其它图像帧的关系而单独进行编码的图像，它不需要任何其它的帧图像来进行预测编码。帧内视频图像的编码是通过减少视频空间冗余度来完成压缩的，而不是减少时间冗余度。因为在解码 I 帧时没有任何先前解码的视频帧作为预测参考，所以它们在视频编码中非常重要，同时它们也提供了数据流的起始解码数据指针。

2. 前向预测图像

前向预测图像(Predicted Pictures)也称 P 帧图像，是根据前面已编码的 I 图像或 P 图像进行编码的图像，它利用运动补偿技术完成编码，并且还可以为下一非 I 帧图像提供运动预测。通过降低空间和时间上的冗余度，P 帧图像能实现比 I 帧图像更为高效的压缩。

3. 双向预测图像

双向预测图像(Bidirectional Prediction Pictures)也称 B 帧图像，是同时根据前面的 I 图像和后面的 P 图像(或前后两个 P 图像)进行编码的图像。它也是利用运动补偿技术完成编码，其压缩效率最佳。为了能实现利用下一帧图像进行后向预测，编码器要对视频帧重新排序，视频帧的顺序编排将由原来的播放画面顺序改变成视频传送顺序，即 B 帧图像在上一帧图像和下一帧图像完成传送后才能传送。这样就会造成一个时间的延迟，延迟的长短由 B 帧的连续帧数决定。

视频压缩一般是有损压缩，利用前一帧图像对当前图像进行编码将引入某些失真。即使是无损视频压缩，由于传输等原因也可能会损失某些帧，这样将导致直到下一次帧内图像出现之前的所有图像解码都不准确，甚至会引起累计误差。这就要求除对第一帧图像进行帧内编码外，还必须在图像序列中间不时地采用帧内编码。

我们可以想到，编码器基于第 1 帧和第 3 帧对第 2 帧进行编码，而在存储压缩后的数据流时以 1、3、2 帧的顺序存储各帧图像。解码器以这个顺序读取，并行地解码第 1 帧和第 3 帧，并输出第 1 帧，然后根据第 1 帧和第 3 帧解码第 2 帧。当然这些图像必须有明确的时间顺序标记。同时基于前一帧和后一帧来编码的图像标记为 B，这种图像在视频编码中经常用到。若图像中出现运动物体逐渐把背景遮盖住这种情况，则通过后续帧来预测当前帧非常有意义。这种区域在当前帧只有一部分为我们所知，但在下一帧中我们却可以知道的更多，因此可以利用下一帧来预测当前帧中的这个区域。

图 5.24(a)所示是这三种图像构成的一个图像序列，以编码器输入的顺序排列(该顺序也是输入解码器的各帧图像的顺序)。图 5.24(b)是以解码器的输出和显示的顺序排序的同一图像序列。注意编码和显示的顺序不同，标号为 2 的图像必须在标号为 5 的图像之后显示。因此，每一帧图像都要有两个时间标记，一个表示编码顺序，一个表示显示顺序。

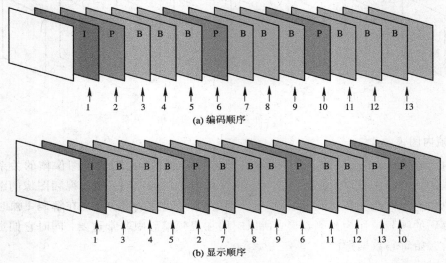

图 5.24　编码与解码的时序关系图

5.3.2　基于块的混合视频编码

在这种编码器中，每个视频帧通常被分成固定大小的块，对每个块独立地进行处理，因此称为"基于块的"。"混合"这个词意味着每个块是联合运用运动补偿时间预测和变换编码进行编码的。

图 5.25 给出了这种编码范例中的关键步骤。首先，利用基于块的运动估计由前面已编码的参考帧对块进行预测，运动矢量确定当前块和最佳匹配块之间的位移，得到预测误差。然后，用 DCT 对预测误差块进行变换，量化 DCT 系数，并用可变长编码把它们转换成二进制码字。与 JPEG 标准一样，DCT 系数的量化是由一个量化参数控制的，它可对预先定义的量化表进行缩放。

上述讨论假设时间预测是成功的，预测误差块要求用比原始图像块少的比特进行编码，这种编码方式称为 P 模式。如果原始块直接用变换编码进行编码，则称为 I(帧内)模式。也可以把用单个参考帧预测换成双向预测，这要找两个最佳的匹配块，一个在前面的帧中，另一个在后面的帧中，且用这两个匹配块的加权平均作为当前块的预测。在这种情况下，两个运动矢量与每个块都有联系，这被称为 B 模式。P 和 B 模式一般称为帧间模式。模式信息和运动矢量以及其它的关于图像格式的辅助信息、块位置等也用 VLC 编码。

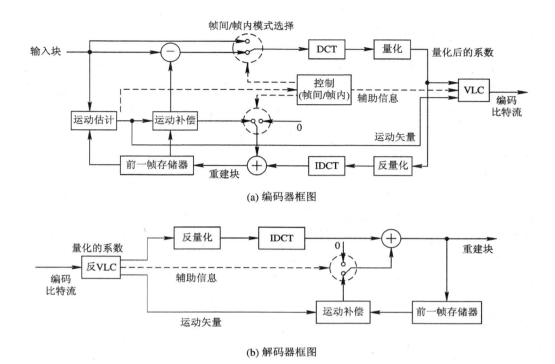

(a) 编码器框图

(b) 解码器框图

图 5.25 在一个典型的基于块的混合编码系统中块的编码和解码过程

实际上，用于运动估计的块的大小可能与用于变换编码的块的大小不一样。一般地，运动估计是在一个较大的块(称为宏块(MB，Marcro Block))上进行的，宏块被进一步分成几个块，对这些块求 DCT 的值。例如，在大多数视频编码标准中，宏块的大小是 16×16 个像素，而每个块的大小是 8×8 个像素。如果彩色亚采样格式是 4:2:0，那么每个宏块由 4 个 Y 块、一个 C_b 块和一个 C_r 块组成。编码模式(帧内或帧间模式)是在宏块上确定的。因为相邻的宏块或块的运动矢量和 DC 系数通常是类似的，所以一般用前一个宏块或块的运动矢量和 DC 系数作为预测的值来对它们进行预测编码。在不同的视频编码标准和图像尺寸中，块组和片的大小和形状是不同的，经常是为应用的需要而特定的。运动矢量和 DC 系数的预测通常限制在同一个块组或片内。因此，块组中第一个宏块或块预测的运动矢量或 DC 系数值被置为某个默认值，可以防止当压缩的比特流因传输或存储差错而损坏时造成误码扩散。

序列中的第一个帧总是采用 I 模式进行编码。在采用高比特率或具有松弛实时约束的应用系统中，也周期地使用 I 帧以阻止潜在的误码扩散，并使随机访问成为可能。通常，一个宏块既可以用 I 模式，也可以用 P 模式或 B 模式进行编码。

在 MPEG-1 和 MPEG-2 标准中，把帧划分成图像组(GOP, group of pictures)，而每个图像组以 I 帧开始，后跟交织的 P 帧和 B 帧。这使随机访问成为可能，可以访问任何图像组而不需要对前面的图像组进行解码。图像组结构也允许快进和快倒，仅解码 I 帧或解码 I 帧和 P 帧就可以实现快进。以后的顺序仅解码 I 帧就可以实现快倒。

5.3.3 编码参数选择

在混合编码器中，编码器必须做出多种选择，包括每个宏块所用的模式、量化参数

（QP）、运动估计方法和参数（例如重叠或不重叠、块尺寸、搜索范围）等等。这些编码参数的每一种组合都会产生视频编码的总码率与失真之间不同的折衷。在混合编码的早期发展中，这些方式通常是基于启发式做出的。例如，在帧间编码图像中，基于宏块本身的方差 σ_{intra}^2 和运动补偿误差的方差 σ_{inter}^2 可以决定一个宏块是用帧内模式还是帧间模式编码。如果 $\sigma_{\text{intra}}^2 \leqslant \sigma_{\text{inter}}^2 + c$，那么就选择帧内模式。这种启发式决策源于在给定的失真下，一个块编码所需要的比特数与块的方差成正比。加入正的常数 c 是为了把帧间模式中运动矢量编码所需要的附加比特数计算在内。

实际应用中，不同参数之间的选择可以由率失真最优化方法确定。这里，采用不同参数所需要的比特以及产生的失真（如 MSE），是通过用这些参数对信源进行编码而确定的。选择在码率与失真之间产生最佳折衷的参数，一般是寻找具有最小失真同时满足码率约束的参数设置。这个有约束的最优化问题可以用拉格朗日乘子法或动态编程法解决。

我们考虑一个对一帧中的所有宏块确定其编码模式的例子。假设所有其它的选项是固定的，并且整个帧所期望的比特数是 R_d。用 $D_n(m_n)$ 表示第 n 个宏块采用模式 m_n 时的失真，用 $R_n(m_k, \forall k)$ 表示所需要的比特数。R_n 依赖于其它宏块编码模式的原因在于运动矢量和 DC 系数是由邻块进行预测编码的。这个问题是最小化 $\sum_n D_n(m_n)$，其条件是：

$$\sum_n R_n(m_k, \forall k) \leqslant R_d \qquad (5.3-1)$$

用拉格朗日乘子法，这个问题可转换为最小化问题：

$$J(m_n, \forall_n) = \sum_n D_n(m_n) + \lambda \sum_n R_n(m_k, \forall k) \qquad (5.3-2)$$

其中，λ 必须满足码率约束。

严格地讲，不同宏块的最佳编码模式是相互依赖的。为了易于理解基本概念，我们忽略码率 R_n 对其它宏块编码模式的依赖性，也就是说，我们假设

$$R_n(m_k, \forall k) = R_n(m_n)$$

那么每个宏块的编码模式可以通过使下式最小化而单独确定：

$$J_n(m_n) = D_n(m_n) + \lambda R_n(m_n) \qquad (5.3-3)$$

如果仅有少数几个模式可供选择，那么可以通过穷尽搜索为每个块寻找最佳模式。

注意，如果 m_n 是连续变量，那么最小化 J_n 就等价于设置 $\partial J_n / \partial R_n = 0$，这将导致 $\partial D_n / \partial R_n = -\lambda$。这意味着每个宏块的最佳模式是在不同的宏块中产生相同的 RD 斜率 $\partial D_n / \partial R_n$ 的那个模式。实际上，仅有有限的模式可供选择，每种可能的模式都在分段线性的 RD 曲线上对应一个工作点，从而每种模式都与一个 RD 斜率范围有关。对于给定的 λ，通过最小化 $J_n(m_n)$ 找到的不同宏块的最佳模式在它们的 RD 斜率中将具有相似的范围。

不同的宏块应该工作在相同的 RD 斜率上，这个结果是涉及参数的多重独立编码的各种 RD 最优化问题的一种特殊情况。在变换编码的比特分配问题中，最佳解是使不同系数的 RD 斜率相同的解。这样，RD 斜率与失真成正比，因此最佳比特分配在不同系数中产生相等的失真。这种方法中的一个难题是如何对给定的期望码率确定 λ。对于一个任意选择的 λ，这种方法将得到一个在特殊的码率下最佳的解，这个码率可能接近也可能不接近期望的码率。

编码模式的率失真最佳选择首先是 Wiegand 等考虑的。为了解决同一帧和相邻帧中不

同宏块的编码模式之间的相互依赖性，采用动态编程方案同时为一组宏块寻找最佳编码模式。值得注意的是：基于 RD 的方法优于启发式的方法，采用 RD 方法在 H.263 框架内大约节省了 10％的比特率(或 0.5 dB 的 PSNR)。实际上，考虑到复杂度的增加，这样的增益可能并不被认为是合理的。因而，RD 最佳化方法主要是作为评价启发式方法性能的一种基准，启发式方法仍是实际常用的方法。

在基于 RD 的参数选择方法中，在计算上最需要的是收集与不同参数设定有关的所有的宏块的 RD 数据(编码模式和 QP，以及可能的不同运动估计方法)，这要求用所有不同的参数对实际图像进行编码。为了减少计算量，人们已经提出了一些模型，可以做到一方面联系码率失真，另一方面联系 QP 与编码模式的 RD。一旦获得了 RD 数据，就可以使用拉格朗日乘子法或者使用动态编程法来求得最佳分配。拉格朗日乘子法比较简单，但具有次最佳的性能，因为它忽略了同一帧中或相邻帧间的邻接宏块的码率之间的相关性。

除了编码参数的选择外，基于 RD 的方法可以应用于图像和视频编码中的各种问题中，一个重要的领域就是视频编码的运动估计。传统的运动估计方法只注意使运动补偿预测误差最小化，而 RD 最佳化方法还考虑对产生的运动矢量进行编码所需的码率。例如，考虑到编码非零的运动矢量需要额外的比特，如果把非零运动矢量转为零运动矢量，仅导致稍微高一点的预测误差，我们宁愿选择零运动矢量。而且，因为运动矢量是以预测方式编码的，所以更喜欢较平滑的运动域。

5.4　MPEG－1 视频编码和解码

5.4.1　MPEG－1 介绍

从 1988 年开始，在 ISO 和 IEC 的支持下，数百名专家开始着手研究 MPEG 标准。MPEG 是活动图像专家组(Moving Picture Expert Group)的缩写。MPEG 是一种视频压缩方法，包括对数字图像、声音以及两者同步信号的压缩。目前已经有几个 MPEG 标准，MPEG－1 是针对数据率大约为 1.5 Mb/s 的中等数据率情况的标准。MPEG－2 主要针对的是 10 Mb/s 的高数据率的标准。MPEG－3 起初为 HDTV 压缩而设计，但后来发现是多余的，于是将其归并到 MPEG－2 中去。MPEG－4 主要针对的是码率低于 64 kb/s 的其低数据率的情况。这里，我们主要针对 MPEG－1 的图像压缩方法进行集中讨论。

MPEG－1 的正式名称为活动图像视频压缩国际标准，它的第二部分(ISO/IEC 11172－2)为视频压缩标准。像 ITU 和 ISO 制定的其它标准一样，描述 MPEG－1 的文件分为规范部分和信息部分。规范部分指 MPEG－1 标准的技术规格部分，面向的是开发者，采用准确的语言描述，在实际的计算机平台上实现该标准时必须严格地遵循。而信息部分则是举例说明别处讨论过的概念，解释导致某些选择和决定的原因，还包括一些背景资料。MPEG 中所用的各种可变代码的表格是规范部分的例子。MPEG 用于运动估计和块匹配的算法是信息部分的例子。MPEG 并不需要任何特定的算法，MPEG 编码器可以采用任何方法进行块匹配。

为了理解"中等数据率"的意义，我们考虑一个典型的视频例子。此视频分辨率为 360×288 像素，每像素 24 位，刷新率为 24 帧/秒。该视频图像部分需 $360 \times 288 \times 24 \times 24$

＝59 719 680 b/s 的数据率；音频部分假设为双声道，每个声道 44 kHz 采样，16 位量化，数据率为 $2 \times 44\ 000 \times 16 = 1\ 408\ 000$ b/s。总的数据率为 61.1 Mb/s。假设此数据率通过 MPEG-1 压缩到大约 1.5 Mb/s 这样一个中等数据率，则压缩率将超过 40。另一方面，要考虑解码速度。一个经 MPEG 压缩的电影可能最终要存储在 CD-ROM 或 DVD 上，必须实施有效的解码并播放。

MPEG 有自己专门的术语。一部电影被视为一个视频序列，它由许多幅图像组成，每幅图像有 3 个分量：一个亮度分量（Y）和两个色度分量（C_b 和 C_r）。亮度分量包括黑白图像，而色度分量提供色调和饱和度信息。每个分量为一矩形的采样数组，数组的每行称为光栅行。每个像素为 3 个采样的集合。鉴于人眼对亮度的微小空间变化较敏感而对色度的类似变化不敏感的事实，MPEG-1 对色度分量的采样率为亮度采样率的一半（4∶2∶2）。MPEG 使用"帧内"、"帧间"和"非帧内"这些术语，而"帧间"和"非帧内"这两个词可以互换。

MPEG 编码器的输入称为源数据，解码器的输出称为重建数据。源数据被组织成若干数据包（如图 5.26(b)所示），每个数据包的开头为一个 32 位的开始码，接着为一个头（header），结尾为一结束码。在数据包的头和尾之间包含有许多数据组，数据组中包含着压缩数据，它们是音频或视频数据。编码器根据存储或传输媒质的要求来决定数据组的大小，这也是数据组不必为一幅完整的视频图像的原因，它可以是视频图像任一部分或音频信号的任一部分。

MPEG 解码器有 3 个主要部分，也称 3 个层次（layers），其任务是对视频、音频和系统数据进行解码。系统层读取并解释源数据中的各个码字和头，将数据组发往音频层或者视频层（如图 5.26(a)所示）进行缓冲存储并解码。音频层和视频层都由同时工作的多个解码器组成。

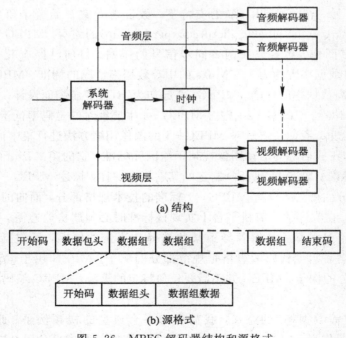

(a) 结构

(b) 源格式

图 5.26　MPEG 解码器结构和源格式

5.4.2 输入图像格式与图像类型

MPEG 中图像的基本组成单元称为宏块(如图 5.27(a)所示),它包括一块 16×16 的亮度(灰度)采样(4 个 8×8 的块)和两块相应的 8×8 的色度采样。MPEG 主要采用离散余弦变换将 6 个宏块变换成不相关的值,然后对其结果进行量化编码。这与 JPEG 压缩非常相似,其主要不同在于 MPEG 采用不同的量化表和不同的码表来进行帧内和帧间编码,取整运算也不相同。

MPEG 中图像以"条带"(slice)的形式组织起来,每一条带由一组相邻(按光栅扫描顺序)的宏块组成(至少含有一个宏块)。条带的概念很有意义,因为一幅图像很可能会包含若干大的块的均匀区域,使得很多相邻宏块可能有相同的灰度值。图 5.27(b)显示了一幅假定的 MPEG 图像是如何分成条带的。图像中的每一个正方形小块为宏块。注意,条带可以按扫描线逐行连续。

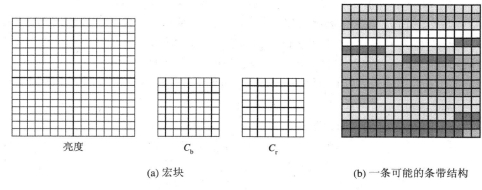

    亮度 C_b C_r

(a) 宏块   (b) 一条可能的条带结构

图 5.27 宏块和条带的组成示意图

1. 输入图像的格式

MPEG-1 采用源输入格式(SIF,Source Input Format),有 352×288×25 或 352×240×30 两种选择,总数据量相同,无需内插,而且可以通过表 5.2 进行图像分辨率参数设置,编码更大的图像。

表 5.2 MPEG-1 定义的限定参数流(CSPS)

参　　数	容　许　范　围
水平图像尺寸	≤768 像素
垂直图像尺寸	≤576 行
图像范围	≤396 宏块
像素速率	≤9900(396×25)宏块/s
图像速率	≤30 Hz
运动矢量范围	≤(−64～+63.5)像素
输入缓存器尺寸(VBV 型)	≤327 680 bit
比特率	≤1 856 000 b/s(恒定数据率)

MPEG 的宏块同样为 16×16 像素，但受限于表 5.2 的像素速率。水平尺寸(768)与垂直尺寸(576)不可兼得，最大的图像尺寸只能是 352×288(对应于 25 Hz 帧频)。所以符合限定的系统参数流(CSPS)MPEG-1 解码器必然只能解码 SIF 格式图像的压缩码流。

MPEG-1 的位流同样遵守一个层次化的数据结构，包括一个表头、一个或多个图像组(GOP)和序列结束标识码。MPEG-1 的视频宏块结构也包含 4 个 8×8 的亮度块和两个 8×8 的色度块(取样点的水平位置在两个亮度像素之间)，是图像层编码的基本单元。

2. 图像类型

从应用要求上看，MPEG-1 视频算法为了追求更高的压缩效率，更注重去除图像序列的时间冗余度，同时又必须满足多媒体播放等随机存取要求，但对编/解码的时间延迟则可以放宽些。为折衷这些相互矛盾的要求，MPEG-1 将图像组中的图像划分为 I 图像(帧内编码图像)、P 图像(预测编码图像)、B 图像(双向预测编码图像)和 D 图像(直流编码图像)4 种图像类型，再根据不同图像类型而区别对待。这些图像被分为很多组，每一组可以是开放的或封闭的。图像在编码前以某种顺序(称为编码顺序)排列，而经解码的输出图像以另一顺序(称为显示顺序)显示。在封闭组中，P 图像和 B 图像仅能通过本组的其它图像来解码得到。而对开放组，它们可以通过本组外的图像来解码得到。

MPEG-1 引入了一种新的 D 图像类型，即 DC 编码帧，类似于 I 帧，仅使用自身信息(DC 系数)进行编码，只保留 DCT 变换结果的 DC 项系数，不能用于对其它帧的预测。定义它的目的只是提供一种正向快速搜索的方法，主要用于快速浏览。

I、P、B 是主要的图像类型，在图像组中可由编码器根据应用要求而灵活地组织或"编辑"。也就是说，为了满足不同的使用要求，MPEG-1 采用了更为灵活的开放性"视频流"。

(1) 为使位流可随机存取和编辑并兼顾压缩比，允许编码端自行选择独立的随机存取点(即 I 图像)的使用频率和在视频流中的位置。一般建议随机存取点的间隔为 0.2 s，相当于选 GOP 位为 6 帧(对 30 Hz 制式)或 5 帧(对 25 Hz 制式)。通过搜索并解码显示各 GOP 中的 I 图像，可实现类似于录像机的快进/快退功能；以 GOP 为单位，还可实现倒放。

(2) 由于 I、P 之间插入的 B 图像越多，压缩比往往就越高，但编码器所需的帧存储器也越大，成本也随之上升；同时，随着应用对象的不同，具体图像序列的统计特性也会有相当大的差异，因此，允许编码端自行选择任何两帧参考图像(I 图像或 P 图像)之间的 B 图像数。对于大多数景物，参考图像之间插入两帧 B 图像较为适宜。

(3) 对编码器视频流记录格式的要求是使解码器的图像表示效率最高。具体地说，为重建 B 图像所需的参考图像均在相应的 B 图像之前发送。因此，编码端的视频流记录格式并不要求与图像的显示顺序相一致，在编码前要将输入图像帧的序列按编码顺序重排(如图 5.23 所示)。

MPEG 中对于 P 帧和 B 帧的使用没有做任何要求。下面是一个典型的测试序列：对 SIF 分辨率，采用 IPBBPBBPBBPBBPBB 的 GOP 结构，在码率为 1.15 Mb/s 的 MPEG 视频序列中，I 帧、P 帧和 B 帧的平均图像码率分别为 156 kb/s，62 kb/s，15 kb/s。可以看出，B 帧远远小于 I 帧和 P 帧。但是如果单纯增加 I、P 帧之间 B 帧的数量，并不能获得更好的压缩比，因为这样会增加 B 帧与相应的 I 帧和 P 帧间的时间距离，降低了它们之间的时间相关性，从而降低了运动补偿预测的性能。

5.4.3 视频编码与解码的具体过程

MPEG-1 视频压缩编码与图像重建的原理框图如图 5.28 所示。视频压缩编码技术是以基于 16×16 子块的运动补偿和 DCT 为基础的，基于 16×16 子块的运动补偿技术可以减少序列的时间冗余度，DCT 技术用于减少空域冗余度。在 MPEG-1 中，不仅在帧内使用 DCT，而且对帧间误差也作 DCT，以进一步减少数据量。

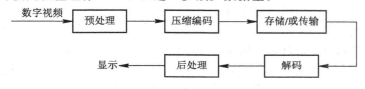

图 5.28　压缩编码与图像重建

1. 预处理过程

编码过程通常是由预处理开始的。可能的工作有 RGB 到 YC_bC_r 的色彩空间变换、格式转换（隔行到逐行的变换）、预滤波和亚采样等，这些操作在 MPEG-1 标准中并没有给出。例如对数字视频 CCIR601 的预处理（亚采样），在信源输入格式为 SIF 时，预处理的过程如图 5.29 所示。对于 PAL 制式，SIF 格式为 352×288×25 帧，而对于 NTSC 制式，SIF 格式则为 352×240×30 帧。

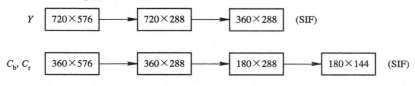

图 5.29　数字视频的预处理（亚采样）

2. 编码过程

MPEG 标准并没有定义特定的编码过程，它只是定义了编码比特流的语法和解码过程。我们通过图 5.30 给出一个 MPEG-1 编码器的功能。

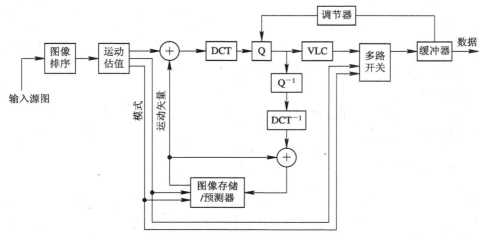

图 5.30　MPEG-1 的编码过程

1）帧序重排

因为要用到双向预测，为了使解码器端能够正确解码，在编码器端需要对输入的图像重新排序。对按显示顺序输入的图像序列，经过帧序重排后成为按编码顺序排列，然后按照 I、P 和 B 帧分别进行编码。（参照 5.3.1 节中的介绍）

2）运动估计和补偿

编码器要为重新排序的各画面选择合适的编码方式。

I 帧不需要运动估计和补偿。在对每个宏块进行 DCT 变换后，对 DCT 系数进行量化（Q），再对量化结果进行可变长度编码 VLC。在每个宏块内部，是分别对每个 8×8 的块进行编码。如果要求恒定的比特率时，还需要一个"缓存校正器"随时调整量化矩阵，使得编码后的码流比特率保持恒定；如果比特率要求是可变化的，则不需要"缓存校正器"。

在对量化结果进行可变长度编码的同时，还需要对量化结果进行反量化（Q^{-1}），并利用逆 DCT 变换（IDCT）将 Q^{-1} 的结果重新变换成空域表示。这个过程和解码器相同，它使编码器获得了一个与解码端进行解码后的图像相同的副本。这个副本随即被存储到本地的存储器中，以便用于后续的预测编码，也就是说，在后续编码时，使用的预测参考帧是已编码图像的解码重构而不是原始图像（MPEG-1 中运动矢量的预测参考帧可以为原始图像）。另一方面，这样也使编码器可以监视被传输图像的质量，使其不会与原始图像相差太大。

对于 P 帧和 B 帧图像，编码器不直接对图像中的宏块进行编码，而是对其预测误差进行编码，即帧间预测编码（参考 5.2.3 节中的介绍），将预测误差和运动矢量一起进行可变长度编码。在 MPEG 中，可变长度编码一般采用霍夫曼编码。由于 MPEG 标准中并没有对运动矢量的获取方式作规定，所以运动估计时，编码端是用原始图像还是用解码图像并无限制，编码端可根据具体情况而定。

3）比特流缓冲器

比特流缓冲器中数据量的多少，反映出当前宏块的复杂程度，编码器可据此通过调节器调整量化器的加权因子 q。

4）其它部分

DCT 系数、运动矢量、宏块类型等，最终在编码与复用部分（多路开关 MUX）分别按上述方法编码并复用为一个 MPEG-1 比特流后传输。

3. 宏块的编码

MPEG-1 中定义了三种主要的图像类型：I 帧、P 帧和 B 帧。但即使在单独的一帧中，不同宏块的编码方式也可以不同。

1）I 帧的编码

I 帧编码时不进行运动估计，但是 MPEG 语法结构允许每个宏块在编码时采用不同的量化矩阵。对块进行 DCT 变换后，每个 DCT 系数都要与帧内编码量化矩阵的相应元素相除来进行量化。对于 DC 系数，量化步长通常固定为 8，直流 DC 系数除以 8 并舍入到最近的整数，即得到 DC 系数的量化数。量化后，DC 系数与前一块的量化 DC 系数相减，将差值编码为（size，amp）。amp 为差值的大小，若此数为正值则是其二进制表示，若为负值则采用反码表示；size 表示 amp 所需的二进制位数，这与 JPEG 类似。对于 AC 系数，其量化步长由量化矩阵中的相应元素和量化因子决定。每个经过量化的系数都被限制在范围 $[-255, 255]$ 中。在 MPEG 的术语中量化因子 q 被定义为 MQUANT。I 帧中有两种类型的宏块，即使用新的 MQUANT 的宏块和没有变化的 MQUANT 的宏块。对于 AC 系数的量化数，编码器首先对它们按照 Zig-zag 顺序进行排序。Zig-zag 排序本质上是按照 DCT 系数输出中元素代表的频率分量由低频到高频排序，这样利于高效压缩（因为高频分量一般都是次要信号，而且幅值一般较小）。之后每个非零的 AC 系数被表示为行程/幅度偶。MPEG 中定义了行程/幅度偶的霍夫曼码表，对其进行霍夫曼编码，而表中未定义的行程/幅度偶则编码为 ESC 码，后跟它们的单独码字。

2）P 帧的编码

P 帧和 I 帧一样被划分成片和宏块，由于运动补偿的原因，MPEG-1 编码器对 P 帧中的宏块进行编码时有更多的选择。决定如何对一个 P 帧中的宏块编码时，可按照下述步骤进行：

（1）决定是否使用运动补偿（即是否把运动矢量置零）。许多情况下，使用非零的运动矢量所形成的预测误差并不比使用零值的运动矢量所形成的预测误差小多少，考虑到非零的运动矢量需要额外的编码比特，因此选择使用零值的运动矢量（或者说不采用运动补偿）在一些情况下（如背景区）有利于提高编码效率。在某些情况下，MPEG-1 也可以使用半像素运动补偿来提高编码效率。由于宏块的运动矢量与前一宏块的矢量有密切联系，例如，在景物平移的情况下，所用矢量差不多都一样，故运动矢量编码使用 DPCM 技术，即对运动矢量的差值进行编码（查表），编码过程与 DC 系数的编码类似。

（2）决定宏块使用帧间编码方式还是帧内编码方式。许多情况下，对某些宏块采用帧内编码方式也许会用更少的比特数。这通常发生在由于运动十分剧烈（时间活跃度高）而导致运动估计失败的情况下。

（3）决定宏块是否要被编码。有时在量化后，宏块中所有的 DCT 系数都是零，这种宏块就不需要被编码。在对这种宏块解码时，只需要从过去的帧中把对应的宏块（由运动矢量确定）复制到这个宏块中就行了。更进一步说，当一个宏块被编码时，并不是其中的所有 8×8 块都要被编码，因为可能在量化后，某一个块或多个块的 DCT 系数都是零。在宏块的标题中定义了一个 6 位的块编码图案，用来指示宏块中的哪几个块被编码了。需要注意的是，I 帧中没有跳过宏块的说法，所有的宏块都必须被编码。

（4）决定是否需要改变 MQUANT。编码器为了使缓存不出现上溢或下溢的情况，可以对宏块的量化尺度因子单独调节。

3）B 帧的编码

B 帧中宏块的编码方式和 P 帧中的类似。

（1）决定使用前向运动补偿还是后向运动补偿，或者是内插运动补偿。

（2）决定采用帧内编码的方式还是帧间编码方式。

（3）决定宏块是否可以被跳过。

（4）决定量化尺度因子是否可以被改变。

表 5.3 给出了一个包含 150 幅画面的 MPEG-1 码流的 I、P 和 B 帧分布的例子。在这个码流中，每个图像组包含 15 幅画面并且每隔两个 B 帧有一个 P 帧，码率是 1.15 Mb/s。

表 5.3 不同宏块编码类型在一个样本码流中的分布

画面类型	宏块类型				
	I	P	B	零运动矢量	跳过块
I	3300				
P	897	8587		5128	568
B	60	7356	22845		429

注意，在 B 帧中有相当多的宏块是预测编码宏块，这经常出现在有场景切换时，或者出现在一个 B 帧之前的 P 帧中存在的景物在该 B 帧之后的 P 帧中消失的情况下。

4. DCT 系数的编码细节

若一幅图像以帧间模式编码(即利用另外的图像进行编码，一般利用其前面的图像)，MPEG 编码器首先计算图像间的差值，然后对差值进行 DCT。此时因为差值已经失去相关性，故 DCT 不会对压缩有多大贡献。但即使在这种情况下，DCT 仍然有用，因为在 DCT 后面紧接着的是量化。而帧内模式编码 DCT 系数更加重要，因此有必要了解 MPEG 中 DCT 系数的编码细节。

MPEG 中 DCT 处理的数字精度依据是帧内还是帧间编码而定。在帧内编码中 MPEG 采样为 8 位无符号数，而帧间采用 9 位有符号数。这是因为两幅无符号数图像的差值可能是有符号数，可能为负值。二维 DCT 的两次求和至多将采样值扩大 $64 = 2^6$ 倍，所以可能产生 $8 + 6 = 14$ 位的整数。在两次求和过程中，一个采样值要乘以余弦函数，这可能会产生一个负数。因此双重求和的结果是一个 15 位有符号数。这个数再乘以 $1/8 \sim 1/4$ 的因子后，一般可以用一个 12 位的有符号整数表示。

这个 12 位整数通过除以从量化表得到的一个量化系数(QC)而被量化。一般结果不是整数，需要取整。正是在量化和取整过程中信息出现了不可恢复的丢失。MPEG 规定了默认的量化表，当然也可以应用自定义的量化表。帧内编码中取整通常是取最近的整数，而帧间编码是截断非整数到接近的小于其值的整数。图 5.31 给出了图示。注意在帧间编码中零值附近有较宽的间隔，即所谓的死区。

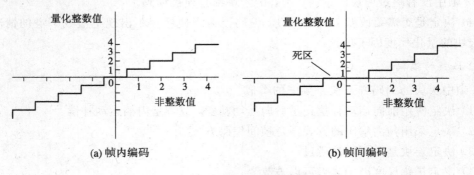

图 5.31 量化 DCT 系数取整操作

量化和取整步骤是比较复杂的，除将 DCT 系数除以一个量化系数以外，还包括另外的操作。这些操作取决于一个称为量化阶（quantizer_scale）的比例因子，这是一个 MPEG 参数，其值为整数，范围在区间[1，31]内。量化结果以及压缩性能都对量化阶的值很敏感。编码器可能随时改变这个值，必须在压缩流中插入一个特殊码字来表示它。

我们用 DCT 来表示被量化的 DCT 系数，用 Q 来表示从量化表得到的 QC，用 QDCT 表示量化后的 DCT 系数。帧内量化的公式为

$$QDCT = \frac{16 \times DCT + sign(DCT) \times quantizer\_scale \times Q}{2 \times quantizer\_scale \times Q} \qquad (5.4-1)$$

其中 sign(DCT) 为 DCT 的符号数，定义为

$$sign(DCT) = \begin{cases} +1 & DCT > 0 \\ 0 & DCT = 0 \\ -1 & DCT < 0 \end{cases} \qquad (5.4-2)$$

式（5.4-1）中的第二项称为取整项，负责如图 5.31(a) 所示的特定形式的取整操作。这种操作当我们考虑正的 DCT 系数时是很容易理解的。DCT 系数为正时，式（5.4-1）简化为下面的形式：

$$QDCT = \frac{16 \times DCT}{2 \times quantizer\_scale \times Q} + \frac{1}{2} \qquad (5.4-3)$$

帧间编码没有取整项，量化通过下式完成：

$$QDCT = \frac{16 \times DCT}{2 \times quantizer\_scale \times Q} \qquad (5.4-4)$$

解码器为 IDCT 做准备而进行的去量化（dequantization）是量化的逆操作。对于帧内编码，去量化按下式进行：

$$DCT = \frac{2 \times QDCT \times quantizer\_scale \times Q}{16} \qquad (5.4-5)$$

（注意这里没有取整项），对于帧间编码，去量化是式（5.4-1）的逆运算：

$$DCT = \frac{(2 \times QDCT + sign(QDCT)) \times quantizer\_scale \times Q}{16} \qquad (5.4-6)$$

在 MPEG 中没有明确定义计算 IDCT 的方法。若一幅图像的编码采用一种实现方式而在解码时采用另一种实现方式（IDCT 的计算方式不一样），将会导致失真。而在帧间编码的图像链中，每幅图像采用相邻的其它图像解码，这将导致累积误差，称为 IDCT 失配现象。这是 MPEG 需要对图像的每一部分进行周期性的帧内编码的原因。

量化后的 QDCT 要进行霍夫曼编码，要用到非自适应霍夫曼方法和霍夫曼码表，此码表是通过汇集来自许多训练图像序列的统计数据而算出的。具体用何种码表取决于待编码的图像类型。为避免出现零概率问题，在汇集任何统计数据之前所有的码表项都被初始化为 1。

通过计算 DCT（或者在帧间编码时计算像素的差值的 DCT）来对原像素进行去相关是 MPEG 统计模型的一部分。利用霍夫曼编码的性质产生一个符号集是模型的另一部分。为避免概率大的符号，MPEG 使用一种字母表，表中几个旧符号（几个像素差值或量化后的 DCT 系数）组合起来形成一个新符号。以一个 0 游程为例，在对一个图像块的 64 个 DCT 系数量化后，所得数字中许多为 0，因此出现 0 的概率很大，很可能超过 0.5。解决办法为

处理连续 0 的游程，每个游程变为一个新的符号而被赋予一个霍夫曼码字。这种方法产生大量新的码字，结果虽然需要许多霍夫曼码字，但提高了压缩效率。

表 5.4 是为帧内编码中的亮度采样而确定的一个默认量化系数表。MPEG 文档是这样"解释"该表的："假设在大约 6 倍于屏幕宽度的观察距离上观看一幅 360×240 像素的图像，则本表给出了一个大体上符合人眼频率响应的量化值分布"。帧间编码的量化却完全不同，因为被量化的数值是像素差值，而这些数值并不具有任何的空间频率。此种类型的量化是通过将像素差值的 DCT 变换系数除以 16 来进行的（因此默认量化表中各值之间没有差别）。不过，也可以采用自己定制的量化表来进行量化。

表 5.4　帧内编码的默认亮度量化表

8	16	19	22	26	27	29	34
16	16	22	24	27	29	34	37
19	22	26	27	29	34	34	38
22	22	26	27	29	34	37	40
22	26	27	29	32	35	40	48
26	27	29	32	35	40	48	58
26	27	29	34	38	46	56	69
27	29	35	38	46	56	69	83

在 I 图像中，宏块的 DC 系数和 AC 系数是分别编码的，这与 JPEG 编码类似。图 5.32 表示出了 I 图像的 Y 分量、C_b 分量和 C_r 分量所提供的 3 种类型的 DC 系数是如何在一个数据流中分别编码的。因为每个宏块由 4 个 Y 块、1 个 C_b 块和 1 个 C_r 块组成，所以每个宏块提供 4 个第一种类型的 DC 系数（Y 分量），1 个第二种类型的 DC 系数（C_b 分量）和 1 个第三种类型的 DC 系数（C_r 分量）。某一 DC 系数 DC_i 首先被用来计算差值 $\Delta DC = DC_i - P$（这里 P 为前一块的同一类型的 DC 系数），然后对这个差值进行编码，码字前一部分表示量值等

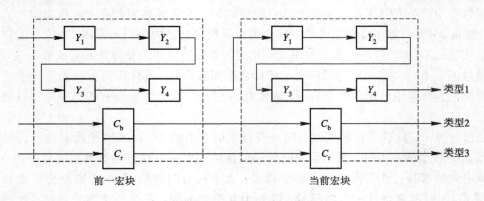

图 5.32　DC 系数的 3 种类型

级，接着的若干位表示差值的幅值和符号。量值等级就是对差值 ΔDC 的符号和幅值编码所需的位数，每个量值等级都赋予一个码字。对 DC 系数的差值 ΔDC 的编码需要下述 3 个步骤：

（1）首先确定量值等级，将它的码字发出；

（2）若 ΔDC 为负值，将它的补码减去 1；

（3）发出表示差值最低有效位的二进制数，其位数等于量值等级。

表 5.5 概括性地列出了量值等级、量值等级的码字和每一个量值等级所对应的差值 ΔDC 的范围。注意零的量值等级规定为 0。

表 5.5 （亮度和色度）DC 系数的码字

Y 码	C 码	量值等级	幅值范围
100	00	0	0
00	01	1	$-1, 1$
01	10	2	$-3, \cdots, -2, 2, \cdots, 3$
101	110	3	$-7, \cdots, -4, 4, \cdots, 7$
110	1110	4	$-15, \cdots, -8, 8, \cdots, 15$
1110	11110	5	$-31, \cdots, -16, 16, \cdots, 31$
11110	111110	6	$-63, \cdots, -32, 32, \cdots, 63$
111110	1111110	7	$-127, \cdots, -64, 64, \cdots, 127$
1111110	11111110	8	$-255, \cdots, -128, 128, \cdots, 255$

【例 5.1】 设亮度差值 ΔDC 为 5。因为数字 5 可以用 3 位二进制表示，所以量值等级为 3，首先发码字 101，接着发出表示 5 的 3 位二进制数的最低有效位 101。若设色度差 ΔDC 值为 -3，因为数字 3 可以用 2 位二进制数表示，所以量值等级为 2，首先发出码字 10，而差值 -3 可以表示为 2 的补码 11111101（假设为 8 位），将其减去 1 后得到的 2 位最低有效位二进制数为 00，将其发出。

I 图像（帧内编码）的 AC 系数通过 Zig-zag 顺序扫描进行编码，所得的 AC 系数序列由若干非零系数和若干零系数的游程长度组成。对每个非零系数 C 输出一个游程-等级码，此处游程指的是在 C 之前的 0 的个数，等级指的是 C 的绝对大小。每一个非零系数 C 的游程-等级码的后面跟一位 C 的符号位（1 表示负数，0 表示正数）。最后的非零系数的游程-等级码字后面跟一个特定的两位"块尾"（EOB）码。表 5.6 与表 5.7 列出了 EOB 码、常见的游程值和等级值的游程-等级码，其中 s 表示符号位。对于表中没有列出的游程值和等级值的组合，编码方法是采用 ESC 码后面跟一个 6 位的表示游程长度的码和一个 8 位或 16 位的表示等级值的码。

表 5.6 变长的游程-等级码字(第一部分)

游程/等级	码字	码长	游程/等级	码字	码长
0/1	1s(first)	2	1/1	011s	4
0/1	11s(next)	3	1/2	0001 10s	7
0/2	0100s	5	1/3	0010 0101s	9
0/3	0010 1s	6	1/4	0000 0011 00s	11
0/4	0000 110s	8	1/5	0000 0001 1011 s	13
0/5	0010 0110 s	9	1/6	0000 0000 1011 s	14
0/6	0010 0001 s	9	1/7	0000 0000 1010 1s	14
0/7	0000 0010 10s	11	1/8	0000 0000 0011 111s	16
0/8	0000 0001 1101 s	13	1/9	0000 0000 0011 110s	16
0/9	0000 0001 1000 s	13	1/10	0000 0000 0011 101s	16
0/10	0000 0001 0011 s	13	1/11	0000 0000 0011 100s	16
0/11	0000 0001 0000 s	13	1/12	0000 0000 0011 011s	16
0/12	0000 0000 1101 0s	14	1/13	0000 0000 0011 010s	16
0/13	0000 0000 1100 1s	14	1/14	0000 0000 0011 001s	16
0/14	0000 0000 1100 0s	14	1/15	0000 0000 0001 0011s	17
0/15	0000 0000 1011 1s	14	1/16	0000 0000 0001 0010s	17
0/16	0000 0000 0111 11s	15	1/17	0000 0000 0001 0001s	17
0/17	0000 0000 0111 10s	15	1/18	0000 0000 0001 0000s	17
0/18	0000 0000 0111 01s	15	2/1	0101s	5
0/19	0000 0000 0111 00s	15	2/2	0000 100s	8
0/20	0000 0000 0110 11s	15	2/3	0000 0010 11s	11
0/21	0000 0000 0110 10s	15	2/4	0000 0001 0100 s	13
0/22	0000 0000 0110 01s	15	2/5	0000 0000 1010 0s	14
0/23	0000 0000 0110 00s	15	3/1	0011 1s	6
0/24	0000 0000 0101 11s	15	3/2	0010 0100 s	9
0/25	0000 0000 0101 10s	15	3/3	0000 0001 1100 s	16
0/26	0000 0000 0101 01s	15	3/4	0000 0000 1001 1s	14
0/27	0000 0000 0101 00s	15	4/1	0011 0s	6
0/28	0000 0000 0100 11s	15	4/2	0000 0011 11s	11
0/29	0000 0000 0100 10s	15	4/3	0000 0001 0010 s	13
0/30	0000 0000 0100 01s	15	5/1	0001 11s	7
0/31	0000 0000 0100 00s	15	5/2	0000 0010 01s	11
0/32	0000 0000 0011 000s	16	5/3	0000 0000 1001 0s	14

游程/等级	码字	码长	游程/等级	码字	码长
0/33	0000 0000 0010 111s	16	6/1	0001 01s	7
0/34	0000 0000 0010 110s	16	6/2	0000 0001 1110 s	13
0/35	0000 0000 0010 101s	16	6/3	0000 0000 0001 0100 s	17
0/36	0000 0000 0010 100s	16	7/1	0001 00s	7
0/37	0000 0000 0010 011s	16	7/2	0000 0001 0101 s	13
0/38	0000 0000 0010 010s	16	8/1	0000 111s	8
0/39	0000 0000 0010 001s	16	8/2	0000 0001 1001 s	13
0/40	0000 0000 0010 000s	16			

表 5.7 变长的游程-等级码字(第二部分)

游程/等级	码字	码长	游程/等级	码字	码长
9/1	0000 101s	8	18/1	0000 0001 1010 s	13
9/2	0000 0000 1000 1s	14	19/1	0000 0001 1001 s	13
10/1	0010 0111 s	9	20/1	0000 0001 0111 s	13
10/2	0000 0000 1000 0s	14	21/1	0000 0001 0110 s	13
11/1	0010 0011 s	9	22/1	0000 0000 1111 1s	14
11/2	0000 0000 0001 1010 s	17	23/1	0000 0000 1111 0s	14
12/1	0010 0010 s	9	24/1	0000 0000 1110 1s	14
12/2	0000 0000 0001 1001 s	17	25/1	0000 0000 1110 0s	14
13/1	0010 0000 s	9	26/1	0000 0000 1101 1s	14
13/2	0000 0000 0001 1000 s	17	27/1	0000 0000 0001 1111 s	17
14/1	0000 0011 10s	11	28/1	0000 0000 0001 1110 s	17
14/2	0000 0000 0001 0111 s	17	29/1	0000 0000 0001 1101 s	17
15/1	0000 0011 01s	11	30/1	0000 0000 0001 1100 s	17
15/2	0000 0000 0001 0110 s	17	31/1	0000 0000 0001 1011 s	17
16/1	0000 0010 00s	11	EOB	10	2
16/2	0000 0000 0001 0101 s	17	ESC	0000 01	6
17/1	0000 0001 1111 s	13			

【例5.2】 图 5.33 给出了一个 8×8 的量化系数块的例子。这些系数的 Zig-zag 形扫描序列是:127,0,0,-1,0,2,0,0,0,1。这里 127 为 DC 系数,因此 AC 系数的编码为:3 个游程——等级码(2,-1),(1,2),(3,1),后面跟着 EOB 码字。根据表5.6,编码结果为:01011 0001100 001110 10。(注意符号位跟在游程——等级码字后)

127	0	2	0	0	0	0	0
0	0	0	0	0	0	0	0
−1	0	0	0	0	0	0	0
0	0	0	0	0	0	0	0
0	0	0	0	0	0	0	0
0	0	0	0	0	0	0	0
0	0	0	0	0	0	0	0
0	0	0	0	0	0	0	0

图 5.33　8×8 的 DCT 量化系数块

表 5.6 中的一个特别之处是游程(等级码)(0,1)有两个码字,而且这两个码字的第一个(表中标为"first"的)为 1s,这个码字可能会与 EOB 码字发生冲突。在平常情况下,对(0,1)采用第二个码字(表中标为"next"的)11s 来编码,这样就不会产生冲突。第一个码字 1s 仅用于帧间编码,在帧间编码中对一个全零的 DCT 系数块是以一种特殊方式来编码的。

上面的讨论一直集中在帧内编码(对于 I 图像)的 DCT 量化系数的编码。对于帧间编码(P 图像和 B 图像)则情况有所不同。通过其它帧图像预测某帧图像的过程已经将采样值去相关了,DCT 在帧间编码中的优势主要体现在量化上。对 DCT 系数的深度量化提高了压缩率。在这种情况下,甚至一个所有值都无差别的默认量化表(未充分利用人的视觉特性)都可能相当有效。DCT 在帧间编码中的另一个特点是 DC 系数和 AC 系数没有实质上的区别,因为它们都是差值的 DCT。因此没有必要对 DC 系数和 AC 系数分开编码。

编码过程首先寻找各全零宏块的游程,采用宏块地址增量来编码。若一个宏块不是全零的,则此宏块 6 个分量块中的一些块仍然可能是全零。对这样的宏块,编码器准备了一个编码块模式(CBP,Coded Block Pattern),它是一个 6 位二进制变量,其每一位指明 6 个分量块中某块是否全零,全零块则通过 CBP 中相应的一位来辨识,而非零块则采用表 5.6 中的码字来编码。若一非零块被编码,编码器知道它不可能为全零,块内 64 个系数中肯定至少有一个非零。若第一个非零系数的游程(等级码)为(0,1),则将编码为 1s 而不会与 EOB 码字冲突,因为 EOB 不可能是这种块的第一个码字。任何其它游程(等级码)(0,1)的非零系数是用"next"码字 11s 来编码的。

5. 运动矢量的编码细节

宏块的运动矢量与前一宏块的矢量有密切联系。例如,在景物平行移动的情况下,所有矢量差不多都一样。为利用这种关系,运动矢量编码使用 DCPM 技术。

在 P 图中,DCPM 使用的运动矢量、预测矢量在每个子图的开始和每个内编码的宏块被置成 0。注意,没有运动矢量,作为预测而编码的宏块也置预测矢量为 0。

B 图中有向前向后运动矢量。每一矢量编码时,都与同型图的预测矢量相联系。两个运动矢量在子图开始和内编码的宏块均被置 0。注意,只有一个向前的矢量的预测宏块不影响预测向后矢量的值。同样,只有一个向后矢量的预测宏块不影响预测向前矢量的值。

矢量的范围由两个参数设定。编码结果中的 full - pel - forward - vector 和 full - pel - backward - vector 两标志确定矢量是半像素单位还是整像素单位定义的。第二个参数

forward-f-code 和 backward-f-code 与表5.8中 VCL 码后附加的比特位数有关。可以利用这样一个事实：位移矢量值的范围是受限制的。每一 VLC 代表一对差值，但只有一对产生的运动矢量落在允许范围内。解码差分矢量 mvd 得到的值要通过加减一个模数保持在这个范围内。模数取决于表5.9所示的 forward-f-code 值。运动矢量的编码由两部分组成：一个主要部分 motion_code(式 5.4 - 7 的带符号的商)和一个残余部分 r(式 5.4 - 7 中的余数的绝对值)。为建立码字，利用带符号的商 motion_code 从表5.8中查找一个变长码字。余数的绝对值 r 用于产生附于变长码后的定长码 motion_r。

$$\text{motion\_code} = \frac{\text{mvd} + \text{sign(mvd)} \times (\text{forward} - \text{f} - \text{code} - 1)}{\text{forward} - \text{f} - \text{code}} \quad (5.4 - 7)$$

$$\text{motion\_r} = (\text{forward} - \text{f} - \text{code} - 1) - \text{r} \quad (5.4 - 8)$$

表 5.8　差分运动码

VLC code	Value
0000 0011 001	−16
0000 0011 011	−15
0000 0011 101	−14
0000 0011 111	−13
0000 0100 001	−12
0000 0100 011	−11
0000 0100 11	−10
0000 0101 01	−9
0000 0101 11	−8
0000 0111	−7
0000 1001	−6
0000 1011	−5
0000 11	−4
0001 1	−3
0011	−2
011	−1
1	0
010	1
0010	2
0001 0	3
0000 110	4
0000 1010	5

VLC code	Value
0000 1000	6
0000 0110	7
0000 0101 10	8
0000 0101 00	9
0000 0100 10	10
0000 0100 010	11
0000 0100 000	12
0000 0011 110	13
0000 0011 100	14
0000 0011 010	15
0000 0011 000	16

表 5.9 运动矢量范围以及模值

forward – f – code or backward – f – code	运动矢量范围	模
1	−16～15	32
2	−32～31	64
3	−64～63	128
4	−128～127	256
5	−256～255	512
6	−512～511	1024
7	−1024～1023	2048

下面用一个例子说明编码的过程。假设一个子图具有下面由全像素标志设置的单位表示的矢量：3、10、30、30、−14、−16、27、24。初始预测值为零，于是差分值为3、7、20、0、−44、−2 、43、−3。forward – f – code 的值取 2 适合于范围的要求(从表 5.9 中可以看出，由于运动矢量值加上或减去模 64 可把差分值调整到 −32～31 的范围内)。对应于 forward – f – code 2，加上或减去模 64 调整后的差分值为 3、7、20、0、20、−2、−21、−3。如差分值 3 的编码过程为：首先计算 motion_code 为 2，查表 5.8 的结果为 0010，由于余数的绝对值为 1，那么 motion_r 为 0，故编码输出为 00100。同样对 −2 的编码过程为：首先计算 motion_code 为 −1，查表 5.8 的结果为 011，由于余数的绝对值为 0，那么 motion_r 为 1，故编码输出为 0111。故序列的编码结果如表 5.10 所示。

表 5.10　运动矢量编码结果

Value	VLC Code
3	0010 0
7	0000 1100
20	0000 0100 101
0	1
20	0000 0100 101
−2	0111
−21	0000 0100 0110
−3	0011 0

6. 解码过程

　　解码器输入的视频比特流码速率是固定的,但画面的数量差别很大,必须要设缓冲器以保证数据量的平滑,防止画面波动和固定帧频显示。由此带来的缺点是增加了解码延迟时间,增大了成本。分路器负责语法和语义检查,对宏块进行解码,解码出运动矢量和宏块类型等。IDCT 输出的是 I 画面以及 P 画面和 B 画面的预测画面,并保存 I 画面及 P 画面,生成预测画面(P、B),这样重建画面等于预测画面与差分画面之和。画面重新排序后再输出帧速度固定的视频图像。解码过程如图 5.34 所示。

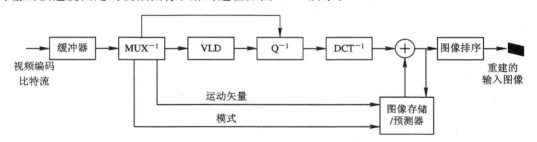

图 5.34　MPEG-1 的解码过程

　　以编码序列 T1,T4,T2,T3,T7,T5,T6,T8(见图 5.35)为例,假设 P 帧中所有宏块都采用预测编码,B 帧中所有宏块都采用双向预测编码,解码过程如下:

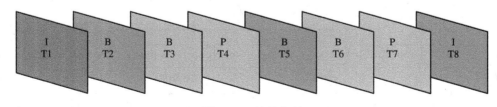

图 5.35　编码序列

　　(1) 输入图像 T1(I 帧)。由于没有进行运动补偿,所以可直接进行 IDCT 变换,然后把解码出的图像进行显示并存入"过去帧缓存器"中。

　　(2) 输入图像 T4(P 帧)。对每个宏块都进行 IDCT 变换并进行运动补偿,运动补偿即是把在过去帧(T1)中由运动矢量指出的相应宏块与 IDCT 变换的结果相加,重建图像存入

"将来帧缓存器"中。

(3) 输入图像 T2(B 帧)。进行 IDCT 变换后进行双向的运动补偿，即利用 T2 的两个运动矢量所指出的过去帧(T1)和将来帧(T4)中的相应宏块，形成对 T2 的预测值，并将这个预测值与 IDCT 变换的输出结果相加，得到重建图像。因为 B 帧不参与其它帧的运动估计，因此 T2 不用被保存在任何帧缓存器中。

(4) 输入图像 T3(B 帧)。重复 T2 的解码过程，解码后立即显示 T3。

(5) 输入图像 T7(P 帧)。重复 T4 的解码过程，将"将来帧缓存器"中的图像放入"过去帧缓存器"中，同时重建的图像 T7 要放入"将来帧缓存器"中(覆盖 T1)，并显示图像 T4。

(6) 输入图像 T5、T6(B 帧)。重复 T2 的解码过程，使用 T4 和 T7 进行运动补偿，解码后的显示顺序为 T5，T6，T7。

这样完成了一组(GOP)图像的解码操作。下一组图像从 T8 开始，重复上述的解码过程。由于每个时刻最多有三幅图像需要存储(过去帧、当前帧和将来帧)，对于 SIF 格式的图像序列来说，MPEG－1 解码器最少需要 500 KB 的缓存区。

5.4.4 视频语法

MPEG－1 的视频语法主要是用于确定和控制视频序列压缩的一些参数。图 5.36 表示出了 MPEG 压缩流的格式和压缩流是如何在 6 层中组织的。用点划线围绕的是可选部分。注意此处仅表示出了视频序列的压缩流，略去了系统部分。

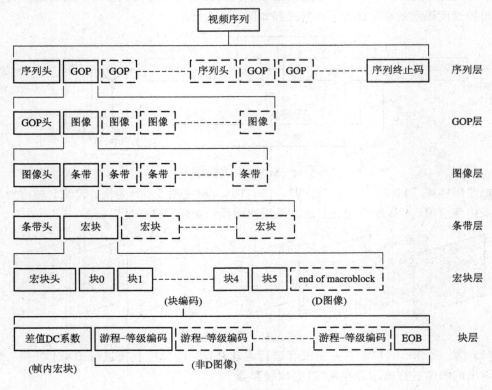

图 5.36 视频流的各层

1. 图像序列层（sequence layer）

视频序列以一个序列头开始，其后跟一个图像组（GOP）和数目可以任意多的其它图像组，整个序列用一个序列终止码结束。序列头主要包括图像大小、宽高比、帧速率、比特率、量化表等解码所需的信息。为了有助于随机访问或视频编辑，序列中还可能包括附加的序列头，但附加的序列头中的大多数参数与第一个序列标题相同。

2. 图像组层（group of pictures layer）

图像组层以一个图像组头开始，包含一帧或连续若干帧图像组成的可以随机访问的一段以及结束码。GOP 由一帧 I 帧和一些 P 帧、B 帧组成，第一帧一定是 I 帧，一个图像组至少包含一个 I 帧。

3. 图像层（pictures layer）

图像层包含头信息和一帧图像的所有编码数据。头信息主要包括时间参数、图像编码类型（即 I、P、B 或 D）。MPEG-1 只接受逐行扫描的图像序列，为了达到其 1.5 Mb/s 左右的传输速率，通常将输入图像转换为 MPEG 的标准输入格式（SIF）。

4. 条带层（slice layer）

每幅图像以一个图像头开始，后面接一个或多个条带。每一条带开始都是一个条带头，紧跟着是一个或多个经过量化和编码的 DCT 系数宏块。其头信息是等长编码，所以在比特流出错时，解码器可据此同步恢复。

5. 宏块层（macroblock layer）

宏块是图像编码的基本单元，运动补偿、量化等均在宏块上进行，DCT 则在 8×8 像素块上进行。每个宏块包含 6 个 8×8 的块，由 4 块亮度信号 Y 和 2 块色度信号 C_b、C_r 组成。根据以下不同选择：是否运动补偿，采用内部编码还是非内部编码，量化因子是否需要改变，宏块类型是非内部时是否编码，宏块可分为多种类型。表 5.11 给出了所有的宏块类型。其中 A 表示量化选择，D 表示编码选择，F 表示前向预测，B 表示后向预测、I 表示双向预测。

表 5.11 宏 块 类 型

I 帧	P 帧	B 帧
帧内	帧内	帧内
帧内—A	帧内—A	帧内—A
	帧间—D	帧间—F
	帧间—DA	帧间—FD
	帧间—F	帧间—FDA
	帧间—FD	帧间—B
	帧间—FDA	帧间—BD
	跳过	帧间—BDA
		帧间—I
		帧间—ID
		帧间—IDA
		跳过

6. 块层(block layer)

块是 MPEG-1 中最小的编码单位。每块可以是帧内编码,也可以是帧间编码(对于帧内编码的块,开头是其 DC 系数与前面同类 DC 系数差值的编码,接着是非零 AC 系数和零游程-等级码字,块尾是 EOB 码字;对于帧间编码的块,DC 和 AC 系数都采用游程-等级编码)。一些全零块不必进行编码。

在序列、图像组、图像以及条带的头中,开始都是一个按字节排列的 32 位开始码。除了这些视频开始码外,还要一些用于系统层、用户数据和错误标识的开始码。开始码起始位为 23 位 0,后接 1 位 1,再接 1 个特定字节。表 5.12 列出了全部的视频开始码。由于游程-等级码是变长的,所以通常必须在开始码之前补一些 0 到视频流中,以确保开始码字从字节分界处开始。

表 5.12　MPEG-1 视频开始码字

开始码	十六进制	二进制
extension. start	000001B5	00000000 00000000 00000001 10110101
GOP. start	000001B8	00000000 00000000 00000001 10111000
picture. start	00000100	00000000 00000000 00000001 00000000
reserved	000001B0	00000000 00000000 00000001 10110000
reserved	000001B1	00000000 00000000 00000001 10110001
reserved	000001B6	00000000 00000000 00000001 10110110
sequence. end	000001B7	00000000 00000000 00000001 10110111
sequence. error	000001B4	00000000 00000000 00000001 10110100
sequence. header	000001B3	00000000 00000000 00000001 10110011
slice. start. 1	00000101	00000000 00000000 00000001 00000001
...	...	...
slice. start. 175	000001AF	00000000 00000000 00000001 10101111
user. data. start	000001B2	00000000 00000000 00000001 10110010

5.4.5　系统层简介

1. 系统层功能

系统层主要实现下述功能:

(1) 将多个基本流(视频流、音频流、数据流)复合成单一的串行比特流;

(2) 保证基本流之间的时间同步;

(3) 保证信源与信宿之间的时间同步;

(4) 可随机存取,便于编辑加工;

（5）速率可控。

2. 系统层解决的问题

系统层主要解决下述问题：

（1）A/V(audio/video)同步。编码时以 STC 为基准，对每一帧画面、每一帧声音均附加一个 PTS 值，解码时即按此指定时间播放，从而达到 A/V 同步的目的。

（2）编码器/解码器同步。解码器的本地 STC 值受控于音频 FTS 值，不断进行更新与校正。

（3）复合流速率控制。解码器通过把 SCR 值与本地 STC 值比较，发出反馈信号，可能的话，控制输入流的速度。MPEG 复合比特流如图 5.37 示。

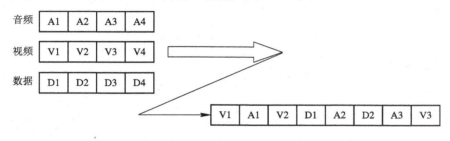

图 5.37　MPEG - 1 复合比特流

3. 系统层编码器

MPEG - 1 系统层编码器框图如图 5.38 所示。系统层编码器中系统时钟 STC 是频率为 90 kHz 的计时器，PTS(Presentation Time Stamp)，SCR(System Clock Reference)是系统的绝对时间。

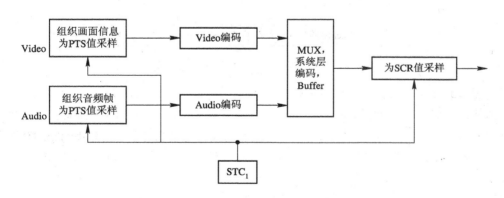

图 5.38　MPEG - 1 系统层编码器框图

4. 系统层解码器

MPEG - 1 系统层解码器如图 5.39 所示。

5. 系统复合流的结构格式

MPEG - 1 的系统复合流结构格式如图 5.40 所示。

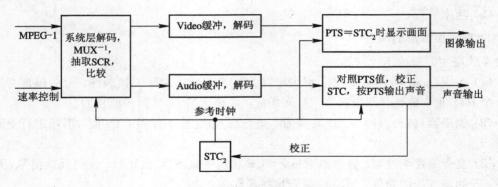

图 5.39 MPEG-1系统层解码器框图

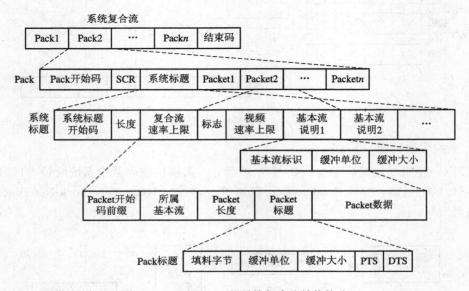

图 5.40 MPEG-1的系统复合流结构格式

实现 MPEG-1 编解码有软件方法和硬件方法。硬件方法有专用芯片和板卡产品等。专用芯片有实时编码器芯片，如美国 C-Cube 微系统公司的 CLM4500、4600、3223 等。板卡有 Optibase、Optivision、Future Tel 等。解码器专用芯片有美国 C-Cube 微系统公司的 CL450、CL950、CL480VCD，AT&T 公司的 AVP4220，SGS-Thomson 微电子公司的 STi3400 等。

5.5 视频图像编码标准

近年来，一系列国际视频压缩编码标准的制定极大地促进了视频压缩技术和多媒体通信技术的发展。视频压缩编码标准的制定工作主要由国际标准化组织(ISO)和国际电信联盟(ITU)完成。由 ITU 组织制定的标准主要是针对实时视频通信的应用，如视频会议和可视电话等，它们以 H.26x 命名(如 H.261、H.262、H.263 和 H.264)；而由 ISO 和 IEC(国际电工委员会)的共同委员会中的 MPEG 组织制定的标准主要针对视频数据的存储(如

DVD)、广播电视和视频流的网络传输等应用，它们以 MPEG－x 命名（如 MPEG－1、MPEG－2、MPEG－4、MPEG－7 等）。目前的视频编码国际标准的基本方法都是采用了基于 DCT 变换的混合编码方法，不同的标准针对不同的应用，采取了不同的编码策略来改进编码效率，获得更好的图像质量。

5.5.1　MPEG 系列标准

MPEG－1 和 MPEG－2 是 MPEG 组织制定的第一代视、音频压缩标准，为 VCD、DVD 及数字电视和高清晰度电视等产业的飞速发展打下了牢固的基础。MPEG－4 是基于第二代视音频编码技术制定的压缩标准，以视听媒体对象为基本单元，实现数字视音频和图形合成应用，以及交互式多媒体的集成，目前已经在流式媒体服务等领域开始得到应用。MPEG－7 是多媒体内容描述标准，支持对多媒体资源的组织管理、搜索、过滤、检索。MPEG－21 由 MPEG－7 发展而来，它的重点是建立统一的多媒体框架，为从多媒体内容发布到消费所涉及的所有标准提供基础体系，支持连接全球网络的各种设备透明地访问各种多媒体资源。

1. 面向数字存储的运动图像及其伴音的编码标准 MPEG－1

由于前面已经详细地分析了 MPEG－1 的编解码过程，因而此处仅作一个简略介绍。与视频会议的标准不同，MPEG 倾向于控制质量而不是控制位速率。它规定了某些参数来获得一定的质量水平而不是调整系统在特定的位速率（例如 ISDN 信道的带宽）下工作，因此 MPEG－1 和 H.261 所用的编码方法有显著的不同。其中最主要的差别是 H.261 有两种帧：intra 帧（帧内）和 inter 帧（帧间），而 MPEG－1 主要采用了三种帧——I 帧、P 帧和 B 帧进行前向、后向和双向预测。I 帧与 intra 帧类似，在编码时仅使用其自身的信息，它们提供编码序列的直接存取访问点；P 帧的编码参考过去的 I 帧或 P 帧做运动补偿预测，对前向预测误差进行编码；B 帧的编码则既参考过去的，又参考将来的 I 帧和 P 帧进行双向预测补偿编码。

B 帧图像不仅压缩比最高，而且误差不会传递，这是因为 B 帧图像本身不会被用作预测的基准，此外，对利用两幅图像进行双向预测的结果加以平均，有助于平滑噪声的影响。MPEG－1 在做这样的预处理后，既可以大大压缩数据量，又可以满足随机存取等要求。尽管 H.261 支持同 P 帧的帧间压缩，但它不支持 B 帧压缩，因此高压缩率的获得是以牺牲部分图像质量为代价的。当图像质量和运动都很重要时，H.261 将不再是好的选择。相比之下，MPEG 提供了更高的压缩率，即将分辨率为 360×240 像素、传输速率为 30 帧/s 的图像压缩到 1.5 Mb/s，同时保持了图像的高质量。正是由于这个原因，MPEG－1 的编码系统要比位于用户前端的解码系统复杂得多。

MPEG－1 的码流分为六层，每一层都支持一个确定的函数，或者是一个信号处理函数（DCT、MC），或者是一个逻辑函数（同步、随机存储点）等。MPEG－1 支持的编辑单位是图像组和音频帧，通过对包头图像组的信息和音频帧头进行修改，可以达到对视频信号的剪接功能。另外，MPEG－1 标准也提供了很多备选模式以供使用者根据实际需要进行配置。目前，MPEG－1 压缩技术的应用已经成熟，广泛地应用于 VCD 制作、图像监控等领域。

2. 广播系统压缩编码标准 MPEG-2

MPEG-2 视频体系首先保证与 MPEG-1 视频体系向下兼容,其分辨率要求有低(352×288 像素)、中(720×576 像素)、次高(1440×1152 像素)、高(1920×1152 像素)不同档次,传输率为 1.5~100 Mb/s。与 MPEG-1 标准相比,只有达到 4 Mb/s 以上的 MPEG-2 数字图像才能明显看出比 MPEG-1 的质量好。

MPEG-2 在 MPEG-1 的基础上做了相应的扩展,从多方面提高了编码参数的灵活性以及编码性能。例如,增加了处理隔行扫描视频信号的能力,采用更高的色度信号采样,可伸缩的视频流编码等。因此,MPEG-2 具有广阔的应用前景,它除了用于 DVD 外,还可以为广播、有线电视网、电缆网络以及卫星直播提供广播级的数字视频。现在的 VOD 视频点播系统和 HDTV 高清晰度电视系统都是采用 MPEG-2 的视频标准。

MPEG-2 的视频流数据结构是分层的比特流结构,第一层称为基本层,它可以独立解码,其它层称为增强层,增强层的解码依赖于基本层。MPEG-2 基本层的结构与 MPEG-1 相一致,包括视频序列层、图像组块层、宏块层和块层。视频序列处于最高层,视频序列从视频序列头开始,后面紧接着一系列数据单元。MPEG-2 适于序列头中除了包括序列头函数外,还包括序列扩展函数的情况,而 MPEG-1 只支持序列头函数。另外,为了提供随机访问功能,在 MPEG-2 编码流中允许有重复序列头出现,重复序列头只可以在 I 帧或 P 帧前面出现,不能在 B 帧前面出现。I 帧可以解决视频序列的随机访问问题,如节目重播、快进播放或快退播放等。

3. 基于对象的低码率视频压缩编码标准 MPEG-4

MPEG-4 是 MPEG 组织制定的一种 ISO/IEC 标准,MPEG 组织于 1999 年 1 月正式公布了 MPEG-4 的 1.0 版本,1999 年 12 月又公布了 MPEG-4 的 2.0 版本。MPEG 组织的初衷是制定一个新的标准以针对视频会议、视频电话的超低比特率(64 kb/s 以下)编码的需求,并打算采用第二代压缩编码算法,以支持甚低码率的应用。但在制定过程中,MPEG 组织深深感到人们对多媒体信息特别是对视频信息的需求由播放型转向了基于内容的访问、检索和操作,所以修改了计划,制定了现在的 MPEG-4。

MPEG-4 新的目标被定义为:支持多种多媒体应用,特别是多媒体信息基于内容的检索和访问,可根据应用的不同要求,现场配置解码器。编码系统也是开放的,可以随时加入新的有效的算法模块。与前面提到的 MPEG-1、MPEG-2 标准不同,MPEG-4 为多媒体数据压缩提供了一个更为广阔的平台。它更多定义的是一种格式、一种架构,而不是具体的算法。它可以将各种各样的多媒体技术充分利用起来,包括压缩本身的一些工具、算法,也包括图像合成、语音合成等技术。

MPEG-4 标准的一个显著特点是:MPEG-4 标准既可用于 4 Mb/s 的高码率的视频压缩编码,又可用于 5~64 kb/s 的低码率的视频压缩编码;既可用于传统的矩形帧图像,又可用于任意形状的视频对象压缩编码。另外,MPEG-4 采用基于对象的编码,突破了过去 MPEG-1 和 MPEG-2 以方形块处理图像的方法,即把一段视频序列看成由不同的视频对象(VO)组成的,VO 可以是任意形状的视频内容,也可以是传统的矩形视频帧。每个 VO 在某个特定时刻的实例成为视频对象面 VOP,编码器根据实际情况对各个 VOP 或只对一些感兴趣的 VOP 进行编码。也就是说,MPEG-4 用 VOP 代替了传统的矩形作为编码对象，用形状—运动—纹理信息代替 H.263 等传统视频编码采用的运动—纹理信息来表示视频。MPEG-4 支持 3 种图像帧模式：I-VOP(帧内)、P-VOP(帧间预测)和 B-VOP(帧间双向预测)，其中 B-VOP 可单独编码。MPEG-4 编码仍按宏块进行，采用形状编码、预测编码、基于 DCT 的纹理编码和混合编码方法。

MPEG-4 标准在多媒体环境下提供了一个基于不同对象的视频描述方法，包括自然或人工合成视觉目标的压缩、时空可伸缩、差错恢复的算法等一整套技术以满足多媒体、网络服务商和最终用户的要求，从而实现在有线和无线通信网、Internet 上传输实时视频数据的功能。MPEG-4 标准的基于对象的图像处理方法将成为视频压缩领域的主要发展方向。

4. 多媒体内容描述接口 MPEG-7

随着网络信息的不断增长，人们获得感兴趣的信息的难度越来越大。传统的基于关键字或文件名的检索方法，显然已经不适于数据庞大又不具有天然结构特征的声音和图像数据，于是实现基于内容检索，并支持电子内容传输和电子贸易的新型多媒体压缩编码标准的制定，也成为 MPEG 组织新的研究方向。MPEG-7 作为 MPEG 家庭中的一个新成员，正式名称叫做"多媒体内容描述接口"，它对各种类型的多媒体信息规定一种标准化的描述，这种描述与多媒体信息的内容本身一起，支持用户对其感兴趣的各种"资料"进行快速、有效的检索。

MPEG-7 的这种标准化描述可以加到任何类型的多媒体资料上，不管多媒体资料的表达格式或压缩形式如何，只要加上了这种标准化描述的多媒体数据就可以被索引和检索了。因此，它可以被用在现有的 MPEG-2 和 MPEG-4 传输系统中。MPEG-7 的应用领域包括：数字图书馆(如图像目录、音乐词典等)，多媒体目录服务(如黄页)，广播媒体的选择(如无线电频道、TV 频道等)，多媒体编辑(如个人电子新闻服务、多媒体创作等)。与以前的 MPEG 标准一样，MPEG-7 只标准化它的码流语法，即指定解码器的标准，而不包括特征提取和检索引擎。这样做可以使这些算法的新进展及时得到推广和应用，使厂家在这些算法中体现自己的特色，充分发挥自身优势，在特征及其提取、查询接口、检索引擎、索引等方面作进一步研究。

5.5.2 H.26x 系列标准概述

1. H.261 标准

H.261 标准，即"采用 $p \times 64$ kb/s 速率的声像业务的图像编解码"，首先尝试综合数字压缩技术和网络技术实现数字图像实时传输。在 H.261 中编、解码器的复杂程度相当于 MPEG-1，其核心技术是混合编码算法，即采用运动补偿的帧间预测、DCT、标量量化和可变长编码(VLC)的混合编码方法。编码对每帧图像进行四个层次的处理，最小处理单元为 8×8 像素块，然后按 4：1：1 的比例对亮度和色度块进行抽样，组成一个宏块；一定数量的宏块构成块组；若干组构成一帧图像。每一个层次都有说明该层次信息的头，编码后的数据和头信息逐层复用就构成了 H.261 的视频序列码流。由于 H.261 标准是用于电视电话和会议电视的，所以推荐的图像编码算法必须是实时处理的，并且要求最小的延迟时间。图 5.41 给出了 H.261 的编解码框图。相比于 MPEG-1 不同的是 H.261 只采用了前向运动矢量预测，且运动矢量是在编码后复原的解码图像上估计的。

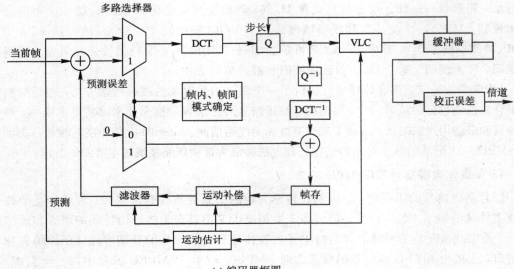

(a) 编码器框图

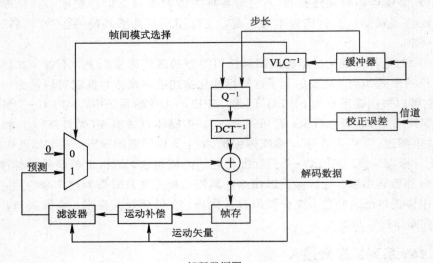

(b) 解码器框图

图 5.41 H.261 编、解码器框图

2. H.263 标准

H.263 是 ITU 于 1995 年制定的一种码率低于 64 kb/s 的甚低码率视频压缩编码标准。其修订版本有 1998 年的 H.263+ 和 2000 年的 H.263++。H.263 标准不仅着眼于利用 PSTN(公共开关电话网络)传输,而且兼顾 GSTN 移动通信等无线业务。目前,H.263 已被多个多媒体终端标准所采纳,包括支持 PSTN 与无线网络的 H.324,支持 N - ISDN 的 H.320,支持 B - ISDN 的 H.310 等。

为进一步改善图像质量,提高压缩比,H.263 与 H.261 相比增加了以下一些功能:

(1) 半个像素精度的运动估计;

(2) 不受限的运动矢量;

(3) 先进预测模式;

（4）PB 帧模式；

（5）基于语法的算术编码。

H.263 修订版主要是增加或修正了 H.263 的一些高级编码模式，不仅保持了对旧版本的兼容，而且增强了新的功能。例如，改进的标准可以采用自定义图像格式；支持图像冻结和快照；为了避免信道误码对图像重建造成的不可恢复的损失，增加了一些新的抗误码技术等。这些新功能进一步扩大了其应用范围，提高了压缩效率和抗误码能力，同时进一步改善了重建图像的主观质量。

H.264 是目前的研究热点，有关它的内容在第六章中介绍。

5.5.3 视频编码国际标准的应用与性能比较

通常情况下，H.26x 标准侧重于视频和音频的数据压缩效率，以适合调整该系统在特定的位速率下传输；MPEG 系列则倾向于控制质量而不是控制位速率。但是，在各种压缩编码国际标准中所采用的编码技术都是相互渗透的，任何一种利于数据压缩的方法都可以应用到标准中。表 5.13 给出了各种视频压缩编码标准的简要特征和应用领域。

表 5.13 视频压缩编码国际标准简表

标准	图像分辨率（像素）	主要性能和应用领域
MPEG－1	SIF(352×288×25 帧/s 或 352×240×30 帧/s)	主要应用范例是数字激光视盘 VCD，另外其音频编码的 Layer2 已应用于欧洲的数字声音广播系统（DAB），码率一般为 1.5 Mb/s
MPEG－2	低(352×288) 中(720×576) 次高(1440×1152) 高(1920×1152)	被广泛应用于卫星 TV、高清晰度电视（HDTV）、视频点播系统（VOD）、数字声音广播系统（DAB）等。目前最热门的应用是 DVD、美国的 HDTV 地面广播、欧洲的 DVB 和 DAB 系统以及交互式电视，码率一般为 1.5~10 Mb/s
MPEG－4	包括 H.263 和 MPEG－2 的所有分辨率	采用基于对象的编码技术，为多媒体数据压缩提供了一个更为广阔的平台。现已被应用于 Internet 上传递实时图像，同时也有一些厂家准备用它给手机发送实时图像。码率可小于 64 kb/s，一般最大不超过 4000 kb/s
MPEG－7	任意	作为"多媒体内容描述接口"，可以被应用于任何一种多媒体传输系统，并且支持用户对其感兴趣的各种"图像和视频资料"进行快速、有效的检索
H.261	CIF(352×288×30 帧/s)、QCIF(176×144×30 帧/s)	首次尝试通过数字压缩技术实现数字图像实时传输。在 N－ISDN 综合业务服务网上实时地传输多媒体信息。码率为 p×64 kb/s(p=1~30)
H.263	QCIF、CIF、4CIF（704×576)、16CIF(1408×1152)、Sub－QCIF(128×96)	主要采用混合编码技术(含 H.261 全部技术)，可用于甚低码率多媒体通信系统，包括 PSTN 和 GSTN。码率大致为 8 kb/s~1.5 Mb/s
H.264	CIF、QCIF、16CIF、4CIF	新的视频压缩编码的国际标准，能够进一步改善压缩性能，同时提供一种"网络友好"界面用于可视电话和多媒体存储以及广播系统等。相同视频图像质量下，它比 H.263 要节约一半的码率

各类压缩标准的制定都有一个原则：即它不对编码方法作出规定，也就是说，它只规定最后的数据格式，而不管采用何种方法获得这些数据格式。这正是制定国际标准的一个重要原则。一方面，它为以后出现新的编码技术留下余地；另一方面，它为各大公司和研究所的技术竞争留下了宽广的舞台。在一个标准的制定过程中和发布实行后，各大公司及研究机构就会在这些领域中进行技术竞争，以期获得标准的部分专利，从而占据有利地位，获得更大的商业利益。

习　题　5

　　1. 试述三维运动与二维运动的关系，以及二维运动估计中的主要问题及解决办法。

　　2. 试述不同的二维运动估计方法（基于块、基于像素、基于网格、基于区域和全局）的优点和缺点。

　　3. 利用全搜索法，按照 MAD 准则对 $M \times N$ 的图像子块进行块匹配运动估计，如图5.42 所示。

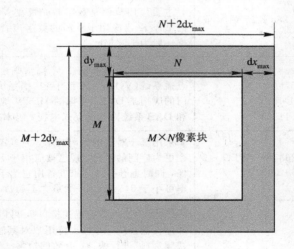

图 5.42　图像块

　　（1）计算对该子块搜索的总次数；

　　（2）给出对该子块求 MAD 的总运算量；

　　（3）若图像尺寸为 352×288 的格式，每秒 25 帧，图像子块的大小为 16×16，$\mathrm{d}x_{\max} = \mathrm{d}y_{\max} = 7$，求实时对该图像进行运动估计所需的运算速度。

　　4. 直接与间接运动估计法之间的区别是什么？有什么潜在的优点和缺点？

　　5. 在图 5.43 中，假设 $[6,4]$ 是最佳搜索块，试用二维对数搜索法描述其详细搜索过程。

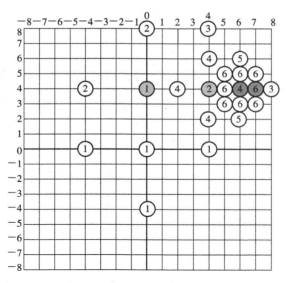

图 5.43 搜索过程

6. 讨论半像素精度搜索方法在块匹配算法中的优势。

7. MPEG-1中，计算出下表的 AC 系数的 Zig-zag 扫描序列和相应的游程-等级码字。

118	2	0	0	0	0	0	0
0	0	0	0	0	0	0	0
−2	0	0	−1	0	0	0	0
0	0	0	0	0	0	0	0
0	0	0	0	0	0	0	0
0	0	0	0	0	0	0	0
0	0	0	0	0	0	0	0
0	0	0	0	0	0	0	0

8. MPEG-1中，计算亮度差值 $\Delta DC=0$ 和色度差值 $\Delta DC=4$ 的编码结果（参考例 5-1）。

9. 在5.2.7节中，公式(5.2-19)中的匹配误差是公式(5.2-18)得到的最小化解。试证明这个结果。

10. 根据你对运动矢量的理解，试举一例说明运动矢量的具体概念。

11. 在 MPEG-1 中，假设一个子图具有下面由全像素标志设置的单位表示的运动矢量：3、—10、30、40、—34、—16、27、20；初始预测值为零。计算运动矢量的编码结果。

12. 列举到目前已制定的主要视频编码标准，并进行比较。

第六章 图像编码技术及标准的进展

6.1 图像编码技术的发展

图像编码的发展至今已走过了半个多世纪的历程。在 20 世纪 40 年代末脉冲编码调制技术(PCM)出现后不久,人们就开始了对电视信号的数字化研究。经典的图像编码方法基于香农(Shannon)信息论,其中最基本的霍夫曼(Huffman)编码、预测编码和变换编码理论就产生、发展于 20 世纪的五六十年代,至今仍然被普遍应用于图像压缩编码的国际标准中。随着技术的不断成熟,人们不断在探索新的高效编码方法,并取得了很好的进展。由于人们对视觉特性的认识更加深入,出现了许多结合人的视觉系统特性(HVS,Human Visual System)和多种编码算法的综合算法,编码效率不断提高。

20 世纪 80 年代以后,许多新型的图像编码方法相继提出,如子带编码、分形编码、模型基编码等。传统编码方法以信息论和数字信号处理技术为理论基础,出发点是消除图像中的统计冗余信息,而这些新型编码方法则侧重于图像数据的视觉冗余、结构冗余和知识冗余,但它们忽略了图像数据的统计冗余信息。另外,在实验条件下,这些编码方法可以取得非常出色的编码性能,但如果考虑实用化,它们还受许多限制,其中最主要的一点就是处理的复杂度。另外,在对一般的自然图像进行处理时,所获得的编码增益也没有理论上预期的好。

另一种新型的编码方法——小波变换编码在去除统计冗余和视觉冗余两个方面都取得了很好的效果。它既保留了传统编码方法的优点,能够消除图像数据的统计冗余,同时又很好地利用了人眼视觉特性从而获得高的压缩比。因此,小波变换编码自 20 世纪 90 年代以来日益受到人们的重视,特别是 J. M. Shapiro 提出的嵌入式零树小波变换编码算法(EZW,embedded coding using zerotrees of wavelet coefficients),向人们展示了它优异的压缩性能,更提供了天然的多尺度、多分辨率的图像描述方法。在此之后,A. Said 等人在 EZW 算法的基础上提出了改进的分等级树的集分割算法,在运算复杂度显著降低的同时,获得了与 EZW 算法相当或更好的压缩率。由此确立了小波变换在图像编码标准中的重要地位。

自 20 世纪 80 年代以来,无论是从技术的发展还是从社会的需求来看,图像编码技术已经逐步进入了较大范围的应用阶段。但是由于没有统一的压缩算法和码流格式,在图像信息交流中遇到了很多困难。为了解决这一问题,国际标准化组织 ISO 和国际电报电话咨询委员会 CCITT(现国际电联的电信委员会 ITU-T)的图像专家组于 1986 年开始进行标准的制定,其主要目的包括两个方面:① 提供高效的压缩编码算法;② 提供统一的压缩数据流格式。通过对多个方案进行大量严格的实验测试,从算法压缩性能到实现的复杂度等综合因素的考虑比较后，最终形成了两个著名的里程碑式的国际标准，这就是人们熟知的用于连续色调静止图像压缩编码的 JPEG 标准和码率为 $p \times 64$ kb/s 的数字视频压缩编码标准 H.261 建议。这两个标准的制定和颁布，极大地推动了图像通信的大规模普及与使用，同时这种大规模的应用又对图像编码技术提出了新的、更高的要求。例如更高的压缩性能、使用更加灵活、表现能力更加丰富等。此外，随着 Internet 和无线通信的发展普及，还要考虑更好的抗误码性能等。由此促进了标准化工作的进一步发展。迄今为止，国际标准化组织和国际电联已经制定了适用于不同类型图像的压缩编码标准。例如对于简单的二值图像压缩标准，由早期用于三类传真机 G3 的 T.4 建议和四类传真机 G4 的 T.6 建议，发展到新的 JBIG、JBIG2 标准等；对于数字视频(序列图像)的压缩标准有 H.261、H.263、H.264、MPEG-1/2/3/4 等(如图 6.1 所示)；对于连续色调静止图像压缩标准有 JPEG、JPEG-LS、JPEG-2000 等。这些国际标准和建议的制定满足了不同类型数字图像传输的应用要求。

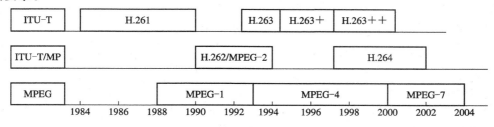

图 6.1 视频压缩编码国际标准的发展

本章我们分几小节分别讨论上面提到的各种新型编码方法，有关静止图像的编码标准已在第三、四章作了较详细的讨论，故本章最后两节对视频编码标准作简单的介绍。

6.2 子带编码

人类的听觉和视觉感知都与激励信号的频率有关，如果可以用一组带通滤波器(BPF，Band-Pass Filter)将输入信号分割成若干个"波段"(叫做子频带或子带)信号，就能够在这些子带内分别针对听觉或视觉的频率响应特性进行更加有效的处理。这就是子带编码(SBC，Sub-band Coding)的基本出发点。

6.2.1 基本原理

子带编码的基本思想是利用带通滤波器组将信道频带分割成若干个子频带(Sub-band)，将子频带搬移至零频处进行子带取样，再对每一个子带用一个与其统计特性相匹配的编码器进行图像数据压缩。解码时，在接收端将解码信号搬移至原始频率位置，然后同步相加合成为原始信号。目前子带编码技术已经被广泛应用于语音编码和视频信号压缩领域。

6.2.2 编解码过程

图 6.2 是二频带分解和综合的示意图。一个一维信号 $x(n)$ 分别通过两个冲击相应为 $h_0(n)$ 和 $h_1(n)$ 的滤波器，分解成低频分量 $x_0(n)$ 和高频分量 $x_1(n)$，然后分别对低、高频两

个信号进行 2：1 抽样，抽样后两个子带信号的总数据量与原信号相同。在接收端，1：2
插值的作用是在接收信号的每个取样间插入一个零值，使每个子带信号与原信号一样长，
频谱的重复周期也和原信号一致；再用合成滤波器 $g_0(n)$ 和 $g_1(n)$ 对其进行插值和频谱搬
移；最后将综合滤波器组的输出相加得到复原信号。

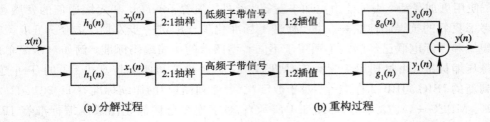

(a) 分解过程　　　　　　　　　　　　　(b) 重构过程

图 6.2　子带分解与综合框图

同样，对于图像信号，也是将其分为各个频谱分量，每个分量表示一幅子图像，每幅
子图像占有一个独立的频带（子带）。由于每个子带的带宽都小于原图像的带宽，所以可对
其进行抽样，即以低于 Nyquist 取样频率的频率采样。这是因为，如果将一个高频的带通
信号的频谱首先搬移到零频附近，其 Nyquist 取样频率就可以其带宽计算，而不以其原来
的最高频率计算。滤波和抽样过程称为图像分析。

滤波和抽样之后，对每个子带分别进行编码，各子带可采用相同或不同的编码器，也
可采用不同的比特率甚至不同的方法进行编码，以充分利用各子带的不同特性，以最佳的
方式将编码无失真地分配给各个子带。

解码时，以合适的滤波器分别取出各个子带，利用插值技术，最后将各子带叠加到一
起，这个过程叫做图像综合。

子带编码由于其本身具有频带分解特性，非常适合于分辨率可分多级的视频编码。为
了将图像分解为子带，要求所用的滤波器（分析滤波器）组中的低通和带通滤波器的频率响
应特性互不重叠，但也不能存在间隔，且在通带内有均匀的增益。我们知道，最理想的滤
波器是具有陡峭频率的矩形滤波器组，但这在实现上有困难。为了使各子带之间不存在间
隔，需要采用相互有重叠的滤波器，但这又会在抽样时引入混叠效应。因此，为了保证在
无编码误差的情况下尽量实现图像的无混叠恢复，分析和综合滤波器通常采用正交镜像滤
波器（QMF，Quadrature Mirror Filter），它的相邻子带滤波器衰减斜率互为镜像，是一种
无混叠的滤波器。QMF 已经广泛用于子带编码，并出现了不少变型。QMF 设计的详细内
容，可参考有关资料。

6.2.3　二维图像的子带分解

静止图像是二维信号，它的子带分解是将其空间频率域划分为若干段。图像信号的子
带分解也是通过一组带通滤波器实现的。二维正交滤波器可以分离为两个方向的一维正交
滤波器，因此，可以在两个方向上分别进行一维滤波，这是图像的子带编码中常用的方法。
以 4 子带为例，采用一维滤波器组，对一幅图像先按水平方向作一次滤波，可以在行频上
分为低、高两个子带，分别对这两个子带抽样后，再按垂直方向作一次滤波，又将行低频
和行高频两个子带分别在列频上分为低、高两个子带，再分别进行抽样，这样，就得到了 4

个子带图像,这4个子带的总数据量与原始图像的数据量相同。图6.3、图6.4分别是用高通和低通正交镜像滤波器组实现4子带图像分析和综合的过程。图6.5是频谱分解示意,二维图像频谱分解成 LL 子带(行低频、列低频)、LH 子带(行低频、列高频)、HL 子带(行高频、列低频)和 HH 子带(行高频、列高频)四个面积相等的子图像,还可以在4个子带的基础上以相同的方法将图像频谱分解为更多的子带。

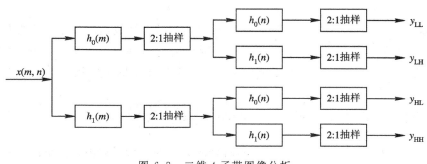

图 6.3　二维 4 子带图像分析

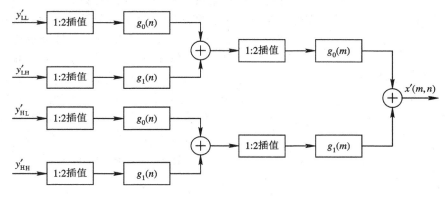

图 6.4　二维 4 子带图像综合

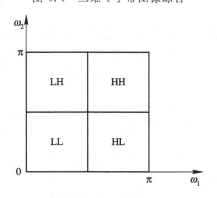

图 6.5　二维图像频谱分解示意

　　在实际应用中,当信道容量受限时,可以利用子带编码的上述特点采用渐进传输,即发送端以较低的码率先传 LL 子带,在接收端开始得到一个低分辨率的图像,而后发送端陆续传送 LH、HL、HH 各高频子带,接收端随着收到的高频子带的增加,图像分辨率逐渐增加,图像质量逐渐增强。

6.2.4　图像的子带编码

　　在子带编码中，每个子图像都可以采用适合其统计特性和视觉重要性的编码方法进行编码。实验表明，对于一般的图像，图像能量大部分集中在 LL 频段，应该较细地表示它们，分配较多的比特；而其它子带则包含图像中的高频分量，即图像的细节信息，可以较粗略地表示，分配较少的比特。

　　在实际应用中，有多种对子带图像进行编码的方法，多数情况下 LL 子带都是采用变换编码、DPCM 或矢量量化编码。对其它子带则经过较简单的量化后，利用 PCM 或游程长度编码。对高频子带也可采用矢量量化编码，但需使用不同于低频子带的码书。

6.3　小波变换编码

　　小波变换编码是随着小波变换理论的研究而提出的一种编码方法。小波变换的本质是多分辨率或多尺度地分析信号，非常适合视觉系统对频率感知的对数特性，因此，它很适合于图像信号的处理。小波对图像的多分辨率分解实际上是子带分解的特例，利用小波变换对图像进行压缩的原理与子带编码方法十分相似，也是将原始图像信号分解成不同的频率区域，后续的编码方法则根据人的视觉特性及原图像的统计特性，对不同的频率区域采用不同的压缩编码手段，从而达到减小数据量的目的。小波变换编码一方面具有传统编码方法的一些优点，能够很好地消除图像数据中的统计冗余，另一方面它的多分辨率特性提供了利用人眼视觉特性的很好机制，而且小波变换后的图像数据能够保持原图像在各种分辨率下的精细结构，为进一步去除图像中其它形式的冗余信息提供了便利。鉴于此，小波图像编码在较高压缩比的图像编码领域很受重视，MPEG－4 和 JPEG－2000 等国际图像编码标准均采用了小波编码方法。

6.3.1　编码基本原理

　　小波图像编码的主要工作是选取一个固定的小波基，对图像作小波分解，在小波域内研究合理的量化方案、扫描方式和熵编码方式。关键的问题是怎样结合小波变换域的特性，提出有效的处理方案。一般而言，小波变换的编/解码具有如图 6.6 所示的统一框架结构。

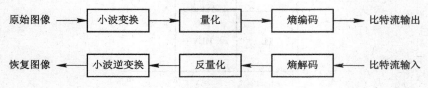

图 6.6　小波编/解码框图

　　熵编码主要有游程编码、霍夫曼编码和算术编码。而量化是小波编码的核心，其目的是为了更好地进行小波图像系数的组织。

　　小波变换采用二维小波变换快速算法，就是以原始图像为初始值，不断将上一级图像分解为四个子带的过程。每次分解得到的四个子带图像，分别代表频率平面上不同的区域，它们分别含有上一级图像中的低频信息和垂直、水平及对角线方向的边缘信息，其中，

HL_j 表示了水平方向的高频、垂直方向的低频成分，LH_j 表示的是水平方向的低频、垂直方向的高频成分，而 HH_j 子带则表示了水平和垂直方向的高频成分。从多分辨率分析出发，一般每次只对上一级的低频子图像进行再分解。图 6.7 是三层小波分解的示意。图 6.8 中给出了对实际图像进行小波分解的实例，其中图(a)为原始图像，图(b)～(d)是对图(a)进行第 1～3 级分解得到的小波图像。

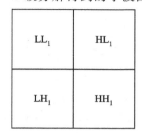
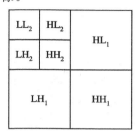
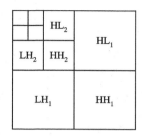

图 6.7　小波变换示意

(a) 原始图像　　　(b) 第一级分解　　　(c) 第二级分解　　　(d) 第三级分解

图 6.8　小波变换的实际图像

　　注意，图像进行小波变换后，并没有实现压缩，只是对整幅图像的能量进行了重新分配。事实上，变换后的图像数据具有更宽的范围，但宽范围的大量数据被集中在一个小的区域内，而在很大的区域中数据的动态范围很小。小波变换编码正是利用小波变换的这些特性，采用适当的方法对变换后的小波系数进行组织，以实现图像的高效编码。总体而言，小波变换编码有如下特点：

　　(1) 小波图像的各个频带不仅分别对应了原始图像在不同尺度和不同分辨率下的细节，而且每个频带都是一个由小波分解级数决定的最小尺度、最小分辨率下对原始图像的最佳逼近。以四级分解为例，最终的低频带 LL 是图像在尺度为 1/16 和分辨率为 1/16 时的一个逼近，图像的主要内容都体现在这个频带的数据中；HL_j，LH_j 和 HH_j 则分别是图像在尺度为 $1/2^j$、分辨率为 $1/2^j$ ($j=1, 2, 3, 4$)下的细节信息，分辨率越低的子带中有用信息的比例也越高。从多分辨率分析的角度考虑小波图像的各个频带时，这些频带之间并不是纯粹无关的，特别是对于各个高频带，由于它们是对图像同一边缘、轮廓和纹理信息在不同方向、不同尺度和不同分辨率下由细到粗的描述，因而它们之间必然存在着一定的关系，其中很显然的是这些频带中对应边缘、轮廓的相对位置都应是相同的。此外，低频子带的边缘与同尺度下高频子带中所包含的边缘之间也有对应关系。

　　(2) 各高频子带具有方向选择性，而不同方向的信息对人眼有不同的作用，根据这一特性分别设计量化器，可以得到很好的编码效果。

　　(3) 在小波变换编码中，图像是作为一个整体被传送的，而不像基于分块的图像编码方法(如 DCT 变换)中把图像分成像素块来传送，因此不会出现方块效应。在高压缩比条件下，小波变换编码器的性能下降也很缓慢。

（4）天然的塔式数据结构。图像经多级小波分解后，各系数之间存在着天然的塔式数据结构。除最高分辨率下的三个高频子带外（HL_1，LH_1，HH_1），每个高频子带中的每个像素点在空间位置上都对应于其相邻分辨率下高频子带的四个像素点。而低频子带中的每个像素点在空间位置上也与最低分辨率下三个高频子带中的一个像素点存在着对应关系，从后面的图 6.10 可以看到这种结构的示意。

6.3.2　小波图像系数的特点

一幅图像作小波分解后，可得到一系列不同分辨率的子图像，如图 6.8(b)、(c)、(d)中的各子图像。不同分辨率的子图像对应的频率是不同的，从各子图像可以看出，高频子图像上大部分点的数值都接近于零，频率越高这种现象越明显。这就为数据的压缩编码提供了思路。

根据小波变换理论有

$$|w_{\Psi,f}(a,b)| \leqslant k|a|^{a+\frac{1}{2}} \qquad (6.3-1)$$

取 $a=2^{-j}$，$b=k2^{-j}$，k 是常数，所以当 j 大（即高频）时，小波变换的系数的模值 $|w_{\Psi,f}(a,b)|$ 小，而当 j 小（即低频）时，小波变换系数的绝对值大。因而，在高频部分大多数点就可以分配较小的比特数以达到压缩的目的。表 6.1 是对图 6.8 进行 3 级小波分解后的小波系数的统计分析，分解采用的是 Daubechies 小波分解（db4）。

表 6.1　图 6.8 的小波系数的统计分析

子图像号	最小值	最大值	均值	标准方差	能量百分比	层能量合计
LH_1	−80.98	67.80	0.0050	5.317	0.01	
HL_1	−126.30	134.20	0.2272	10.070	0.04	0.06
HH_1	−47.43	49.51	0.0053	4.159	0.01	
LH_2	−187.90	130.10	−0.2221	15.600	0.03	
HL_2	−167.60	172.50	0.3671	26.500	0.17	0.23
HH_2	−106.40	102.60	−0.1820	15.150	0.03	
LH_3	−255.60	247.90	−1.4050	41.480	0.08	
HL_3	−346.70	365.50	−3.4980	68.120	0.16	0.29
HH_3	−239.60	166.30	−1.7820	37.290	0.05	
LL_3	147.80	2137.00	1432.00	463.50	99.42	99.42

由表 6.1 的能量分布可以看出，约有 90% 的小波系数绝对值非常小，集中在零值附近。对多幅图像小波分解进一步研究，可以得到以下结论：

（1）各个高频子带数据的统计分布非常相似，基本符合拉普拉斯分布；

（2）随着分解层的增加，小波系数的范围越来越大，说明较低分辨率子带中的小波系数具有更重要的地位；

（3）分辨率最低时，子图像 LL 的小波系数的范围比别的子图像小波系数更宽，均值和方差比别的子图像更大，这说明这些小波系数具有最重要的地位。

6.3.3 小波变换编码的几个主要问题

用小波分析方法对图像进行编码时，主要涉及三个方面的问题：图像边界的扩展、小波基的选取和小波系数的组织。

1. 图像边界的扩展

由离散小波变换算法可知，对图像进行小波分解与合成的运算一般采用卷积运算。由于一幅图像的范围总是有限的，分解时，如果直接对其进行 FIR 滤波，则在保留与原始信号相同尺寸数据量的情况下，合成过程必然会带来信号边界的失真，影响恢复图像的质量，因此必须对图像信号进行边界扩展。目前常采用的边界扩展方法主要有周期扩展、边界补零扩展、重复边界点扩展、对称扩展、反对称扩展等。

不同的扩展方法会对图像编码带来不同的影响。从信号的完全重构角度出发，周期扩展方法最好，其它几类扩展方法都会在信号的边界点引入失真。从图像压缩角度出发，希望信号分解后不增加数据量。周期扩展方法常常会在边界点引入一个畸变，这个畸变意味着分解后小波图像会有更多的高频系数出现，影响图像压缩倍数的提高，而其它几类扩展方法则基本能保持分解后的信号边界相对光滑。

2. 小波基的选取

在进行小波变换时，选用不同的小波基会对编码的复杂度、压缩比及图像恢复质量等产生影响。不同的小波基具有不同的时频局域性，因此选择适当的小波基对图像编码是十分重要的。由于紧支集正交归一小波基可以无冗余地表征图像信号，因而在早期成为小波变换的首选。但是除 Harr 基外，满足紧支集正交归一小波条件的函数缺乏信号处理中所希望的对称性，所以对应的 FIR 滤波器不具有线性相位，这对图像编码是很不利的。而双正交小波基构造容易，且不增加处理上的计算负担，在实际应用中受到了广泛重视。

小波基的选取还应考虑小波基的正则性和消失矩。人们普遍认为具有线性相位、正交性好、消失矩大的小波基是首选的。其中，正则性刻画了小波的光滑度，即小波的正则性越大，分解后的小波图像各高频子带的能量就越集中于图像的边缘附近；而消失矩表明了小波变换后信息能量的集中程度，即小波基的消失矩越大，分解后小波图像的能量就越集中于低频子带。这样，小波图像各系数就越便于组织，越容易获得高效率的压缩。

3. 小波图像系数的组织

图像通过小波变换可以得到小波系数的稀疏分布矩阵。大量的零系数有利于码率的压缩，但是，要充分利用这一特点，就需要考虑如何有效地分配比特，所以，对于小波系数的幅值和位置的编码是重要的问题。从实践中发现，压缩效率的提高，更大程度上依赖于对小波系数的处理策略而非小波系数的选择。

我们对应于第三章讨论的 DCT 变换来考察小波图像。DCT 变换的特点之一是图像经分块 DCT 变换后，不为零的系数大部分集中在左上角，因此可以有效地将它们组织起来，编码效率很高。但 DCT 变换没有保留原图像块的精细结构，从中无法反映图像块原来的边缘、轮廓等信息，这是由于 DCT 缺乏时频局域性造成的。

与 DCT 相比，小波变换没有提供一种简单的方式来组织各高频带的系数，这是因为在小波图像中，不为零的系数主要集中在 LL 低频带和各个高频带中对应的图像轮廓、边缘位置。对一般图像而言，这种边缘、轮廓是非常无序的，对于它们位置的编码缺乏有效的手段，很难找到一种较好的方法来组织系数。因此，研究小波图像高频带系数的有效组织和编码方法，是小波变换编码的关键之一。

一般采用使零码连续出现概率最大的准则来组织系数，具体又可分为两种：一是在各高频子带内单独按方向组织系数；另一种是利用各频带相关特性采用四叉树结构组织系数。前一种方法利用了小波图像的方向选择性特点，根据不同频带对应的边缘和轮廓的方向来组织系数，见图 6.9(a)。然而将小波图像的各个频带作为独立数据处理显然是不合理的。后一种方法基于小波图像多分辨率的信息组织系数，用四叉树结构来描述各频带内容、位置间的相关性，见图 6.9(b)。但这种方法忽略了小波系数的方向选择性。这两种方法各有侧重，在低压缩比时得到的图像质量优于 DCT 变换编码，但在高压缩比时质量降低很快。

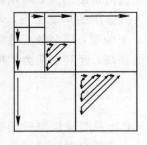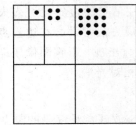

(a) 按方向组织系数　　　　　　(b) 四叉树结构组织系数

图 6.9　小波系数的组织方法

由于小波图像系数的空间分布特征以及其多分辨率的组织特点，使得小波图像系数在空间和内容上均存在相关性，这很适合采用矢量量化(VQ)技术来处理。VQ 技术不仅可以避免由于小波图像系数空间的松散分布结构带来的编码冗余和复杂度，而且可以较好地刻画这种系数之间的相关性。

在第三章我们已经谈到，矢量量化的关键是码书的组织。通过对小波图像数据结构的研究，人们提出了多种方法，主要可以分为以下三类：

(1) 利用高频子带的方向选择性，针对不同子带按照不同的方向组织码书，码书的设计、训练各自独立，码书维数与各子带的大小相匹配；

(2) 利用相同分辨率下三个高频子带同一空间位置的对应点产生码书；

(3) 将不同分辨率下的高频子带中对应同一位置的系数按一个四叉树结构组合在一起，并以此产生码书。

根据小波图像各子带系数分布的特点，除对 VQ 码本身进行组织外，选用不同的 VQ 方法对码书进行量化会产生不同的编码结果。在小波图像编码中常见的几种典型 VQ 方法有 LBG 算法、分类矢量量化、树结构搜索矢量量化、格型矢量量化、多级矢量量化、预测矢量量化以及几何形状矢量量化等。

对于小波图像系数的编码，人们一直在不断寻找高效、快速、方便的实现技术，近年来，一些有效的算法已经得到了实际应用，下一节中，我们着重介绍两种受到广泛关注的小波静止图像编码方法——嵌入式小波零树编码及其改进的 SPIHT 算法。

6.4　基于小波变换的零树编码

从多分辨率分析的观点看，图像经小波变换分解后，产生的各级子图像分别对应于原始图像中不同尺度下的边缘信息，原始图像中的突变信号在小波变换域中没有扩散。小波变换不仅具有频率压缩特性，而且同时具有空间域压缩特性。这些特性一方面表现为大部分的图像能量集中在最低频率的子图像中，并从低频到高频呈递减分布趋势；另一方面，各子图像对应相同空间位置的像素之间存在着较强的空间相关性，并且相应的系数从低频到高频呈很好的尺度级顺序递减。根据这一独特的数据分布特性，产生了一种新型数据结构："零树"，以及利用零树的一种高效的小波图像压缩算法：嵌入式小波零树编码。

6.4.1　嵌入式小波零树编码(EZW 算法)

这个由 J. M. Shapiro 提出的算法包含两个重要的概念：嵌入式编码和零树。

所谓嵌入式编码，是指一个低比特编码嵌入在码流的开始部分，从码流的起始至某一位置的一段码流被取出后，它是一个具有更低码率的完整码流，由它可以解码重构这个图像。与原码流相比，这部分码流解码出的图像具有更低的质量或分辨率，但解码图像是完整的。因此，嵌入式编码器可以在编码过程中的任一点停止编码，解码器也可以在获得的码流的任一点停止解码，其解码效果只是相当于一个更低码率的压缩码流的解码效果。嵌入式码流中比特的重要性是按照次序排列的，排在前面的比特更重要。显然，嵌入式码流非常适用于图像的渐进传输、图像浏览和因特网上的图像传播。

在 EZW 算法中，嵌入式码流由零树结构结合逐次逼近量化技术实现。零树是一种表示小波变换系数中非零值位置的数据结构。下面我们先讨论零树的表示方法，再介绍 EZW 算法。

1. 零树的表示方法

变换编码的主要思想是使变换系数矩阵经过量化后，产生大量的零符号。那么，后续的问题就是如何高效地表示非零符号，包括位置和幅度。而量化无非是设定一个阈值 T，当符号的幅度大于 T 则量化为非零，反之为零。我们在这里规定几个术语：对于给定阈值 T，如果符号 $|X| > T$，则称 X 为重要系数，否则，称 X 为非重要系数。表示重要系数位置的过程称为重要系数映射。对量化后变换系数的编码相当于分别对重要系数映射的编码和对重要系数的编码。

在小波变换域中，可以用树形结构反映小波变换的空频局域特性，如图 6.10。假如以 HH_3 子带内的第 (i, j) 个系数作为根节点，则 HH_2 子带内 $(2i, 2j)$、$(2i+1, 2j)$、$(2i, 2j+1)$ 和 $(2i+1, 2j+1)$ 共 4 个系数是根节点的子节点，HH_1 子带内 $\{4i+m, 4j+n\}_{0 \leqslant m, n \leqslant 1}$ 共 16 个系数是根节点的孙节点，这棵树有三层共 21 个系数值。当然，树的根节点也可以在其它子带内定义，如果在 LH_2 子带内 (i, j) 系数作为根节点，则在 LH_1 子带内有 4 个子节点，它没有孙节点，子带 LH_1，HL_1，HH_1 内的系数都没有子孙节点，因此它们不构成树的根节点。最高层的低频子带 LL_3 是个特例,它的每个系数对应着 HL_3,LH_3,HH_3 子带内位于相应位置的三个子节点。

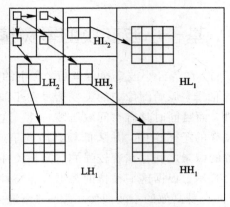

图 6.10 三层小波分解及树结构示意图

零树的定义是基于这样的试验结果:如果在低分辨率层的一个小波系数相对于阈值 T 是非重要系数,则在高分辨率层的同一空间位置上相同方向的所有小波系数相对于 T 来说都很可能是非重要系数。通过实验和用线性估计理论都说明,这种预测是以高概率成立的。

对于给定阈值 T,如果树的根节点及其所有子孙节点的系数值均是非重要系数,则称该树为零树,根节点称为零树根。一个零树根指的是由该根节点起始的一棵树是零树,同时,该零树不是一棵更大零树的子集。也就是说,被称为零树根的节点,它的父节点不是零树根。

在图 6.10 所示例子中,如果 HH_3 中一个根节点是零树根,它将表示共有 21 个小波变换系数都是非重要系数,因此,这种表示非重要系数映射的方法是很有效的。

寻找零树的迭代过程按照图 6.11 所示的 Z 型顺序扫描全部系数。可以保证访问某一个节点时,它的全部父节点都已扫描过了。扫描从最低频率子带 LL_n 开始,依次扫描 HL_n,LH_n 和 HH_n,然后进入第 $n-1$ 层,再扫描 HL_{n-1},LH_{n-1} 和 HH_{n-1}。

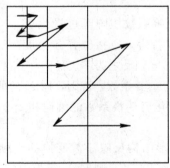

图 6.11 Z 型扫描

扫描中访问的每个系数被分为几种类别。零树根(ZTR)上面已介绍过;孤零(IZ)表示当前系数是非重要系数,但它的子孙系数中至少有一个是重要系数;重要系数表示当前系数是一个重要系数,且正数用(POS)表示,负数用(NEG)表示。这 4 种情况用 2 bit 标识即可。通过对各子带的扫描，形成一个符号表，根据系数的类别将 POS、NEG、IZ 或 ZTR 放入表中。但要注意的是，如果系数是 ZTR，需要将其所有子孙系数进行标注，因为已经知道它们是非重要系数，在后面的扫描中跳过它们。

上述扫描过程中系数分类的流程图如图 6.12 所示。

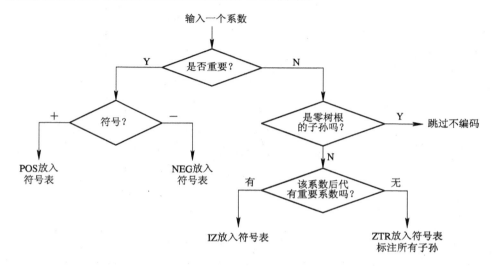

图 6.12　零树系数分类流程图

下面用一个例子来说明零树方法表示重要系数映射的一个简单的编码过程。

【例 6.1】　一个 8×8 图像的三层小波分解的系数值如图 6.13 所示。

63	−34	49	10	7	13	−12	7
−31	23	14	−13	3	4	6	−1
15	14	3	−12	5	−7	3	9
−9	−7	−14	8	4	−2	3	2
−5	9	−1	47	4	6	−2	2
3	0	−3	2	3	−2	0	4
2	−3	6	−4	3	6	3	6
5	11	5	6	0	3	−4	4

图 6.13　一个 8×8 图像的三层小波变换系数矩阵

对小波系数矩阵进行量化，量化步长为 $\Delta = 24$，只是为了说明零树表示方法，采用最简单的量化器为

$$\text{index} = \left(\frac{|X_k|}{\Delta} \right) \text{sgn}(X_k) \qquad (6.2-11)$$

index 取整，重构时 $|\hat{X}_k| = \Delta \cdot \text{index} + \frac{\Delta}{2}$，再加入符号。量化器输出矩阵如下（见图 6.14）：

2	−1	2	0	0	0	0	0
−1	0	0	0	0	0	0	0
0	0	0	0	0	0	0	0
0	0	0	0	0	0	0	0
0	0	0	1	0	0	0	0
0	0	0	0	0	0	0	0
0	0	0	0	0	0	0	0
0	0	0	0	0	0	0	0

图 6.14　小波系数量化后的结果

按照所述的零树符号和扫描次序，得到扫描输出为

$$\underbrace{|POS|NEG|NEG|ZTR}_{LL_3\ HL_3\ LH_3\ HH_3}\ \underbrace{POS|ZTR|ZTR|ZTR}_{HL_2}\ \underbrace{ZTR|IZ|ZTR|ZTR}_{LH_2}$$

$$\underbrace{|Z|Z|Z|Z}_{HL_1}\ \underbrace{|Z|POS|Z|Z}_{LH_1}$$

上面用 20 个符号表示了 64 个系数矩阵的重要系数映射。扫描过程中，前 3 个值非零，因此，将它们是 POS 或 NEG 添入表中。HH_3 的系数为 0，且所有 20 个后代都是 0，它是一个零树根，用一个 ZTR 符号表示这些系数是非重要系数。接着扫描 HL_2 子带，第一个系数非零，用 POS 表示，其他三个系数均为 ZTR。进入 LH_2，第一个系数是 ZTR，而第二个系数因为 LH_1 中的一个子系数非零，故为 IZ，后两个系数均为 ZTR。HH_2 子带内的系数均是 HH_3 内 ZTR 的子节点，全部跳过。进入 HL_1 后，左上方 4 个系数全零，其余全部跳过。在 LH_1 内，仅有右上部 4 个系数需要检验，由于没有后代节点，用 Z 表示非重要系数，用 POS 或 NEG 表示重要系数，其余为零树根的子孙节点，全部跳过。HH_1 也全部跳过。

注意，因为 LH_1、HL_1、HH_1 子带中的系数没有后代节点，不可能是 ZTR，只能分类为 IZ、POS 或 NEG，其中零系数用专门的符号 Z 表示。

2. EZW 算法

在上面的例子中，为了说明问题，用了一个简单的量化方法。实际中，零树与逐次逼近量化技术（SAQ，successive-approximation quantization）相结合，构成了 EZW 编码算法。

SAQ 是指采用一个阈值序列 T_0，T_1，…，T_{N-1}，来依次确定重要系数和非重要系数，各个阈值满足条件：$T_i = T_{i-1}/2$，且 $2T_0 \geqslant |X_{max}|$，X_{max} 指小波变换系数矩阵中的最大幅度值。SAQ 在量化过程中以 2 的倍数不断细化阈值，实际就是在不同的比特平面上进行编码。

在利用 SAQ 编码过程中，需要使用两个表（解码器也使用这两个表），一个主表，一个副表。对于一个给定的阈值 T_i（第一次使用 T_0，第二次使用 T_1，以此类推），首先进行一遍主扫描，生成主表。主表包含的是以 T_i 为阈值的重要系数映射，由符号 POS，NEG，

ZTR,IZ 构成，按照扫描顺序存放。在形成主表的同时，将已发现的重要系数幅度值记录下来，同时将该系数在变换矩阵中的位置置为 0，这是为了后续扫描阈值减小时，不影响零树的出现。

在进行完主扫描后紧接着是副扫描。副扫描的目的是对已发现的重要系数进行更细化的表示。假设当前阈值是 T_0，主扫描之后，已找到的重要系数的幅度在 $T_0 \sim 2T_0$ 之间，此时解码器可能用 $T_0 + T_0/2$ 作为它的重构值，副扫描则是为了进一步细化这些幅度值。以 $T_0 + T_0/2$ 为界，将区间再分为两部分，用 1 位信息表示一个值处于区间的上下部位，例如用 1 表示 $[T_0 + T_0/2, 2T_0)$ 之间；用 0 表示 $[T_0, T_0 + T_0/2)$ 之间。上半部的重构值用 $T_0 + 3T_0/4$，下半部的重构值用 $T_0 + T_0/4$，这样，一个重要系数重构时的不确定区间从 $T_0/2$ 降低到了 $T_0/4$，相当于提高了一倍表示精度。表示区间上下的符号（0，1 字符串）记入一个副表中。后续过程中的阈值 T_i 类似处理，但需对以前发现的所有重要系数均进行细化，主扫描中记录的重要系数是按照当前划分的区间从大到小顺序排列的。

EZW 算法的主要步骤如下：

（1）初始化。取初始阈值 $T_0 = 2^n$，$n = [\mathrm{lb}(|X_{\max}|/2)]$，$X_{\max}$ 指小波变换系数矩阵中的最大幅度值。

（2）主扫描。构成重要系数映射，生成主表，将已发现的重要系数在矩阵中的位置清 0，如果 $|X_{(i,j)}| > T$，输出一个符号。解码器输入这个符号时，设 $X_{(i,j)} = \pm 1.5T$。

（3）副扫描。细化重要系数，为每个重要系数输出一位 1 或 0，表示该系数处于区间的上部或下部。解码器收到这一位后，把当前系数增加 $\pm 0.25T$。

（4）令 $T = T/2$，如果需要更多迭代，转第（2）步。

对每一个给出的阈值 T_i，每一遍扫描产生两个表，主表和副表。主表由 4 个符号构成，副表由两个符号构成，这两个表都送到自适应算术编码器进行熵编码。

【例 6.2】 对图 6.13 所示 8×8 图像的三层小波分解系数矩阵进行 EZW 编码。

由于 $X_{\max} = 63$，取 $T_0 = 32$，进行第一遍主扫描，产生第一次主表，即以 T_0 为门限的重要系数映射。该表及一些说明信息示于表 6.2 中。

表 6.2 主扫描表及辅助说明信息

子 带	系数值	符 号	重构值	说 明
LL_3	63	POS	48	（1）
HL_3	−34	NEG	−48	
LH_3	−31	IZ	0	（2）
HH_3	23	ZTR	0	（3）
HL_2	49	POS	48	
HL_2	10	ZTR	0	（4）
HL_2	14	ZTR	0	
HL_2	−13	ZTR	0	
LH_2	15	ZTR	0	
LH_2	14	IZ	0	（5）

子 带	系数值	符 号	重构值	说 明
LH$_2$	−9	ZTR	0	
LH$_2$	−7	ZTR	0	
HL$_1$	7	Z	0	
HL$_1$	13	Z	0	
HL$_1$	3	Z	0	
HL$_1$	4	Z	0	
LH$_1$	−1	Z	0	
LH$_1$	47	POS	48	(6)
LH$_1$	−3	Z	0	
LH$_1$	−2	Z	0	

表中标号部分的说明如下：

(1) 左上角的系数为 63，大于 T_0 且为正，编码器生成并传送一个 POS 符号，同时 63 被清零。解码器将区间[32,64)的中间值 48 赋给此 POS 符号。

(2) 系数 31 小于 $T_0=32$，但它有一个后代(LH$_1$ 中的 47)重要，因此它不是零树根，而是一个孤零，IZ 写入主表。

(3) 23 小于 T_0，且它所有的后代都不重要(HH$_2$ 和 HH$_1$ 中的所有节点)，因此 23 是一个零数根，ZTR 写入主表。

(4) 从 HL$_2$ 中的 10 开始接连 4 个系数都是零树根，依次写入 4 个 ZTR。

(5) 14 是非重要系数，但它有一个子节点(LH$_1$ 的 47)重要，因此 14 是 IZ。

(6) 子带 LH$_1$ 中的 47 大于 T_0，作为 POS 编码，然后将其清零，以便下一步过程(阈值为 16)将把其父节点作为零数根而编码。

接着进行副扫描。主扫描时共发现 4 个重要系数，依次为{63,34,49,47}，解码器确定它们位于区间[32,64)，因此用 48 作为它们的重构值。副扫描的目的是用更准确的重构值表示它们。将量化区间分成上半区[48,64)和下半区[32,48)，如果一个数处于上半区，在副扫描中用 1 表示，若处于下半区则用 0 表示。因此，编码器对上述 4 个重要系数生成并传送"1010"，解码器将它们分别重构为 56、40、56 和 40。表 6.3 为副表及辅助说明信息。

表 6.3 副表及相应说明

系数值	符 号	重构值
63	1	56
34	0	40
49	1	56
47	0	40

在第二遍扫描时，令 $T_1=16$，此时小波系数矩阵中 4 个幅度最大的系数已经被清为 0，并在扫描时跳过。主扫描得到表 6.4。

表 6.4 主扫描表及辅助说明信息

子　带	系数值	符　号	重构值
LH$_3$	−31	NEG	−24
HH$_3$	23	POS	24
HL$_2$	10	ZTR	0
HL$_2$	14	ZTR	0
HL$_2$	−13	ZTR	0
LH$_2$	15	ZTR	0
LH$_2$	14	ZTR	0
LH$_2$	−9	ZTR	0
LH$_2$	−7	ZTR	0
HH$_2$	3	ZTR	0
HH$_2$	−12	ZTR	0
HH$_2$	−14	ZTR	0
HH$_2$	8	ZTR	0
HL$_1$	7	Z	0
HL$_1$	13	Z	0
HL$_1$	3	Z	0
HL$_1$	4	Z	0

由于第二遍扫描新增两个重要系数，现在副表为$\{63,49,34,47,31,23\}$。新增的两个值在$[16,32)$之间，而原来的旧值分别位于$[48,64)$和$[32,48)$之间。副扫描对这些值进一步细化，检查每个值在各自区间内位于上半区还是下半区，用 1 位二进制来进一步细化它们，并赋给它们细化的重构值。副表及说明如表 6.5 所示。

表 6.5 第二遍扫描副表

系数值	符　号	重构值
63	1	60
49	0	52
34	0	36
47	1	44
31	1	28
23	0	20

在第二次副扫描结束后，解码器已经可以识别出 47 和 34 处于不同区间，因此，6 个幅度值重新排序为{63，49，47，34，31，23}，同时，在小波变换矩阵中，将一31 和 23 两个系数清为 0。令 $T_2=8$，继续下一遍扫描。

在每一遍扫描后，先后将主表和副表送入自适应算术编码器进行进一步熵编码，这个过程一直进行到结束。为了跟踪各表自己的概率分布，主表和副表采用不同的概率分布类型。

6.4.2　SPIHT 算法

SPIHT 算法是分层树的集划分(set partitioning in hierarchical trees)算法的缩写，它是对 EZW 算法的扩展。它继承了零树的许多思想，其目的也是通过方向树最有效地表示重要系数，并通过对树的划分，将尽可能多的非重要系数汇集在一个子集中，用一个单位符号表示。EZW 算法中，一棵非零树被分裂成 4 个子集；而在 SPIHT 算法中，当当前节点 X 的后代 $D(X)$ 中含有重要系数时，将其分裂为 X 的 4 个儿子的集合 $O(X)$ 和除去这些儿子的集合：$L(X)=D(X)-O(X)$。如果 $L(X)$ 仍然为重要的，将 $L(X)$ 继续分裂为 $L(X)$ 的 4 个儿子的后代。这种更细致的集合分裂方式产生了更紧凑的输出，明显改进了压缩效率。SPIHT 算法在集合分裂过程中只进行二元判断，在所有判断和重要系数细化过程中，均只输出 1 bit 的判断或细化结果。另外，SPIHT 只采用 2 的指数作为阈值，起始阈值取为 $T_0=2^n$，$n=[lb|X_{max}|]$，X_{max} 是变换矩阵中的最大幅度值。一遍扫描完成后，n 减 1，相当于阈值减半，再进行下一遍扫描。经过多次扫描，重要系数是小波变换系数整数部分的二进制表示，这是一种典型的比特面编码。

SPIHT 算法的一个重要特点是在图像解码的任意时刻，所显示的图像质量都是当时解码器输入位数所能获得的最佳者。因此，SPIHT 算法是一种很好的渐进传输编码方法。

在 SPIHT 算法中，用方向树的数据结构定义小波系数集合。图 6.15(a)是一个 2 层小波变换的方向树，除最低频子带 LL_M 和最高频三个子带外，每个系数在它的同方向相邻更高频子带的相同位置上有 4 个子女，最高频子带没有子女，略有不同的是，LL_M 子带也按 2×2 分组，除每组的左上角元素没有子女外，其它三个元素各有 4 个子女，父子关系如图 6.15(a)的箭头所示。

为了描述 SPIHT 算法，下面首先定义几个用于方向树划分的集合。

(1) $O(i,j)$：节点(i,j)的子女的坐标集合。在每一个节点，一个系数可能有 4 个子女或没有子女，故 $O(i,j)$ 的大小为 4 或 0。

(2) $D(i,j)$：节点(i,j)所有子孙的坐标集合。

(3) $H(i,j)$：所有根节点的集合。在图 6.15(a)中，H 就是子带 LL_2。

(4) $L(i,j)$：节点(i,j)的所有子孙的坐标集合，但是去掉它的直接子女。即 $L(i,j)=D(i,j)-O(i,j)$。

图 6.15(b)给出了 4 层小波变换系数的节点集合示意。

对于门限 $T=2^n$，如果一个集合 A 所表示的所有系数都是重要系数，则称集合是重要的；否则，该集合是非重要的。定义 $S_n(A)$ 作为 A 是否重要的标志位，$S_n(A)$ 定义如下：

$$S_n(A)=\begin{cases} 1 & \max_{(i,j)\in A}\{|X_{i,j}|\geqslant 2^n\} \\ 0 & \text{其它} \end{cases}$$

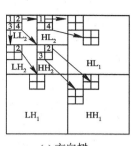 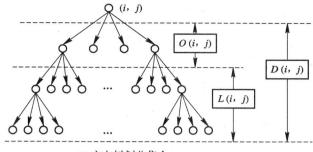

(a) 方向树　　　　　　　　(b) 方向树划分集合

图 6.15　SPIHT 算法中树的结构图

当集合只包含一个系数的坐标时，即 $A=\{(i,j)\}$ 时，简写为 $S_n(i,j)$。

例如，在图 6.15（a）中，如果 HL_1 中左上角 16 个系数全部小于 $T=2^n$，则有 $S_n(L(0,1))=0$，表示集合 $L(0,1)$ 是无效的，即它包括的所有坐标所对应的系数都是非重要系数。

SPIHT 的集分割原则可以简单归纳如下：

（1）对于所有 $(i,j) \in H$，初始集合为 $\{(i,j)\}$ 和 $D(i,j)$。

（2）如果 $D(i,j)$ 是重要的，就划分为 $L(i,j)$ 和 4 个子女的单元素集合 $(k,l) \in O(i,j)$。

（3）如果 $L(i,j)$ 是重要的，它被划分成 4 个集合 $D(k,l)$，这里 $(k,l) \in O(i,j)$。

编、解码器需要使用同样的方法检测集合的重要性，因此，编码算法使用 3 个列表，表中每个记录都是坐标 (i,j) 形式：

LIP（List of Insignificant Pixels）——非重要像素列表，每个记录代表一个非重要系数。

LSP（List of Significant Pixels）——重要像素列表，每个记录代表一个重要系数。

LIS（List of Insignificant Sets）——非重要集合列表，每个记录代表一个集合 $D(i,j)$ 或 $L(i,j)$。

SPIHT 算法简要描述如下：

第 1 步：设定阈值。令 LIP 为所有根节点系数，LIS 为所有树（设为 D 类），LSP 为空集。

第 2 步：排序过程。检测 LIP 中所有系数的重要性。

（2.1）如果重要，输出 1 和符号位，并将系数移进 LSP 中。

（2.2）如果不重要，则输出 0。

第 3 步：根据树的类型检查 LIS 中所有树的重要性。

（3.1）对于 D 类树：

（3.1.1）如果重要，则输出 1，并编码它的子节点。

（a）如果子节点重要，则输出 1，后跟 1 位符号，并将其加到 LSP 中。

（b）如果子节点不重要，则输出 0，将其加到 LIP 末尾。

（c）如果子节点有子孙，则将树作为 L 类移到 LIS 的最后；否则，从 LIS 中移去。

（3.1.2）如果不重要，则输出 0。

（3.2）对于 L 类树：

　　（3.2.1）如果重要，则输出 1，并将每个子节点作为 D 类的一项加到 LIS 末尾，从 LIS 中移去父树。

　　（3.2.2）如果不重要，则输出 0。

第 4 步：阈值减 1，如果需要转第二步。

下面是 SPIHT 算法的详细流程（解码器与编码器同步工作，也执行下面的算法）：

第 1 步：算法初始化。得到 $n=\lceil \mathrm{lb}(\max_{(i,j)}\{|X_{i,j}|\})\rceil$

置 LSP 为空表，将坐标 $(i,j)\in H$ 加入到 LIP，$(i,j)\in H$ 中带有子孙的加入到 LIS，并作为 $D(i,j)$ 类集合。

第 2 步：分类扫描过程。

（2.1）对 LIP 的每个记录 (i,j)，作

　　（2.1.1）输出 $S_n(i,j)$；

　　（2.1.2）如果 $S_n(i,j)=1$，将 (i,j) 移到 LSP，并输出 $X_{i,j}$ 的符号位。

（2.2）对 LIS 的每个记录 (i,j)，作

　　（2.2.1）如果这个记录代表一个 $D(i,j)$ 类集合，则

　　　（a）输出 $S_n(D(i,j))$；

　　　（b）如果 $S_n(D(i,j))=1$，则

　　　　（b.1）对每一个 $(m,n)\in O(i,j)$，作

　　　　・ 输出 $S_n(m,n)$；

　　　　・ 如果 $S_n(m,n)=1$，将 (m,n) 加入到 LSP，并输出 $X_{m,n}$ 的符号位；

　　　　・ 如果 $S_n(m,n)=0$，将 (m,n) 加入到 LIP。

　　　　（b.2）如果 $L(i,j)$ 不为空集合，将 (i,j) 加入到 LIS 尾部，并表明它是 $L(i,j)$ 类型集合，转到（2.2.2）；如果 $L(i,j)$ 是空集合，将 (i,j) 从 LIS 中移出。

　　（2.2.2）如果这个记录代表 $L(i,j)$ 类集合，则

　　　（a）输出 $S_n(L(i,j))$；

　　　（b）如果 $S_n(L(i,j))=1$，则

　　　　・ 将每个 $(m,n)\in O(i,j)$ 加入到 LIS 尾部，并标记为 $D(m,n)$ 类型。

　　　　・ 从 LIS 中移去 (i,j) 项。

第 3 步：对 LSP 中每一项 (i,j)（除了当前这遍扫描产生的之外），输出 $X_{i,j}$ 的第 n 位。

第 4 步：$n=n-1$，返回第 2 步。

说明：

（1）算法（2.1）步先对 LIP 进行扫描。对于当前阈值，如果系数 $X_{i,j}$ 已变为重要的，将它移入 LSP，输出重要系数标识 $S_n=1$ 以及符号位。该系数的最高有效位必为 1，而此时知道该系数满足 $2^n\leqslant|X_{i,j}|<2^{n+1}$，故此最高位不必输出。

（2）算法第（2.2）步估计 LIS 中的所有项。其中，（2.2.1）步将某些项作为 L 类加入 LIS，（2.2.2）步则将其它项作为 D 类加入 LIS。

（3）每次迭代 n 减 1，但不必一直减少到零。循环可以在任何一次迭代后停止，得到的是有损压缩。一般由用户指定迭代次数，也可以由用户指定可接收的失真量。

（4）编码器利用小波系数 $X_{i,j}$ 计算传送的比特 S_n，解码器输入这些比特位，计算出 $X_{i,j}$。解码器同样执行上述流程，但"输出"改为"输入"。

（5）编码器只针对小波系数，并不处理实际像素值。而解码器的每次迭代都必须显示和更新图像。在每次迭代中，当把系数 $X_{i,j}$ 的坐标 (i,j) 作为一个记录移进 LSP 时，编码器和解码器都知道 $2^n \leqslant |X_{i,j}| < 2^{n+1}$。因此，解码器能为重构系数 $\hat{X}_{i,j}$ 提供的最好值是 2^n 和 $2^{n+1} = 2 \times 2^n$ 的中间值。所以，解码器设 $\hat{X}_{i,j} = \pm 1.5 \times 2^n$（解码器每次迭代一开始即输入 $\hat{X}_{i,j}$ 的符号）。在细化过程中，当解码器输入 $X_{i,j}$ 第 n 位的实际值后，就可以根据这个第 n 位是 1 或 0 对 1.5×2^n 加上或减去 2^{n-1}。这样，解码器在排序和细化过程中都可以改善图像的质量。

下面用一个实例介绍 SPIHT 算法的工作过程，在这个例子中我们可以看到 SPIHT 算法的渐进传输特性。

【例 6.3】 下面是一个 4×4 图像的单层小波变换的结果，采用 SPIHT 进行压缩编码：

$$P = \begin{bmatrix} 70 & 49 & 4 & 2 \\ 31 & 16 & 8 & 8 \\ 2 & 8 & 2 & 2 \\ -32 & 4 & 4 & 2 \end{bmatrix}$$

按照图 6.15 规定的 Z 形扫描方向按 1～16 的顺序将系数进行排列，结果如表 6.6 所示。表中列出了各个系数的二进制数的每一位，以便在编码过程中对应。

表 6.6　小波变换系数列表

符号 \ n	1	1	1	1	1	1	1	1	1	1	0	1	1	1	1	1
6	1															
5	0	1									1					
4	0	1	1	1							0					
3	0	0	1	0			1	1		1	0					
2	1	0	1	0	1		0	0		0	0	1			1	
1	1	0	1	0	0	1	0	0	1	0	0	0	1	1	0	1
0	0	1	1	0	0	0	0	0	0	0	0	0	0	0	0	0
值	70	49	31	16	4	2	8	8	2	8	-32	4	2	2	4	2
顺序	1	2	3	4	5	6	7	8	9	10	11	12	13	14	15	16

有几点说明：为方便起见，我们在例子中用 $S_n(X_{i,j})$ 表示系数的重要标志，用 $S_n\left(\begin{bmatrix} x1 & x2 \\ x3 & x4 \end{bmatrix} \right)$ 表示某一个 D 类或 L 类的重要性标志。另外，符号位定义为 1 表示正数，0 表示负数。

初始条件确定：$n = [\mathrm{lb}\,70] = 6$，$T = 2^6 = 64$

三个表格的初始值：

$$LIP = \{(0,0) \colon 70, (0,1) \colon 49, (1,0) \colon 31, (1,1) \colon 16\}$$

$$LIS = \left\{ (0,1)D \colon \begin{bmatrix} 4 & 2 \\ 8 & 8 \end{bmatrix}, (1,0)D \colon \begin{bmatrix} 2 & 8 \\ -32 & 4 \end{bmatrix}, (1,1)D \colon \begin{bmatrix} 2 & 2 \\ 4 & 2 \end{bmatrix} \right\}$$

$$LSP = \{\quad\}$$

注意：在实际编码器中，上面的 LIP 和 LIS 都只有坐标值，这里我们给出实际值是为了便于理解，LIS 中的 D 代表 D 类集合。

第 1 遍扫描：取 $n=6$。

对于 LIP：用 $T=2^6=64$ 对 70 进行判别，显然 $70 > 64$，输出 $S_6(70)=1$，以及相应的符号位：$\text{sign}(X_{0,0})=1$，并将 $(0,0) \colon 70$ 移入 LSP 中。输出 $S_6(49)=0$，$S_6(31)=0$，$S_6(16)=0$。

对于 LIS：输出 $S_6\left(\begin{bmatrix} 4 & 2 \\ 8 & 8 \end{bmatrix}\right)=0$，$S_6\left(\begin{bmatrix} 2 & 8 \\ -32 & 4 \end{bmatrix}\right)=0$，$S_6\left(\begin{bmatrix} 2 & 2 \\ 4 & 2 \end{bmatrix}\right)=0$。

这一级的编码输出为 11000000，最前面的 1 表示 70 的最高位（第 6 位），紧接着那个 1，是 70 的符号位。

第 2 遍扫描：取 $n=5$，$T=2^5=32$。

$$LIP = \{(0,1) \colon 49, (1,0) \colon 31, (1,1) \colon 16\}$$

$$LIS = \left\{ (0,1)D \colon \begin{bmatrix} 4 & 2 \\ 8 & 8 \end{bmatrix}, (1,0)D \colon \begin{bmatrix} 2 & 8 \\ -32 & 4 \end{bmatrix}, (1,1)D \colon \begin{bmatrix} 2 & 2 \\ 4 & 2 \end{bmatrix} \right\}$$

$$LSP = \{(0,0) \colon 70\}$$

对于 LIP：输出 $S_5(49)=1$，$\text{sign}(X_{0,1})=1$，$S_5(31)=0$，$S_5(16)=0$，$(0,1) \colon 49$ 移入 LSP。

对于 LIS：输出 $S_5\left(\begin{bmatrix} 4 & 2 \\ 8 & 8 \end{bmatrix}\right)=0$，$S_5\left(\begin{bmatrix} 2 & 8 \\ -32 & 4 \end{bmatrix}\right)=1$，$D(1,0)$ 变为重要集合，检查属于 $O(1,0)$ 的系数，输出 $S_5(2)=0$，$S_5(8)=0$，$S_5(|-32|)=1$，$\text{sign}(X_{3,0})=0$，$S_5(4)=0$，再输出 $S_5\left(\begin{bmatrix} 2 & 2 \\ 4 & 2 \end{bmatrix}\right)=0$，$-32$ 为重要系数，$(3,0) \colon -32$ 移入 LSP，$(2,0) \colon 2$，$(2,1) \colon 8$，$(3,1) \colon 4$ 移入 LIP。

由于 $L(1,0)$ 为空，$(1,0)$ 移出 LIS。

LSP 中有一个上次扫描的系数 70，它的二进制数为 1000110，输出它的第 5 位值为 0，因此到这一级的编码输出为 1100，01，001000，0，并把 49、-32 这两个重要系数移到 LSP 中。

第 3 遍扫描：取 $n=4$，$T=2^4=16$。

$$LIP = \{(1,0) \colon 31, (1,1) \colon 16, (2,0) \colon 2, (2,1) \colon 8, (3,1) \colon 4\}$$

$$LIS = \left\{ (0,1)D \colon \begin{bmatrix} 4 & 2 \\ 8 & 8 \end{bmatrix}, (1,1)D \colon \begin{bmatrix} 2 & 2 \\ 4 & 2 \end{bmatrix} \right\}$$

$$LSP = \{(0,0) \colon 70, (0,1) \colon 49, (3,0) \colon -32\}$$

对于 LIP：输出 $S_4(31)=1$，$\text{sign}(X_{1,0})=1$，$S_4(16)=1$，$\text{sign}(X_{1,1})=1$，$S_4(2)=0$，$S_4(8)=0$，$S_4(4)=0$，将 $(1,0) \colon 31$，$(1,1) \colon 16$ 移入 LSP。

对于 LIS：输出 $S_4\left(\begin{bmatrix}4&2\\8&8\end{bmatrix}\right)=0$，$S_4\left(\begin{bmatrix}2&2\\4&2\end{bmatrix}\right)=0$。

LSP 中的旧系数 70，49，-32 在 $n=4$ 这一层的二进制位为 0、1、0，所以 70、49、-32 的细化输出为 010。因此，到这一级的编码输出为 1111000,00,010。

第 4 遍扫描：取 $n=3$，$T=2^3=8$。

LIP$=\{(2,0)：2,(2,1)：8,(3,1)：4\}$

LIS$=\left\{(0,1)D：\begin{bmatrix}4&2\\8&8\end{bmatrix},(1,1)D：\begin{bmatrix}2&2\\4&2\end{bmatrix}\right\}$

LSP$=\{(0,0)：70,(0,1)：49,(3,0)：-32,(1,0)：31,(1,1)：16\}$

对于 LIP：输出 $S_3(2)=0$，$S_3(8)=1$，$\text{sign}(X_{2,1})=1$，$S_3(4)=0$，8 为重要系数，$(2,1)：8$ 移入 LSP。

对于 LIS：输出 $S_3\left(\begin{bmatrix}4&2\\8&8\end{bmatrix}\right)=1$，$D(0,1)$ 变为重要集合，输出 $S_3(4)=0$，$S_3(2)=0$，$S_3(8)=1$，$\text{sign}(X_{1,2})=1$，$S_3(8)=1$，$\text{sign}(X_{1,3})=1$，将 $(1,2)：8$，$(1,3)：8$ 移入 LSP，$(0,2)：4$，$(0,3)：2$ 移入 LIP。输出 $S_3\left(\begin{bmatrix}2&2\\4&2\end{bmatrix}\right)=0$。由于 $L(0,1)$ 为空，故 $(0,1)$ 从 LIS 中移出。

而 LSP 中旧系数 70、49、-32、31、16 在 $n=3$ 这一层的二进制位为 0、0、0、1、0，所以细化输出为 00010，因此到这一级的编码输出为 0110，10011110，00010。

第 5 遍扫描：取 $n=2$，$T=2^2=4$。

LIP$=\{(2,0)：2,(3,1)：4,(0,2)：4,(0,3)：2\}$

LIS$=\left\{(1,1)D：\begin{bmatrix}2&2\\4&2\end{bmatrix}\right\}$

LSP$=\{(0,0)：70,(0,1)：49,(3,0)：-32,(1,0)：31,(1,1)：16,(2,1)：8,(1,2)：8,(1,3)：8\}$

对于 LIP：输出 $S_2(2)=0$，$S_2(4)=1$，$\text{sign}(X_{3,1})=1$，$S_2(4)=1$，$\text{sign}(X_{0,2})=1$，$S_2(2)=0$，将 $(3,1)：4$，$(0,2)：4$ 移入 LSP。

对于 LIS：输出 $S_2\left(\begin{bmatrix}2&2\\4&2\end{bmatrix}\right)=1$，$S_2(2)=0$，$S_2(2)=0$，$S_2(4)=1$，$\text{sign}(X_{3,2})=1$，$S_2(2)=0$，将 $(3,2)：4$ 移入 LSP，$(2,2)：2$，$(2,3)：2$，$(3,3)：2$ 移入 LIP。$L(1,1)$ 为空，$(1,1)$ 从 LIS 移出。

LSP 中的旧系数 70、49、-32、31、16、8、8、8 在 $n=2$ 这一层的二进制位为 1、0、0、1、0、0、0、0，所以细化输出为 10010000。因此，这一级的编码输出为 011110，100110，10010000。

第 6 遍扫描：取 $n=1$，$T=2$。

LIP$=\{(2,0)：2,(0,3)：2,(2,2)：2,(2,3)：2,(3,3)：2\}$

LIS$=\{\quad\}$

LSP$=\{(0,0)：70,(0,1)：49,(3,0)：-32,(1,0)：31,(1,1)：16,(2,1)：8,(1,2)：8,(1,3)：8,(3,1)：4,(0,2)：4,(3,2)：4\}$

对于 LIP：输出 $S_1(2)=1$，$\text{sign}(X_{2,0})=1$，$S_1(2)=1$，$\text{sign}(X_{0,3})=1$，$S_1(2)=1$，$\text{sign}(X_{2,2})=1$，$S_1(2)=1$，$\text{sign}(X_{2,3})=1$，$S_1(2)=1$，$\text{sign}(X_{3,3})=1$，$(2,0)$，$(0,3)$，$(2,2)$，$(2,3)$，$(3,3)$ 移入 LSP。

细化输出为 1001，0000，000，这一级编码输出为 1111，1111，11，1001，0000，000。

第 7 遍扫描：取 $n=0$，$T=1$。

LIP＝{ }

LIS＝{ }

LSP＝{$(0,0)$：70，$(0,1)$：49，$(3,0)$：-32，$(1,0)$：31，$(1,1)$：16，$(2,1)$：8，$(1,2)$：8，$(1,3)$：8，$(3,1)$：4，$(0,2)$：4，$(3,2)$：4，$(2,0)$：2，$(0,3)$：2，$(2,2)$：2，$(2,3)$：2，$(3,3)$：2}

细化输出为 0101，0000，0000，0000。

至此，编码过程结束。总的编码输出为：

11000000 | 1100010010000 | 111100000010 | 01101001111000010 | 01110100110100010000 | 1111111111110010000000 | 0101000000000000。

上述编码过程不一定进行到最后，可以在任意一次扫描后停止，对于不同扫描次数的编码结果，解码器恢复出的图像质量不一样。对上面生成的码流还可以进行熵编码，进一步提高压缩率。

解码过程：解码器将上述扫描中输出的码流（或经过算术编码后）存入文件，同时存入有关的信息，如计算阈值需要的 n、图像尺寸、小波变换层数等，在解码端由这些信息可生成初始的三个表 LIP、LIS、LPS。解码器进行与编码器相同的扫描过程，但它是读入码字并恢复相应的表格内容。

6.4.3　小波图像编码的其它方法

利用小波系数进行图像数据压缩的方法还有许多，这里对 JPEG-2000 使用的 EBCOT 算法和小波变换用于视频序列编码的方法作一简单介绍。

1. EBCOT 编码算法

EBCOT 算法的全称是"embedded block coding with optimized truncation"（最优截断的嵌入式块编码）。EBCOT 算法借鉴了 EZW，SPIHT 和 LZC(layered zero coding) 的许多思想，提供了更好的分级和随机访问功能。EZW 和 SPIHT 算法的嵌入式码流提供了质量分级功能，在不同点截断码流，就可以解码出具有不同质量的完整图像。而 EBCOT 算法不仅具有质量分级功能，还进一步提供了分辨率分级和随机访问功能，它在达到比 SPIHT 算法相当或者稍好的编码性能的同时，具有更灵活的结构。因此，JPEG2000 以 EBCOT 作为其核心编码算法。

这里需要解释一下质量分级和分辨率分级的不同含义（虽然有时把不同质量的图像也说成不同分辨率的图像）：质量分级是指图像的粗略和精细程度，在 EZW 和 SPIHT 中，不同码流提供不同精细程度的重构图像，但这些图像的点阵数都是一样的；而这里谈的分辨率分级，是指重构图像有不同的点阵数。

实际上，离散小波变换（DWT）本身就具有多分辨率的特性。对一个 K 层的小波变换，用不同的子带组进行反变换，能够得到 $K+1$ 个不同分辨率的重构图像，相邻分辨率的宽和高都是按 2 倍变化的。例如，假设一幅 $n\times n$ 的图像，对一个三层变换而言，LL_3 的子图像为 $(n/8)\times(n/8)$，用 LL_3 重构的图像分辨率为 $(n/8)\times(n/8)$；用 $\{LL_3，HL_3，LH_3，HH_3\}$ 作一层反变换 IDWT，得到分辨率为 $(n/4)\times(n/4)$ 的重构图像；用 $\{LL_3，HL_3，LH_3，HH_3，HL_2，LH_2，HH_2\}$ 进行第二层 IDWT，得到 $(n/2)\times(n/2)$ 的重构图像；最后，用全部子带进行 IDWT，得到与原分辨率相同的图像。

EZW 和 SPIHT 提供的嵌入式码流可以提供灵活的质量分级，但不能支持分辨率分级，这是因为，这两种算法均是建立在树形结构基础上的，其编码效率的提高主要是利用了树的父子关系之间具有的相关性。要做到分辨率分级，就会截断这种父子关系，导致它们的编码效率大大降低。

而 EBCOT 算法则利用了 DWT 的上述性质，将每个子带分成若干块，称为一个码块。每个码块独立编码，码块内部利用存在的相关性尽可能地压缩，对于每个码块，再按照质量分层原则，分成若干"块段"，各块段之间是"截断点"。对于编码器产生的码流，通过选择一些码块和码块中的一些块段，就可以得到支持多分辨率和多质量的码流结构，同时，EBCOT 算法采用了部分比特平面编码方法，用较细致的截断点支持了灵活的质量分级功能。如果只想传送或解码图像中感兴趣的一个区域，则可以只抽取在重构该区域时所用到的那些码块进行 IDWT，这就是 JPEG－2000 中的感兴趣区域编码（随机访问）功能。

另外，EBCOT 算法在码块内部通过各种编码元素的上下文索引，尽可能地利用了码块内相邻样点、相邻比特平面之间的相关性，并且在部分比特面编码时进行样点的重要性估计，使得码块的编码效率得到充分提高。对于大多数测试图像，EBCOT 总的编码效率比用算术编码的 SPIHT 算法略高，且明显高于 EZW 算法。

2. 小波序列图像编码算法

小波变换编码技术也可以应用于序列图像中，关键在于如何有效地利用时间和空间的相关性，去除空间和时间上的冗余，用尽可能少的码字表示一个图像序列。

我们在第五章已介绍过，序列图像编码的主要问题之一是运动估计。首先对序列图像中的每一帧进行小波变换，假设做了 K 层变换，先对两帧的 LL_K 子带之间进行运动估计，由于 LL_K 子带相当于原图的低分辨率表示，因此运动估计子块和运动搜索窗口的尺寸都取得较小，运动估计算法可以采用第五章介绍的各种搜索算法，得到运动矢量后，通过运动补偿预测，得到位移预测误差。

对于 LH_K，HL_K 和 HH_K 子带，将 LL_K 子带同位置块的运动矢量作为初始矢量，以此为基础进行运动估计，得到的运动矢量称校正运动矢量。校正运动矢量与初始运动矢量的和为最终运动矢量，再进行运动补偿预测，得到位移预测误差。

对于 $(K-1)$ 层子带，初始矢量为它们同方向的 K 层子带的父块运动矢量的 2 倍。同样进行校正运动矢量估计，并以校正运动矢量与初始运动矢量的和为最终运动矢量，再进行运动补偿预测，得到位移预测误差。对于从 $(K-2)$ 层到 1 层的各方向子带，作同上的运动估计和预测，得到运动预测误差。对各子带的低能量的残差场用零游程和熵编码进行变长编码，或用算术编码进一步压缩。

由于 DWT 不满足位移不变性，原始图像帧中运动物体的位移不能准确地反映在小波变换域，因此，小波变换的运动预测技术不能很好地消除运动冗余，压缩比提高不大。

6.5 分 形 编 码

分形(fractal)是 20 世纪 70 年代出现的一门非线性学科。分形一词最早由科学家 Mandelbrot 提出,其非常简单的迭代运算引起了人们对分形的广泛关注。20 世纪 80 年代中期,Bamsley 提出了基于迭代函数系统(IFS, Iterated Function System)理论的分形图像压缩编码方法,为图像编码提供了一个全新的思路。在此之后,他的学生 Jacquin 于 1992 年提出并实现了基于 IFS 理论的自动压缩图像的分形编码。

自然界的形状和各种图形可分为两类:一类是有特征长度的图形,如房屋、汽车等,这些事物的形状可以用线段、圆等基本要素去逼近,它们的线和面几乎都是光滑的,处处可以求微分;另一类是没有特征长度的图形,如海岸线、云彩等,如果没有人工参照物,很难测量它们的尺度,仔细观察其局部可以发现许多细节,将这些细节放大后会发现局部与整体相似。对于这类图形,自似性是其最重要的性质。

分形就是指那些没有特征长度的图形的总称。分形还没有明确的定义,但是分形集合一般具有下述特征:

(1) 该集合具有精细结构,在任意小的尺度内包含整体;

(2) 分形集很不规则,其局部或整体均无法用传统的几何方法进行描述、逼近或度量;

(3) 通常分形集都有某种自相似性,表现在局部严格近似或统计意义下与整体相似;

(4) 分形集的分形维数一般大于其拓扑维数;

(5) 在很多情况下,分形可以用简单的规则逐次迭代生成。

只要符合上述特征,即可认为是一个分形图形或集合。

因此从分形的角度,许多视觉上感觉非常复杂的图像其信息量并不大,可以用算法和程序集来表示,再借助计算机可以显示其结合状态,这就是可以用分形的方法进行图像压缩的原因。

分形最显著的特点是自相似性,即无论几何尺度怎样变化,景物的任何一小部分的形状都与较大部分的形状极其相似。这种尺度不变性在自然界中广泛存在。例如,晶状的雪花、蕨类植物的叶子等,这些图形都是自相似的。图 6.16 是用计算机生成的分形图(来自网站:www.fractal.com.cn,作者孙博文)。可以说分形图之美就在于它的自相似性,而从图像压缩的角度,正是要恰当、最大限度地利用这种自相似性。

图 6.16   用计算机生成的分形植物图形

一个分形集一般都由无限多个点组成,它们的分布又很复杂,以至不可能通过给定每个点的位置来描述它。因此,就想通过各部分之间的相互关系来定义它,而下面介绍的迭代函数系统即可达到这样的目的。

6.5.1 迭代函数系统简介

在二维空间 $\boldsymbol{R}^2$ 中,给定一个完备度量空间 $(\boldsymbol{X}, d)$。其中 $\boldsymbol{X} \subset \boldsymbol{R}^2$,是非空的闭集;$d$ 是 $\boldsymbol{X}$ 中的度量,如可取 d 为欧氏距离,即

$$d(x,y) = |x-y| \qquad x,y \in \boldsymbol{X}$$

所以 $(\boldsymbol{X}, d)$ 是度量空间。由于我们讨论的分形图形是该空间 $\boldsymbol{X}$ 的子集,因而自然还要定义新的空间 H。

设 $(\boldsymbol{X}, d)$ 是完备度量空间。把 $\boldsymbol{X}$ 中非空紧子集(即有界闭集)的全体记作 $H(\boldsymbol{X})$。现在要定义 $H(\boldsymbol{X})$ 上的度量,即任意子集之间的"距离"h(称为豪斯多夫(Hausdorff)距离)。它依赖于基本空间 $\boldsymbol{X}$ 的度量 d。

定义 1 两个子集间的豪斯多夫度量 h 定义为

$$h(A,B) = \max\{\sup_{x \in A} d(x,B), \sup_{y \in B} d(y,A)\} \qquad A,B \in H \qquad (6.5-1)$$

其中,从点 x 到子集 B 之间的距离定义为

$$d(x,B) = \inf\{d(x,y) : y \in B\} \qquad \forall x \in A, B \in H \qquad (6.5-2)$$

由于 $H(\boldsymbol{X})$ 的子集之间定义了度量 h,故 $(H(\boldsymbol{X}), h)$ 也是一个度量空间。把 $(H(\boldsymbol{X}), h)$ 称为分形空间,因为平面分形都是该空间的元素。

定义 2 设 $\omega: \boldsymbol{X} \to \boldsymbol{X}$ 是基本空间 $(\boldsymbol{X}, d)$ 上的一个映射。如果存在一个正的常数 $c < 1$,使

$$d(\omega(x), \omega(y)) \leqslant c \cdot d(x,y) \qquad \forall x,y \in \boldsymbol{X} \qquad (6.5-3)$$

则称 ω 为 $(\boldsymbol{X}, d)$ 上的压缩映射,c 称为压缩因子。

由此就可构造出分形空间 $(H(\boldsymbol{X}), h)$ 上的压缩映射。

引理 1 设 $\omega: \boldsymbol{X} \to \boldsymbol{X}$ 是基本空间 $(\boldsymbol{X}, d)$ 的一个压缩映射,带有压缩因子 c。则由下式

$$\overset{\wedge}{\omega}(B) = \{\omega(x) : x \in B\} \qquad \forall B \in H(\boldsymbol{X}) \qquad (6.5-4)$$

定义的映射 $\overset{\wedge}{\omega}: H(\boldsymbol{X}) \to H(\boldsymbol{X})$,是分形空间 $(H(\boldsymbol{X}), h)$ 上的压缩映射,且压缩因子也是 c,即

$$h(\overset{\wedge}{\omega}(A), \overset{\wedge}{\omega}(B)) \leqslant c \cdot h(A,B) \qquad \forall A,B \in H(\boldsymbol{X}) \qquad (6.5-5)$$

引理 2 考虑 $(H(\boldsymbol{X}), h)$ 上 n 个压缩映射 $\{\overset{\wedge}{\omega}: H(\boldsymbol{X}) \to H(\boldsymbol{X}), i=1, 2, \cdots, n\}$,其压缩因子分别为 $c_i(i=1, 2, \cdots, n)$,现定义一个新的映射 $W: H(\boldsymbol{X}) \to H(\boldsymbol{X})$,即

$$W(B) = \overset{\wedge}{\omega}_1(B) \bigcup \overset{\wedge}{\omega}_2(B) \bigcup \cdots \bigcup \overset{\wedge}{\omega}_n(B) = \bigcup_{i=1}^{n} \overset{\wedge}{\omega}_i(B) \qquad \forall B \in H(\boldsymbol{X}) \qquad (6.5-6)$$

则 W 是压缩映射,且压缩因子 $c = \max\{c_1, c_2, \cdots, c_n\}$,即

$$h(W(A), W(B)) \leqslant c \cdot h(A,B) \qquad \forall A,B \in H(\boldsymbol{X}) \qquad (6.5-7)$$

定义 3 完备的度量空间 $(\boldsymbol{X}, d)$ 以及 n 个压缩映射 $\omega_i: \boldsymbol{X} \to \boldsymbol{X}$(其压缩因子分别为 $c_1, c_2, \cdots, c_n$)一起,就组成一个迭代函数系统,简称 IFS,记作 $\{\boldsymbol{X}; \omega_1, \omega_2, \cdots, \omega_n\}$,$c = \max(c_1, c_2, \cdots, c_n)$ 称为 IFS 的压缩因子。

【例 6.4】 考察平面欧氏空间中的三个仿射变换：

$$\omega_1 \begin{bmatrix} x \\ y \end{bmatrix} = \begin{pmatrix} 1/2 & 0 \\ 0 & 1/2 \end{pmatrix} \cdot \begin{pmatrix} x \\ y \end{pmatrix}$$

$$\omega_2 \begin{bmatrix} x \\ y \end{bmatrix} = \begin{pmatrix} 1/2 & 0 \\ 0 & 1/2 \end{pmatrix} \cdot \begin{pmatrix} x \\ y \end{pmatrix} + \begin{pmatrix} 0 \\ 1/2 \end{pmatrix}$$

$$\omega_3 \begin{bmatrix} x \\ y \end{bmatrix} = \begin{pmatrix} 1/2 & 0 \\ 0 & 1/2 \end{pmatrix} \cdot \begin{pmatrix} x \\ y \end{pmatrix} + \begin{pmatrix} 1/2 \\ 0 \end{pmatrix}$$

这三个变换是把平面上的一个正方形的每边缩小二分之一后放到三个指定的位置，如图 6.17 所示。

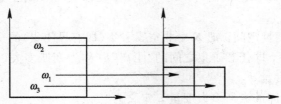

图 6.17　平面上三个变换

显然，这三个变换都是压缩的，压缩因子均为 $1/2$。因此 $\{\boldsymbol{R}^2 ; \omega_1 \omega_2 \omega_3\}$ 就是一个 IFS。下面介绍的两个重要定理，是分形图像压缩的主要原理。

定理 1　压缩映射不动点定理

设 $(\boldsymbol{X}; \omega_1, \omega_2, \cdots, \omega_n; c)$ 是 $(\boldsymbol{X}, d)$ 上的 IFS，则

(1) 由下式定义的变换 $W: H(\boldsymbol{X}) \to H(\boldsymbol{X})$，即

$$W(B) = \bigcup_{i=1}^{n} \hat{\omega}_i (B) \qquad \forall B \in H(\boldsymbol{X})$$

是完备度量空间 $(H(\boldsymbol{X}), h)$ 上的压缩映射，其压缩因子也是 c，即

$$h(W(A), W(B)) \leqslant ch(A, B) \tag{6.5-8}$$

(2) 压缩变换 W 存在惟一的不动点 $\overline{A} \in H(\boldsymbol{X})$，满足：

$$\overline{A} = W(\overline{A}) = \bigcup_{i=1}^{n} \hat{W}_i (\overline{A}) \tag{6.5-9}$$

而且不动点可以通过迭代得到，即

$$A = \lim_{n \to \infty} W^n(B) \qquad \forall B \in H(\boldsymbol{X}) \tag{6.5-10}$$

其中，$W^0(B) = W(B)$，而 $W^n(B) = W(W^{n-1}(B))$。该定理是分形解码的基础。

定理 2　拼贴定理(collage theorem)

设 $(\boldsymbol{X}, d)$ 是完备的度量空间，给定集合 $L \in H(\boldsymbol{X})$ 和数 $\varepsilon > 0$，如果选到一个 IFS$\{\boldsymbol{X}; \omega_1, \omega_2, \cdots, \omega_n; c\}(0 \leqslant c \leqslant 1)$，使

$$h\left(L, \bigcup_{i=1}^{n} \hat{\omega}_i(L)\right) \leqslant \varepsilon$$

则有

$$h(L, \overline{A}) \leqslant \frac{h\left(L, \bigcup_{i=1}^{n} \hat{\omega}_i(L)\right)}{1-c} \leqslant \frac{\varepsilon}{1-c} \tag{6.5-11}$$

其中 h 是豪斯多夫距离，而 $\overline{A}$ 是该 IFS 的不动点（又称吸引子）。该定理阐明了分形图像编码的基本原理。

由上所述，一个 IFS 就是一组压缩映射，令 $W(L)=\bigcup\limits_{i=1}^{n}\hat{\omega}_i(L)$，由不动点定理，它确定一个惟一的吸引子。由于惟一性，它完全由映射 W 所确定。现在的问题是：假设给定某个集 L，能否找到一个 IFS，使它的吸引子恰为 L 呢？对此，到目前为止还不能解决。但从 (6.5-9) 式和 (6.5-11) 式可以得到某些启发。从 (6.5-9) 式可知，不动点 $\overline{A}$ 是从复制它自身的变换 $W(\overline{A})$ 构造出来的，所以取给定的集 L，对它作压缩变换，然后把它们粘贴到一起以便重构 L。不动点的惟一性是重要的，因为假设给出 L 而能找到 W（或者，假设给定 W，能找到集 L），使 $L=W(L)$，则一定有 $L=\overline{A}$，即 L 就是 W 的吸引子。而从 (6.5-11) 式可以看到，即使粘贴得不能使之精确地符合，当原始集 L 和粘贴后的"拼贴" $W(L)$ 之间能较好地符合时，吸引子 $\overline{A}$ 将十分接近于 L。（当 c 接近 1 时，效果将比较差）。

由迭代函数系统理论说明，对于一幅图像 F，若能找到一系列压缩变换 $\{\omega_i \mid i=1, 2, \cdots, n\}$（代表其自相似性）构成的一个以 F 为不动点的压缩变换 W，则可用该变换代表该图像，并可通过任意给定的初始图像 F_0，经过足够多次的变换后，最终将逼近 F。若表示这个变换所需的数据量小于 F 的数据量，就可以使图像数据得到压缩。

6.5.2 编码方法

实际的图像是有灰度的、并非严格自相似的图像，不具有整体和局部的自相似性。因此，实用的分形图像压缩方法是采用分块的编码方法。首先把原图像预分解为若干个分形的子图，使得每个子图具有一定的分形结构。分解可采用其它图像处理手段，由大量的子图组成分形库，每个子图可在这些分形库中找到它们的匹配子图编码。这样，对图像的分形编码分为几个过程：图像分割，到库中找匹配子图的编码，最后保存子图编码，进行存储和传输。

首先定义 z 方向压缩的仿射变换如下：

$$\omega_i(x,y)=\begin{bmatrix} a_i & b_i & 0 \\ c_i & d_i & 0 \\ 0 & 0 & s_i \end{bmatrix}\begin{bmatrix} x \\ y \\ z \end{bmatrix}+\begin{bmatrix} e_i \\ f_i \\ o_i \end{bmatrix} \tag{6.5-12}$$

其中，$s_i < 1$。

上式表示的变换实际上由两部分组成，为此，可记：

$$\upsilon_i(x,y)=\begin{bmatrix} a_i & b_i \\ c_i & d_i \end{bmatrix}\begin{bmatrix} x \\ y \end{bmatrix}+\begin{bmatrix} e_i \\ f_i \end{bmatrix} \tag{6.5-13}$$

对于图像 f，有 $\omega_i(f)=\omega_i(x,y,f(x,y))$，因此平面仿射变换 $\upsilon_i(x,y)$ 确定了把分割的定义域块映射到值域块上，而 s_i 和 o_i 则确定了变换的对比度和亮度。

在实际应用中，通常用一个等价的组合变换来代替上述仿射变换，即

$$\omega_i=F_i \cdot G_i \cdot S_i \tag{6.5-14}$$

其中，S_i 是平面上的收缩变换，将定义域块 D_i 映射到阈值块 R_i 上，G_i 是灰度变换，包括灰度拉伸因子和灰度平移因子，S_i 是几何变换，相当于仿射变换中的系数 a，b，c，d。S_i 包括旋转和镜像变换，一般有 8 种情况：围绕子块中心旋转 $0°$、$90°$、$-90°$、$180°$，沿垂直中心轴镜像，沿水平中心轴镜像，沿主对角线镜像和沿次对角线镜像等。设 D_k 是一个 $m \times m$ 的图像块，其灰度值表示为：$\{f(i,j): i,j=0, 1, \cdots, m-1\}$，对应的 8 种变换为如下：

同一变换：$F_i(f(i,j))=f(i,j)$

垂直中线镜像：$F_i(f(i,j))=f(i,m-1-j)$

水平中线镜像：$F_i(f(i,j))=f(m-1-i,j)$

对角线 $i=j$ 镜像：$F_i(f(i,j))=f(j,i)$

对角线 $i+j=m-1$ 镜像：$F_i(f(i,j))=f(m-1-j,m-1-i)$

旋转 $90°$：$F_i(f(i,j))=f(j,m-1-i)$

旋转 $180°$：$F_i(f(i,j))=f(m-1-i,m-1-j)$

旋转 $270°$：$F_i(f(i,j))=f(m-1-j,i)$

把图像 f 所属的空间 F 分割成 n 个互不重叠的子块 $R_i(i=1,2,\cdots)$，称为值域块(简称 R 块)。有 $R_i \bigcap R_j=\phi$，$i\neq j$，且 $\bigcup_{i=1}^{n}R_i=F$。同时，将同一图像分割为一系列相互可以重叠的子块 $D_i,(i=1,2,\cdots)$，称为定义域块(简称 D 块)。$D>R$，$D_i\bigcap D_j\neq\phi$，自相似性的匹配在 R_i 与 D_j 之间进行，由于 R_i、D_j 比整个图像小得多，因而局部的自相似性在图像中总是存在的。

在某种误差测度(例如均方误差)之下，对于每一个值域块 R_i，在原图像中寻找一个定义域块 D_j 与之对应，并寻找一个变换 ω_i 使 D_j 上的图像 $f\,|\,D_j$ 经变换后得到的图像 $\omega_i(f\,|\,D_j)$ 与 R_i 上的图像 $f\,|\,R_i$ 之间的误差充分小，则 $W(f)=\bigcup_{i=1}^{n}\omega_i(f)$ 与 f 之间的误差也充分小。只要保证 ω_i 是压缩的，则所有变换的集合 W 也是压缩的，根据压缩映射原理，必有惟一的图像 f^* 使 $W(f^*)=f^*$，并由拼贴定理保证 f^* 近似于原图像 f。

编码过程如下：

(1) 按上述方法分割图像区域 F，称 R_i 为子块，D_j 为父块。

(2) 对每个 R_i 子块，搜索与其相似的父块 D_j，并进行收缩变换、灰度变换以及几何变换，找到与 R_i 的误差充分小的 D_j。

(3) 对所有子块，分别寻找其对应的父块，使图像区域 F 上的每一子块 R 都用其父块来覆盖，就完成了整幅图像的编码。

在解码时，任取一初始图像，然后按照上述分形参数，对每一个值域块，用其对应的定义域块的仿射变换去代替，并不断地迭代，直至收敛，得到解码输出图像。

6.6 基于模型的编码

基于模型的编码(Model-base coding)，也称为模型基编码，是一种帧间编码方法。常用的运动估计预测加变换编码方法是基于简单的图像分块平移模型的编码方法，无法描述图像中运动部分的边缘信息。因此，当比特率较低时，不可避免地出现方块效应。而基于模型的编码，则是用更实际的结构运动模型来对序列图像中的运动物体作出更精确的描述，从而进行运动估计。因此它已经被建议用于极低比特率活动图像编码，其主要应用包括可视电话和会议电视等。

6.6.1 模型基编码简介

在可视通信应用中(如可视电话、会议电视)，由于景物中的主要物体或目标、对象相对简单，主要是人物的头肩像，因而可以利用计算机视觉和计算机图形学的方法，在发送端和接收端按事先约定分别设置两个相同的人脸 3D 模型，发送端综合利用图像处理、场景分析、模式识别、图像理解等手段，分析、提取脸部特征（例如形状参数、运动参数、表情参数等）并编码传输，而接收端则利用接收到的特征参数根据建立的模型进行脸部图像综合。

模型编码根据输入图像提取模型参数，并根据模型参数重建图像。显然，模型编码方法的核心是建模和提取模型参数，其中模型的选取、描述和建立是决定模型编码质量的关键因素。

基于模型的编码包括以下主要步骤。

1. 图像分析

利用已编码的图像帧的有关知识，将当前帧分割为独立运动的物体，每个物体用一系列形状和运动参数进行表述。

2. 图像综合

以所估计的形状和运动参数以及已编码帧的知识为基础，对当前帧进行综合。实际帧和综合帧之间的误差大小标志着模型的适用性，误差大于某个阈值的区域要标记为模型失败区域。

3. 编码

对上述形状和运动参数以及模型失败区域的像素值分别进行熵编码并传送到信道上。

上述步骤中，通常大量采用诸如三维运动、结构估计、轮廓描述、纹理映射等复杂的视觉和图形工具。基于模型的编码通常包括两类：一类称为基于知识和语义的（语义基）编码，景物中物体三维模型为严格已知（有先验知识），这类方法可以有效地利用景物中已知物体的知识，实现非常高的压缩比，但它只能处理已知物体，并需要较为复杂的图像分析与识别技术；另一类称为基于物体的（物体基）编码，需要实时构造物体的模型（没有先验知识），这类方法可以处理更一般的对象，不需要太复杂的图像分析，但压缩效率比语义基差。

6.6.2　基于物体的方法

德国 Hannover 大学的 Musman 教授于 1989 年提出了基于物体的图像编码方法。这种方法是通过仿射变换、透视、双线性空间变换以及将景物分割为单个的运动物体等建立更为实际的运动模型。通常，将一帧图像分割为不变区域、新露出的背景和若干与模型相符的和不相符的运动物体。这一分割过程如图 6.18 所示。由于不同的区域需要不同的模型参数，所以图像帧的分割在这种方法中是非常关键的。

对于分割后的每个实际三维物体，分别用一个模型物体来描述，并用该模型物体在二维图像平面上的投影来逼近真实图像。当然，不可能要求模型物体与真实物体的形状严格一致，只追求最终模型能与输入图像一致。因此，事先有一个假设模型，这是一个具有一般意义的模型，既可以是二维也可以是三维的。每个分割出的实际运动物体，用运动参数集、形状参数集和色彩参数集进行描述，然后再对这三个参数集进行编码与传输。在解码端，可依据接收到的三个参数集，用图像综合技术得到复原图像。根据不同的假设物体模

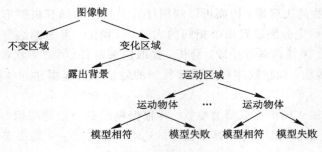

图 6.18　图像帧的分割

型，组成不同的参数集。目前物体基编码所用的模型有 4 种：二维刚体模型、二维柔体模型、三维刚体模型和三维柔体模型。如果参数集在传输中出现错误，或为了降低码率被人为减少信息，那么得到的重构图像不会出现"方块效应"那样的失真，而只会产生其它性质的失真（如人眼不太敏感的某种几何失真）。下面我们简单介绍三维刚体模型和二维柔体模型。

1. 三维运动的刚性物体模型

将一个刚性平面贴片的任意三维运动向图像平面进行正交或透视投影，将分别得到仿射模型和透视模型。所以，运用具有三维运动的二维物体方法，二维运动场可表示为分片仿射或分片透视场，平面贴片的边界和透视模型参数可运用一种同时性运动估计和分割算法进行估计。每个独立运动物体的参数集（即运动参数）和表示图像平面上每个物体边界的分割模板（即形状参数）一起构成一种帧间像素关系的完全描述，从而为下一帧图像提供运动补偿预测。因为运动估计和分割误差的存在，以及新露出背景的问题，帧预测误差或综合误差也应传送，以改善模型失败区域的图像质量。

上述刚性物体的三维运动向图像平面的正交投影，可通过三维空间中的旋转和平移求得。假设运动前某点的空间坐标为 (X, Y, Z)，运动后其空间坐标为 (X', Y', Z')，则有

$$\begin{bmatrix} X' \\ Y' \\ Z' \end{bmatrix} = \begin{bmatrix} r_{11} & r_{12} & r_{13} \\ r_{21} & r_{22} & r_{23} \\ r_{31} & r_{32} & r_{33} \end{bmatrix} \begin{bmatrix} X \\ Y \\ Z \end{bmatrix} + \begin{bmatrix} t_x \\ t_y \\ t_z \end{bmatrix} \qquad (6.6-1)$$

在图像平面上，投影点由 (X, Y) 运动到 (X', Y')，于是有

$$X' = r_{11}X + r_{12}Y + (r_{13}Z + t_x)$$
$$Y' = r_{21}X + r_{22}Y + (r_{23}Z + t_y) \qquad (6.6-2)$$

所以，这时可用 r_{11}，r_{12}，$(r_{13}Z + t_x)$，r_{21}，r_{22}，$(r_{23}Z + t_y)$ 六个参数表示投影点的运动。

在透视投影的情况下，对于三维空间的平面贴片，其上的点满足平面方程，于是式 (6.6-1) 成为

$$\begin{bmatrix} X' \\ Y' \\ Z' \end{bmatrix} = \begin{bmatrix} a_1 & a_2 & a_3 \\ a_4 & a_5 & a_6 \\ a_7 & a_8 & a_9 \end{bmatrix} \begin{bmatrix} X \\ Y \\ Z \end{bmatrix} \qquad (6.6-3)$$

经过透视变换，可求得平面上的坐标改变为

$$X' = \frac{a_1 X + a_2 Y + a_3}{a_7 X + a_8 Y + 1} \qquad (6.6-4)$$

$$Y' = \frac{a_4 X + a_5 Y + a_6}{a_7 X + a_8 Y + 1} \qquad (6.6-5)$$

从以上两式可知,可用 $a_1 \sim a_8$ 共 8 个参数表示投影点的运动。

2. 二维运动的柔性物体模型

二维柔体模型不需要复杂的运动估计方法,易于实际采用。其基本原理是把当前帧分割为三个区域:不变区域、运动区域和新露出的背景区域。在运动区域中,每个像素都对应着前一帧中的一个像素,而新露出背景中的像素在前一帧中没有对应像素。运动估计是通过在运动区域中稀疏像素栅格上的分级方块匹配实现的。经过对所估计的运动矢量进行双线性内插,就可得到一个密集的运动场。模型相符的物体用其运动矢量和形状参数编码,而模型失败的运动区域和新露出的背景则用其形状和取值信息编码。

6.6.3 基于知识和语义的方法

与基于物体的编码方法不同,基于知识和语义的编码方法只适用于关于景物内容的先验知识已知的情况。这里的先验知识以线框模型的形式表示,它是一种由一系列相互连接的三角形平面贴片构成的网络模型。这种模型不仅给出面部的几何形状,而且提供了面部表情的描述。面部表情的变化可用面部动作编码系统(FACS, Face Action Coding System)中的动作单元(AU)来描述。FACS 给出一个集合,包含了人脸可能产生的全部基本动作(即 AU),而 AU 是无法分成更小动作的最小动作,把许多 AU 按照不同的组合方式一起产生,就形成了脸上的丰富表情。

在基于知识的编码中,假定所感兴趣物体的一个通用线框模型已预先设计好,对于编码器和解码器都是已知的。编码器为特定的景物选择一个合适的线框模型,然后按照参考帧中物体的大小对该模型进行伸缩。物体的运动可以描述为线框模型顶点的位移。物体本身可以表示为三维刚体,同一物体内所有顶点的全局运动可用刚性运动参数的集合表示,或用三维柔性物体,即刚性部件的柔性连接表示。这时,线框模型要经历局部运动变形。这种局部运动变形可用每个贴片的运动参数集表示,贴片的顶点可在互连的网络模型的几何约束之下做半独立的运动。

语义基图像编码基于限定景物,而且景物中物体的 3D 模型严格已知,这样可以有效利用景物中已知物体的知识,只需编码一些有限的描述变化信息的参数,因而具有非常高的压缩比。

模型基编码进一步的研究方向是将物体基编码和语义基编码相结合,取长补短,或者在语义基编码器中加入波形编码,对不能建模的物体进行混合编码,以扩大语义基的适用范围。随着各种编码技术的成熟,这种综合运用各种编码技术,以适应不同图像特征的思想是新一代图像编码的一个研究方向。

6.7 H.264 视频编码标准

JVT(Joint Video Team,视频联合工作组)于 2001 年 12 月在泰国 Pattaya 成立。它由 ITU-T 和 ISO 两个国际标准化组织的有关视频编码的专家联合组成。JVT 的工作目标是制定一个新的视频编码标准,以实现视频的高压缩比、高图像质量、良好的网络适应性等目标。目前 JVT 的工作已被 ITU - T 接纳,新的视频压缩编码标准称为 H. 264 标准,该标准也被 ISO 接纳,称为 AVC(Advanced Video Coding)标准,是 MPEG - 4 的第 10 部分。

H. 264 标准可分为三档:基本档次(其简单版本,应用面广);主要档次(采用了多项提高图像质量和增加压缩比的技术措施,可用于 SDTV、HDTV 和 DVD 等);扩展档次(可用于各种网络的视频流传输)。

H. 264 不仅比 H. 263 和 MPEG - 4 节约了 50% 的码率(在相同质量的情况下),而且对网络传输具有更好的支持功能。它引入了面向 IP 包的编码机制,有利于网络中的分组传输,支持网络中视频的流媒体传输。H. 264 具有较强的抗误码特性,可适应丢包率高、干扰严重的无线信道中的视频传输。H. 264 支持不同网络资源下的分级编码传输,从而可以获得平稳的图像质量。H. 264 适应于不同网络中的视频传输。

6.7.1 视频压缩系统

H. 264 标准压缩系统由视频编码层(VCL, Video Coding Layer)和网络提取层(NAL, Network Abstraction Layer)两部分组成。VCL 中包括 VCL 编码器与 VCL 解码器,主要功能是视频数据压缩编码和解码,它包括运动补偿、变换编码、熵编码等压缩单元。NAL 则用于为 VCL 提供一个与网络无关的统一接口,它负责对视频数据进行封装打包后使其在网络中传送。NAL 采用统一的数据格式,包括单个字节的包头信息、多个字节的视频数据与组帧、逻辑信道信令、定时信息、序列结束信号等。包头中包含存储标志和类型标志。存储标志用于指示当前数据不属于被参考的帧;类型标志用于指示图像数据的类型。VCL 可以传输按当前的网络情况调整的编码参数。

6.7.2 H. 264 的特点

(1) H. 264 和 H. 261、H. 263 一样,也是采用 DCT 变换编码加 DPCM 的差分编码(即混合编码结构)。同时,H. 264 在混合编码的框架下引入了新的编码方式,提高了编码效率,更贴近实际应用。

(2) H. 264 没有繁琐的选项,而是力求简洁的"回归基本",它具有比 H. 263++ 更好的压缩性能,又具有适应多种信道的能力。

(3) H. 264 的应用目标广泛,可满足各种不同速率、不同场合的视频应用,具有较好的抗误码和抗丢包的处理能力。

(4) H. 264 的基本系统无需使用版权,具有开放的性质,能很好地适应 IP 和无线网络的使用,这对目前因特网传输多媒体信息、移动网传输宽带信息等都具有重要意义。

尽管 H. 264 编码基本结构与 H. 261 和 H. 263 是类似的,但它在很多环节做了改进,现列举如下:

1. 多种更好的运动估计

(1) 高精度估计。在 H. 263 中采用了半像素估计,在 H. 264 中则进一步采用 1/4 像素甚至 1/8 像素的运动估计。即真正的运动矢量的位移可能是以 1/4 甚至 1/8 像素为基本单位的。显然,运动矢量位移的精度越高,则帧间剩余误差越小,传输码率越低,压缩比越高。在 H. 264 中采用了 6 阶 FIR 滤波器的内插获得 1/2 像素位置的值。当 1/2 像素值获得后,1/4 像素值可通过线性内插获得。对于 4∶1∶1 的视频格式,亮度信号的 1/4 像素精度对应于色度部分的 1/8 像素的运动矢量，因此需要对色度信号进行 1/8 像素的内插运算。理论上，如果将运动补偿的精度增加一倍（例如从整像素精度提高到 1/2 像素精度），可有 0.5 bit/Sample 的编码增益。但实际验证发现，在运动矢量精度超过 1/8 像素后，系统基本上就没有明显增益了。因此，在 H.264 中，只采用了 1/4 像素精度的运动矢量模式，而不是采用 1/8 像素的精度。

（2）多宏块划分模式估计。在 H.264 的预测模式中，一个宏块（MB）可划分成 7 种不同模式的尺寸，这种多模式的灵活、细微的宏块划分，更切合图像中的实际运动物体的形状，于是，在每个宏块中可包含有 1、2、4、8 或 16 个运动矢量。

（3）多参考帧估计。在 H.264 中，可采用多个参考帧的运动估计，即在编码器的缓存中存有多个刚刚编码好的参考帧，编码器从其中选择一个能给出更好编码效果的帧作为参考帧，并指出是哪个帧被用于预测，这样就可获得比只用上一个刚编码好的帧作为预测帧时更好的编码效果。当然，这随之也带来了内存需求的增大和运算复杂度的上升。

2. 小尺寸 4×4 的整数变换

在视频压缩编码中，进行 DCT 变换时以往的常用单位为 8×8 块，H.264 却采用小尺寸的 4×4 块，由于变换块的尺寸变小了，运动物体的划分就更为精确。这种情况下，图像变换过程中的计算量小了，而且在运动物体边缘的衔接误差也大为减少。当图像中有较大面积的平滑区域时，为了不产生因小尺寸变换带来的块间灰度差异，H.264 可对帧内宏块亮度数据的 16 个 4×4 块的 DCT 系数进行第二次 4×4 块的变换，对色度数据的 4 个 4×4 块的 DC 系数（每个小块一个，共 4 个 DC 系数）进行 2×2 块的变换。H.264 不仅使图像变换块尺寸变小，而且这个变换是采用的整数操作，不是实数运算，即编码器和解码器的变换和反变换的精度相同，没有"反变换误差"。

3. 更精确的帧内预测

在 H.264 中，每个 4×4 块中的每个像素都可用 17 个邻近像素中若干个已编码像素的加权和来进行帧内预测。

4. 统一的 VLC

H.264 中关于熵编码有两种方法：一是统一的 VLC（即 UVLC，Universal VLC），UVLC 使用一个相同的码表进行编码，而解码器很容易识别码字的前缀，UVLC 在发生比特错误时能快速获得重同步；二是内容自适应的二进制算术编码（CABAC，Context Adaptive Binary Arithmetic Coding），其编码性能比 UVLC 稍好，但复杂度较高。

6.7.3 性能优势

H.264 标准的编码算法的基本构成延续了原有标准中的基本特征，同时具有很多新的特性，其主要性能如下：

（1）更高的编码效率。同 H.263v（H.263＋）或 MPEG-4 相比，H.264 与 MPEG-4、H.263＋＋编码性能对比采用了以下 6 个测试速率：32 kb/s、10 F/s 和 QCIF；64 kb/s、15 F/s 和 QCIF；128 kb/s、15 F/s 和 CIF；256 kb/s、15 F/s 和 QCIF；512 kb/s、30 F/s 和 CIF；1024 kb/s、30 F/s 和 CIF。测试结果标明，H.264 具有比 MPEG 和 H.263＋＋更优秀的 PSNR 性能。H.264 的 PSNR 比 MPEG-4 平均要高 2 dB，比 H.263＋＋平均要高

3 dB。在大多数码率下，获得相同的编码效果的情况下，能够平均节省 50％左右的码率。

（2）高质量的视频画面。H.264 能够在所有的码率（包括低码率）条件下提供高质量的视频图像。

（3）自适应的延时特性。H.264 可以工作在低延时模式下，可用于实时的通信应用（如视频会议），也能用于没有延时限制的应用，如视频存储、视频流服务器等。

（4）错误恢复功能。H.264 提供了解决网络传输包丢失问题的工具，适用于在高误码率传输的无线网络中传输视频数据。

6.7.4　应用情况

在 H.264 标准中增加了一个网络提取层 NAL，考虑到了与具体应用网络的连接和接口问题。下面将分 3 个方面分别简单介绍 H.264 在视频通信领域、数字广播电视领域和视频存储播放领域的应用情况。

（1）在视频通信领域中的应用。例如，H.264 标准在会议电视、可视电话中的应用。到 2004 年 2 月为止，国外声称已经可以提供基于 H.264 的会议电视产品的公司有 POLYCOM、TANDBERG、VCON、SONY 等。

（2）在数字广播电视领域中的应用。MPEG 已经完成了基于 MPEG-2 系统兼容 H.264 码流内容的标准"Amendment 3：Transport of AVC video data over ITU-T Rec. H.222.0|ISO/IEC 13818-1 streams"的制定，这就为 H.264 标准在数字广播电视领域和视频存储播放领域中的应用打下了基础。据说，欧洲已经考虑修订当前的数字视频广播标准，将 MPEG-4 音频和 H.264 视频同时列为基于 IP 视频传输的候选选项。而专注于数字电视的独立技术咨询公司 ZetaCast 公司董事 McCann 指出，DVB 的 AV 编码组已经考虑用于 DVB 广播应用的 H.264 的实施指南问题。可以预计，随着 H.264 将来在数字广播特别是高清晰电视领域中的应用，用户可以看到更高质量的视频图像节目，可以选择更多的电视节目频道。

（3）在视频存储播放领域中的应用。目前，不少公司利用 H.264/MPEG-4 AVC 编解码器进行了录像播放演示，编解码器的形态各种各样，从 FPGA 等芯片到电脑软件应有尽有。在 DVD 等视频存储播放领域应用中，H.264 将是最好的选择，并且对于高清晰度 DVD（HD DVD）应用来说，更加需要具有高压缩效率的视频压缩标准。

ITU 和 ISO 合作发展的 H.264（MPEG-4 Part 10）有可能被广播、通信和存储媒体（CD DVD）接受成为统一的标准，并最有可能成为宽带交互式媒体的标准。我国的信源编码标准的制定工作正在加紧进行，并密切关注着 H.264 的发展。H.264 标准使运动图像压缩技术上升到了一个更高的阶段，在较低带宽上提供高质量的图像传输是 H.264 的应用亮点。H.264 的推广应用对视频终端、网关、MCU 等系统的要求较高，将有力地推动视频会议软、硬件设备在各个方面的不断完善。

6.8　数字音视频编解码技术标准简介

数字音视频编解码技术标准工作组（简称 AVS）由中国国家信息产业部科学技术司于 2002 年 6 月批准成立。工作组的任务是：面向我国的信息产业需求，联合国内企业和科研机构，制（修）订数字音视频的压缩、解压缩、处理和表示等共性技术标准，为数字音视频设备与系统提供高效经济的编解码技术，服务于高分辨率数字广播、高密度激光数字存储媒体、无线宽带多媒体通信、互联网宽带流媒体等重大信息产业领域的应用。

6.8.1 AVS 标准进展概况

AVS 标准是《信息技术先进音视频编码》系列标准的简称，其核心是把数字视频和音频数据压缩为原来的几十分之一甚至百分之一以下。AVS 标准和文字编码标准一样都是信源编码标准，正如英文信息系统中的 ASCII，中文信息系统中的 GB－2312、GB－18030，AVS 标准是数字音视频系统的基础标准。

AVS 标准包括系统、视频、音频、数字版权管理等四个主要技术标准和一致性测试等支撑标准。在 2003 年 12 月举行的第七次会议上，工作组完成了 AVS 标准的第一部分（系统）和第二部分（视频）的草案最终稿（FCD），与报批稿配套的验证软件也已完成。当时预计 2004 年第三季度完成第三部分（音频）的制定。2004 年第一季度（第 8 次全体会议）正式开始第四部分"数字版权管理与保护"标准的制定，当时预计 2004 年完成。2004 年第一季度启动面向新一代移动通信的视频编码标准制定，2004 年底完成主层（Main profile），2006 年第一季度完成高级层（Advanced profile）。

6.8.2 AVS 标准的优势与特点

如果你关心数字音视频产业，你就应该关心 AVS 标准。AVS 标准作为数字音视频产业的共性基础标准，广泛应用于高清晰度和标准清晰度数字电视广播、激光视盘机、移动多媒体通信、视频会议与视频监控、宽带网络流媒体、数字电影等产业群。

与其它类似标准相比，AVS 有两大优势：基于自主技术和部分开放技术构建的开放标准，妥善解决了专利许可问题；中国日渐强大的产业化实力和市场为 AVS 提供了良好土壤。在这两大翅膀的助推下，AVS 已成为全球范围内最有可能成为事实标准的第二代音视频编码标准。

AVS 是一套适应面十分广阔的技术标准，其优势表现在以下几个方面：

1）基于我国创新技术和部分公开技术的自主标准

编码效率比第一代标准（MPEG－2）高 2 到 3 倍，而且技术方案简洁，芯片实现复杂度低，达到了第二代标准的最高水平，可节省一半以上的无线频谱和有线信道资源。

2）第二代音视频编解码标准的上选

AVS 通过简洁的一站式许可政策，解决了 MPEG－4 AVC/H.264 被专利许可问题缠身、难以产业化的死结，与一些公司提出的标准相比，AVS 是开放式制订的国家、国际标准，易于推广。

3）为音视频产业提供系统化的信源标准体系

MPEG－4 AVC/H.264 是一个视频编码标准，而 AVS 是一套包含系统、视频、音频、媒体版权管理在内的完整标准体系，为中国日渐强大的音视频产业提供了完整的信源编码技术方案，正在通过与国际标准化组织合作，进入国际市场。

AVS 标准是针对中国音视频产业的需求，由中国数字音视频领域的科研机构和企业牵头，相关国际组织和企业广泛参与，按照国际开放式规则制定的标准。AVS 标准将通过信息产业部科学技术司通过标准化程序提请国家标准主管部门作为国家标准发布。AVS 标准正在通过正式程序提请成为国际标准，是全球数字音视频产业领域的重要信源标准。

习 题 6

1. 根据你的了解，分别列出静止和序列图像的压缩标准，并对其应用范围进行比较。

2. 小波变换编码能否做到无损压缩？根据你的理解，说明用专用集成电路实现小波变换视频编码的难处何在。

3. 下面的图 6.19 所示是经过三层小波变换后的系数矩阵，试用 EZW 算法进行编码，写出详细编码过程。

24	65	0	0	0	0	0	0
32	145	54	-34	0	112	0	0
0	42	0	0	0	0	77	0
0	0	0	0	0	0	0	0
0	0	0	1	0	0	0	0
0	0	-82	0	0	0	0	0
0	0	0	0	0	0	0	0
0	0	0	0	0	0	0	0

图 6.19 系数矩阵

4. 用 SPIHT 算法对下图中一层小波变换系数进行编码，写出详细的编码过程。

$$\begin{bmatrix} 18 & 6 & 8 & -7 \\ 3 & -5 & 13 & 1 \\ 2 & 1 & -6 & 3 \\ 2 & -2 & 4 & -2 \end{bmatrix}$$

5. 分形编码数据压缩的基本原理是什么？能否做到无损压缩？

6. 基于模型的编码方法的基本原理是什么？能否做到无损压缩？

7. 按照你的理解，说明 H.264 标准的应用前景。

第七章　图像通信中的信道编码

任何通信系统中，信息都要通过信道来传输。信息论中，信道是与信源相并列的研究对象。在实际信道上传输数字信号时，信号往往不可避免地会受到衰减、杂波、干扰等影响，造成质量劣化。这种劣化是突变性的（模拟信号质量的劣化是渐变的），也就是说，当数字信号的衰减、杂波或干扰没有低于某一门限时，只要接收设备能判别出"0"码和"1"码，信号质量就不会受到大的影响，而一旦超过此门限，接收设备判别不出"0"码和"1"码，信号就会丢失。因此，在数字信号传输中最重要的是防止误码，也就是要尽量降低输出信息码的差错概率，即常说的误码率 P_e。

为了降低误码率，常用的方法有两种：一种是降低数字信道本身引起的误码，可采用选择高质量的传播线路，改善信道的传输特性，增加信号的发送能量，选择抗干扰能力较强的调制解调方案等方法；另一种方法就是在信号源的原数码序列中以某种方式加入某些作为误差控制用的数码（即纠检错码），以实现自动纠错或检错的目的。这就是信道编码或称纠错编码。

在许多情况下，信道的改善是不可能的或者是不经济的，这时只能采用信道编码方法来降低误码率。

本章将简单介绍信道的基本概念，并在此基础上着重介绍信道编码的原理和几种图像通信中常用的编码方法。

7.1　信道的定义及分类

通常人们所说的信道是指信号的传输媒介，例如架空明线、电缆、光纤、波导、电磁波等等。虽然这种定义是非常直观易懂的，但是在通信系统的分析研究中，为了简化系统模型和突出重点，常常根据所研究的问题，把信道范围适当扩大。除了传输媒介外，信道还包括有关的部件和电路，如天线与馈线、功率放大器、滤波器、混频器、调制器与解调器等等。我们将这种扩大范围的信道称为广义信道，而把仅包括传输媒介的信道称为狭义信道。

广义信道是从信号传输的观点出发，针对所研究的问题来划分信道。在模拟通信系统中，研究的重点是调制和解调的基本原理，其传输信道可以用调制信道来定义。调制信道的范围是从调制器的输出端到解调器的输入端。从调制和解调的角度来看，从调制器输出端到解调器输入端的所有转换器以及传输媒介，不管其中间过程如何，都是实现了已调信号的传输，因此可以将其视为一个整体，称之为调制信道。在研究调制、解调问题时，定义一个调制信道是非常方便的。

在数字通信系统中，如果我们只关心编码和译码问题，可以定义编码信道来突出研究的重点。编码信道的范围是从编码器的输出端至译码器的输入端。因为从编码和译码的角度来看，编码器是把信源所产生的消息信号转变为数字信号，译码器则是将数字信号恢复成原来的消息信号，而编码器输出端至译码器输入端之间的一切环节只是起了传输数字信号的作用，所以可以将其归为一体来讨论。调制信道和编码信道的划分如图 7.1 所示。

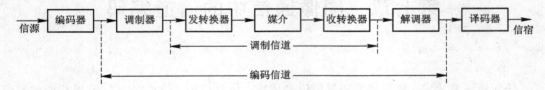

图 7.1　调制信道和编码信道的划分

狭义信道（传输媒介）是广义信道中十分重要的组成部分。实际上，通信效果的好坏，在很大程度上将依赖于狭义信道的特性。因此，在研究信道的一般特性时，传输媒介是讨论的重点。

信道中的噪声是客观存在的，它以多种形式存在于信道之间。信道有输入和输出，所以也可以视作一种变换，把输入变换成输出。由于干扰和噪声的存在，这种变换往往是随机的或概率的，可以用条件转移概率来表示。

从造成传输误码的信道来看，可将信道分成三类信道模型，即随机（误码）信道、突发（误码）信道和混合（误码）信道。

1．随机信道

数据流在信道中传输时会受到随机噪声的干扰，导致接收端解码时发生码元值的误判，形成误码（也称差错）。随机噪声一般是指加性高斯白噪声（AWGN，Additive White Gaussian Noise），其噪声能量电平按正态规律分布，它造成的误码（差错）之间是统计独立、互不相关的，称为随机误码（差错）。具有这种特性的传输信道被称为随机信道，也就是信息论中的无记忆信道。

2．突发信道

传输信道中常有一些瞬间出现的短脉冲干扰，它们引起的不是单个码元误码，而往往是一串码元内存在大量误码，前后误码的码元之间有一定的相关性，称为突发误码（差错）。这种信道称为突发信道，也就是有记忆信道。一串误码中第一个至最后一个误码间的距离可称为突发长度。

3．混合信道

实际的传输通道通常不是单纯的随机信道或突发信道，而是两者兼有，或者以某个信道属性为主。这种两类特性并存的信道可称为混合信道或复合信道。

上述的随机噪声或突发脉冲都是加性干扰，它们重叠在已编码信号上造成电平失真，两者的区别在于误码间的连续性与相关性。随机信道引起的误码一般是孤立偶发的单个码元（单个比特或单个符号）误码形式，连续两个码元的误码可能性很小，连续三个码元误码的概率更极其稀少，这种随机性误码需要有相应的纠正错误的差错控制编码措施。突发信道误码成串集中地出现，在短促的时间内发生大量误码，对此也有相应的差错控制编码措施。当然，实际中需要设计出既有纠正随机误码能力又有纠正突发误码能力的信道编码方式。

除了加性干扰之外，传输通道中还有一类乘性干扰问题，它会引起码间串扰现象。信道中的数字信号多径反射是造成这种干扰的重要因素。对于乘性干扰引起的码间串扰，通常采用信道均衡的办法予以纠正。

信道还可以分为恒参信道和变参信道。对于恒参信道来说，信道的参数不随时间变化。例如架空明线、同轴电缆以及中长波、地面波传播等均属于恒参信道。对于变参信道来说，信道的参数随时间变化。例如短波电离层反射、超短波流星余迹散射、多径效应和选择性衰落等均属于变参信道。

7.2 信 道 编 码

信道编码又称为信道纠错编码或者差错控制编码，用于数字通信系统。它的作用是提高系统数据传输的可靠性。

在前面的信源编码中，将图像信号数据流中的空间信息冗余度和时间信息冗余度大量删除，以达到降低总数据率，提高信息量效率，提高传输速率的目的，从而在保证一定图像质量的前提下，使数字信号能以尽量少的数据量尽快地传输出去。但是，数据流经信源编码后，在去除冗余、提高信源的信息熵（每个符号的平均信息量，单位为比特/符号，即bit/symbol）的同时，数字信号的抗干扰能力明显下降，很容易受到传输通道中引入的噪声、多径反射和衰落等的影响而造成误码，甚至无法恢复出原始数据。这样，数字图像传输的可靠性就无法得到保证。也就是说，快速传输与可靠传输是相互矛盾的。

于是，为了能判断发送的信息是否有误并加以纠正，可以在发送时在要传输的数字码流中人为地加入一些多余的码元。这些码元在不发生误码的情况下是完全多余的，但若发生误码，便可以利用信息码元与多余码元之间特定的关系实现误码检出和误码纠正，这就是差错控制编码的基本原理。接收端根据信息码元与多余码元之间的相关规则进行校验，检出错误或纠正错误。这些多余的码元被称为校验码元或监督码元。

总体上看，信道编码一般有下列要求：

（1）增加尽可能少的数据量而可获得较强的检错和纠错能力，即编码效率高，抗干扰能力强；

（2）对数字信号有良好的透明性，即传输信道对于传输的数字信号内容没有任何限制；

（3）传输信号的频谱特性与传输信道的通频带有最佳的匹配性；

（4）编码信号内包含有正确的数据定时信息和帧同步信息，以便接收端准确地解码；

（5）编码的数字信号具有适当的电平范围；

（6）发生误码时，误码的扩散蔓延小。

其中，最主要的可概括为两点：其一，附加一些数据信息以实现最大的检错纠错能力，这就涉及到差错控制编码原理和特性；其二，数据流的频谱特性适应传输通道的通频带特性，以求信号能量经由通道传输时损失最小，因此有利于提高载波噪声比（载噪比，C/N），发生误码的可能性小。而做到这一点需应用到数字信号序列的频谱形成技术，即涉及到传输码型的选择和转换。

7.2.1 差错控制的方式

在现代通信系统中,常用的差错控制方式有四种,即前向纠错(FEC,Front-Error Control)、反馈重发(ARQ,Automatic Repeat Request)、混合差错控制(HEC,Hybrid Error Control)以及信息反馈(IRQ,Information Repeat Request)。其通信过程如图7.2所示。图中有斜线的方框表示在该端检查错误。

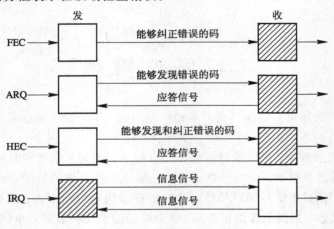

图 7.2 差错控制方式

1. 前向纠错(FEC)方式

前向纠错方式中,发送端发送的数据内包括信息码元以及供接收端自动发现错误和纠正误码的监督码元,即具有纠错能力的码。接收端的纠错译码器收到这些码之后按预先规定的规则,自动地纠正传输中的错误。

这种方式具有三大特点:首先它只适用于正向信道,供单向信道的场合使用;其次,经编码后发送端必须能够发出具备纠错功能的码流;第三,由于能自动纠错,不要求能检错重发,因而接入信号的时延最小。

2. 反馈重发(ARQ,自动重发请求)方式

反馈重发方式中,发送端发出有一定检错能力的码。接收端译码器根据编码规则,判断这些码在传输中是否有错误产生,如果有错,就通过反馈信道告诉发送端,发送端将接收端认为错误的信息重新发送,直到接收端认为正确为止。

此种方式的最大特点是一般情况下不具备纠错功能,在发送端经编码后的码流仅具备检错功能,接收端接收后,对码流进行校验,再通过反向信道给发送端一个应答信号,发送端根据该应答信号决定重发此码组或发送下一个码组。

3. 混合纠错(HEC)方式

这种方式是前两种方式的结合。发送端发出的信息是具有检错纠错能力的码元。当误码量在其纠错能力之内时,接收端检错后自动纠错;当误码量超过纠错能力时接收端通过反馈信道请求发送端重发有关信息。

其优点在于,编译码电路的复杂性比 FEC 方式简单,又可避免 ARQ 方式中信息连贯性差的缺点,并且,能得到较低的接收误码率。

4. 信息反馈(IRQ)方式

信息反馈方式是接收端把收到的数据原封不动地通过反馈信道送回发端,发端将发出的数据与收到的反馈数据相比较,发现错误,并把出错的信息纠错后再次重发。

这种方式的优点是不需要纠错、检错电路,控制设备和检错设备简单;其缺点是整个通信系统的传信率很低。目前这种方式已经很少采用。

7.2.2 纠错码的分类

纠错码的分类有不同的方式。图 7.3 所示为纠错码的常用分类方法。

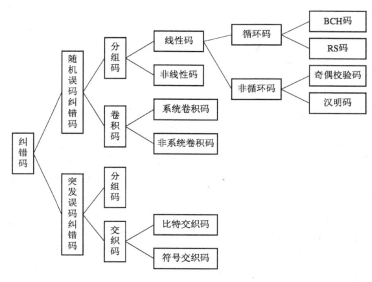

图 7.3 纠错码的分类

(1)按照检错纠错功能的不同,纠错码可分为检错码、纠错码和纠删码三种。检错码只能检知一定的误码而不能纠错;纠错码具备检错能力和一定的纠错能力;纠删码能检错纠错,对超过其纠错能力的误码则将有关信息删除或采取误码隐匿措施将误码加以掩蔽。

(2)按照误码产生原因的不同,纠错码可分为纠随机误码的纠错码和纠突发误码的纠错码两种。前者主要应用于产生独立性随机误码的信道,后者主要应用于产生突发性局部误码的信道。

(3)按照信息码元与监督码元之间的检验关系,纠错码可分为线性码和非线性码。如果信息码元和监督码元之间存在线性关系,可用一组线性方程式表示,就称为线性(纠错)码;反之,两种码元之间不能用线性方程式描述时,就称为非线性码。非线性码的分析比较困难,实现较为复杂。

(4)按照信息码元与监督码元之间约束方式的不同,纠错码可分为分组码和卷积码两种。这两种码的基本概念将在后面内容给予介绍。

(5)按照信道编码之后信息码元序列是否保持原样不变,纠错码又可分为系统码(组织码)和非系统码(非组织码)两种。系统码中,编码后的信息码元序列保持原样不变,监督码元位于其后;非系统码中,编码后的信息码元序列会发生改变。显然,后者的编译码电路要复杂些,故较少采用。

除了上述的分类方法之外，还有其它的分类方法，例如按照每个码元的取值可分为二进制码与多进制码等，这里不再叙述。

7.2.3 差错控制编码的几个基本概念

1. 信息码元和监督码元

信息码元又称信息序列或信息位，是发送端由信源编码给出的信息数据比特。以 k 个码元为一个码组时，在二元码情况下，总共可有 2^k 个不同的信息码组。

监督码元又称监督位或校验码元，是为了检错纠错在信道编码中加入的校验数据。通常，对 k 个信息码元的码组附加 r 个监督码元，组成一组组总码元数为 $n(=k+r)$ 的码组，它们具有一定的检错纠错能力。

2. 许用码组和禁用码组

信道编码后可以有 2^n 个总长 n 的不同码组值。其中，发送的信息码组有 2^k 个，通常称之为许用码组，其余的 (2^n-2^k) 个码组不予传送，称之为禁用码组。纠错编码的任务就是从 2^n 个总码组中按某种规则选择出 2^k 个许用码组(每个码组内包括 k 个信息码元和 r 个监督码元)。接收端译码的任务是采用相应的规则对接收到的每个码组进行检错纠错，恢复出正确的信息码元。

3. 码重和码距

在分组编码中，每个码组内码元"1"的数目称为码组的重量，简称码重。例如，000、101 和 111 三个码组的码重分别为 0、2 和 3。每两个码组间相应位置上码元值不相同的个数称为码距，又称为汉明距离，通常用 d 表示。例如，000 与 110 码组之间码距为 $d=2$，100 与 011 码组之间码距为 $d=3$。各码组之间的码距的最小值称为最小码距，通常用 d_0 或 d_{min} 表示，是信道编码的一个重要参数。根据编码理论，一种编码的检错或纠错能力与最小码距 d_{min} 的大小密切相关，我们将在后面的 7.3.1 小节中予以介绍。

4. 编码效率

通常，将每个码组内信息码元数 k 值与总码元数 n 值之比 $\eta=k/n$ 称为信道编码的编码效率，即

$$\eta = \frac{k}{n} = \frac{k}{k+r} \tag{7.2-1}$$

编码效率 η 是衡量信道编码性能的一个重要指标。由前面的讨论可以知道，当信息码位一定时，监督码元越多(即 r 越大)，检错纠错能力越强，即增大编码序列长度 n，可以增强抗干扰能力。然而式(7.2-1)告诉我们，编码序列 n 越长，编码效率就越低。一般情况下，抗干扰能力与编码效率是相互矛盾的。因此，编码的主要任务就是在满足一定误码率要求的前提下，尽量提高编码效率。

5. 编码增益

编码增益定义为，在误码率一定的条件下，非编码系统需要的输入信噪比与采用了纠错编码的系统所需的输入信噪比之间的差值(用 dB 表示)。编码增益描述的是在采用了纠错编码之后，对原来非编码系统的性能改善程度。

7.3 图像通信中的常用纠错码

在数字通信中，常用的纠错码有很多，如奇偶校验码、线性分组码、循环码、BCH 码、交织码、RS 码、CRC 码和卷积码等。本节着重介绍图像通信中常用的几种纠错码，包括汉明码、BCH 码、RS 码、交织码、TCM 网格编码以及 Turbo 码，对于其它一些基础的码型，读者可以查阅相关参考资料。

7.3.1 线性分组码

线性分组码是整个纠错编码中非常重要的一类码，它概念清楚，易于理解。我们即将介绍的汉明码、BCH 码、RS 码等码型都属于线性分组码，所以我们首先介绍线性分组码的相关内容。

1. 基本概念

所谓分组码，就是将信源编码输出的信息码元序列以 k 个码元为一组，对每组信息码元按一定规律附加上 r 个监督码元，输出码长为 $n=k+r$ 个码元的一组码。每一组码元中 r 个监督码元仅与本组的 k 个信息码元有关，与其它码组的信息码元无关。对于一个码长为 n 的分组码，通常用 (n,k) 来表示。分组码的监督码元是根据一定的规则，由本组的信息码元经过变换得到的。变换规则不同，得到的分组码也就不同。

如果在某一种分组码中，监督码元和信息码元之间的关系是用线性方程联系起来的，或者说它们之间满足线性变换关系，就称这种分组码为线性分组码。线性码是建立在代数学群论基础上的，其许用码组的集合构成了代数学中的群，故又称为群码。群码中线性方程的运算法则是以模 2 和为基础的，通常的四则运算中的加法与减法在这里都是模 2 和的运算。

奇偶校验码是一种最简单的线性分组码，它是一种通过增加冗余位使得码字中"1"的个数为奇数或偶数的编码方法，相应地称为奇校验或偶校验。以偶校验为例，编码后的每个码组应满足下式：

$$a_{n-1} \oplus a_{n-2} \oplus \cdots \oplus a_0 = 0 \qquad (7.3-1)$$

式(7.3-1)称为监督方程式。式中，$a_{n-1} \sim a_1$ 为信息码元，a_0 为监督码元。发送端和接收端分别应用式(7.3-1)来生成和检验线性分组码。

接收端的检错中，可将式(7.3-1)对接收到的数据再计算一遍，如下式那样进行：

$$s = a_{n-1} \oplus a_{n-2} \oplus \cdots \oplus a_0 \qquad (7.3-2)$$

对于偶校验码，如果 $s=0$，表示无误码或者有偶数个误码；如果 $s=1$，表示有误码。s 称为校验子或校正子，又称伴随式。简单奇偶校验码中，只有一个监督方程式，只能检错而不能纠错。

如果监督码元增加为 2 位，则相应的对每个码组可列出两个监督方程式，所计算出的两个校验子 s_1 和 s_2 可组成 4 种状态：00、01、10 和 11。对于偶校验码，00 表示该码组无误码，而其余 3 种状态不仅表明有误码，并可能指出误码的位置，从而加以纠正。二元码中，只要知道误码位置，以其反码代替之(具体做法是用码"1"与该误码求模 2 和)，便可加以纠正。

一般地，若有 r 个监督码元，就有 r 个监督方程式和 r 个相应的校验子 s_1, s_2, $\cdots$, s_r，可给出 2^r 种状态。其中，2^r-1 种状态可指明 2^r-1 个误码位置。如果 (n,k) 线性分组码中 $2^r-1 \geqslant n$，就有可能构造出纠正一位或一位以上误码的线性码。

下面以一个例子来分析线性分组码。

【例 7.1】 假设有一个 $(7, 4)$ 分组码，其码字可以写成 $A=(a_6, a_5, a_4, a_3, a_2, a_1, a_0)$，其中前 4 位为信息码元，后 3 位为监督码元，若该分组码的 3 个监督码元可以用下列线性方程来表示

$$\left. \begin{array}{l} a_2 = a_6 \oplus a_5 \oplus a_4 \\ a_1 = a_6 \oplus a_5 \oplus a_3 \\ a_0 = a_6 \oplus a_4 \oplus a_3 \end{array} \right\} \qquad (7.3-3)$$

则该分组码就称为 $(7, 4)$ 线性分组码。显然，式 $(7.3-3)$ 中的各监督方程是线性无关的。若已知 4 个信息码元，由式 $(7.3-3)$ 可以容易地得到码字的 3 个监督码元。我们知道，码长为 7 的码字共有 $2^7=128$ 个，而 $(7, 4)$ 线性分组码共有 $2^4=16$ 个许用码字。表 7.1 所列的这 16 个许用码字是从 128 个码字中根据式 $(7.3-3)$ 的监督方程式挑选出来的。

表 7.1 $(7, 4)$ 线性分组码的一组许用码字

序号	a_6	a_5	a_4	a_3	a_2	a_1	a_0
A_0	0	0	0	0	0	0	0
A_1	0	0	0	1	0	1	1
A_2	0	0	1	0	1	0	1
A_3	0	0	1	1	1	1	0
A_4	0	1	0	0	1	1	0
A_5	0	1	0	1	1	0	1
A_6	0	1	1	0	0	1	1
A_7	0	1	1	1	0	0	0
A_8	1	0	0	0	1	1	1
A_9	1	0	0	1	1	0	0
A_{10}	1	0	1	0	0	1	0
A_{11}	1	0	1	1	0	0	1
A_{12}	1	1	0	0	0	0	1
A_{13}	1	1	0	1	0	1	0
A_{14}	1	1	1	0	1	0	0
A_{15}	1	1	1	1	1	1	1

用 $s_1 s_2 s_3$ 表示三个监督方程式的校验子，并可规定 $s_1 s_2 s_3$ 的状态组合与误码的位置的关系如表 7.2 所示。

表 7.2　校验子状态与误码位置的关系

$s_1 s_2 s_3$	误码位置	$s_1 s_2 s_3$	误码位置
001	a_0	101	a_4
010	a_1	110	a_5
100	a_2	111	a_6
011	a_3	000	无误码

如果我们把 (n,k) 分组码的每个码字看成是 n 维线性空间中的一个矢量，长为 n 的码字共有 2^n 个，组成一个 n 维线性空间，(n,k) 线性分组码共有 2^k 个码字，$k<n$，构成了一个 k 维空间，因此 (n,k) 线性分组码是 n 维线性空间的一个 k 维子空间，这是线性分组码的另一种定义。(n,k) 线性分组码的编码问题实质上可以归结为如何在 n 维线性空间中，找出满足一定要求的由 2^k 个矢量组成的 k 维子空间的问题。

线性分组码满足以下条件：

（1）封闭性（自闭律）——群中任意两个元素（码字）经模 2 加运算之后得到的元素仍为该群的元素。例如由表 7.1 可以得到 $A_1+A_2=A_3$，$A_6+A_7=A_1$ 等。

（2）有零元——如上例中的 A_0 码字即是零元，使得任何码字与它模 2 加的结果不变，即

$$A_0+A_i=A_i \qquad (i=0,1,\cdots,15)$$

（3）有负元——线性分组码中任一码字即是它自身的负元。

$$A_i+A_i=A_0 \qquad (i=0,1,\cdots,15)$$

（4）结合律成立，如 $(A_2+A_3)+A_4=A_2+(A_3+A_4)$ 等。

除此之外，由于线性分组码还满足交换律，如 $A_2+A_3=A_3+A_2$ 等，即线性分组码对模 2 加运算构成交换群。

(n,k) 线性分组码的封闭性表明，码组集合中任意两个码字模 2 加所得的码字，一定在该码组的集合中，又由于两个码字模 2 加所得的重量等于这两个码字的距离，故 (n,k) 线性分组码中两个码字之间的距离一定等于该分组码中某一非全 0 码字的重量。因此，线性分组码的最小距离等于码组集合中非全 0 码字的最小重量。设 A_0 为 (n,k) 线性分组码中的全零码，其最小距离为

$$d_{\min}=W_{\min}(A_i) \qquad A_i \in (n,k)(i \neq 0) \qquad (7.3-4)$$

前面我们提到过，一种编码的检错或纠错能力与最小码距 $d_{\min}$ 的大小密切相关，对于分组码有如下结论：

（1）在一个码组内为了检知 e 个误码，要求最小码距应满足 $d_{\min} \geqslant e+1$。

这一点可以用图 7.4(a) 简单地说明：设一码组 A 位于 C 点，另一码组 B 与 A 的最小码距为 $d_{\min}$。当 A 码组的误码不超过 e 个时，A 码组的位置移动将不超出以 C 点为圆心、以 e 为半径的圆。只要其它任何许用码组都不落入此圆内，则 A 码组发生 e 个误码时就不可能与其它许用码组混淆。这就意味着其它许用码组必须位于以 C 为圆心、以 $e+1$ 为半径的圆上或圆外，因此最小码距 $d_{\min}$ 为 $e+1$。

（2）在一个码组内为了纠正 t 个误码，要求最小码距应满足 $d_{\min} \geqslant 2t+1$。

这一点可以用图 7.4(b)来说明：若码组 A 和码组 B 发生不多于 t 位的错误，则其位置均不会超出以 C_1、C_2 为圆心，以 t 为半径的圆。只要这两个圆不相交，则当误码小于 t 个时，根据它们落入哪个圆内，就可以正确地判断为 A 或 B，即可纠正错误。以 C_1、C_2 为圆心、t 为半径的两圆不相交的最近圆心距离为 $2t+1$，这就是纠正 t 个误码的最小距离 d_{min}。

（3）在一个码组内为了纠正 t 个误码并同时检知 e 个误码，最小码距应满足 $d_{min} \geqslant e+t+1$。

图 7.4(c)中，A、B 分别为两个许用码组，当 A 发生 e 个误码、B 发生 t 个误码时，为了保证此时两个码组仍然不发生混淆，则要求以 C_1 为圆心、e 为半径的圆必须与以 C_2 为圆心、t 为半径的圆不发生交叠，也就是要求最小码距 $d_{min} \geqslant e+t+1$。

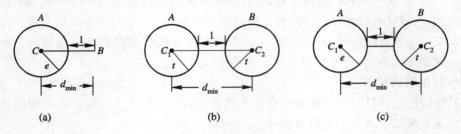

图 7.4　最小码距与检错纠错能力间的关系

2. 汉明码

汉明码是一种高效的能纠单个错误的线性分组码。如前所述，要构造出纠正一位或一位以上误码的线性码，则需满足 $2^r-1 \geqslant n$，而汉明码满足 $2^r-1=n$，这表明在纠单个错误时，汉明码所用的监督码元最少，与码长相同的能纠单个错误的其它码相比，编码效率最高，因此说汉明码高效。

对于任一整数 m，$m \geqslant 3$，可以构建具有以下参数的汉明码：

监督码元数目：$r=m$；

码长：$n=2^m-1$；

信息码元数目：$k=2^m-1-m$；

最小距离：$d_{min}=3$；

纠错能力：$t=1$

前面介绍的(7,4)线性分组码就是一种汉明码。

实际的数字电视系统中，使用的是汉明码的一种扩展，称为扩展汉明码。它的实质是在原汉明码的每个码组后面增加 1 位偶监督码元，使得原码组的码重和最小码距增加，从而达到提高检错纠错能力的目的。

在数字电视分量信号的比特串行接口方面，国际电信联盟无线电部门（ITU－R，International Telecommunication Union－Radio communication sector）的 656 号建议中对图像信号的定时基准码用 F、V 和 H 三个码表示，由它们的取值为 0 或 1 确定出奇偶场、场正程和场消隐期以及行正程开始和结束，它们取代了模拟电视信号中的奇偶场场消隐信号和场同步信号以及行消隐脉冲宽度。由于定时基准码对数字电视信号非常重要，必须确保可靠地传输和接收，因此 ITU－R BT656 建议中对它们采用了(8,4)扩展汉明码，如表7.3 所示。

表 7.3　定时基准码的状态表

比特位	D_7	D_6	D_5	D_4	D_3	D_2	D_1	D_0
参数	1	F	V	H	P_3	P_2	P_1	P_0
1	1	0	0	0	0	0	0	0
2	1	0	0	1	1	1	0	1
3	1	0	1	0	1	0	1	1
4	1	0	1	1	0	1	1	0
5	1	1	0	0	1	1	1	0
6	1	1	0	1	1	0	1	0
7	1	1	1	0	1	1	0	0
8	1	1	1	1	0	0	0	1

表中，D_7 恒为 1，D_6、D_5、D_4 对应于 F、V 和 H 三个信息码，P_3、P_2、P_1、P_0 为监督码元。F、V 和 H 的值规定为：$F=0$ 对应于奇场(第一场)，$F=1$ 对应于偶场(第二场)；$V=0$ 对应于场正程期，$V=1$ 对应于场消隐期；$H=0$ 对应于行正程起始时刻，$H=1$ 对应于行正程结束时刻。P_3、P_2 和 P_1 的监督方程组如下：

$$P_3 = D_5 \oplus D_4 \tag{7.3-5}$$
$$P_2 = D_6 \oplus D_4 \tag{7.3-6}$$
$$P_1 = D_6 \oplus D_5 \tag{7.3-7}$$

添加的校验位 $P_0(P_0 = D_6 \oplus D_5 \oplus D_4)$ 使每个码组(表中的状态 1～8)构成奇校验，除状态 1 的码重 $W=1$ 外，其余状态的码重均为 $W=5$。这样的码组可以同时检 2 错、纠 1 错。

3. RS 码

RS 码是 Reed 和 Solomon 两位研究者发明的，故称为里德—索罗蒙码。简称 RS 码。它是一种适合于多进制的、具有强纠错能力的 BCH 码。下面先简要介绍 BCH 的基本概念，再重点介绍 RS 码。

1) BCH 码

在线性分组码中，除了常用的汉明码外，另一个重要的子类码是循环码。BCH 码就是一种能够纠正多个随机错误的循环码。循环码除了具有线性分组码的封闭性之外，还具有另一个特性，亦即循环性。所谓循环性是指循环码中任一许用码字经过循环位移后所得到的码字(码组)仍然为一组许用码字。例如，若 $(a_{n-1} a_{n-2} \cdots a_1 a_0)$ 为一组循环码，则 $(a_{n-2} a_{n-3} \cdots a_0 a_{n-1})$、$\cdots (a_0 a_{n-1} \cdots a_1) \cdots$ 也是许用码组。不论左移或右移，不论移动多少位，所得结果均为该循环码中的许用码字。

BCH 码是以三个发明人 Bose、Chaud huri、Hocquenghem 的名字命名的。BCH 码有严密的代数结构，是最好的线性分组码之一，也是目前研究最为透彻的一类码。它的纠错能力强，构造简单，且在译码、同步等方面有许多优点，已被众多的通信系统采用。

在一个 (n,k) 循环码中，有惟一的一个 $r=n-k$ 次多项式 $g(x)$ 为

$$g(x) = 1 + g_1 x + g_2 x^2 + \cdots + g_{r-1} x^{r-1} + g_r x^r \tag{7.3-8}$$

$g(x)$ 是该循环码中次数最低的非零多项式。循环码中每个码元多项式都是此 $g(x)$ 的倍数式，即每个码元多项式都能被 $g(x)$ 整除。$g(x)$ 被称为循环码的生成多项式。一旦确定了

$g(x)$，整个(n,k)循环码就确定了，此时$xg(x)$、$x^2g(x)$、…、$x^{k-1}g(x)$都是码元多项式。

若能纠正t个错误的二进制循环码的生成多项式$g(x)$中含有$2t=d-1$个连续根，

$$\alpha^1, \alpha^2, \cdots, \alpha^{2t}$$

则由此$g(x)$生成的循环码称为二进制 BCH 码。

根据循环码的规律，我们知道，(n,k)循环码的生成多项式$g(x)$必是x^n+1的一个因式，即

$$x^n+1 = g(x)h(x) \tag{7.3-9}$$

x^n+1共有n个根，$1，\alpha，\cdots，\alpha^{n-1}$。所以，$x^n+1$在 GF($2^m$)上可分解成一次因式的乘积，即

$$x^n+1 = (x+1)(x+\alpha)(x+\alpha^2)\cdots(x+\alpha^{n-1})$$
$$= h(x)g(x) \tag{7.3-10}$$

GF 称为有限域，也称为伽罗华域，是由有限个元素构成的集合。有限域的概念请参考相关书籍。

二进制 BCH 码的生成多项式为

$$g(x) = \text{LCM}[m_1(x)m_3(x)\cdots m_{2t-1}(x)] \tag{7.3-11}$$

LCM 表示取最小公倍式，$m_i(x)$是α^i的最小多项式。

BCH 码可分为两类，即本原 BCH 码和非本原 BCH 码。如果 BCH 码的生成多项式$g(x)$中，含有最高次为m的本原多项式，且$n=2^m-1$，则这个 BCH 码就称为本原 BCH 码。所谓本原多项式，是当一个n次多项式$p(x)$满足下列条件时，可称为本原多项式。

(1) $p(x)$不能再分解因式；

(2) $p(x)$可整除x^n+1，这里$n=2^m-1$；

(3) $p(x)$不可整除x^q+1，这里$q<n$。

而非本原 BCH 码的生成多项式不含有这种本原多项式，且码长n是$n=2^m-1$的一个因式，即码长n一定能除尽$n=2^m-1$。

本原 BCH 码的码组长度n与监督位、纠正随机错误个数t之间的关系为：

对任一整数m，$n=2^m-1(m\geqslant 3)$，监督位$n-k\leqslant mt$，能够纠正不多于t个随机错误，即最小距离为$d_{\min}\geqslant 2t+1$。

2）RS 码

RS 码是一类非二元 BCH 码。在(n,k)码组的 RS 码中，输入数据流划分为$k\times m$比特一组，每组内包括k个符号，每个符号由m个比特组成，而不是前面介绍的二进制 BCH 码中的 1 个比特。

一个能纠正t个符号错误的 RS 码有如下参数：

码长：$n=2^m-1$个符号或是$m(2^m-1)$比特

信息段：k个符号或是$k\times m$比特

监督段：$n-k=2t$个符号或是$m(n-k)$比特

最小码距：$d_0=2t+1$个符号或是$m(2t+1)$比特

对于能纠t个符号错误的 RS 码的生成多项式为

$$g(x) = (x+\alpha)(x+\alpha^2)\cdots(x+\alpha^{2t}) \tag{7.3-12}$$

这里 a^i 是有限域 GF(a^m) 中的一个元素。

例如 $m=8$，即一个符号由 8 个 bit 组成，则一个 RS 码的码组中有 $n=2^8-1=255$ 个符号，若要纠正 $t=10$ 个符号的错误，则需要 $r=2t=20$ 个监督符号。此时信息符号为 $k=n-r=255-20=235$ 个。编码效率 $\eta=k/n=92\%$。一个码组共有 $255\times8=2040$ bit。因为它能纠正 $t=10$ 个符号，则也能纠正 80 个连续发生的错误码元，故它具有很强的纠突发错误的能力。

【例 7.2】 构造一个能纠正 3 个错误符号，码长为 15，$m=4$ 的 RS 码。求生成多项式。

解：由 RS 码参数可以知道，该码的码距为 $2\times3+1=7$ 个符号，监督段有 $2\times3=6$ 个符号。因此该码为 (15，9)RS 码。其生成多项式为

$$g(x)=(x+\alpha)(x+\alpha^2)(x+\alpha^3)(x+\alpha^4)(x+\alpha^5)(x+\alpha^6)$$
$$=x^6+\alpha^{10}x^5+\alpha^{14}x^4+\alpha^4x^3+\alpha^6x^2+\alpha^9x+\alpha^6$$

前面说过，RS 码是一种多进制的 BCH 码，数字电视中常以 8 比特的符号（字节，Byte）为码字构成 256 进制的分组码，用 (n，k，t) 或者 (n，k) 标记。对于一个长度为 2^m-1 个符号的 RS 码，每个符号都可以看成是 GF(2^m) 中的一个元素。

(1) RS 码的编码：设待编码的信息码组构成的信息多项式为 $I(x)$，对于数字电视中常用的 8 比特的符号码字，可以写成

$$I(x)=a^7x^7+a^6x^6+a^5x^5+\cdots+a^2x^2+ax+1 \qquad (7.3-13)$$

编码后的 RS 码多项式 $C(x)$ 为

$$C(x)=x^rI(x)+Q(x) \qquad (7.3-14)$$

式 (7.3-14) 中的 $r=n-k$，$x^rI(x)$ 意味着使 $I(x)$ 左移 r 个码字；$Q(x)$ 为加在移位后信息码字组后面的 r 个校验码字多项式，

$$Q(x)=x^rI(x)\,\mathrm{mod}\,g(x) \qquad (7.3-15)$$

式 (7.3-15) 表示 $I(x)$ 左移 r 个码字后除以码生成多项式 $g(x)$，所得的余式即为 $Q(x)$。

RS 码的编码过程可以用带反馈的移位寄存器来实现。这一点与 BCH 码是相同的。不同的是，所有数据通道都是 m 比特宽，即移位寄存器为 m 级并联工作。每个反馈连接必须乘以生成多项式中相应的系数。图 7.5 为 RS(7，5) 码的编码器示意图，图中的 P、Q 为两个校验子码字。与 α^i 的相乘可以用 $2^m\times m$ 只读存储器 (ROM) 查表法实现。

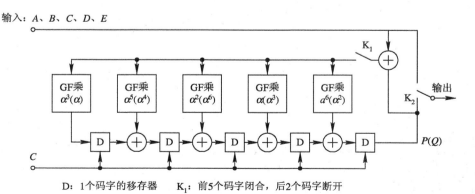

图 7.5 RS(7，5) 码的编码器示意图

（2）RS 码的译码：RS 码的译码算法十分复杂。RS 码的译码也大体上与 BCH 译码相似。不同的是 RS 译码时需要在找到错误位置后，求出错误值。而且 BCH 译码时只有一个错误值，RS 则有 2^m-1 种可能值。

RS 码的译码步骤如下：

① 计算伴随式；

② 确定错误位置多项式；

③ 寻找错误位置；

④ 寻找错误值；

⑤ 纠正错误。

RS 码的译码是从计算接收码字的伴随式入手。设发送的码组多项式为 $C(x)$，$E(x)$ 表示有 $\gamma(\gamma \leqslant t)$ 个错误的错误码组，$R(x)$ 表示接收到的码组，$R(x)=C(x)+E(x)$，$E(x)=x_1 y_1+x_2 y_2+\cdots+x_\gamma y_\gamma$，$x_i$ 表示错误的位置，定义 $x_i=\alpha^i$，y_i 是它的错误值。

我们可以根据接收到的码多项式来计算伴随式 S。由于 RS 码是由有限域 $GF(2^m)$ 上某个元素的 $2t$ 个连续幂次为根的生成多项式所定义的，用这些根去估算一个码字多项式时，可写出：

$$\begin{cases} C_{n-1}\alpha^{n-1}+C_{n-2}\alpha^{n-2}+\cdots+C_{n-k}\alpha^{n-k}+C_{n-k-1}\alpha^{n-k-1}+\cdots+C_1\alpha+C_0=0 \\ C_{n-1}\alpha^{2(n-1)}+C_{n-2}\alpha^{2(n-2)}+\cdots+C_{n-k}\alpha^{2(n-k)}+C_{n-k-1}\alpha^{2(n-k-1)}+\cdots+C_1\alpha^2+C_0=0 \\ \vdots \\ C_{n-1}\alpha^{2t(n-1)}+C_{n-2}\alpha^{2t(n-2)}+\cdots+C_{n-k}\alpha^{2t(n-k)}+C_{n-k-1}\alpha^{2t(n-k-1)}+\cdots+C_1\alpha^{2t}+C_0=0 \end{cases}$$

$$(7.3-16)$$

而计算伴随式之值 $\{S_p\}$（$p=1, 2, \cdots, 2t-1, 2t$），就是将码的规定根代入多项式 $R(x)$，得到

$$\begin{aligned} S_p &= R(\alpha^p) \\ &= R_0(\alpha^p)^0+R_1(\alpha^p)^1+\cdots+R_{n-1}(\alpha^p)^{n-1} \end{aligned} \quad (7.3-17)$$

如果 $S=0$，认为接收无误；若 $S \neq 0$，则由 S 找出错误图样。因为 $R(x)=C(x)+E(x)$，而由 RS 码的定义可知 $C(\alpha^p)=0$（$p=0, 1, \cdots, 2t$），所以有

$$\begin{aligned} S(p) &= E(\alpha^p) \\ &= E_0(\alpha^p)^0+E_1(\alpha^p)^1+\cdots+E_{n-1}(\alpha^p)^{n-1} \end{aligned} \quad (7.3-18)$$

即

$$\begin{cases} S_1 = x_1 y_1+x_2 y_2+\cdots+x_t y_t \\ S_2 = (x_1)^2 y_1+(x_2)^2 y_2+\cdots+(x_t)^2 y_t \\ \vdots \\ S_{2t} = (x_1)^{2t} y_1+(x_2)^{2t} y_2+\cdots+(x_t)^{2t} y_t \end{cases} \quad (7.3-19)$$

从本质上说，译码器就是求解有限域 $GF(2^m)$ 上的这组伴随式非线性联立方程，由伴随式值 S 找出错误图样时，先确定错误位置 x_i，再求错误值 y_i。然而由式（7.3－19）直接求解 x_i 和 y_i 非常困难，因为它是一个非线性联立方程组，所以一般采用间接法。通常可以将其转换为一组线性方程式，用错误位置多项式对其求解。然后寻找出错误位置，当得到错误位置值后，将其代入伴随式非线性联立方程，可求得错误值，再将所得的错误值加到

相应的错误位置上，就完成了 RS 码的译码和纠错。

由于在译码过程中确定错误位置和计算错误值的算法比较复杂，因而在此不作详细的讨论，有兴趣的读者，可以查阅参考资料。

（3）RS 的纠错原理：在 RS 码中，欲检出一系列误码则需要用码字除一定数量的一次多项式。如果要纠正 t 个错误，那么码字必须被 $2t$ 个不同的一次多项式整除，例如被 $x+a^n$ 的一次多项式整除，这里的 n 取值直到 $2t$ 的所有整数值，a 是基本元素。

下面举一个简单例子说明 RS 的纠错原理。

如图 7.5，若输入 5 个符号，每个符号 3 比特，即 101、100、010、100、111，它的本原多项式为 x^3+x+1，本原根为 a，可得其根的表达式为：$1=1$，$a=a$，$a^2=a^2$，$a^3=a+1$，$a^4=a \times a^3=a(a+1)=a^2+a$，$a^5=a^2 \times a^3=a^2+a+1$，$a^6=a \times a^5=a^2+1$，$a^7=a \times a^6=1$。

输入符号与相应的元素相乘后直接模 2 加即可得到校验子。由于有两种系数，所以得到两个校验子。两个校验式为

$$
\left.
\begin{aligned}
s_0 &= A \oplus B \oplus C \oplus D \oplus E \oplus P \oplus Q \\
s_1 &= a^7 A \oplus a^6 B \oplus a^5 C \oplus a^4 D \oplus a^3 E \oplus a^2 P \oplus aQ
\end{aligned}
\right\}
\qquad (7.3-20)
$$

在无差错时，应该满足 $s_0=0$，$s_1=0$。有如表 7.4 所示的情况。

表 7.4　无差错的情况

输入码字	A	101	$a^7 A$	101
	B	100	$a^6 B$	010
	C	010	$a^5 C$	101
	D	100	$a^4 D$	101
	E	111	$a^3 E$	010
	P	100	$a^2 P$	110
	Q	100	aQ	011
校验式	$s_0=000$		$s_1=000$	

当接收到的符号有错时，我们将有错的码加撇号以示区别。假如 D 组出现差错，由 100 变为 101，则校验式变为表 7.5 所示的情况。

表 7.5　有差错的情况

输入码字	A	101	$a^7 A$	101
	B	100	$a^6 B$	010
	C	010	$a^5 C$	101
	D'	101	$a^4 D'$	011
	E	111	$a^3 E$	010
	P	100	$a^2 P$	110
	Q	100	aQ	011
校验式	$s_0=001$		$s_1=110$	

错误位置判断：

因为 $s_0=001=a^7=1$，$s_1=110=a^4$，所以 $s_1/s_0=a^4/a^7=a^4/1=a^4$，即指出是第 4 组出现差错。

纠错方法为

$$D=D'+s_0=101+001=100$$

RS 码特别适合纠正突发误码，它可纠正的 n 个符号的数据包内的错码构成样式有如下几种：

连续长度为 $b_1=(t-1)m+1$ 比特的单串突发误码；

连续长度为 $b_2=(t-3)m+3$ 比特的两串突发误码；

……

连续长度为 $b_i=(t-2i-1)m+2i-1$ 比特的串突发误码。

由于近年来超大规模集成电路（VLSI）技术的发展，使原来非常复杂、难以实现的译码电路集成化。目前功能很强的、长 RS 码的编译码芯片也商业化了，因此 RS 码在通信领域已被广泛地应用。

7.3.2 交织码

前面所介绍的纠错码，都是用来纠正随机错误的，但在实际通信系统中常常出现突发性错误，即在发生错误时，往往是有很强的相关性，其至是连续一片数据都发生错误。这时由于错误集中，常常超出了纠错码的纠错能力。对一些突发错误信道很有效的一种方法是将纠错编码与数据交织技术相结合，即在发送端加上交织器，在接收端加上解交织器，这样可以使突发错误分散开来，把突发差错信道变为独立随机错误信道，从而充分发挥纠错编码的作用。

交织技术的基本思想是：将已经经过纠错编码的码元次序按事先所作的规定进行置换，被置换的过程称为交织编码。如果在传输中出现连续性的误码，这些误码必然集中出现在交织码码元序列的某个区段。由于交织码的码元序列是被置换过的，因而经过接收端的反置换，可将集中的误码分散，并被置换回原编码序列中。这时，再利用纠错编码技术，可以将这些误码纠正过来。

如果交织时是按单个比特进行的，就称为比特交织；如果交织时是按多个比特组成的符号进行的，此交织就称为符号交织。

在实际应用中，常用的交织方式有块交织和卷积交织。

1. 块交织

块交织，又称为矩阵交织，其工作过程如下：在发送端，编码序列在被送入信道传输之前先通过一个交织寄存器矩阵，将输入序列按列写入寄存器矩阵，读取时按行读出，再送入传输信道，此时行数称为交织深度；接收端收到后先将序列存到一个与发端相同的交织寄存器矩阵，但按行写入、按列取出，然后送进解码器。由于收发端存取的程序正好相反，因此，送进解码器的序列与编码器输出的序列次序完全相同。

设发送端待发送的一组信息为：$X=(a_{64}, a_{63}, a_{62}, \cdots, a_{02}, a_{01})$，则交织后的结果如图 7.6 所示。

$$\begin{matrix} a_{61} & a_{51} & a_{41} & a_{31} & a_{21} & a_{11} & a_{01} \\ a_{62} & a_{52} & a_{42} & a_{32} & a_{22} & a_{12} & a_{02} \\ a_{63} & a_{53} & a_{43} & a_{33} & a_{23} & a_{13} & a_{03} \\ a_{64} & a_{54} & a_{44} & a_{34} & a_{24} & a_{14} & a_{04} \end{matrix}$$

图 7.6 交织矩阵

发送时，此编码序列自左向右逐列地写入交织寄存器内，然后，以原来的时钟频率自左向右逐行顺序读出，也就是说，输入给交织寄存器的比特顺序为

$$a_{61}，a_{62}，a_{63}，a_{64}，a_{51}，\cdots，a_{04}，a_{03}，a_{02}，a_{01}$$

自交织寄存器输出的比特顺序为

$$a_{61}，a_{51}，a_{41}，a_{31}，a_{21}，a_{11}，a_{01}，\cdots，a_{34}，a_{24}，a_{14}，a_{04}$$

在接收端，将接收到的比特交织的数据流以相逆的过程写入交织寄存器以及自交织寄存器中读出，再进行相应的纠错码译码。如果在传输过程中发生突发误码，其长度超过译码的纠错能力，则由于先将比特交织的码流进行解交织处理，因而会使突发误码散布在一些行列中，容易在译码时加以纠正。

如果将能纠正 t 个随机误码的码作为阵列的行码，以 i 行构成一个阵列，则这种交织码保证可以纠正 t 个突发长度为 i 的突发误码；如果将能纠正 b 个突发误码的码作为阵列的行码，同样以 i 行构成一个阵列，则这种交织码可纠正长度为 $(b \times i)$ 的突发误码。图 7.7 所示为这两种误码情况下交织码能够纠错的例子，图中带阴影线的码元为出错的码元。

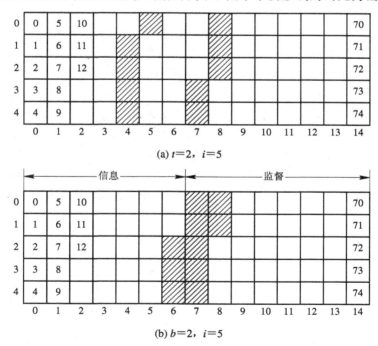

(a) $t=2$，$i=5$

(b) $b=2$，$i=5$

图 7.7 交织码纠错情况

2. 卷积交织

卷积交织器最早由 Ramsey 和 Forney 提出。下面以一个 $B \times N$ 卷积交织器来介绍卷积

交织的工作原理。如图 7.8 所示,待交织的符号分别进入 N 条支路延迟器,每一路延迟不同的符号周期,第一路无延迟,第二路延迟 B' 个符号周期,依次类推,第 N 路延迟 $(N-1)B'$ 个符号周期,其中 $B'=B/N$。接收端的解交织器的各支路的延迟时间正好与交织器相反,第一路延迟 $(N-1)B'$ 个符号周期,第二路延迟 $(N-2)B'$ 个符号周期,依次类推,第 N 路无延迟。这个交织器被称为 $B\times N$ 交织器,对应的解交织器称为 $B\times N$ 解交织器。

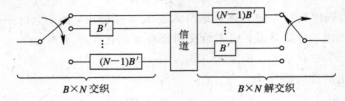

图 7.8 卷积交织器和对应的解卷积交织器 $(B'=B/N)$

此卷积交织器和解卷积交织器组合具有以下性质:

(1) 总时延为 $N(N-1)B'$ 个符号周期;

(2) 发送端和接收端的总存储容量为 $(N-1)NB'/2$。

$B\times N$ 卷积交织与 $B\times N$ 块交织在对付突发错误性能、数据延迟上是相同的,但前者所需的总存储器比后者少一半,故实际中常用卷积交织。

7.3.3 卷积码

1. 卷积码的编码

卷积码是 1955 年由伊利亚斯(P. Elias)提出的,因其编码方法可以用卷积的运算形式来表达而得名。卷积码同分组码一样,是将 k 个信息比特编码成 $n(n>k)$ 比特的码组。不同的是编码出的 n 比特的码组值不仅与当前码字中的 k 个信息比特有关,而且与其前面 $N-1$ 个码字中的 $(N-1)k$ 个信息比特值有关,也即当前码组内的 n 个码元的值取决于 N 个码组内的全部信息码元,编码过程中相互关联的码元数为 Nn 个。其中,N 可称为卷积码编码的约束长度,单位为比特。通常,卷积码的标记法采用 $(n, k, N-1)$ 或 (n, k, m) 表示,$m=N-1$。它的编码效率为 $\eta=k/n$。卷积码的纠错能力随着 N 的增加而增大,而差错率随着 N 的增加而指数下降。在相同的编码效率 k/n 下,卷积码性能通常比分组码好。

卷积码是纠错码中的一种,我们用图 7.9 所示的一种简单而实用的 $(2,1,2)$ 卷积码来说明其原理。

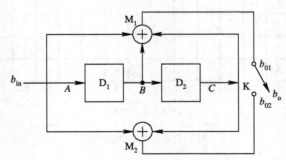

图 7.9 $(2,1,2)$ 卷积码编码器

由图可见，由两个模二和加法器 M_1 及 M_2 的逻辑关系式 $g_1(x)$ 和 $g_2(x)$ 分别得下面的生成多项式：

$$\left.\begin{array}{l} g_1(x) = 1 + x + x^2 \\ g_2(x) = 1 + x^2 \end{array}\right\} \qquad (7.3-21)$$

现假设输入的数据序列 b_{in} 为 11011100⋯，于是有

$$\begin{aligned} b_{01}(x) &= g_1(x)b_{in} = (1 + x + x^2)(1 + x + x^3 + x^4 + x^5 \cdots) \\ &= 1 + x^5 + x^7 + \cdots \end{aligned} \qquad (7.3-22)$$

$$\begin{aligned} b_{02}(x) &= g_2(x)b_{in} = (1 + x^2)(1 + x + x^3 + x^4 + x^5 \cdots) \\ &= 1 + x + x^2 + x^4 + x^6 + x^7 \cdots \end{aligned} \qquad (7.3-23)$$

因此，输出序列为

$$b_{01} = 10000101\cdots, \quad b_{02} = 11101011\cdots \qquad (7.3-24)$$

经转换开关 K 进行串/并转换后，b_o 为

$$b_o = 11,01,01,00,01,10,01,11,\cdots \qquad (7.3-25)$$

可将生成多项式 $g_1(x)$ 和 $g_2(x)$ 用八进制表示，此时有

$$g_1(x) = 1 + x + x^2 \Rightarrow g_1 = (111) = (7)_8 = 7_{OCT} \qquad (7.3-26)$$

$$g_2(x) = 1 + x^2 \Rightarrow g_2 = (101) = (5)_8 = 5_{OCT} \qquad (7.3-27)$$

仔细分析图 7.9 可知，$b_{01}=A+B+C$，$b_{02}=A+C$。假设该图中 A、B 和 C 三点的初始状态都为 0，则当 b_{in} 的第一个"1"输入时，M_1 及 M_2 上的输出都为 1；当第二个"1"输入时，B 点已由移存器 D_1 输出为 1，因此 M_1 及 M_2 分别输出 0 和 1；当第三个"0"输入时，B 和 C 点已均为 1，因此 M_1 及 M_2 分别输出 0 和 1；当第四个"1"输入时，B 点为 0，C 点为 1，因此 M_1 及 M_2 都输出 0，⋯以此类推，可以得到与式(7.3-24)计算所得一致的结果。

显然，图 7.9 中的电路结构只是特定的设计例子，完全可以有其它的设计方案，而哪种编码电路最为优化，纠错能力最好，需要用计算机进行分析。

卷积码的工作情况可以用图解方法来表示以帮助理解，如码树图、网格图、状态图等。

图 7.9 所示编码器的编码过程如果用码树图来描述，其译码过程如图 7.10 中虚线所示。图中每个节点对应于一个输入码元。按照习惯，当输入为"0"时，走上分支；输入为"1"时，走下分支，并将编码器的输出标在每个分支的上面。按此规则，就可以画出码树的路径。对于任意一个码元输入序列，其编码输出序列一定与码树中的一条特殊的路径相对应。因此，沿着码元输入序列，就可以获得相应的输出码序列。

图 7.10 中的 y_i 表示不同输入对应的不同译码输出。

在编码器的输入端输入一个新的信息码元后，编码器会从原来的状态转换成新的状态。例如，若编码器原来的状态为 S_1，当输入码元为"1"时，从图中可以看到，编码器会从 S_1 状态转换到 S_3 状态；当输入码元为"0"时，编码器会从 S_1 状态转换到 S_2 状态。从码树上还可以看到，从第四条支路开始，码树的各节点从上而下开始重复出现 S_0、S_1、S_2 和 S_3 四种状态，并且码树的上半部分与下半部分完全相同，这意味着从第 4 位信息码元输入开始，无论第 1 位信息码是"0"还是"1"，对编码输出都没有影响，即输出码已经与第 1 位信息码元无关，这正是约束度 $N=3$ 的含义。

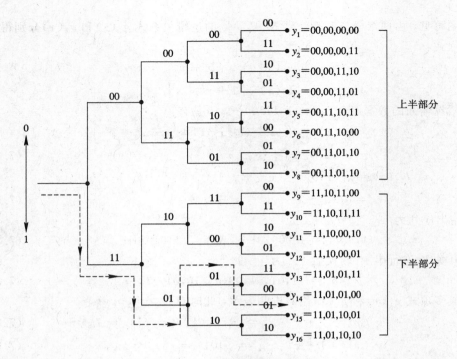

图 7.10 (2,1,2)卷积码的码树图

我们可以将状态相同的节点合并在一起，这样就得到了卷积码的另外一种更为紧凑的图形表示方法，即网格图，或称篱笆图。图 7.9 所示编码器的编码过程如果用网格图来表示，可得到图 7.11 所示的形式。

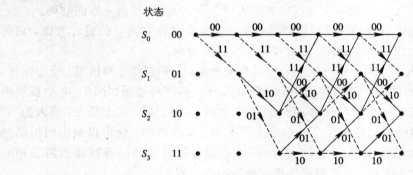

图 7.11 (2,1,2)卷积码的网格图

与码树一样，任何可能的输入码元序列都对应着网格图上的一条路径。例如，若初始状态为 S_0，输入序列为 1101，则对应的编码输出序列为 11010100…，如图 7.11 中的粗线所示。

除了码树图和网格图之外，卷积码还常用状态图来表示。卷积码的状态图表示给出了编码器当前状态与下一个状态之间的相互关系，如图 7.12 所示。图中，虚线表示输入码元为"1"的路径，实线表示输入码元为"0"的路径。圆圈内的字母表示编码器的状态，路径上的数字表示编码输出。

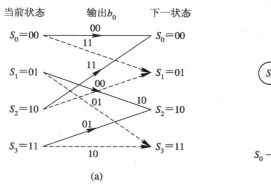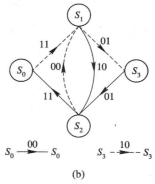

(a)   (b)

图 7.12   (2,1,2)卷积码的状态图

2. 卷积码的译码

卷积码的译码可分为两大类：一类是代数译码，这种译码利用编码本身的代数结构，不考虑信道的统计特性，该方法硬件实现简单，但性能较差；另一类是概率译码，这种译码通常建立在最大似然准则的基础上，并由于其在计算时用到了信道的统计特性，从而提高了译码性能，但这种性能的提高是以增加硬件的复杂度为代价的。代数译码以门限译码方法为典型代表，概率译码则以维特比译码方法和序列译码方法为代表。

维特比（Viterbi）译码方法是 1967 年 Viterbi 提出的一种最大似然译码方法，在卷积码的约束长度较小时，该方法比序列译码方法效率更高，速度更快，译码器也比较简单，是一种非常有效的译码方法。它不仅是卷积码的一种重要译码方法，而且可用于一般的时间离散、状态有限的马尔可夫过程的最佳估计。目前，维特比译码方法已广泛地应用在各种数字通信系统中，在此我们主要介绍维特比译码。由于维特比译码是建立在最大似然译码的基础之上的，因此我们首先来讨论最大似然译码的基本原理。

1）最大似然译码

图 7.13 是卷积码编、译码系统模型。图中，信息序列 M 首先经过卷积码编码器变成编码发送序列 C，然后将 C 送入有噪声的离散无记忆信道（DMC，Discrete Memoryless Channel）；在接收端，设译码器接收到的序列为 R，译码输出序列为 M'。

图 7.13   卷积码编、译码系统模型

对于 (n,k,m) 卷积码，设信息序列 M 为

$$M = (\underline{M_0}, \underline{M_1}, \cdots, \underline{M_i}, \cdots, \underline{M_{L-1}}, \underbrace{\underline{0}, \underline{0}, \cdots, \underline{0}}_{m \text{ 组}}) \tag{7.3 - 28}$$

其中，每一个符号 $\underline{M_i}$ 代表长度为 k 的信息码块，共有 L 个，故有用的信息码总长度为 $L \times k$；$\underline{0}$ 代表 k 个 0，它们被附加在有用的信息码元之后。m 组 0 共有 $m \times k$ 个 0。这样做的目的是要使编码器对 M 序列完成编码之后，恢复到全零状态，同时使信息序列能分帧传输，接收序列也能分帧译码。

编码器输出的编码序列为

$$C = (\underline{C}_0, \underline{C}_1, \cdots, \underline{C}_i, \cdots, \underline{C}_{L+m-1}) \qquad (7.3-29)$$

这是一个长度为 $n(L+m)$ 个码元的二进制序列,其中 $\underline{C}_i$ 是第 i 个发送子码。由于编码器输出此序列之后总能恢复到全 0 状态,所以称此序列为截尾卷积码序列。该码序列通过离散无记忆信道(DMC)之后,译码器接收序列 R 为

$$R = (\underline{R}_0, \underline{R}_1, \cdots, \underline{R}_i, \cdots, \underline{R}_{L+m-1}) \qquad (7.3-30)$$

其中,$\underline{R}_i$ 是第 i 个接收子码,长度是 n。于是对于 DMC 信道,输入码序列为 C 而接收到码序列是 R 的概率为

$$P\left(\frac{R}{C}\right) = P\left(\frac{R_0}{C_0}\right) P\left(\frac{R_1}{C_1}\right) \cdots P\left(\frac{R_{L+m-1}}{C_{L+m-1}}\right) = \prod_{i=0}^{L+m-1} P\left(\frac{R_i}{C_i}\right) = \prod_{j=0}^{N-1} P\left(\frac{r_j}{c_j}\right) \quad (7.3-31)$$

式中,$N=n(L+m)$ 是 $(L+m)$ 个子码的二进制的长度,r 和 c 分别代表接收序列 R 和发送序列 C 中的二进制码元,j 是二进制码元的顺序数。

对式(7.3-31)两边取对数,有

$$\mathrm{lb} P\left(\frac{R}{C}\right) = \mathrm{lb} \prod_{j=0}^{N-1} P\left(\frac{r_j}{c_j}\right) \qquad (7.3-32)$$

式中,$P(r_j/c_j)$ 是信道的转移概率。通常称 $\mathrm{lb} P(R/C)$ 是码序列 C 的似然函数,它表示发送序列为 C 而接收序列是 R 这种情况可能性的大小。$\mathrm{lb} P(R/C)$ 越大,说明 R 与 C 越相似。

在接收序列 R 中,前面 L 个子码是由 $L \times k$ 个二进制信息码元编码获得的。由 $L \times k$ 个二进制码元可以组成 2^{kL} 种码序列。现在的问题是,已知接收码序列 R 而不知发送码序列,那么这 2^{kL} 种码序列都可能是发送码序列,但是发送各种码序列的可能性大小是由似然函数决定的。因此译码器的任务就是要从这 2^{kL} 种码序列中,找出一个与 R 最相似的码序列 C',作为编码发送序列 C 的估计值。换句话说,对于一个特定的接收序列 R,译码器对 2^{kL} 种码序列分别计算出相应的似然函数,挑选出似然函数最大的一个码序列作为译码器的译码输出序列 M'。在等概率发送的情况下,这种最大似然函数译码方法是译码错误概率最小的方法,因而也是最佳的方法。

若信道为二进制对称信道(BSC, Binary Symmetrical Channel),则有 $P(0/1)=P(1/0)$ 等于误码率 P_e。假设发送序列在传输中产生了 e 个错误,这时 C 与 R 在 e 个位置上码元不同,所以 $e=d(R,C)$,其中 $d(R,C)$ 是 R 与 C 之间的汉明距离。此时,似然函数可以写成

$$\mathrm{lb} P\left(\frac{R}{C}\right) = \mathrm{lb} \prod_{j=0}^{N-1} P\left(\frac{r_j}{c_j}\right) = d(R,C)\, \mathrm{lb} P_e + [N - d(R,C)] \cdot \mathrm{lb}(1-P_e)$$

$$= d(R,C)\, \mathrm{lb}\, \frac{P_e}{1-P_e} + N\, \mathrm{lb}(1-P_e) \qquad (7.3-33)$$

我们称似然函数 $\mathrm{lb} P(R/C)$ 为 C 与 R 之间相似性的"度量"。由于 $P_e < 1/2$,故有 $\mathrm{lb}[P_e/(1-P_e)]<0$。所以当 $d(R,C)$ 最小时,对应着 $\mathrm{lb} P(R/C)$ 最大。也就是说,对于二进制无记忆信道而言,最大似然译码就等于最小汉明距离译码,因此可以用 $d(R,C)$ 代替似然函数 $\mathrm{lb} P(R/C)$ 作为度量,C 与 R 之间的汉明距离可以表示为

$$d(R,C) = \sum_{i=0}^{L+m-1} d(\underline{R}_i, \underline{C}_i) = \sum_{j=0}^{N-1} d(r_j, c_j) \qquad (7.3-34)$$

其中,$d(\underline{R}_i, \underline{C}_i)$ 和 $d(r_j, c_j)$ 分别表示子码度量和码元度量。

2) 维特比(Viterbi)译码

由于卷积码的编码输出序列一定对应着网格图(或码树)中的一条路径，因此卷积码的最大似然译码，就是根据收到的序列 R，按照最大似然译码的准则，力图在网格图上找到原来编码器编码时所走过的路径，这个过程就是译码器计算、寻找最大似然函数的过程，即可得到

$$\max\left[\text{lb}P\left(\frac{R}{C_j}\right)\right] \qquad j = 1, 2, \cdots, 2^{kL} \qquad (7.3-35)$$

对于 BSC 信道而言，就是寻找与 R 有最小汉明距离的路径，即得到

$$\min[d(R, C_j)] \qquad j = 1, 2, \cdots, 2^{kL} \qquad (7.3-36)$$

最大似然译码的性能固然很好，但它是以整个译码长度为 $n(L+m)$ 作为整体来考虑的，这就给实际应用带来了困难。必须寻找一种新的最大似然译码算法。维特比译码方法正是为了解决这一困难而提出的。它不是在网格图上一次比较所有可能的 2^{kL} 个序列(路径)，而是接收一段，就比较、计算一段，并选择一条最可能的路径，从而使整个码序列是一个有最大似然函数的序列。

用维特比方法译码的具体步骤如下：

(1) 从 S_0 状态开始，时间单位 $j=1$，计算并存储进入每一个状态的部分路径及其度量值；

(2) j 增加 1，计算此时刻进入各状态的部分路径及其度量值，并挑选出一条度量值最大的部分路径，称为留选路径；

(3) 如果 $j < L+m$，重复第(2)步，否则停止。

j 从 m 变化到 L 的过程中，网格图的每个状态都有一条留选路径。但当 $j > L$ 以后，由于输入码元始为 0，故网格图的状态数减少，留选路径也减少，到第 $L+m$ 单位时间，网格图回到 S_0 状态，最后只剩一条留选路径，这条路径就是我们需要的有最大似然函数的路径 C'。

下面来举例说明维特比算法的应用。

【例 7.4】 设(2,1,2)卷积码编码器的输入信息序列为 $M = (1011100)$，$L = 5$。编码器发送到 BSC 信道的码序列为 $C = (11100001100111)$，译码器的接收序列为 $R = (10100001110100)$。利用图 7.11 所示的网格图，求译码器输出的估值序列 M'。

维特比译码过程如图 7.14 所示，图中我们用汉明距离作为度量直接译出信息序列的估值 M'。

图 7.14 中标出了各个时刻进入每一个状态的留选路径及其相应的距离，同时标出了相应的译码序列 M'。

下面以 $j=1$ 和 $j=2$ 两个步骤为例来介绍一下译码过程。

$j=1$ 时，译码器的输入数据为 10，由状态 S_0 出发的路径有两条：00 和 11。比较输入数据与这两条路径的距离，这里数据 10 与 00 的距离为 1，与路径 11 的距离也为 1，可以任选一条作为留选路径，这种任意选择的结果并不会影响最后结果的正确性。

$j=2$ 时，输入数据 10，此时从状态 S_0 出发的路径有两条，若选择 00，整个路径的度量值为 2；若选择 11，整个路径的度量值为 2。从状态 S_1 出发的路径同样有两条，若选择 10，整个路径的度量值为 1；若选择 01，整个路径的度量值为 3。

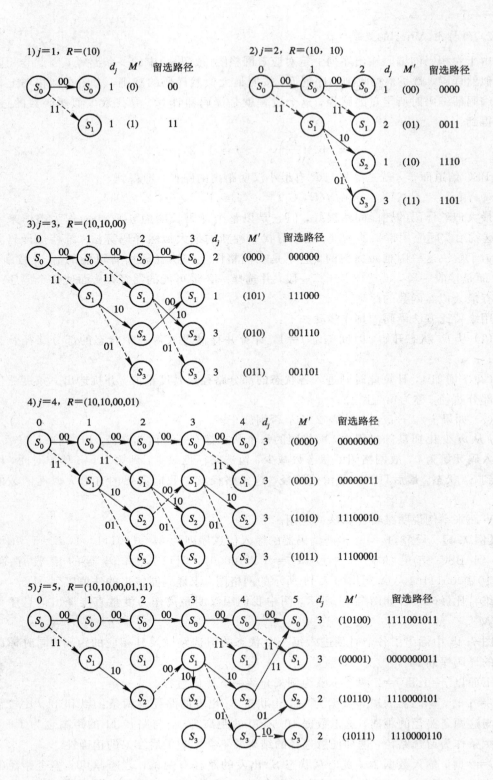

图 7.14 维特比译码过程

6) $j=6$，$R=(10,10,00,01,11,01)$

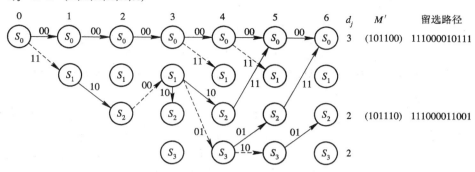

7) $j=7$，$R=(10,10,00,01,11,01,00)$

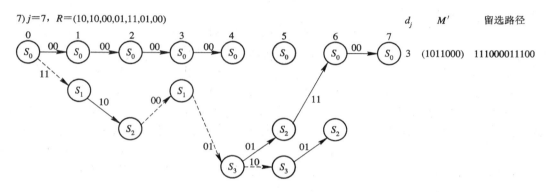

图 7.14　维特比译码过程(续)

现在我们可以发现，从状态 S_0 出发经路径 11 至状态 S_1，再经路径 10 至状态 S_2 的路径是度量值最小的，故保留这条路径，放弃其它路径。在译码的路径选择过程中，如果选择实线表示的路径，则将信息译为 0；如果选择虚线表示的路径，则将信息译为 1。

依此类推，当 $L+m=7$ 个时刻之后，四条留选路径归为一条(11100010)，相应的译码输出序列为 $M'=(1011000)$。将 M' 与 M 相比较可以发现，维特比译码并不能纠正所有可能发生的错误，当错误模式超出卷积码的纠错能力时，译码后的输出序列就会存在错误。

对于 (n,k,m) 卷积码编码器，共有 km 个移位寄存器，因而有 2^{km} 个状态。从前面的译码过程可见，维特比译码器也必须有同样多的状态产生器，并且对每一个状态都要有一个路径寄存器存储路径或信息序列，同时还要有一个存储路径度量值(最小汉明距离)的寄存器。由此可见，维特比译码的复杂度是随 2^{km} 指数增加的，为了不使译码器过于复杂，一般要求编码记忆 $m \leqslant 10$。

7.3.4　网格编码 TCM

在传统的数字传输系统中，发送端的纠错编码与调制电路是两个独立的部分，接收端的译码和解调也是如此。如前所述，纠错编码是在码流中增加校验码元达到检错和纠错的目的，但是，码流比特率的增长会使传输带宽增加，也就是说纠错编码是用频带利用率的下降来换取功率利用率的改善。这一点是我们不愿意看到的。

在限带信道中，我们总是既希望提高频带利用率，同时也希望在不增加信道传输带宽的前提下降低差错率。把编码和调制相结合统一进行设计就是解决这一问题的有效方法之一。

在数字调制中，不同的编码值可用幅度－相位空间（信号空间）中不同的点来表示。如果不增加信号空间的维数，仅增加信号点的数目，引入多余度，这样，既不会增加传输带宽又可以利用多余度进行编码，我们只需要按某种规则安排这些信号点的位置，使它与输入信号呈现某种映射关系。

1982 年 Ungerboeck 首先提出了将编码器和调制器当作一个整体来进行设计，这种设计方式就是近几年发展起来的网格编码调制（TCM，Trellis Coded Modulation），它是将卷积码和多进制相移键控（MPSK，Multiple Phase-Shift-Keying）或多进制正交调幅（MQAM，Multiple Quadrature Amplitude Modulation）组合起来的一种编码调制方式。这类 TCM 信号有两个基本特点：

（1）在信号空间中所用信号点的数目大于未编码同种调制所需的点数（通常扩大一倍），这些附加的信号点为纠错编码提供了冗余度，而没有增加传输带宽。

（2）采用卷积编码，在相邻的信号点之间引入某种依赖关系，因而只有某些信号点序列允许使用。这些信号序列可模型化成为网格状态，所以称之为网格编码调制。

图 7.15（a）为通常的数字传输系统，而图 7.15（b）则为 TCM 网格编码调制的传输系统。内编码即为卷积编码，其输出符号序列经映射器后输出至数字调制器，使符号序列映射到信号空间，使产生的路径之间的最小欧氏距离（或称自由距离）为最大。TCM 调制与单纯的调制和解调相比，降低了对系统工作信噪比的要求，再加上外信道的 RS 纠错编码，可进一步降低系统差错误码，提高系统的抗干扰能力。

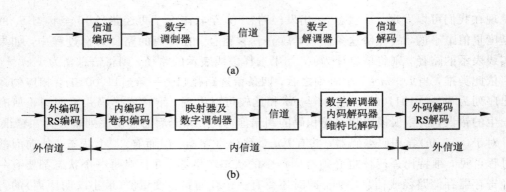

图 7.15　数字传输系统

本节以 8PSK 网格编码调制（亦称 8PSK－TCM）为例进行讨论。

8PSK－TCM 方案就是通过一种特殊的信号映射，使卷积输出的组合中的每一种惟一地与 8PSK 信号空间中的信号点相对应，从而提高抗干扰能力。这种映射的原理是将调制信号集分割成子集，使得子集内的信号间具有更大的距离，信号点之间的最小距离尽可能的大，这就是集分割原理。信号集的分割是 TCM 的核心。根据上述编码调制的特点，对于多电平、多相位的二维信号空间，把信号点集不断地分解为 2、4、8、…个子集，使子集内信号点的欧氏距离不断增大，这种映射规则称为集合划分映射。

图 7.16 是一种编码的 8PSK 方式的集合划分,所有 8 个信号点均匀分布在一个圆周上,都具有单位能量。经过连续三次划分以后,分别产生 2、4、8 个子集,它们的共同特点是,两个独立信号点之间的最小欧氏距离 Δ_i 逐次增大,即 $\Delta_0 < \Delta_1 < \Delta_2$。

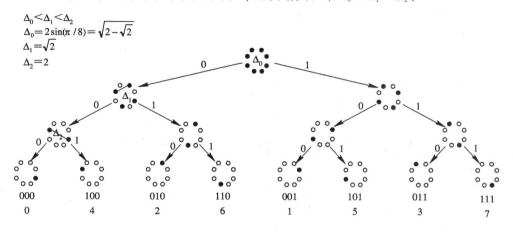

$\Delta_0 < \Delta_1 < \Delta_2$
$\Delta_0 = 2\sin(\pi/8) = \sqrt{2-\sqrt{2}}$
$\Delta_1 = \sqrt{2}$
$\Delta_2 = 2$

图 7.16　8PSK 的集合划分

根据上述集合划分映射的思想,可以设计出一种简单高效的编码方法,图 7.17 就是这种编码调制器的功能方框图。

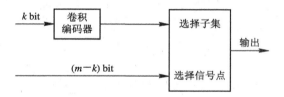

图 7.17　TCM 编码系统框图

当信号输入时,在每一个编码调制间隔内,设输入码有 m 比特,其中的 k 比特通过一个 k/n 的二进制卷积码编码器后得到 n 个码元,然后用它们去选择 2^n 个调制信号子集中的一个,再用其余的 $(m-k)$ 个未编码比特在所选定的子集中选择 2^{m-k} 个信号中的某一个作为输出。

对于 8PSK 调制器,共有 8 个信号点,所以卷积码应输出 8 个码字,因此卷积码应设计成三位码输出 $(Z_2 Z_1 Z_0)$。

图 7.18 是 8PSK 调制器和卷积编码 $(3,2,2)$ 组成的 TCM 网格编码结构框图。卷积编码的输入为 $(Y_2 Y_1)$,输出为 $(Z_2 Z_1 Z_0)$。$(Z_2 Z_1 Z_0)$ 三位码共有 8 种组合,即 000、001、010、011、100、101、110、111。图 7.19 为 8PSK 调制器信号空间星座图,它也有 8 个信号点。

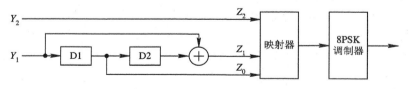

图 7.18　8PSK – TCM 结构框图

图 7.19 对应着图 7.16 中最后一次分割得到的 8 个子集,每个子集下面的码字由分割过程中的操作符(即分割箭头上标注的数字)组成,它亦代表了相应星座号的编号。

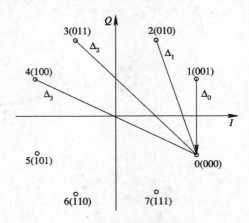

图 7.19   8PSK 信号空间中信号点的位置编号及欧氏距离

对信号空间进行了最佳分割之后,TCM 码的构造问题就集中表现为如何找到一个 k/n 卷积编码器,使其输出的 2^n 个码字与集分割得到的信号子集相对应,以建立起恰当的映射,使已调制信号间的欧氏距离最大。为此,TCM 编码的网格图应该遵循以下的规则:

(1) 所有的调制信号应有相同的出现频率,并应有尽可能多的规则性和对称性。这一原则表明一个好的 TCM 码应具有规则的结构,这是因为 TCM 方案实际上是一种对信号空间作最佳分割的方案,而调制信号空间是对称的,所以最佳分割方案也应具有规则性和对称性。

(2) 始于同一状态的所有转移分支的对应信号应属于同一个经第一级集分割后的子集,以保证从同一状态分离的不同分支间距离大于或等于 Δ_1。

(3) 到达同一状态的所有转移分支对应信号应属于同一子集,保证到达同一状态的不同分支间距离大于或等于 Δ_1。

(4) 并行路径即重合分支的输出信号点取自同一个经 $k+1$ 级集分割后的子集,以保证并行路径间的距离大于或等于 Δ_{k+1}。

依据这一原则,可以得到 8PSK - TCM 中的卷积码编码器的状态图和网格图(这与前面所讲的卷积码的状态图和网格图类似,这里不再赘述)。从而可以得到卷积编码器输出和调制器信号空间点的正确映射关系,即卷积输出的 000、001、010、011、100、101、110、111 分别对应 8PSK 星座编号为 0、1、2、3、4、5、6、7 这 8 个信号点。

图 7.20 给出了另一个 TCM 编码的例子,即采用 64QAM 的 TCM 编码系统框图。输入的二进制数字信号首先经过串并变换,然后每四个比特一组,分成两组分别进行 2/3 卷积编码和 8QAM 映射变换,分别形成 I、Q 信号。I、Q 信号经过正交调制以后形成 64QAM 信号。

关于 TCM 编码调制的译码解调,可采用维特比译码,这在卷积译码中已作讲解,此处不再赘述。

TCM 问世以来,经过十多年不断的研究和探索,已形成了一套严格的理论体系,在理论和实践上正逐步趋于完善。另外,TCM 也还在不断地向前发展,例如由二维向多维发

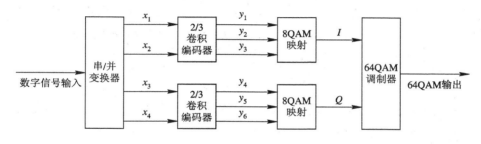

图 7.20 64QAM 的 TCM 编码系统框图

展。TCM 最初只是针对线性调制信道(如 PSK、QAM)而提出来的,近年来,将 TCM 与非线性调制(如连续相位调制)相结合的技术也取得了很大的进展。由于连续相位调制信号的包络为常量,减小了带外辐射,因而特别适用于卫星、移动等有特定要求的通信方式中,由此一来,TCM 的应用领域也得到了进一步的拓展。

将 TCM 与其它编码方式相结合,组成级联码,使其性能得到互补,可进一步提高系统的性能,这方面在理论和实践上也取得了较大的进展。

7.3.5 级联码(Turbo 码)

由于某些传输信道(如移动信道)是一种多参变的、复杂的、随机和突发干扰共存的混合的信道,因而采用一般的纠错编码往往很难满足通信质量的要求。为了能有效地纠正混合信道中由各种干扰引起的误码,通常针对信道的误码类型,把几个性能较好的短码组合在一起,使组合之后的纠错码具有优良的性能,以达到纠正各类误码的目的。这种将多个相对简单的纠错码组合在一起而形成的具有优良性能的码被称为级联码(Concatenated Code)。级联码的编码过程是通过有效地组合多个相对简单的纠错码,从而获得高编码增益的过程。

实际中应用的级联码,一般由两级组成:内码通常是比较短的二进制分组码(如 BCH 码)或约束长度较短的卷积码;外码通常为多进制 RS 码。一个利用了级联码及交错技术的差错控制系统如图 7.21 所示。

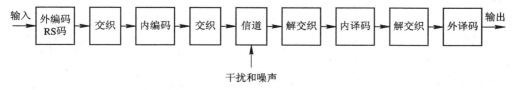

干扰和噪声

图 7.21 利用级联码与交错技术的差错控制系统

目前,一种并行级联卷积码(PCC, Parellel Concatenated Code),又称为 Turbo 码,受到了国际上的广泛重视。Turbo 码被认为是对级联码结构的一种改进,它采用了迭代算法对相关的码序列进行译码。Turbo 码是 1993 年由 Berrou、Glavieux 和 Thtimajshima 首次提出的。Turbo 码把卷积码、伪随机交织器、最大后验概率译码与迭代译码结合起来,获得了接近香农极限的纠错能力。Turbo 码编码器通过交织器进行并行或串行级联(PCC/SCC),译码器在两个分量码译码器之间进行迭代译码,译码之间传递去掉正反馈的外信息,整个译码过程类似涡轮(turbo)工作,所以又形象地称为 Turbo 码。

计算机仿真表明，Turbo 码不但在抵御加性高斯噪声方面性能优越，而且具有很强的抗衰落、抗干扰能力，在低于香农极限 0.7 dB 的情况下，可以得到 10^{-5} 的误码率。该理论一经提出，便成为信道编码领域中的研究热点，并普遍认为 Turbo 码在深空通信、卫星通信和移动通信系统中均有很好的应用前景。

Turbo 码的主要缺点如下：

(1) 由于长编码块和迭代译码导致的译码时延长，因而不适合用于实时性要求较高的业务(如视频点播，IP 电话)中，而且对硬件设备的处理速度要求高；

(2) 由较低的自由距导致在高信噪比时性能较弱，此即"地板效应"。

1. Turbo 码的编码

典型的 Turbo 码编码器结构如图 7.22 所示。它由两个成员编码器、一个交织器和一个截取复接器组成。

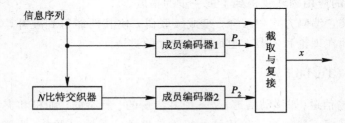

图 7.22　Turbo 码编码器

第一个编码器直接对信源信息序列的分组进行编码，第二个编码器对经过交织器交织后的信息序列的分组进行编码，最后的编码输出由信息序列和两个编码器产生的校验序列经截取和复接后得到。两个成员编码器可以相同也可以不同，既可以是卷积码，也可以是分组码，构成的 Turbo 码分别被称为卷积 Turbo 码(CTC，Convolution Turbo Code)和分组 Turbo 码(BTC，Block Turbo Code)。

交织器在 Turbo 码的编码过程中起了非常重要的作用。交织器设计的好坏对码的性能有直接的影响。交织器可将低重量的输入序列中连续 1 的位置拉开，并使编码后的码字具有较高的重量。随着交织长度 N 的适当增加，可以使译码后的误码概率下降 $1/N$。交织长度 N 又被称为交织增益。用于 Turbo 码的交织器大致可以分为三种：行列(分组)交织器、卷积交织器和随机交织器。其中，卷积交织器具有性能好、低时延和易于实现等优点，且其结构的规律性强，利于理论分析，适合于面向流的 Turbo 码。

截取与复接的目的是为了获得合适的码率。

另外，除了采用并行级联的结构外，Turbo 码还可采用串行级联的结构，通过多个交织器并行级联或串行级联而构成高维 Turbo 码；或先并联再串联(或先串联再并联)组成 Turbo 码，称为混合级联 Turbo 码。

卷积码编码器在一帧结束时，通常要加 $m(m$ 为编码存储长度) 个比特的收尾序列，使编码器返回全 0 状态。但在 Turbo 码中，因为交织器的引入，m 个比特的收尾序列很难使两个编码器都返回全 0 状态，因此，Turbo 码末状态的处理就有多种方法，目前主要有四种，如图 7.23 所示。

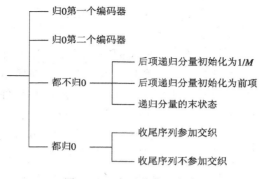

图 7.23　主要的收尾方案

2. Turbo 码的译码

典型的译码器结构如图 7.24 所示。数据帧经过译码器 1 译码,再经过交织后,接着进入译码器 2 进行译码,然后经解交织后,由译码器 1 完成再译码,如此反复迭代,直至正确译码或不能再纠正错误为止。

迭代译码是 Turbo 码性能优异的一个关键因素。如图 7.24 所示,每一译码器利用了另一译码器在上一步译码过程得到的结果,在若干次迭代(通常为 4～10 次)之后,两个译码器就在所有比特的判定上一致了。

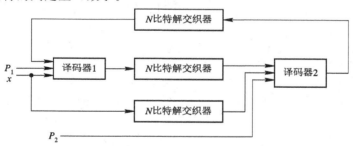

图 7.24　Turbo 码译码器

译码器 1 和译码器 2 可以采用最大后验概率算法(MAP,Maximum A Posteriori)或者软输出维特比算法(SOVA,Soft Output Viterbi Algorithm)。MAP 算法是最小化符号或比特差错概率。一般在应用中,都采用对数化的 MAP 算法,即 LOG - MAP 算法,将大部分的乘法运算转化为加法运算,这样既减小了运算复杂度,又便于硬件实现。SOVA 算法是最小化序列差错概率。在低 SNR 环境下,MAP 算法比 SOVA 算法的性能有一定改善,但是 MAP 算法在每一时刻都要考虑所有路径,并且其运算是乘法和指数运算,比较复杂。SOVA 算法中的运算是简单的加法运算、比较和选择,如 TI 公司在其 DSP 芯片 C54、C55 等系列中加入了适合 Viterbi 算法的比较选择结构,使得 SOVA 算法更容易用硬件实现。

由于 Turbo 码译码算法复杂,译码延时长,所以对于时延要求高的数据业务应用受限。因而低复杂度译码器的设计成为 Turbo 码译码算法设计的焦点。为了换取复杂度的简化,可以允许次优性能译码的存在。例如 3G 技术规范机构第三代合作伙伴计划(3GPP,3rd Generation Partnership Project)中允许 Turbo 码的译码比标准 MAP 算法有 1 dB 的增益损失。还可结合 CRC 校验来减少迭代次数,在 SNR 较大时可以减少译码复杂度和译码延时。

Turbo 码的编译码算法涉及到复杂的理论推导，读者如需详细了解相关内容，可参考专门书籍。

Turbo 码技术是信道编码技术的一次重大突破，该技术以其优异的性能引起了广泛的重视。目前 Turbo 码技术已经从理论研究和仿真实验开始走向应用，其许多关键的技术已经有了多种改进的方案，使其性能更加提高，更有利于软件和硬件的实现。现在，一些芯片制造商已开发出了专用的 Turbo 码编译码器。

由于 Turbo 码的迭代译码会引入较大的时延，因此 Turbo 码首先应用在一些对时延不敏感的领域，如卫星通信和一些非实时的场合。例如在国际海事卫星组织最新公布的 INMARSAT-phone M4 系统中，就是以 Turbo 码为核心技术来实现高速数据传输的。在 3G 的三种主流标准中都采用了 Turbo 码作为其高速率数据传输业务（图像、视频和邮件传送）的信道编码方案，其语音业务仍采用卷积码，因为卷积码译码时延小于 Turbo 码。

Turbo 码和其它编码技术的结合如 TTCM 技术以及在其它领域的应用也是研究的热点，并取得了大量的成果。相信随着高速大规模集成电路的进一步发展，Turbo 码技术的时延和算法复杂等问题会得到更大的改善，并逐步取代业已成熟的分组码和卷积码技术，而且还会与其它的技术进一步结合，广泛应用于数字通信的各个领域。

习　题　7

1. 简述信道的定义和划分。

2. 信道编码的作用是什么？

3. 解释检错纠错的方式及纠错码的分类。

4. 构造一个能纠正 2 个错误符号、码长为 7、$m=8$ 的 RS 码，写出生成多项式，分析其纠错能力。

5. 最小码距与检错纠错能力之间的关系是什么样的？

6. 什么是交织码？试述交织码的工作原理。

7. 列举卷积码的图解表示方式，并举例说明。

8. 试述 TCM 网格编码调制的工作原理。

第八章 图像信号的传输技术

所谓图像通信，其主要任务就是传输图像信息。图像信息的传输大体上有两种方式：一种是模拟方式，即对模拟视频基带信号进行某种调制，以适应不同信道传输的要求，然后送上信道进行传输；另一种是数字方式，数字视频基带信号可能是将模拟视频基带信号数字化得到的，也可能是直接采集得到的数字信号，根据不同传输信道的特性要求对数字视频基带信号进行调制后送入信道进行传输。数字图像信息的传输除了具有一般数字信息传输的优点以外，还具有能进行数字图像信号处理（如压缩编码等）这一独特的优点，所以尽管目前模拟传输还有较广泛的应用范围，但数字方式的传输却越来越重要了。而且，即使是像广播电视或有线电视网（CATV，Cable Television）等模拟传输方式，也在迅速地向数字化节目制作、传输和存储方向发展。因此，数字传输方式将是未来图像传输的主要方式。

本章将在简要介绍模拟传输的基本概念和特点的基础上，较为详细地介绍数字传输所涉及的基本概念和技术，以及图像通信系统的传输方式和传输质量控制。

8.1 模拟图像传输技术

虽然数字图像传输具有很多的优点，但目前模拟方式的传输在国民经济和国防实验中仍具有广泛的应用，特别是在有线电视、监视电视和电视实况转播等领域还普遍采用模拟传输方式。

模拟图像传输一般是通过一定的速率对图像进行周期性的扫描，把图像上不同亮度的点变成不同大小的电信号，然后传送出去。模拟图像传输通常采用基带传输和频带传输两种方式。

8.1.1 模拟基带信号

为了弄清楚图像的传输过程，首先必须要研究图像基带信号。所谓基带信号，一般是指未调制的信号。在图像通信中，即为亮度信号 $Y(t)$ 和色度信号 $U(t)$、$V(t)$。

由三基色原理可知，物体所显现出来的各种颜色都可以分解为红、绿、蓝（R、G、B）三基色。为了使彩色图像电视信号和黑白电视信号兼容，将三基色信号按式（8.1－1）的比例关系组合成亮度（Y）和色度（U、V）信号：

$$\begin{cases} Y = 0.299R + 0.587G + 0.114B \\ U = -0.147R - 0.289G + 0.436B \\ V = 0.615R - 0.515G - 0.100B \end{cases} \tag{8.1-1}$$

要想使 U、V 和 Y 能在一个频带内传输，达到黑白/彩色视频信号接收兼容的目的，需要将这两个色度信号进行正交幅度调制。设 $U(t)$、$V(t)$ 为色度信号，$Y(t)$ 为亮度信号，则经调制后的两个色度信号分别为

$$\begin{cases} u(t) = U(t) \ \sin\omega_c t \\ v(t) = V(t)\Phi(t) \ \cos\omega_c t \end{cases} \qquad (8.1-2)$$

式(8.1-2)中 $\omega_c = 2\pi f_c$ 为色度信号的副载波角频率，$\Phi(t)$ 是开关函数。由此产生的正交幅度调制的色度信号为

$$c(t) = u(t) + v(t) = C(t) \ \sin[\omega_c t + \theta(t)] \qquad (8.1-3)$$

其中：

$$C(t) = \sqrt{U^2(t) + V^2(t)}$$

$$\theta(t) = \Phi(t) \ \arctan\left[\frac{V(t)}{U(t)}\right]$$

当 $\Phi(t) = 1$，即为 NTSC 制的色度信号；当 $\Phi(t) = +1$（偶数行）或 -1（奇数行）时，则为彩色副载波逐行倒相的 PAL 制色度信号。

色度信号的副载波位于亮度信号频谱的高频端。这样，在亮度信号的高频部分间插经过正交平衡调制的两个色度分量，就可以形成彩色电视的基带信号，又称复合电视信号或全电视信号：

$$e(t) = Y(t) + c(t) = Y(t) + C(t) \ \sin[\omega_c t + \theta(t)] \qquad (8.1-4)$$

当然，实际的全电视信号中还包括复合同步信号（包括行场同步、行场消隐）及色同步信号等。至此，所讨论的是彩色电视信号，而当 $C(t) = 0$ 时，为黑白电视信号，它可以看成是彩色电视信号的特殊情况。

8.1.2　模拟调制技术

图像基带信号的频带包含从接近于直流的低频到高频的相当宽的范围，要想对这种频带范围很宽的信号实现高质量、长距离的传输是非常困难的。为此，要想对图像进行远距离传输，必须要对图像的输入信号进行调制，再送入信道传输。

所谓调制，就是按调制信号（基带信号）的变化规律去改变载波某些参数的过程。通常调制可以分为模拟调制和数字调制两种方式。在模拟调制中，调制信号的取值是连续的；而在数字调制中，调制信号的取值则为离散的。

图像信号的模拟调制与其它信号的模拟调制一样，就是把图像基带信号变换成适合于在传输线路上传输或变换成无线电高频波的某种形式的信号的过程。图像通信系统中经常采用的模拟调制技术有：调幅（AM，Amplitude Modulation）技术、调频（FM，Frequency Modulation）技术和调相（PM，Phase Modulation）技术。由于信号的瞬时相位是其瞬时频率的积分，所以调频和调相在本质上是一样的。目前在模拟图像通信中用的较多的是残留边带调幅（VSB-AM，Vestigial Side-Band-Amplitude Modulation）和调频（FM）两种方式。通常在地面广播电视领域多用 VSB 方式，而在微波、卫星中视频信号多用 FM 方式。但近来在高清晰度电视（HDTV，High-Definition Television）的数字调制中也有采用 VSB 方法的。下面分别介绍这两种方式。

1. 图像信号的调幅技术

幅度调制是正弦型载波的幅度随调制信号作线性变化的过程，主要包括双边带调幅

(DSB – AM，Double Side Band – Amplitude Modulation)、单边带调幅(SSB – AM，Single Side Band – Amplitude Modulation)和残留边带调幅(VSB – AM)等。由于电视图像信号具有较宽的频谱，而在双边带调幅中，传输频带是基带信号带宽的两倍，因而不适合在图像传输中使用。单边带调幅虽然能节约一半的频带，但由于对单边带滤波器幅度特性和线性相位特性的要求很高，比较难以实现，因而也不适合在图像传输中使用。所以在图像传输中经常采用的是残留边带调幅方式。本章只介绍 VSB – AM，对于其余的方式，有兴趣的读者可以查阅相关资料。

所谓残留边带调幅，是在双边带调制的基础上设计适当的输出滤波器使信号的一个边带频谱成分原则上全部保留，而另一个边带频谱成分只保留一小部分。它是双边带调制和单边带调制的一种折衷，它既克服了双边带调制信号占用频带宽的缺点，又解决了单边带信号实现上的难题，它的频带宽度介于这两者之间。

实现残留边带调制的经典方法主要有滤波法和移项法两种，如图 8.1 所示。

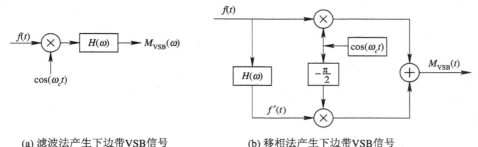

(a) 滤波法产生下边带VSB信号　　　　(b) 移相法产生下边带VSB信号

图 8.1　产生 VSB 信号的方框图

残留边带调制信号的时域和频域表达式如下：

$$M_{\text{VSB}}(t) = \frac{1}{2} f(t) \cos\omega_c t \mp \frac{1}{2} f'(t) \sin\omega_c t \qquad (8.1-5)$$

在式(8.1 – 5)中，等号右边取"－"时是残留上边带，取"＋"时是残留下边带；ω_c 为载波角频率，$f'(t) = f(t) * h(t)$，"＊"表示卷积；$h(t)$ 是残留边带滤波器 $H(\omega) = |H(\omega)| \cdot e^{j\varphi(\omega)}$ 的冲击响应。

滤波法产生 VSB 信号的原理与单边带调制类似，区别仅在于，图中滤波器的单位冲激响应应按照 VSB 调制的要求来进行设计。这个滤波器不需要十分陡峭的滤波特性，因此，较单边带滤波器更容易实现。残留边带滤波器的传输特性如图 8.2 所示。

图像通信中的 VSB 调制与一般信号的 VSB 原理相同，这里不作详细介绍。

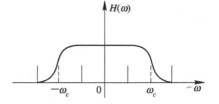

图 8.2　残留边带滤波器的传输特性

残留边带调幅方式与双边带调幅方式相比，具有如下特点：

(1) 由于可以提高信号分量和整个调幅功率之比，随机噪声和由于过负荷引起的失真就变小，适宜于长距离传输；

(2) 传输频带节约 30%～40%；

(3) 需要具有严格特性的残留边带整形滤波器和带有仅对同相分量有响应的自动相位

跟踪机构的同步检波器，因而终端设备较贵。

实际上，DSB 和 SSB 都可认为是 VSB 的特殊情况。如果残留边带的宽度增加到完全边带的宽度，VSB 波就变成了 DSB 波。

2. 图像信号的调频技术

残留边带调幅的主要优点是节省频带。在某些场合，比如远距离图像传输的情况下，希望用不大的发射功率获得较高的信噪比，而对传输带宽限制又不太严格，因而可以采用调频，特别是宽带调频的方法是很合适的。

信号的瞬时相位是其瞬时频率的积分，而频率或相位的变化都可以看成是载波角度的变化，故频率调制和相位调制统称为角度调制。

所谓调频，即是载波的瞬时频率 $\omega(t)$ 随调制信号 $f(t)$ 成比例变化的调制。若调制信号为单频正弦波，即 $f(t) = U_m \cos\omega_p t$，则

$$\omega(t) = \omega_c + K_f U_m \cos\omega_p t = \omega_c + \Delta\omega_m \cos\omega_p t \qquad (8.1-6)$$

这里 K_f 为调频灵敏度（弧度/秒/伏），ω_c 是固定角频率（载频），ω_p 为调制信号的频率，$\Delta\omega_m = K_f U_m$ 为调频波的最大角频率偏移，简称频偏。

与 $\omega(t)$ 所对应的瞬时相位为

$$\varphi(t) = \int \omega(t)\ \mathrm{d}t = \int (\omega_c + \Delta\omega_m \cos\omega_p t)\ \mathrm{d}t = \omega_c t + (\frac{\Delta\omega_m}{\omega_p})\ \sin\omega_p t + \varphi_0 \qquad (8.1-7)$$

于是，调频波可以表示为

$$M(t) = A_0 \cos[\varphi(t)] = A_0 \cos[\omega_c t + (\frac{\Delta\omega_m}{\omega_p})\ \sin\omega_p t + \varphi_0] \qquad (8.1-8)$$

$\Delta\omega_m$ 和 ω_p 两者之比通常称为调频指数，用 m 来表示，即有

$$m = \frac{\Delta\omega_m}{\omega_p} = \frac{\Delta f_m}{f_p} \qquad (8.1-9)$$

式中，Δf_m 为调制信号电压产生的最大频率偏移；f_p 为调制信号的频率。

为简单起见，令 $\varphi_0 = 0$，则有

$$M(t) = A_0 \cos(\omega_c t + m\ \sin\omega_p t) \qquad (8.1-10)$$

将式 8.1-10 按贝塞尔级数展开，得

$$M(t) = A_0 \sum_n J_n(m)\ \cos[(\omega_c + n\omega_p)t] \qquad (8.1-11)$$

其中，$J_n(m)$ 为 n 阶贝塞尔函数，且 $J_{-n}(m) = (-1)^n J_n(m)$。此贝塞尔函数是 n 和 m 的函数。

由式 (8.1-11) 可知，调频波的频谱分量有幅度为 $J_0(m)A_0$ 的载波 ω_c，幅度为 $J_1(m)A_0$ 的第一边带 $(\omega_c \pm \omega_p)$，幅度为 $J_2(m)A_0$ 的第二边带 $(\omega_c \pm 2\omega_p)$……，其频谱项在理论上是无穷。

实际上由于载波和边带的振幅是由贝塞尔函数 $J_n(m)$ 决定的，当 $n > (m+1)$ 时，$J_n(m)$ 变得很小，可以忽略不计，因此调频波的绝大部分能量包含在有限的频谱中。根据计算，载波和 $(m+1)$ 个边带在 $m \gg 1$ 条件下所包含的能量在大多数情况下占调频波总能量的 99% 以上。而我们定义的传输带宽就是指传输调频波所需的最小带宽，通常取包含调频波能量的 99% 的频带宽度。因此，此时调频波的带宽为

$$B = 2(m+1)f_p = 2mf_p + 2f_p = 2(\Delta f_m + f_p) \tag{8.1-12}$$

目前广泛使用式(8.1-12)来确定调频波的带宽，即调频波的带宽等于最高调制频率和最大频偏之和的两倍。这种确定调频波带宽的方法称为卡松法则。

在小噪声条件下，调频解调器输出的信噪比可用下式表示：

$$\left(\frac{S}{N}\right)_{\text{OFM}} = 3m^2 \frac{S_i}{2f_p N} \tag{8.1-13}$$

式中，m 为调频指数，也叫调制系数（$m = \Delta\omega_m / \omega_p$）；$N$ 为噪声功率谱密度；S_i 为输入载波功率。

下标 OFM 表示信噪比为 FM 调制的输出信噪比。

由式(8.1-13)可见，调制系数 m 愈大，则调频所带来的输出信噪比改善愈多，且 m 增大，使带宽增加。这种以带宽换取信噪比提高的结论对所有通信系统来说都是正确的。

具有同样载波功率的双边带调幅波 100% 调制时输出信噪比为

$$\left(\frac{S}{N}\right)_{\text{OAM}} = \frac{S_i}{2f_p N} \tag{8.1-14}$$

比较式(8.1-13)和(8.1-14)，有

$$\frac{(S/N)_{\text{OFM}}}{(S/N)_{\text{OAM}}} = 3m^2 \tag{8.1-15}$$

由式(8.1-15)可见，只有当 $m \geqslant 1/\sqrt{3} \approx 0.66$ 时，才能使调频比调幅的输出信噪比有所提高。但当带宽增大到一定程度，以致输入噪声功率与载波功率的数量级相同时，就会出现门限效应，这时 $(S/N)_{\text{OFM}}$ 不仅不增加，反而会明显下降。

表 8.1 扼要地给出了各种模拟调制系统在带宽、直流响应、设备（调制与解调）复杂性等方面的比较，并指出了它们的一些主要应用。

表 8.1　各模拟调制系统的比较

调制方式	传输带宽	直流响应	设备复杂性	主要应用
DSB	$2B_b$	有	中等；要求相干解调，常与 DSB 信号一起传输一个小导频	模拟数据传输；低带宽信号多路复用系统
AM	$2B_b$	无	较小；调制与解调（包络检波）简单	无线电广播
SSB	B_b	无	较大；要求相干解调，调制器也较复杂	话音通信；话音频分多路通信
VSB	略大于 B_b	有	较大；要求相干解调，调制器需要对称滤波	数据传输；宽带（电视）系统
FM	$2(m_f+1)B_0$	有	中等；调制器有点复杂，解调器较简单	数据传输；无线电广播，微波中继

8.1.3 影响模拟图像信号传输的因素

由于目前数字图像信号仍然有部分是由模拟图像信号经数模转换而得的,良好的模拟图像信号是数字图像通信取得高质量的首要保证,因此我们有必要了解噪声和各种失真对模拟图像信号的影响。

1. 噪声影响

在模拟图像传输中,对图像质量影响较大的噪声有随机噪声、脉冲性噪声、周期噪声和重影性噪声。

1)随机噪声

随机噪声主要由电阻类器件(如天线等)中电子不规则运动而产生的热噪声和传输线路中电子器件电流起伏所产生的噪声组成。

考虑到人的视觉特性,即人的视觉对噪声中的高频分量不太敏感,因此,为了让高频噪声所引起的视觉主观评价与低频噪声引起的视觉主观评价相同,应将不同频率的噪声进行折算。这一作用相当于将噪声通过一个加权网络电路,使得频率越高的噪声衰减越大,所得信噪比(称为加权信噪比)才和人眼视觉的感受一致。在用加权信噪比表示随机噪声时,要区别是平坦型噪声,还是三角型噪声。随机噪声的频谱一般是平坦型的,即不随频率而变,但这种噪声经过调频信道,解调后就变成三角型噪声,其频谱是随频率的增加而增加的。由于人眼对高频噪声的闪烁不敏感,因此,三角型噪声的加权系数比平坦型大。随机噪声在画面上往往呈雪花状。

2)周期噪声

当噪声波形接近正弦波时,画面上就会出现规则的条纹,看起来非常显眼,应设法消除。主要的方法是改善滤波和加强屏蔽。表 8.2 给出了主要的周期噪声及其产生的原因。

表 8.2 周期噪声的种类

名　称	产 生 原 因		对画面的影响
电源噪声	交流电源频率分量重叠在图像信号上		横条纹在画面上纵向移动
闪烁	荧光灯的亮和灭、传输线上产生的杂波等		呈雪花纷纷落下状
感应噪声	无线电广播电波的干扰		一般是不规则的斜纹状
互调噪声	多路传输线上的非线性	在两个以上的单一频率间产生的失真	一般是有规则的斜纹状
交调噪声		所需的信道载波受到干扰信道信号调制的影响	飘动状噪声,斜纹干扰等

3)脉冲噪声

脉冲噪声产生的原因很多,如在有线传输时,由拨号引起的感应噪声是主要的脉冲噪声;在无线传输时,车辆的点火引燃、电机中电刷的断续接触、各种天电的干扰都是引起脉冲噪声的来源。

这些噪声在画面上表现为突然来临的杂乱状,如图像的扭曲、行方向的撕裂等。为了使脉冲噪声引起的干扰的影响降到最小，确保信噪比，应采用预均衡，提高传输电平，即在放大器线性许可范围内提高图像信号电平并送到传输线路上去，在接收端使这部分受到衰减，恢复传输所需的输出/输入间的电平关系；或是缩短交换局相邻中继段的长度，即要使插入放大器的中继段比标准中继段长度短，以提高该段的信噪比。当然，也可以通过限制噪声源、对传输线路进行良好屏蔽等方法来减小脉冲噪声的影响。

4）重影噪声

当有主路径以外的电波和反射波进入接收机时，在正常图像上就会显现衰减了的重影。比如，进入天线输入端的除了所需图像信号以外，还有通过铁塔、高层建筑等途径产生的反射波。另外，天线与馈线阻抗不匹配、馈线阻抗与接收机第一级放大器输入阻抗不匹配等，也会产生反射被。

为减少重影噪声，除正确选择通信线路以减少线路上的反射波外，一方面要消除接收多径信号的可能性，如提高接收天线的方向性，避开反射物体，力求馈线与天线、馈线与放大器阻抗的匹配，以达到减少反射信号的目的；另一方面就是要采用信号处理技术，如无线通信（如广播电视）采用自适应均衡、分集接收等技术来消除回波。

2. 线性失真

图像信号的失真包括线性失真和非线性失真两大类，如图8.3所示。

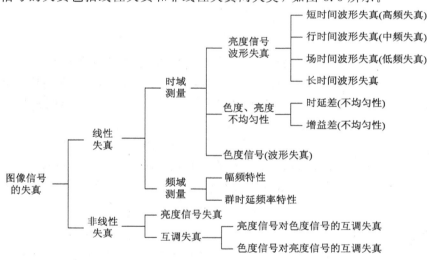

图 8.3　图像信号失真的基本分类

线性失真是由于系统中存在电抗元件而产生的，是指图像传输系统输出的图像信号和输入图像信号之间保持着线性关系。也就是说，被传输的图像信号的失真取决于图像传输系统的线性特性，而与被传输的图像信号本身无关，如在频域中表现出的幅频失真和相频失真，或在时域中的信号波形失真等。

以下我们分别讨论图像信号的高频、中频和低频失真的产生、特点和解决方法。

1）高频失真

高频失真即是亮度信号的短时间波形失真。

对于图像信号而言，在 $500\ \text{kHz} \sim 6\ \text{MHz}$ 的频带内集中了图像的细节部分，即边缘、轮廓等小面积灰度变化的细节。由于传输网络的带宽是有限的，使得图像中的高频分量（通常指 1 MHz 以上）通过传输网络后遭到不同程度的衰减，反映在电视图像上是细节变淡、边缘、轮廓不清，或反之，即镶边、重影甚至出现浮雕现象。

在 PAL 制视频信号中，图像的水平清晰度约为 270 对黑白线，相当于图像最高空间频率分量为 5 MHz 左右。如果传输网络的带宽小于 5 MHz，那么，视频信号中高频分量将无法通过，这将使得图像中的细节部分变得模糊，这就引起了水平清晰度下降。当图像中有由黑变白或由白变黑的轮廓部分时，由于高频失真，会在轮廓的两侧产生黑白细条纹图案，称为镶边失真。

为了减少视频传输网络对图像高频波形失真的影响，其带宽应足够高，至少要大于视频信号的最高频率。

2）中频波形失真

中频失真即亮度信号的行时间波形失真，也称为行倾斜。对视频信号来说，中频波形失真是指由于在 15 kHz（行频）至 1 MHz 频带范围内频率特性不均匀而引起的波形失真。若输入信号是持续时间为一行时间的方波，则通过传输网络后，输出信号在一行时间内出现线性倾斜现象。这种失真也称行时间波形失真，它使得图像信号沿水平方向出现左边变亮，右边变暗的现象。为了减少视频传输网络对中频波形失真的影响，应使传输网络的中频特性尽量平坦。

3）低频波形失真

低频失真就是亮度信号的场时间失真，也称为帧倾斜，它对图像的损伤表现在图像垂直方向的失真。之所以称为低频失真，是因为其频谱集中于低频（场频至行频之间，频率范围为 50 Hz 至 15 kHz）。造成低频失真的主要原因是通道级耦合电路时间常数不够或去耦合滤波常数不合适，或者钳位电路的质量不好。

和中频失真类似，若输入信号持续时间为一场时间的方波，则输出波形在一场时间内出现线性倾斜。它使得图像信号沿垂直方向在一场或一帧内出现上部画面变亮，下部画面变暗的现象，或出现上、下方向上部分亮度变化的现象。减少这种失真的方法是改善传输网络的低通特性。

3. 非线性失真

非线性失真则与被传输的图像信号有关，它主要是由于放大器或调制器的非线性而引起的，如亮度信号的非线性失真、亮度信号对色度信号或色度信号对亮度信号的互调失真等。

传输网络线性失真的特点是在输出信号中不会产生输入信号中没有的新的频率分量，而非线性失真则会使输出信号中产生新的频率分量。如果传输网络的传输参数随输入信号的振幅变化，也就是说输出信号与输入信号不成正比关系，就会产生非线性失真。对图像信号非线性失真的分析，主要包括亮度信号的失真分析和互调失真分析。

1）亮度信号的非线性失真

亮度信号的非线性失真是指在不同的亮度电平情况下，输出与输入高频信号幅度之比不是常数。

2) 互调失真

互调失真主要包括亮度信号对色度信号的互调失真以及色度信号对亮度信号的互调失真。前者主要包括振幅非线性失真(用微分增益 DG 表示)和相位非线性失真(用微分相位 DP 表示)。ITU 对长距离电视传输线路所提出的要求是 DG 的偏差小于 10%,DP 的偏差小于 5°。

(1) 微分增益(DG,Differential Gain)。放大器或调制器的非线性导致亮度信号由消隐电平变到白电平时,在视频通道输出端产生色度信号的幅度变化。这样,在亮的部分和暗的部分,其彩色饱和度、色调均有不同的变化。可以用微分增益来衡量这种非线性失真,它表示系统直线性的尺度,其定义式为

$$DG = \frac{dA_i}{dA_o} \qquad (8.1-16)$$

式中,A_i 为输入幅度;A_o 为输出幅度。

一般把幅度微小的正弦波叠加在锯齿波上作为试验信号,所以,通常微分增益的计算式为

$$DG = \left(1 - \frac{b}{a}\right) \times 100\% \qquad (8.1-17)$$

式中,a 为微小幅度正弦波的最大值;b 为微小幅度正弦波的最小值。

(2) 微分相位(DP,Differential Phase)。传输线路上的相移量随不同亮度电平变化而变化,则色同步和色副载波之间相移就起变化,于是画面亮的部分和暗的部分的色调就不同。这种非线性失真可用微分相位来表示。也就是说,在给定的亮度信号电平变化范围内的相移最大变化量称为微分相位,一般用"度"来表示,可以用微分相位的试验波形来测量。

(3) 色度信号对亮度信号的互调失真。这种失真是指输出端亮度信号幅度由于输入信号叠加一定幅度的色度信号而引起的变化。这种失真一般较小。

8.2 数字图像的传输

随着超大规模集成电路、数字信号处理、通信和计算机技术的飞速发展,人类正在快速地步入数字化时代。图像通信的数字化与模拟图像通信相比除了具有数字通信共有的传输质量好,抗干扰和抗杂波能力强,易实现保密通信、便于采用大规模集成电路等突出优点外,还具有如下一些特点:① 大大提高了功率和频谱的综合利用率;② 多次复制不会降低图像质量,且容易提供许多新的特技功能;③ 便于使用较简单的方法消除噪声;④ 可彻底消除亮度、色度的互相干扰;⑤ 便于提高图像清晰度;⑥ 可消除亮度闪烁和重影;⑦ 提高了系统稳定性和可靠性;⑧ 有利于进入宽带数字传输网,更适合于未来的数字多媒体通信等。正因为如此,数字图像通信技术倍受青睐。数字图像传输同样有基带传输和频带传输两种方式。

8.2.1 数字基带传输

模拟图像信号经数字化后形成 PCM(脉冲编码调制)信号,再经过信源编码数据压缩

和信道编码差错控制后得到的数字信号，通常为带宽很宽的二元数字信息，其脉冲波形占据的频带一般从直流或较低频率开始直至可能的最高数据频率（几十千赫、几百千赫或几兆赫、几十兆赫）。尽管最高频率可能很高，但这种信号所占据的频带通常是从直流和低频开始的，所以也可称之为数字基带信号。在某些有线信道中，特别是传输距离不太远的情况下，数字基带信号可以直接传送，我们称之为数字信号的基带传输。自信源发送端至接收端，组成数字信号基带传输系统。

而在另外一些信道，特别是在无线信道和光信道中，数字基带信号则必须经过调制，将信号频谱搬移到高频处才能在信道中传输。我们把这种传输称为数字信号的调制传输（或载波传输）。在接收端进行相应的解调。发、收端联合构成进行调制和解调过程的调制传输系统。如果把调制与解调过程看作是广义信道的一部分，则任何数字传输系统均可等效为基带传输系统。因此掌握数字信号的基带传输原理是十分重要的。

图 8.4 所示为基带传输系统的基本结构框图。其中，信道信号形成器的作用是将输入的数字基带信号转变成适合于信道传输的基带信号，转变后的信号码型能实现与传输信道电特性的最佳匹配。传输信道就是容许数字基带信号通过的某种媒体。接收滤波器的作用是接收基带信号并尽可能地抑制噪声和其它干扰信号。取样判决器的作用是在准确的时钟频率上对接收到的数据进行判决，正确地恢复出基带信号。

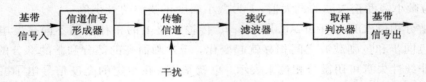

图 8.4　基带传输系统的基本结构框架

究竟是采用基带传输系统，还是采用数字调制传输系统，这由传输信道的特性来确定。

1. 数字基带信号的码型选择

在实际基带传输系统中，并非所有原始基带信号都能在信道中传输。例如，原始信号含有丰富的直流和低频成分，不便于提取同步信息，易于产生码间串扰等，这些情况下这种信号都不适合在信道中传输。因此，基带传输面临选择什么样的信号形式的问题，包括确定信号脉冲波形和码元序列格式（码型）。为了在信道传输中获得良好的传输特性，在将信号送往信道进行传输之前，还要将原始基带信号变换为适应于信道特性的线路码，使其功率谱能够相对地集中在传输信道适合于接收的较窄的频带范围内，即进行适当的码型变换。

传输码型的选择，应考虑以下几个方面的问题。

（1）对于传输频带低端受限的信道，码型的频谱中直流、低频和高频分量应尽量少；

（2）码型中应包含定时信息，以便于接收端进行定时提取，再生出准确的时钟信号供数据判决使用；

（3）码型变换设备要简单可靠；

（4）码型具有一定的检错能力，若传输码型有一定的规律，就可以根据这一规律检测传输质量，以便做到自动监测；

（5）信道中发生误码时要求所选码型不致造成误码扩散（或称误码蔓延）；

（6）码型变换过程不受信源统计特性（信源中各种数字信息的概率分布）的影响，即码型变换对任何信源具有透明性。

可见，传输码型的统计频谱应具有低频截止、频带窄、易提取定时信息等特性。

2. 常用的数字基带信号的码型

常用的数字信号码型有单极性码、双极性半占空码和三阶高密度双极性码三种。

1）单极性码

单极性码是一种最简单、最基本的码型。它又分为全占空比单极性码（NRZ 码）和半占空比单极性码。由于单极性码存在直流分量且信号能量大部分集中于低频部分，因而它主要用在设备内部的传输而较少用在信道传输中。当将其用于线路传输时，为了减少码间串扰和便于时钟提取，一般要采用包含时钟信息的半占空单极性码。

2）双极性半占空码

在双极性半占空码中，由于传号码（"1"码）的极性是交替反转的，所以又称其为传号交替反转码（AMI，Aliernate Mark Inversion Code）。AMI 码与二进制 PCM 码序列的关系是：二进制码序列中的"0"仍编为"0"，而二进制码序列中的"1"则交替编为"＋1"和"－1"。由于 AMI 码的传号码前后交替反转，所以该码型没有直流分量，且高频、低频成分也较少，其能量集中在 $1/2T$ 频率处。

采用 AMI 码的优点在于：它既无直流分量，低频分量也少，有利于采用变压器进行远供电源的隔离，减小变压器体积；由于它的高频分量少，不仅可以节省信号频带，也可以减少串扰；因为传号码的极性是交替反转的，一旦发现违反此规律的现象必定有差错出现，所以码型提供了一定的检错能力；尽管 AMI 码中不存在时钟频率成分，但 AMI 码经全波整流变换成单极性码后，就会含有时钟成分。

由于 AMI 码具有上述诸多优点，因而被广泛应用于传输系统中。但 AMI 码仍有一些缺点，主要是指：二进制序列中的"0"码经过变换后仍是"0"码，如原序列中的连"0"码过多，则变换后的 AMI 码序列仍然是连"0"码过多，不利于定时信息的提取。为克服此缺点，可采用下述的 HDB$_3$ 码。

3）三阶高密度双极性码（HDB$_3$，High Density Bipolar Code 3）

HDB$_3$ 码是双极性码的变形，用来避免序列中连续出现 n 个以上连"0"的情况。它保留了 AMI 码的基本原理及所有优点，而且可以消除双极性码中可能出现的长"0"串，从而有利于时钟提取。

HDB$_3$ 码是一种伪三进制码，它的三个状态可用正极性传号 B＋、负极性传号 B－和空号 0 来表示。对于二进制信号中的传号，HDB$_3$ 信号中应交替地编为 B＋和 B－（传号极性交替反转），因而不会引入直流成分。对于二进制信号中的空号，HDB$_3$ 信号中仍编为空号；但对于连续 4 个空号串则应按一定特殊规则编码。由于本文不涉及 HDB$_3$ 信号的编解码过程，因而对此特殊规则不予详述。总之，经此特殊规则编码，HDB$_3$ 信号中最多只会出现连续 3 个空号，完全可以保证接收端定时恢复系统所恢复的接收端定时信号的准确性。

在数字图像基带传输系统中，还涉及了扰码和无码间串扰传输等知识，这与一般数字基带传输系统中的相同,这里不再介绍,有兴趣的读者可以查阅相关参考资料。

8.2.2 数字调制技术

已经编码的基带数字信号可以直接进行传送,但由于数字基带信号中常有丰富的低频分量,因而不宜于通过常有的传输信道,因此大都采用数字调制系统以适应传输信道要求更高的频谱范围。另外,也可通过频分、时分和波分复用的方法使其适应传输信道的容量范围。

数字调制是调制信号为离散数字型的正弦波调制,因此带有数字的特点。常用的是键控载波的调制方法(Shift Keying)。键控法又分幅度键控(ASK,Amplitude-Shift-Keying)、移频键控(FSK,Frequency-Shift-Keying)和移相键控(PSK,Phase-Shift-Keying)。由于移相键控的抗噪能力较强和所占频带较窄,因此,在数字化设备中,采用移相键控调制法的较为普遍。为了进一步增加传输信号的码率,另一种方式称作正交幅度调制(QAM,Quadrature Amplitude Modulation),这是对载波的振幅和相位同时进行数字调制的一种复合调制方式。下面就分析在图像传输中用的较多的 PSK 与 QAM 两种调制方式。

1. 二进制数字调制技术

1) 2ASK 调制

设信息源发出的是由二进制数据"1"和"0"组成的序列,且假定"0"的出现概率为 p,"1"的出现概率为 $1-p$,它们彼此独立。那么一个 2ASK 信号可以表示成一个单极性矩形脉冲序列和一个正弦型载波相乘,即

$$M_{2\text{ASK}}(t) = \left[\sum_n a_n g(t - nT_s) \right] \cos(\omega_c t) \qquad (8.2-1)$$

式中,$g(t)$ 是幅度为 A、持续时间为 T_s 的矩形脉冲,a_n 的取值为

$$\begin{cases} a_n = 0 & \text{概率为 } p \\ a_n = 1 & \text{概率为}(1-p) \end{cases}$$

若设

$$f(t) = \sum_n a_n g(t - nT_s) \qquad (8.2-2)$$

则式(8.2-1)可改为

$$M_{2\text{ASK}}(t) = f(t) \cos(\omega_c t) \qquad (8.2-3)$$

2ASK 的典型波形如图 8.5 所示。

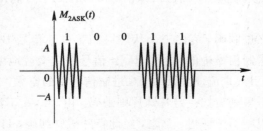

图 8.5 2ASK 的典型波形

由图 8.5 可见，此时假设数据为"0"的概率为 p，数据为"1"的概率为 $1-p$，则 2ASK 的表达式也可以写成

$$M_{2\text{ASK}} = \begin{cases} A\,\cos(\omega_c t) & \text{"1"} \\ 0 & \text{"0"} \end{cases} \tag{8.2-4}$$

通常，2ASK 的产生方法有两种：图 8.6(a) 所示的是模拟调制法，它与一般的模拟信号平衡调幅方法相似，只是调制信号为数字序列 $f(t)$ 而不是模拟信号；图 8.6(b) 所示的是键控法，$f(t)$ 控制开关电路 K 的接通或断开，使 $M_{2\text{ASK}}(t)$ 输出有载波信号或无载波信号。二进制振幅键控信号由于一个信号状态始终为零，此时相当于处在断开状态，故有时又称为通断键控(OOK，On-Off Keying)信号。

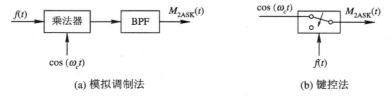

(a) 模拟调制法　　　　　　　　(b) 键控法

图 8.6　2ASK 产生原理框图

2ASK 的解调方法也有两种：相干解调(同步检测法)和非相干解调(包络检波法)，如图 8.7 所示。

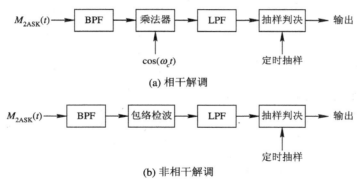

(a) 相干解调

(b) 非相干解调

图 8.7　2ASK 信号的解调

二进制振幅键控方式是数字调制中出现最早的，也是最简单的。这种方法最初用于电报系统；但由于它抗噪声的能力较差，故在数字通信中用得不多。不过，二进制振幅键控常常作为研究其它数字调制方式的基础，因此，熟悉它仍然是必要的。

2)．二进制频移键控(2FSK)调制

如果信息源的有关特性同于上一小节的假设，那么，2FSK 信号便是"0"对应于载频 ω_1，而"1"对应于载频 ω_2(与 ω_1 不同的另一载频)的已调波形，而且 ω_1 与 ω_2 之间的改变是瞬间完成的。在二进制频移键控中载波的频率受调制信号的控制，可以用式(8.2-5)表示：

$$M(t) = \left[\sum a_n g(t - T_s)\,\cos(\omega_1 t + \Psi_n) \right] + \left[\sum a_n g(t - T_s)\,\cos(\omega_2 t + \theta_n) \right] \tag{8.2-5}$$

式(8.2-5)中，$g(t)$ 仍然是幅度为 A、持续时间为 T_s 的矩形脉冲，a_n 的取值为

$$\begin{cases} a_n = 0 & \text{概率为 } p \\ a_n = 1 & \text{概率为}(1-p) \end{cases}$$

Ψ_n、θ_n 分别是第 n 个信号码元的初相位。

2FSK 的时域波形如图 8.8 所示。

由图 8.8 可见，2FSK 的时域表达式也可写为

$$M_{\text{FSK}} = \begin{cases} A\cos(\omega_1 t) & \text{"1"} \\ A\cos(\omega_2 t) & \text{"0"} \end{cases} \quad (8.2-6)$$

二进制频移键控信号也有两种产生方法，如图 8.9 所示。图 8.9(a) 为模拟调频电路，图 8.9(b) 为键控调频电路。

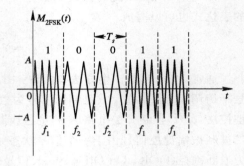

图 8.8 2FSK 的时域波形

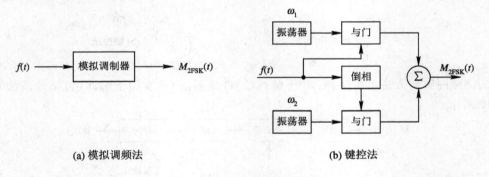

(a) 模拟调频法   (b) 键控法

图 8.9 2FSK 产生原理框图

2FSK 信号的常用解调方法是如图 8.10 所示的相干解调法和非相干解调法。其基本原理与 2ASK 类似，只是使用了两套电路而已。这里的抽样判决器是判定哪一个输入样值大，此时可以不专门设置门限电平。

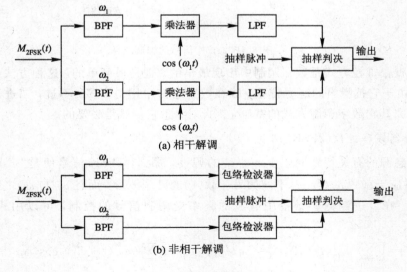

(a) 相干解调

(b) 非相干解调

图 8.10 2FSK 解调器

另一种常用而简单的解调方法是过零检测法。数字调频波的过零点数随不同载频而异，故检出过零点数可以得到关于频率的差异。这就是过零检测法的基本思想。输入信号经限幅后产生矩形波序列，经微分整流形成与频率变化相应的脉冲序列，这个序列就代表着调频波的过零点。将其变换成具有一定宽度的矩形波，并经低通滤波器滤除高次谐波，便能得到对应于原数字信号的基带脉冲信号。

2FSK 是数字通信中用得较广的一种方法。在话带内进行数据传输时，国际电报电话咨询委员会（CCITT，Consultative Committee of International Telegraph & Telephone）推荐在低于 1200 b/s 数据率时使用 FSK 方式。在衰落信道中传输数据时，这种方式也被广泛采用。

3）二进制相移键控（2PSK 和 2DPSK）调制

相移键控是利用载波相位的变化来传递数字信息，通常可以分为"绝对调相"和"相对调相"两种方式。下面分别讨论。

（1）2PSK 调制。二进制相移键控（2PSK）方式是受键控的载波相位按基带脉冲而改变的一种数字调制方式。这种以载波的不同相位直接去表示相应数字信息的相位键控，通常被称为绝对相移方式。

若调制信号为双极性不归零码，即

$$\begin{cases} a_n = -1 & \text{代表"0"码（概率为 } p\text{）} \\ a_n = 1 & \text{代表"1"码（概率为}(1-p)\text{）} \end{cases}$$

则 2PSK 的时域表达式为

$$M_{2PSK}(t) = \left[\sum_n a_n g(t - nT_s) \right] \cos(\omega_c t) \tag{8.2-7}$$

式中，$g(t)$ 仍是幅度为 A、持续时间为 T_s 的矩形脉冲。

2PSK 的表达式也可以写成

$$M_{2PSK} = \begin{cases} A \cos(\omega_c t) & \text{"1"} \\ A \cos(\omega_c t + \pi) = -A \cos(\omega_c t) & \text{"0"} \end{cases} \tag{8.2-8}$$

最简单的数字信号的二进制绝对调相波形如图 8.11 所示，图中所有数字信号的"1"对应载波信号的 0 相位，而"0"对应载波信号的 π 相位（也可以反之）。以上两种相位取值是对固定参考相位 0（即未调制振荡的相位）而言的。

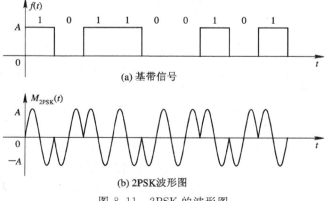

图 8.11 2PSK 的波形图

绝对相移信号产生的方法有模拟调制法和相移键控法两类,如图 8.12 所示,其中图(a)为模拟调制法,图(b)为相移键控法。

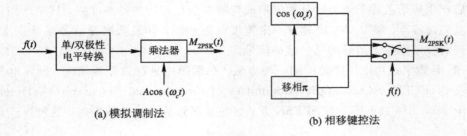

图 8.12　2PSK 信号的产生

对于 2PSK 信号的解调,通常想到的一种方法是相干解调,其相应的方框图如图 8.13(a)所示。图中的相干解调在这里实际上起鉴相作用,故可以用各种鉴相器来实现相干解调中的"相乘—低通",如图 8.13(b)所示。图中的解调过程,实质上是输入已调信号与本地载波信号进行极性比较的过程,故常称为极性比较法解调。

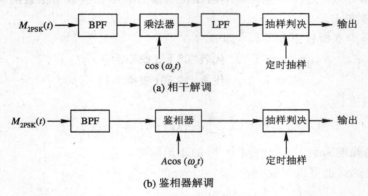

图 8.13　2PSK 信号的解调

(2) 二进制相对调相(2DPSK,2 Differential Phase Shift Keying)。在绝对调相方式中,发送端是以某一个相位作基准,然后用载波相位相对于基准相位的绝对值(0 或 π)来表示数字信号,因而在接收端也必须有这样一个固定的基准相位作参考。如果这个参考相位发生变化(0→π 或 π→0),则恢复的数字信号也就会发生错误("1"→"0"或"0"→"1")。这种现象通常称为 2PSK 方式的"倒 π 现象"或"反向工作"。

为了克服这种现象,不使用某一个确定的相位作为基准,而是利用前后相邻码元载波相位的相对变化来表示数字信号,这种方法称为相对差分调相 2DPSK 方式,是实际应用中采用的方式。

假设已调波相位值的偏移用 $\Delta\varphi$ 表示,$\Delta\varphi$ 定义为当前码元载波相位与前一码元载波相位之差,并预先设定例如下面的 $\Delta\varphi$ 值:

$$\begin{cases} \Delta\varphi = 0,\text{表示当前的比特码元为"0"} \\ \Delta\varphi = \pi,\text{表示当前的比特码元为"1"} \end{cases}$$

于是,数字序列与 2DPSK 载波信号相位之间的关系式可用下面的例子表示。

数字序列		0	0	1	0	0	0	1	0
2DPSK 相位	0	0	0	π	π	π	π	0	0
或	π	π	π	0	0	0	0	π	π

2DPSK 的波形与 2PSK 的是不同的。2DPSK 波形的同一相位并不对应相同的数字信息符号，而前后码元相对相位的差才惟一决定信息符号。这说明，解调 2DPSK 信号时并不依赖于某一固定的载波相位参考值，只要前后码元的相对相位关系不破坏，则鉴别这个相位关系就可正确恢复数字信息，这就避免了 2PSK 方式中的倒 π 现象的发生。这种方式的不足是当接收解调发生误码时，DPSK 信号会造成误码蔓延。

2DPSK 的波形如图 8.14 所示。

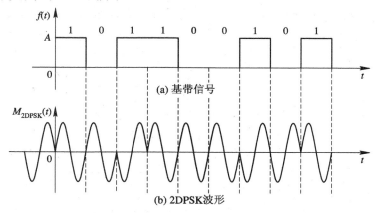

图 8.14　2DPSK 的波形图

我们可以看出，单纯从波形上看，2DPSK 与 2PSK 是无法分辨的，这说明：一方面，只有已知相移键控方式是绝对的还是相对的，才能正确判定原信息；另一方面，相对相移信号可以看作是把数字信息序列（绝对码）变换成相对差分码，然后再根据相对（差分）码进行 PSK 调制而形成。也就是说，数字信息序列先进行差分编码，再进行 PSK 调制。2DPSK 的产生和解调与 2PSK 的区别只是在产生 2DPSK 波形时调制信号需要经过码型变换，将绝对码变为相对码；相应的，解调后的信号为相对码，需要进行反变换，将相对码变为绝对码。2DPSK 产生的原理框图如图 8.15 所示，其中图（a）为模拟调制方法，图（b）为键控方法。

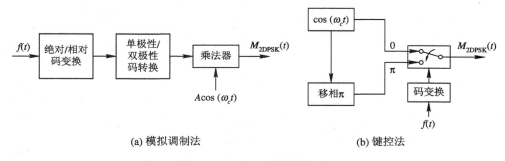

图 8.15　2DPSK 信号的产生

2DPSK 信号的解调框图如图 8.16 所示。

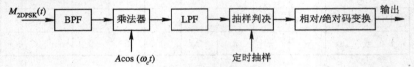

图 8.16　2DPSK 的相干解调

2DPSK 解调采用最多的方法是差分相干解调，如图 8.17 所示。此方法不需要恢复本地载波，只需将 2DPSK 信号延迟一个码元间隔 T_s，然后与 2DPSK 信号本身相乘。相乘结果反映了码元的相对相位关系，经过低通滤波器后可直接进行抽样判决恢复出原始数字信息，而不需要差分译码。

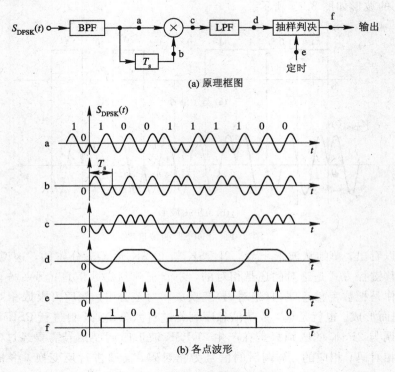

图 8.17　2DPSK 的差分相干解调

我们可以把每个码元用一个如图 8.18 所示的矢量图来表示。

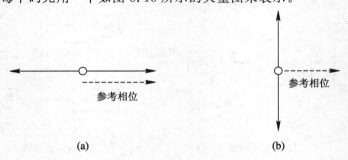

图 8.18　二相调制移相信号矢量

图 8.18 中，虚线矢量位置称为基准相位。在绝对移相中，它是未调制载波的相位；在相对移相中，它是前一码元载波的相位。如果假设每个码元中包含有整数个载波周期，那么，两相邻码元载波的相位差既表示调制引起的相位变化，也是两码元交界点载波相位的瞬时跳变量。根据 CCITT 的建议，图 8.18(a)所示的移相方式称为 A 方式。在这种方式中，每个码元的载波相位相对于基准相位可取 0、π。因此，在相对移相时，若后一码元的载波相位相对于基准相位为 0，则前后两码元载波的相位就是连续的；否则，载波相位在两码元之间要发生突跳。图 8.18(b)所示的移相方式称为 B 方式。在这种方式中，每个码元的载波相位相对于基准相位可取±π/2。因而，在相对移相时，相邻码元之间必然发生载波相位的跳变。这样，在接收端接收该信号时，如果利用检测此相位的变化以确定每个码元的起止时刻，则可提供码元定时信息。这正是 B 方式被广泛采用的原因之一。

2. 多进制数字调制技术

以上我们较详细地讨论了二进制数字调制系统的原理。下面将要讨论多进制数字调制系统，因为实际中许多数字通信系统常常采用多进制数字调制。与二进制数字调制不同的是：多进制数字调制是利用多进制数字基带信号去调制载波的振幅、频率或相位。因此，相应地有多进制数字振幅调制、多进制数字频率调制以及多进制数字相位调制等三种基本方式。

1）多进制幅度键控(MASK，Multiple Amplitude-Shift-Keying)调制

MASK 调制又称多电平调制。这种方式在原理上是通断键控(OOK)方式的推广。在最近几年它成了十分引人注目的一种高效率的传输方式。所谓高效率，是指它在单位频带内有高的信息传输速率。其传输效率高的根本原因是：第一，它可以比二进制系统有高得多的信息传输速率；第二，可以证明，在相同的码元传输速率下，多电平调制信号的带宽与二电平的相同。图 8.19 所示为 4ASK 的波形图。

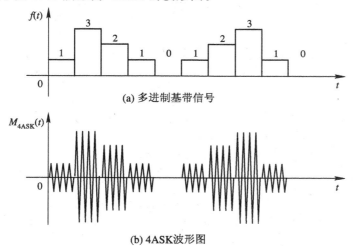

(a) 多进制基带信号

(b) 4ASK波形图

图 8.19 4ASK 的波形图

目前多电平调制的实用系统与二电平调制时的区别仅在于：发送端输入的二进制数字基带信号需经一电平变换器转换为 M 电平的基带脉冲再去调制，而接收端则需经一同样的电平变换器将解调得到的 M 电平基带脉冲变换成二进制基带信号。因此，关于这些系统

的调制与解调原理就不再重复了。

MASK 的高频调制效率是 2ASK 的 lbM 倍，即 4ASK 是 2ASK 调制效率的 2 倍，8ASK 是 2ASK 调制效率的 3 倍；而其不足在于，当载波幅度一定时，MASK 的载波电平级差小于 2ASK 的级差，使得其抗干扰能力减低。所以，MASK 数字调制方式更适合应用于质量较好，干扰较轻的信道传输，同时，在信道编码中使用差错控制编码，使信道码型有充分的检错纠错能力。

2）多进制频移键控（MFSK，Multiple Frequency-Shift-Keying）调制

MFSK 调制简称多频调制，它基本上是二进制数字频率键控方式的直接推广，因而没有必要详细讨论。这里，仅简要介绍一个多频制系统的组成方框以及它的主要特点。大多数的 MFSK 系统可用图 8.20 表示。

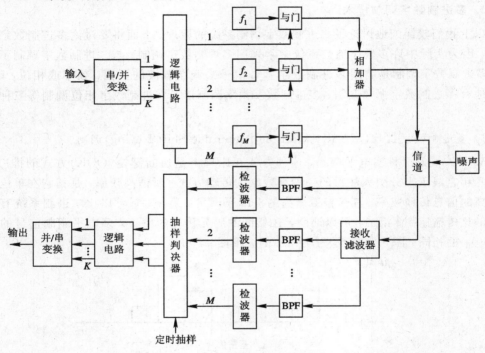

图 8.20　MFSK 系统框图

MFSK 系统占据较宽的频带，因而频带利用率低，多用于调制频率不高的传输系统中。这种方法产生的 MFSK 信号的相位是不连续的。

3）多进制相移键控（MPSK，Multiple Phase-Shift-Keying）调制

MPSK 调制又称多相调制。它是利用载波的多种不同相位（或相位差）来携带数字信息的调制方式。和二进制一样，多相调制也可以分为绝对移相和相对（差分）移相两种。在实际通信中大多采用相对移相。

在深入讨论这两种多相制以前，先说明 $M(M>2)$ 相调制波形的表示方法。由于 M 种相位可以用来表示 k 比特码元的 2^k 种状态，故有 $2^k=M$。假设 k 比特码元的持续时间仍为 T_s，则 MPSK 可以表示为

$$M_{\mathrm{MPSK}}(t) = \sum_n g(t - nT_s) \cos(\omega_c t + \varphi_k)$$

$$= \sum_n a_n g(t - nT_s) \cos(\omega_c t) - \sum_n b_n g(t - nT_s) \sin(\omega_c t) \qquad (8.2-9)$$

其中，$a_n = \cos\varphi_k$，$b_n = \sin\varphi_k$，φ_k 为受调相位，可以有 M 种不同的取值。

由式(8.2-9)可知，多相调制的波形可以看作是两个正交载波进行多电平双边带调制所得信号之和，这就说明，多相调制信号的带宽与多电平双边带调制时的相同。

通常，多相制中使用最广泛的是四相制和八相制，即 $M = 4$ 或 8。下面将以四相制为例来说明多相制的原理。

（1）四相相移键控(QPSK，Quadrature Phase Shift Keying)。QPSK 利用载波的四种不同相位来表征数字信息。由于每一种载波相位代表两个比特信息，故每个四进制码元又称为双比特码元。人们把组成双比特码元的前一信息比特用 a 表示，后一信息比特用 b 表示。双比特码元编码方法有两种，一种是自然码编码，另一种是反射码(格雷码)编码。前者按照自然二进制顺序编排相移，后者按照反射码顺序编排相移。由于载波数据的传输、接收中发生 1 比特误差时，反射码随之产生的误码值较小，因而实际中一般双比特码元中两个信息比特 a 和 b 是按照反射码顺序编排的。双比特码元与载波相位的关系如表 8.3 所示。矢量关系如图 8.21 所示。图 8.21(a)表示 A 方式时的 QPSK 信号的矢量图，图 8.21(b)表示 B 方式时的 QPSK 信号的矢量图。

表 8.3 双比特码元与载波相位的关系

双比特码元		载波相位(φ)	
$a(I)$	$b(Q)$	A 方式	B 方式
0	0	0°	225°
1	0	90°	315°
1	1	180°	45°
0	1	270°	135°

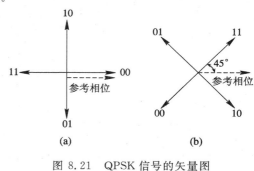

图 8.21 QPSK 信号的矢量图

由于四相绝对相移调制可以看作两个正交的二相绝对相移调制的合成，故二者的功率谱密度分布规律相同。

QPSK 信号的产生方法与 2PSK 相同，也可以分为调相法和相位选择法。

· 调相法 用调相法产生 QPSK 信号的调制器的构成框图如图 8.22(a)所示。

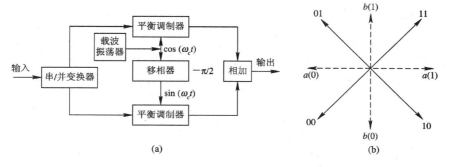

图 8.22 调相法的组成方框图

在图 8.22 中，串/并变换器将输入的二进制序列依次分为两个并行速率减半的双极性序列 a 和 b，并分别用函数 $I(t)$ 和 $Q(t)$ 标记。每一对 ab 为一个双比特码元。双极性的 a 和 b 脉冲通过两个平衡调制器分别对同相载波及正交载波进行二相调制，得到图 8.22(b) 中虚线所示矢量。将两路输出叠加，即得如图 8.22(b) 中实线所示的 QPSK 信号。其相位编码逻辑关系如表 8.4 所示。

表 8.4　QPSK 信号相位编码逻辑关系

a	1	0	0	1
b	1	1	0	0
a 路平衡调制器输出	0°	180°	180°	0°
b 路平衡调制器输出	90°	90°	270°	270°
合成相位	45°	135°	225°	315°

· 相位选择法　用相位选择法产生 QPSK 信号的调制器的构成方框图如图 8.23 所示。图中，四相载波发生器分别送出调相需要的四种相位不同的载波。按照串/并变换器输出的双比特码元的不同，逻辑选相电路输出相应相位的载波。例如，双比特码元 ab 为 11 时，输出相位为 45°的载波；ab 为 01 时，输出相位为 135°的载波等。

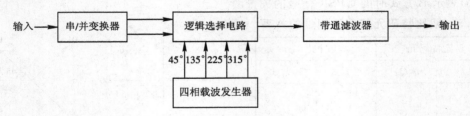

图 8.23　相位选择法的组成方框图

由于四相绝对移相信号可以看作是两个正交 2PSK 信号的合成，故它可以采用与 2PSK 信号类似的解调方法进行解调，即由两个 2PSK 信号相干解调器构成解调电路，其组成方框图如图 8.24 所示。图中的并/串变换器的作用与调制器中的串/并变换器相反，它是用来将上、下支路所得到的并行数据恢复成串行数据的。

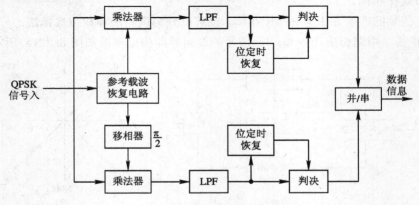

图 8.24　QPSK 解调电路框图

（2）四相差分相移键控（QDPSK，Quadrature Differential Phase Shift Keying）。QDPSK 与 QPSK 相比较，是以前后码元间的相对相位变化来反映数据信息的。若以前一码元相位作为参考，并令 $\Delta\varphi$ 为本码元与前一码元的相位差，则信息编码与载波相位变化关系仍可用表 8.3 来表示，它们之间的矢量关系也可以用图 8.21 表示。不过，这时表 8.3 中的 φ 应改为 $\Delta\varphi$，图 8.21 中的参考相位应是前一码元的相位。QDPSK 调制仍可用式（8.2 - 9）表示，不过，这时它并不表示原数字序列的调相信号波形，而是表示绝对码变换成相对码后的数字序列的调相信号波形。另外，当相对相位变化以等概率出现时，相对调相信号的功率谱密度与绝对调相信号的功率谱密度相同。

下面再来讨论 QDPSK 信号的产生和解调。与二相调制相同，QDPSK 信号的产生也可以先将输入的双比特码经码型变换，再用码型变换器输出的双比特码进行四相绝对相移，则所得到的输出信号便是四相相对相移信号。通常采用的方法是码变换加调相法和码变换加相位选择法。

① 码变换加调相法产生 QDPSK 信号的组成方框图如图 8.25 所示。由图 8.25 可见，它与图 8.22 所示的 QPSK 信号产生器相比，仅在串/并变换器后多了一个码变换器。关于调相法产生 QPSK 信号的原理，前面已经进行了较详细的讨论，这里，仅需对码变换器的原理加以讨论。

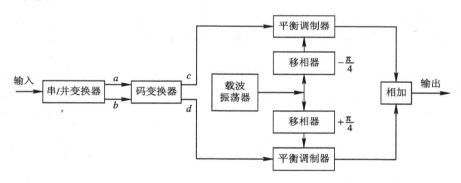

图 8.25　QDPSK 信号产生方法之一

由图 8.25 可以看出，码变换器的作用是将输入的双比特绝对码 ab 转换成双比特相对码 cd，从而由 cd 产生的 QPSK 信号与由 ab 产生的 QDPSK 信号完全相同。由于 cd 对载波进行的是绝对移相，故双比特码 cd 与载波相位的关系仍符合表 8.3 的规定；又因为这里载波经 $\pm\pi/4$ 相移后再分别反馈至上、下支路的平衡调制器上，所以 cd 与载波相位的关系应为该表中的 A 方式。因为 cd 产生图 8.21(b) 中的实线矢量，然后叠加成虚线矢量图，所以其调相信号的矢量图仍可用图 8.21(a) 来表示。对于双比特码 ab 来说，它与载波相位的变化关系应满足表 8.5 的规定，其调相信号的矢量图仍可用图 8.21(a) 表示。不过，现在的参考相位不再是固定的载波相位，而是以前一双比特码元的相位为参考相位。

表 8.5　QDPSK 信号相位编码逻辑关系

双比特码元		载波相位变化
a	b	($\Delta\varphi$)
0	0	0°
1	0	90°
1	1	180°
0	1	270°

② 码变换加相位选择法产生 QDPSK 信号的原理十分简单，它的组成方框图与图 8.23 所示的相位选择法产生 QPSK 信号的组成方框图完全相同。不过，这里逻辑选相电路除按规定完成选择载波的相位外，还应实现将绝对码转换成相对码的功能。也就是说，在 QPSK 调制时，直接用输入双比特码去选择载波的相位；而在 QDPSK 调制时，需要将输入的双比特码 ab 转换成相应的双比特码 cd，再用 cd 去选择载波的相位，便可产生 QDPSK 信号。

QDPSK 信号的解调方法与 2DPSK 信号的解调方法类似，也有极性比较法和相位比较法两种方式。由于 QDPSK 信号可以看作由两路 2DPSK 信号组合构成，因此解调时也能按两路 2DPSK 信号分别进行解调。图 8.26 所示分别是上述两种解调方法的电路框图。

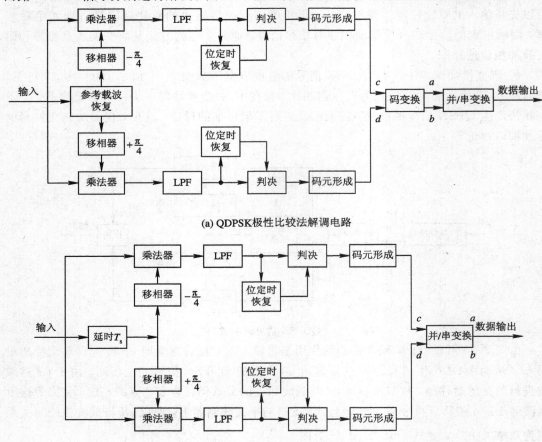

(a) QDPSK 极性比较法解调电路

(b) QDPSK 相位比较法解调电路

图 8.26　QDPSK 信号解调方框图

由图 8.26(a)所示的极性比较法解调方框图可见，它可以看成由 QPSK 信号解调器和码变换器两部分构成。关于 QPSK 信号解调器的原理不再介绍，这里着重介绍码变换器的原理。

由于发送的 QDPSK 信号符合表 8.5 的载波相位变化，故图 8.26(a)中解调器上、下两个支路所加的参考相位为 $\cos(\omega_c t - \frac{\pi}{4})$ 和 $\cos(\omega_c t + \frac{\pi}{4})$。若不考虑传输信道引起的失真和

噪声影响，解调器输入端的 QDPSK 接收信号在一个码元时间内可表示为（其载波相位以 φ_k 表示）

$$s_T(t) = g(t) \cos(\omega_c t + \varphi_k) \tag{8.2-10}$$

上支路相乘器的输出为

$$
\begin{aligned}
s_T(t) \cos\left(\omega_c t - \frac{\pi}{4}\right) &= g(t) \cos(\omega_c t + \varphi_k) \cos\left(\omega_c t - \frac{\pi}{4}\right) \\
&= \frac{1}{2}g(t)\left[\cos\left(2\omega_c t + \varphi_k - \frac{\pi}{4}\right) + \cos\left(\varphi_k + \frac{\pi}{4}\right)\right] \tag{8.2-11}
\end{aligned}
$$

低通滤波器的输出为

$$\frac{1}{2}g(t) \cos\left(\varphi_k + \frac{\pi}{4}\right) \tag{8.2-12}$$

同理，下支路相乘器的输出为

$$
\begin{aligned}
s_T(t) \cos\left(\omega_c t + \frac{\pi}{4}\right) &= g(t) \cos(\omega_c t + \varphi_k) \cos\left(\omega_c t + \frac{\pi}{4}\right) \\
&= \frac{1}{2}g(t)\left[\cos\left(2\omega_c t + \varphi_k + \frac{\pi}{4}\right) + \cos\left(\varphi_k - \frac{\pi}{4}\right)\right] \tag{8.2-13}
\end{aligned}
$$

低通滤波器的输出为

$$\frac{1}{2}g(t) \cos\left(\varphi_k - \frac{\pi}{4}\right) \tag{8.2-14}$$

因此，通过位定时脉冲在取样时刻的电平判别，上、下支路的判决电平分别为

$$
\begin{aligned}
U_A &\propto \cos\left(\varphi_k + \frac{\pi}{4}\right) \\
U_B &\propto \cos\left(\varphi_k - \frac{\pi}{4}\right)
\end{aligned}
\tag{8.2-15}
$$

由以上分析，不难得出表 8.6 所示的 QDPSK 信号正交解调判决准则。这里，判决器按极性判决，负抽样值判为"1"，正抽样值判为"0"。

表 8.6　QDPSK 信号正交解调的判决规则

载波相位变化 (φ_k)	上支路抽样值 U_A 的极性	下支路抽样值 U_B 的极性	判决器输出	
			c	d
0°	+	+	0	0
90°	−	+	1	0
180°	−	−	1	1
270°	+	−	0	1

图 8.26(b) 所示的解调电路像 2DPSK 信号相位比较法那样，通过延时电路将前一码元延时 1 比特时间后与当前码元相乘，通过波形变化以及低通滤波实现差分译码，所以图 8.26(b) 所示的框图内有上、下两条支路，并对应于图上所示的 QDPSK 调制器中的 ±π/4 的移相器。这里在乘法器上实现前、后码元载波信号的相位比较，所以解调出的两路码元 a 和 b 已经是绝对码，不需要再应用差分译码电路，通过并/串变换后就形成了解调出的数据信息流。

3. 改进的数字调制技术

1) 多进制正交幅度调制（MQAM，Multiple Quadrature Amplitude Modulation）

由 MPSK 的矢量星座图可知，尽管 MPSK 的载波矢量端点按圆周状分布，但它与 MASK 的载波矢量端点按线状分布类似，仍都只占据调制平面（$I-Q$ 平面）内的一维位置，这就使得当单独使用幅度调制或频率调制携带信息时，不能最充分地利用整个信号平面。MPSK 和 MASK 在 M 增大时抗干扰能力降低，这对正确解调是不利的。

实际中，较多采用的方式为 MQAM（多进制正交幅度调制）方式，它可以看作是幅度调制和相位调制的结合。采用 MQAM 可以在同样的频带宽度上传送较高的比特速率，故这种调制常用于较高比特率的传送，但它对传输信道的信噪比要求提高了。

在 MQAM 中，将矢量端点重新合理地分布，在不减小矢量端点间最小距离的情况下增加信号矢量的端点数目，使信号矢量的端点呈正方形均匀地分布在以 r 为半径的圆内。图 8.27 给出了 $M=16$ 时在相同峰值功率条件下 16PSK 和 16QAM 调制的信号矢量端点分布图。

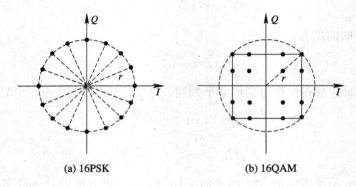

(a) 16PSK   (b) 16QAM

图 8.27 16PSK 和 16QAM 的星座图

假设已有信号两者有同等的最大幅度 1，在相同的 M 值时，不难计算出 MPSK 时星座图上相邻星座点间的最小距离 d_{MPSK} 为

$$d_{\mathrm{MPSK}} \approx 2 \sin \frac{\pi}{M} \qquad\qquad (8.2-16)$$

而采用 MQAM 时，星座图为矩形，则其相应的最小距离 d_{MQAM} 为

$$d_{\mathrm{MQAM}} \approx \frac{\sqrt{2}}{L-1} = \frac{\sqrt{2}}{\sqrt{M}-1} \qquad\qquad (8.2-17)$$

式中，$M=L^2$，L 为星座图上星座点在水平轴和垂直轴上的投影点数目。

由式（8.2-16）和式（8.2-17）可以知道，当 $M=4$ 时得到 $d_{\mathrm{4PSK}}=d_{\mathrm{4QAM}}$。事实上，$d_{\mathrm{4PSK}}$ 与 d_{4QAM} 的星座图是相同的。但是，当 $M>4$ 时，例如 $M=16$ 时，可以计算得出 $d_{\mathrm{16PSK}}=0.39$，$d_{\mathrm{16QAM}}=0.47$，显然此时 $d_{\mathrm{16PSK}}<d_{\mathrm{16QAM}}$。这说明 16QAM 的抗干扰能力强于 16PSK 的抗干扰能力。

MQAM 与 MPSK 一样，也可以用正交调制的方法产生。不同的是：MPSK 在 $M>4$ 时，同相与正交两路基带信号的电平不是互相独立，而是互相关联的，以保证合成矢量端点落在圆上，而 MQAM 的同相和正交两路基带信号的电平则是互相独立的。

图 8.28 示出了 MQAM 调制器和解调器的原理框图。它首先将串行输入的数据分成二路并行数据，在每一条支路中 2 至 $L=\sqrt{M}$ 电平变换器将 2 电平信号变成 L 个电平。将两个变换器的输出分别与两个相位正交的载频信号相乘，最后将两个乘积结果相加便得到输出的 MQAM 信号。MQAM 解调器的工作过程与调制器的相反，不再赘述。

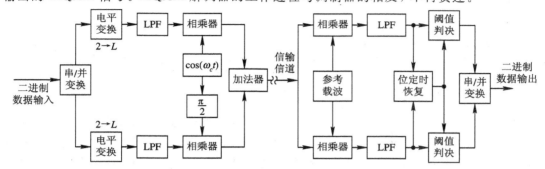

图 8.28　MQAM 的调制器和解调器

调制过程表明，MQAM 信号可以看成是两个正交的抑制载波双边带调幅信号的相加，因此 MQAM 与 MPSK 信号一样，其功率谱都取决于同相路和正交路基带信号的功率谱。MQAM 与 MPSK 信号在相同信号点数时功率谱相同，带宽均为基带信号带宽的两倍。在理想情况下，MQAM 和 MPSK 的最高频带利用率均为 $\mathrm{lb}M(\mathrm{bit/s/Hz})$。当收发基带滤波器合成响应为升余弦滚降特性时，其频带利用率为 $\mathrm{lb}M(1+\alpha)(\mathrm{bit/s/Hz})$。

2）多电平残留边带（MVSB，Multiple Vestigial Side Band）调制

多电平残留边带（MVSB）调制是近年来被广泛关注和应用的一种高效调制方式，它通常采用导频制，载波恢复简单可靠，解调的信噪比门限较低。由于它的同相路（I 路）信号包含所传输的全部信息，故接收端只需一个一维实数均衡器，不需进行复杂的复数均衡。其它处理，如位同步提取、相位跟踪等也只需在 I 路上进行，硬件相对简单。

前面讲到的 MASK 调制方式采用多电平基带信号对一个高频载波进行平衡调制时，得到多种幅度的高频已调波。它在频谱上是载波抑制的双边带信号，单侧边带的带宽等于基带信号本身的带宽，所以整个已调波带宽是基带信号带宽的两倍。MASK 调制中的 $M=2^k$，当 $k=1，2，3，4\cdots$时，$M=2，4，8，16\cdots$。一般地，MASK 调制器框图如图 8.29所示。

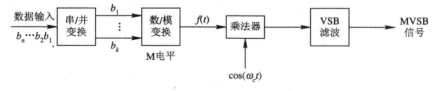

图 8.29　MASK 调制器一般框图

输入数据的码率为 R_b b/s 时经串/并变换成 k 路数据后，每路数据的码率为 (R_b/k) b/s，再由数/模变换器变换成 $M=2^k$ 电平的数据，与载波 $\cos(\omega_c t)$ 相乘而形成 MASK 已调波。

实际上，其基带信号携带的信息在任一个边带中已全部包含，所以，传输时可以抑制一个边带（比如是下边带）而只发送另一个边带（比如是上边带）。这样，已调波的传输带宽就等于基带信号的带宽 B。由于基带码率为 R_b/k 时理想低通情况下基带信号的带宽为

$$B = \frac{1}{2}\frac{R_b}{k} \text{ (Hz)} \qquad (8.2-18)$$

因而单边带的高频调制效率为

$$\eta = \frac{R_b}{B} = 2k = 2 \text{ lb}M(\text{b/s/Hz}) \qquad (8.2-19)$$

当考虑到低通滤波器具有滚降系数 $\alpha(=0\sim1)$ 时，实际的高频带宽应为 $B(1+\alpha)$，所以实际的高频调制效率为

$$\eta = 2\frac{\text{lb}M}{1+\alpha} \text{ (b/s/Hz)} \qquad (8.2-20)$$

不过，如果只传送抑制载波的一个单边带，接收端不能从中获得参考载波而将无法解调。因此，在传送信号中尚需要再传送一个低电平的、被抑制的基准载波信息，它称为导频信号。这时，具体可将传送的上边带向下侧展宽一些，使其包含进载波分量，就像目前的模拟电视信号广播中应用的残留边带调制方式一样。因此，这种 MASK 调制传输方式在数字电视的应用中称为 MVSB 调制。

1996 年，美国的高级电视系统委员会（ATSC，Advanced Television Systems Committee）研发的格形编码 8 电平残留边带（8 - VSB）即 ATSC8 - VSB，是全球的 3 套国际地面数字电视传输系统标准之一。ATSC 采用的是 8 电平残留边带调制方式，是有导频的单载波调制，是现有成熟 AM 调制技术的发展。它能够可靠地在 6 MHz 内用 8VSB 调制传输 19.36 Mb/s 的数据。在 8 - VSB 系统中加入了 0.3 dB 的导频信号，用于辅助载波恢复，并加入了段同步信号，用于 8 - VSB 系统同步。此系统噪声门限低（理论值 $\approx$14.9 dB），抗多径和干扰依赖于复杂的自适应均衡器，但对回波时延变化很敏感。系统提供固定的接收，不支持移动。

从 MQAM 和 MVSB 的原理我们不难看出，从频谱利用率和抗干扰能力上看，两者特性相当。在电路构成上，两者是有差别的，MVSB 比 MQAM 简单些，硬件复杂度低。另外，MVSB 中依靠导频信号使接收端恢复出参考载波，虽然保证了载波的恢复，但在一定程度上消耗了一部分数据信号功率，导频信号能量太小时则容易受噪声干扰。在 MQAM 调制信号传送中，没有导频信号，可最大限度地利用高频功率，并且这种方式在通信系统中早已得到广泛应用，技术比较成熟。在数字电视的有线信道传输中，普遍采用 MQAM 方式，具体为 16QAM、64QAM 甚至 256QAM。它们的高频调制效率分别是 4 b/s/Hz、6 b/s/Hz、8 b/s/Hz。考虑低通滤波器的滚降系数 α 值，实际的高频调制效率分别大约为 3.33 b/s/Hz、5 b/s/Hz 和 6.66 b/s/Hz。

3）编码正交频分复用（COFDM）

在模拟通信技术中，频分复用（FDM）是一项应用十分成熟的技术，它将若干有限带宽的低频信号调制到频率较高的不同载频上进行同时并行传输，实现传输信道的复用。近几年来，随着对数字编码技术和传输技术的深入研究，同时得益于大规模集成电路的飞速发展，人们将这一传统技术与现代数字技术相结合而提出了正交频分复用（OFDM）和编码正交频分复用（COFDM）等新的数字通信方式，大大提高了数字通信的频带利用率和传输质量，为 HDTV、VOD 等宽带大容量数据通信业务的开展提供了技术基础。

前面叙述的各种数字调制方式包括 ASK、PSK 和 VSB 等,都可以归纳为单个高频载波式的数字调制。在这些方式中,基带数据流按照一定的方式分路成若干个低码率的支路,经数/模变换器变换成一路或两路多电平基带信号后对单个载波进行平衡调幅,再将单路已调波(MVSB)或两路合成的已调波(MPSK 或 MQAM 调幅时)作为最后的数字信号已调波输出。通常,数字视频信号的码率是很高的,比如几 Mb/s 到几十 Mb/s,因而比特周期(或符号周期)很短,约为 10^{-1} 至 10^{-2} μs 量级。高速数据用于高频已调波数据信号的地面开路发送时,易受多径干扰等影响而发生严重的码间(或符号间)干扰,造成接收信号中的误码率较高。

可以通过扩大符号周期的办法来解决上述问题,使一定距离内来的反射波相对于直达波的延时只占据符号周期的很小一部分时间,码间干扰问题变得十分微小而不致于造成误码。要想扩大符号周期,就必须充分降低码率,降至原来的几千分之一,符号周期从而扩大几千倍。此时迟后几微秒甚至几十微秒的反射波其延时量只占符号周期的几百分之一或几十分之一,不易导致码间干扰。

(1)正交频分复用。正交频分复用(OFDM,Orthogonal Frequency Division Multiplexing)的基本思想是将一段高速串行的数据流变成若干组低速并行的数据流并分别调制到不同的载频上进行并行传输。OFDM 与传统 FDM 的不同之处在于,它的每一个载频与其它载频之间都是正交的,满足正交条件,因此接收端通过相干检波就可分离出在各个载频上调制的符号。图 8.30 是 OFDM 调制器和解调器的原理框图。

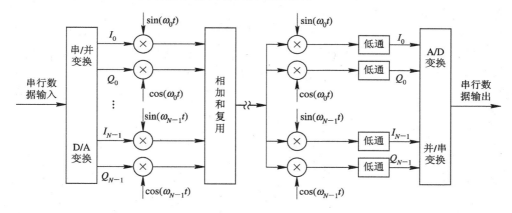

图 8.30   OFDM 调制器和解调器的原理框图

OFDM 将一个宽频带信道带宽划分为 N 个子带,每个子带上传输一个数据流,采用频分复用的方法并行地传送 N 个数据流(或称子信号)。接收端分离这些子带的最简单的办法是用滤波器按频率将频带分离成 N 个互不重叠的子带。但由于实际滤波器的频率特性不可能是理想的,为了不致产生子带信号间的混叠必须要加大子带间的距离,这又使得信道带宽不能得到最充分的利用。为此,可以采用交错的 QAM 调制来改善频带利用率。通过令各个子带信号的频带相互之间在 3 dB 频率上重合,使组合信号的频谱是平坦的。子带信号之间通过将数据偏移 1/2 个符号周期来实现正交,并利用正交性来进行子带信号分离。然而,在上述方法中滤波器的数量将随着子带数量的增加而增加,当所需分离的子带成百上千时,要实现这样一组滤波器是十分困难的。

实现子带分离可以采用离散傅氏变换对并行的子信号进行调制、解调。此时子信号的频谱是 sinc 函数，而不再呈频带受限的低通特性；同时，频分复用不是通过带通滤波而是对基带信号直接处理实现的。在此，对子带之间距离的选择原则是保持各子信号间的正交特性，并使总的信号频谱保持平坦。由于基带子信号在时域上呈矩形，在频域上为 sinc 函数，因而信号的正交特性表现为在频域中某一子载频的峰值位置上其它子信号的取值为零。图 8.31 是一个采用该方式的 OFDM 发送系统原理框图。

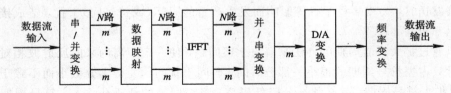

图 8.31 利用 IFFT 运算实现 OFDM 调制框图

这里，首先对输入的数据进行串/并变换，然后通过映射变换将每 m 比特分成一组形成一个复数。每个子载频所对应的信号矢量个数由 m 决定。利用快速傅氏反变换(IFFT)对形成的复数进行调制，然后将信号再由并行变为串行以使用单一信道传输(注意此时的串行信号已不是输入时的二进制数字信号，而是多进制符号)。为了有效地减弱多径传输引入的符号干扰，在相邻符号周期 T 之间插入一个保护间隙 T_g。为了通过模拟信道来传输，信号经 D/A 变换、低通滤波后被转换为模拟信号。最后，还可以通过高频调制将信号送到所需要的传输频带上去。

(2) 编码正交频分复用(COFDM)。尽管 OFDM 的提出大大提高了传输的频带利用率，但它也有一定的弱点，即不能抑制传输中出现的对于不同载频信号的选择性衰落。为此，人们又提出了编码正交频分复用(COFDM, Coded Orthogonal Frequency Division Multiplexing)技术来克服上述缺点，通过利用专门设计的 TCM 码对 OFDM 和各子信号进行编码来抑制信道对不同载频信号的选择性衰落。图 8.32 所示是一个 COFDM 发送系统的原理框图。

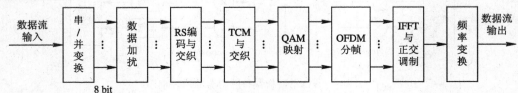

图 8.32 COFDM 发送系统的原理框图

在此 COFDM 发送系统中，首先对输入数字信号进行串/并变换，得到字长为 8 比特的并行数据，然后对数据加扰，使数据中 0 和 1 的能量接近于等概率分布。加扰后的数据送入 RS 前向纠错编码器，完成外部纠错编码。对经过外部纠错编码的数据进行进一步的 TCM 栅格编码以完成内部纠错编码。为了减弱信号在传输中因多径反射引入的衰落，在这一编码过程中还通过一个随机振荡器来实现各子信道符号间的交错间置。QAM 映射是一个矢量映射过程，即用每一个数字帧中所形成的 I、Q 信号作为复数查找表的地址，所形成的数据流则代表编码帧的幅度与相位信息。OFDM 分帧过程包括对信号的分组、信号的映射变换、保护间隙和其它信息的插入等。最后，将数据按所要使用的子载频数目分为 N

个信号矢量进行 IFFT 变换，对变换后得到的系数实部和虚部分别进行 D/A 转换，然后分别乘以 $\cos(2\pi ft)$ 和 $\sin(2\pi ft)$ 后相加得到 COFDM 频谱。需要的话，还可通过高频调制转换到射频输出。

8.3　图像的传输方式

如前所述，图像通信的目的就是将图像信号尽可能不失真地传送到所需的地方。不管通过任何方式，最终都是将图像信号转变为电信号，通过传输媒体发送出去。传统的模拟电视中，模拟全电视信号通过调制在无线电射频载波上发送出去。数字电视的传输途径可分为三种：数字地面微波传输、有线传输和卫星传输三种方式。有线传输可以解决固定用户看数字电视的问题；地面微波传输与卫星传输则可应用在汽车、火车等移动交通工具或偏远山区。有线传输是电视数字化中最容易实施，也是最主要的部分。

本节所讨论的图像信号的传输方式主要集中于微波传输、卫星传输和光纤传输这三种方式上。

8.3.1　微波传输

所谓微波是一种具有极高频率（通常为 300 MHz～300 GHz）、波长很短（通常为 1 m～1 mm）的电磁波。在微波频段，由于频率很高，电波的绕射能力弱，所以信号的传输主要是利用微波在视线距离内的直线传播，又称视距传播。这种传播方式，虽然与短波相比，具有传播较稳定、受外界干扰小等优点，但在电波的传播过程中，却难免受到地形，地物及气候状况的影响而引起反射、折射、散射和吸收现象，产生传播衰落和传播失真。

微波通信是 20 世纪 50 年代的产物。由于其通信的容量大而投资费用省（约占电缆投资的五分之一），建设速度快，抗灾能力强等优点而获得了迅速的发展。20 世纪 40 年代到 50 年代产生了传输频带较宽、性能较稳定的微波通信，成为长距离大容量地面干线无线传输的主要手段，模拟调频传输容量高达 2700 路，也可同时传输高质量的彩色电视，而后逐步进入中容量乃至大容量数字微波传输。20 世纪 80 年代中期以来，随着频率选择性色散衰落对数字微波传输中断影响的发现以及一系列自适应衰落对抗技术与高状态调制与检测技术的发展，使数字微波传输产生了一个革命性的变化。国外发达国家的微波中继通信在长途通信网中所占的比例高达 50% 以上。在当今世界的通信革命中，微波通信仍是最有发展前景的通信手段之一。

通信用微波波段的波长在 5～20 cm 的数量级，只在视距范围内传播。如果要进行长距离的传输，往往采用接力的方式，将信号多次转发，即多级微波中继相联，亦即微波中继。

使用较多的微波中继的信号转接方式有两种，一种是基带中继，另一种是中频中继。在数字微波传输系统中常采用基带中继方式，因为它可以对数字信号进行判决与再生的处理，这样就能消除干扰，避免噪声逐站累积。对模拟微波则常采用中频转接方式，且传输距离也较短，以免噪声累积。

在微波传输中，传送模拟视频信号常采用的调制方式是调频，而传送数字视频信号常采用的调制方式是多相位键控（MPSK）和多电平正交调制（MQAM）。常用的载波频率为 4 GHz、6 GHz、12 GHz 等。相邻两微波站之间的距离一般为 50 km 左右。

数字微波传输线路的组成形式可以是一条主干线,中间有若干分支,也可以是一个枢纽站向若干方向分支。如图 8.33 所示是一条数字微波通信线路的示意图,其主干线可长达几千公里,另有若干条支线线路,除了线路两端的终端站外,还有大量中继站和分路站,构成一条数字微波中继通信线路。

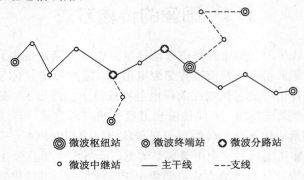

◎ 微波枢纽站　　◉ 微波终端站　　◇ 微波分路站
○ 微波中继站　　—— 主干线　　---支线

图 8.33　数字微波中继通信线路示意图

组成此通信线路设备的连接方框图如图 8.34 所示。

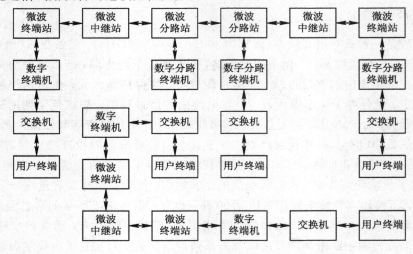

图 8.34　数字微波中继通信系统连接方框图

8.3.2　卫星传输

卫星电视广播目前存在三种形式:一是分配式卫星电视,即通过普通通信卫星将电视节目中继到各地方电视台、有线电视网或闭路电视系统进入千家万户;二是一传一卫星电视直播,即电视信号未经模拟/数字转换和压缩,直接通过卫星向千家万户广播,这种方式每台转发器只能转发一套电视节目;三是数字视频压缩电视直播,即电视信号经过模拟/数字转换和压缩后发送到卫星上,然后直接进入家庭,地面接收设备再将数字信号还原成模拟信号输入电视接收机。这种方式每台转发器可传送 4~8 套电视节目。

图像信号的卫星传输主要是利用同步卫星作中继站的传输方式,它可算作是一种特殊的微波传输。在模拟传输时,调制方式常采用调频;在数字传输时,常采用多相相位键控和正交调幅的调制方式。载波频段常选 4/6、12/14 GHz 等,其带宽约为 500 MHz。在这个带宽内，又可分为 12 个转发器频道，每个转发器的带宽为 36 MHz，中心频率相隔 40 MHz。通信卫星一般采用地球静止轨道，这条轨道位于地球赤道上空 35 786 km 处。卫星在这条轨道上自西向东绕地球旋转，绕地球一周的时间为 23 小时 56 分 4 秒，恰与地球自转一周的时间相等。因此从地面上看卫星像挂在天上不动，这就使地面接收站的工作方便多了。接收站的天线可以固定对准卫星，昼夜不间断地进行通信。如果在地球静止轨道上均匀地放置三颗通信卫星，便可以实现除南北极之外的全球通信。

卫星传输作为一种常用的传输方式，具有其它传输方式不可比拟的优点：

（1）传输距离远；

（2）较高的抗干扰能力；

（3）以广播方式工作，便于实现多址联接；

（4）通信容量大，能传送的业务类型多；

（5）成本低；

（6）可以自发自收进行检测。

常用的卫星多址连接方式有频分多址（FDMA，Frequency Division Multiple Access）、时分多址（TDMA，Time Division Multiple Access）和码分多址（CDMA，Code Division Multiple Access）。

在我国，卫星广播电视目前是模拟电视与数字电视节目并存、C 波段和 KU 波段卫星电视并存、数字加密和数字非加密电视并存。目前模拟卫星电视节目正在逐渐被取消。随着收费电视的开始，对卫星数字电视广播中条件接收系统的研究将进一步深入。还可以开展利用卫星广播播出高清晰度电视节目业务。另外，可以将卫星网络与 Internet 结合起来，开展多种网络业务，包括视频点播、互联网接入，将卫星网络与有线网络结合起来建立综合信息服务平台等。

8.3.3 光纤传输

与无线电波相似，光在本质上也是一种电磁波，只是它的波长要比普通的电磁波波长短很多。在光纤传输系统中，传输媒体就是光导纤维，简称光纤，光纤由纤芯和包层组成。由于纤芯的折射率大于包层的折射率，故光波在界面上形成全反射，使光只能在纤芯中传播，实现通信。

以光纤为传输媒介的传输方法已成为广播电视信号传输的主要手段。这是因为光纤传输系统是无金属的光缆，其传输频带宽，通信容量大，传输距离远，不受电磁和外界的干扰，可以在强电场环境下工作。

在这之前，广播电视节目信号的传输主要是使用同轴电缆和微波设备。在使用同轴电缆时，对路由的选择、电路的构成等方面都需要考虑地电位、雷击等影响，并且必须采取特殊的保护措施。由于同轴电缆还具有电磁感应的特性，故增加了对广播电视信号的干扰，特别是在多雷地区还容易遭受雷击。光纤传输系统用于广播电视信号的传输后，消除了 50 Hz 交流干扰，避免了雷击，大大改善了频率特性和图像质量，使图像更清晰，色彩更鲜艳，系统设备的维护也更为简便。

光纤传输系统主要由光纤（或光缆）和中继器组成。在短距离传输系统中，一般不需要中继器，从发送部分输出的已调光波经耦合器进入光纤。光纤是光纤传输系统的主要组成部分，其特性好坏对光纤传输系统的性能有很大的影响。为了增加光纤传输系统的传输距离和传输容量，对光纤传输特性总的要求是损耗尽可能低和带宽尽可能宽。虽然光纤的损耗和带宽限制了光波的传输距离，由于光纤损耗很低，故光纤传输的中继距离通常比有线通信，甚至比微波通信大得多。

图像光纤传输方式有模拟传输和数字传输两种。模拟传输方式的系统构成较简单，适于短距离传输。在模拟传输方式中，有直接光强度调制和脉冲预调制两种调制方式。

1. 直接光强度调制方式

直接光强度调制方式其原理框图如图 8.35 所示。图中光电转换分别由半导体发光二极管（LED，Light-Emitting Diode）和光检测器完成。LED 的输出光功率基本上与激励正向电流成正比，因此常用它做光发射机的光源。也可以用激光器（LD，Laser Diode）作光源，但用 LD 实现光强调制时线路比较复杂，因此一般只用于数字光纤传输系统中。LED 的非线性会导致信号失真，可用图中的失真补偿电路进行补偿。图中的加重电路的作用是减少图像信号的动态范围。这样，LED 的 DG、DP 分别为 5％～10％和 5°～10°，经补偿后可分别达 1％和 1°左右。在接收机中的光检测器通常采用光电二极管（PIN，Positive Intrinsic Negative Diode）和雪崩二极管（APD，Avalanche Photodiode）。

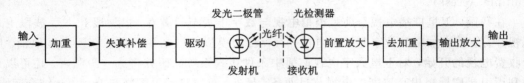

图 8.35　直接光强度调制原理

2. 脉冲预调制方式

脉冲预调制方式是把输入的图像信号通过脉冲频率调制或脉冲间隔调制后，再用该调制信号对光源进行强度调制。这种调制方式的特点是不受光源的非线性影响，可以改善信噪比，还可以实现再生中继，使传输距离加长。这种方法的原理框图只是在直接调制的发射端的驱动电路之前加脉冲预调制器，而在接收端的前置放大器后加上脉冲预调制的解调器。

数字传输时，输入光发射机的通常是 PCM 信号，为了使数字信号适合于在光纤线路上传输，需要对数字信号进行码型变换，以获得适合在线路上进行传输的基带信号码型。

一个实际的能传输 5 路电视图像信号的光纤数字传输系统，采用激光器作光源，雪崩二极管作光检测器，采用单模光纤，波长为 1.3 μm，平均输出光功率为 -3.5 dBm，接收灵敏度为 -36 dBm，传输速率为 446 Mb/s。由于该系统允许传输损耗为 24 dB，而光缆损耗为 0.8 dB/m，因此，该系统的无中继传输距离为 30 km 左右。

8.4　图像的传输网络

现代的图像传输网络是集电视广播、图像传送、数字、数据、音频于一体的宽带综合业务网。在传输上，可以采用基于同步数字体系（SDH，Synchronous Digital Hierarchy）技术＋光纤通信或 ATM 交换技术＋光纤的方式组成宽带数字传输系统，该传输系统可以采用带有保护功能的环网传输系统、链路传输系统或者组成各种形式的复合网络，可以满足各种综合信息传输；在用户终端，可以采用多种宽带接入技术与用户相连。

伴随着光纤通信技术的发展，宽带网络传输主要的物理介质必然是光纤。利用光纤组建宽带传输网的优势有：能提供高带宽，极低的衰减度，保密性强。

SDH 传输体制是一种新型的完整、严密的传送网技术体制，它有全世界统一的网络节点接口，简化了信号的互通以及信号的传输、复用和交叉连接过程；它安排有丰富的开销比特用于网络的管理和维护；它有统一的标准光接口，能够在基本光缆段上实现横向兼容；它采用 SDH 组网技术还可以构成具有高度可靠性的自愈环结构，确保实现业务的透明性，这对某些方面的业务应用十分重要。

光纤通信继续向大容量、高速纵深发展，为宽带网提供了最坚实的基础。目前采用密集波分复用(DWDM, Dense Wave Division Multiplexing)技术的高速传输系统，其产品已可达到 400 Gb/s，实验室的研究水平已超过 3 Tb/s。这也为 IP 网络的服务质量(QoS, Quality of Service)提供了可靠的保证。在带宽富余的情况下，当网络利用率低于 70% 时就可以提供有保证的 QoS。

当前传统语音网络、数据网络正在走向统一。TCP/IP 协议将在整个网络占据统治地位。IP 可以承载所有的业务，包括数据业务、实时语音、视频等交互式多媒体业务。未来网络是以 IP 技术为核心构筑的综合传输语音、数据和视频的大一统宽带 IP 网络。但 IP 网只能架构在各种基础传输网之上。目前 IP 的传输模式主要包括 IP over ATM 、IP over SDH 及 IP over Optical 等。

8.4.1 SDH 传输技术

同步数字体系(SDH)是一种光纤通信系统中的数字通信体系。SDH 传送网的概念最初于 1985 年由美国贝尔通信研究所提出，称之为同步光网络(SONET, Synchronous Optical Network)，并成为美国标准委员会(ANSI)的标准，后来国际电联(ITU)在 SONET 的基础上制定了 SDH 标准。SONET 和 SDH 两者只是在复用机制等方面略有不同，而其余技术均相似。SDH 由一整套分等级的标准传送结构组成，适用于各种经适配处理的净负荷(即网络节点接口比特流中可用于电信业务的部分)在物理媒质如光纤、微波、卫星等之上进行传送。

SDH 网是对原有准同步系列(PDH, Plesiochronous Digital Hierarchy)网的一次革命。PDH 是异步复接，在任一网络节点上接入、接出低速支路信号都要在该节点上进行复接、码变换、码速调整、定时、扰码、解扰码等过程，并且 PDH 只规定了电接口，对线路系统和光接口没有统一规定，无法实现全球信息网的建立。随着 SDH 技术的引入，传输系统不仅具有提供信号传播的物理过程的功能，而且提供对信号的处理、监控等功能。SDH 通过多种容器 C、虚容器 VC 以及级联的复帧结构的定义，使其可支持多种电路层的业务，如各种速率的异步数字系列、DQDB、FDDI、ATM，以及将来可能出现的各种新业务。段开销中大量的备用通道增强了 SDH 网的可扩展性。通过软件控制改变了原来 PDH 中人工更改配线的方法，实现了交叉连接和分插复用连接，提供了灵活的上/下电路的能力，并使网络拓扑动态可变，增强了网络适应业务发展的灵活性和安全性，可在更大几何范围内实现电路的保护和通信能力的优化利用，从而为增强组网能力奠定基础，只需几秒就可以重新组网。特别是 SDH 自愈环，可以在电路出现故障后的几十毫秒内迅速恢复。SDH 的这些优势使它成为宽带业务数字网的基础传输网。

现在我国的有线电视网络就采用了 SDH 传输体制。有线电视网络的 SDH 网起着公共物理传输平台的作用，在此平台上，一部分带宽用来传输广播电视节目，另一部分用来直接传输用户数据或从 ATM、IP 交换机汇聚来的数据流等。

为了顺应因特网接入宽带化的需求，包括我国在内的一些国家在有线电视网络中的 IP 传输技术较多地采用 IP over SDH。IP over SDH 就是以 SDH 网络作为 IP 数据网络的物理传输网络，使用链路及点到点协议（PPP，Point to Point Protocol）对数据包进行封装，根据 RFC 1662 规范把 IP 分组简单地插入到 PPP 帧中的信息段，然后再由 SDH 通道层的业务适配器把封装后的 IP 数据包映射到 SDH 同步净荷中，再经过 SDH 传输层和段层，加上相应的开销，把净荷装入一个 SDH 帧中，最后到达光网络，在光纤中传输。

SONET/SDH 已在当今服务供应商网络的部署中发挥了重要作用，它将语音、视频及数据在强大可靠的单个传输机制上进行了完美组合。由于 SDH 技术的成熟性和先进性，也使其逐步由长途网到中继网，最后在接入网上得到广泛应用。传输网络是所有业务层包括支撑层的平台，而 SDH 技术是这个平台的灵魂。在接入网中，为满足组网的灵活性和电路的实时调配，SDH 技术广泛应用于用户端与局端之间，以完善的环保护功能为"最后一公里"提供安全保障。

然而，当今部署的众多设备架构均无法充分进行扩展来满足未来不断增长的传输数据需求。此外，随着网络节点数量不断呈指数增长，配置并管理这些网络正变得日趋复杂。在当今注重低成本的服务供应商环境中，电信运营商正在寻求削减资金及运营支出的方法，而用户也急需提高传输带宽，因此非常有必要提高网络的传输速率，改善传输效能，构建新一代城域/接入网多业务传输平台。尽管接入网所采用的接入技术多种多样，用户需求千差万别，网络结构变化多端，但始终需要一个具有高度可靠性的传输网络进行承载。SDH 网络以其强大的保护恢复能力以及固定的时延性能将在下一代城域网络中仍然占据着重要地位。

目前基于 SDH/SONET 的多业务传送平台有两类发展趋势：

一种方案是在 SDH 中除提供 TDM 的 E1 等接口外，利用其它带宽提供以太网接口、ATM 接口、POS（Packet over SONET）接口等，为宽带数据设备提供传输通道，利用 SDH 的 50 ms 自愈能力提供保护。此方案是一种比较容易实现的方案，也是宽带网建设初期各运营商最愿意采用的方案，而且也是目前大量采用的方案。

第二种方案就是数据优化的多业务传送平台（MSTP，Multi-Service Transport Platform）。它的优势是非常明显的，能够兼容目前大量应用的时分复用（TDM，Time Division Multiplexing）业务，又满足日益增长的数据业务（IP、ATM）的要求。SEGAM 公司动态带宽调整方案的性能仿真报告表明，该技术比第一种方案平均带宽利用率提高 8 倍。MSTP 采用了目前最为成熟的 SDH 组网和保护技术，同时又吸收了 ATM 和 IP 自身所具有的流量控制与保护属性，实现了多业务的高效传输。采用动态时隙分配技术与弹性分组环技术的解决方案日趋成熟。MSTP 可以基于多种线路速率实现，包括 155/622 Mb/s、2.5 Gb/s 和 10 Gb/s 等。

8.4.2 ATM 交换技术

ATM(Asynchronous Transfer Mode)即异步传输模式,是国际电信联盟 ITU－T 制定的标准。实际上在 20 世纪 80 年代中期,人们就已经开始进行快速分组交换的实验,建立了多种命名不相同的模型,欧洲侧重于图像通信,他们把相应的技术称为异步时分复用(ATD, Asynchronous Time Division),美国侧重于高速数据通信,他们把相应的技术称为快速分组交换(FPS, Fast Packet Switching)。国际电联经过协调研究,于 1988 年正式命名为 Asynchronous Transfer Mode 技术,推荐其为宽带综合业务数据网(B－ISDN, Brodband Intergred Service Digital Network)的信息传输模式。

ATM 是一种传输模式,在这一模式中,信息被组织成信元。因包含来自某用户信息的各个信元不需要周期性地出现,所以称这种传输模式是异步的。

在 ATM 技术中传送信息的基本载体是 ATM 信元。ATM 信元与分组交换中的分组十分类似,但是它又有自己的特点。它使用定长的 53 字节的信元长度,整个信元字节中包括 5 个字节的信头和 48 个字节的信息域,信头用来承载信元的控制信息,其后的信息域一般是承载用户信息的。在信头信息中 VPI(Vitual Path Identifier)表示虚拟路径标识符,VCI(Vitual Channel Identifier)表示虚拟通道标识符,这两部分合起来构成信元的路由信息。ATM 交换机就是根据这两个信息段选择路由线路。

以 ATM 技术为主的宽带交换网是面向连接的。当发送端想要和接收端通信并通过网络交换信息数据时,将建立一条虚拟电路。之后,将需要传送的信息分割成 ATM 信元,通过建立的路径传送到接收端。当信息全部传送完毕后,该虚电路将取消。ATM 宽带交换网的目标,也是其最大的特点,就是对任何业务形式的数据传输都能达到最佳的资源利用率。这样就能使宽带传输网高速传输多媒体信息,并毫不停滞地通过交换网络迅速、灵活地选择正确的目的方向继续传送。

由于 ATM 技术简化了交换过程,去除了不必要的数据校验,采用易于处理的固定信元格式,所以 ATM 交换速率大大高于传统的数据网,如 X.25、DDN、帧中继等。另外,对于如此高速的数据网,ATM 网络采用了一些有效的业务流量监控机制,对网上用户数据进行实时监控,把网络拥塞发生的可能性降到最小。对不同业务赋予不同的"特权",如语音的实时性特权最高,一般数据文件传输的正确性特权最高。网络对不同业务分配不同的网络资源,这样不同的业务在网络中才能做到"和平共处"。

从支持 QoS 的角度来看,ATM 作为继 IP 之后迅速发展起来的一种快速分组交换技术具有得天独厚的技术优势。因此,ATM 曾一度被认为是一种处处适用的技术;人们最终将建立通过网络核心便可到达另一个桌面终端的纯 ATM 网络。但是,实践证明这种想法是错误的。首先,纯 ATM 网络的实现过于复杂,导致应用价格高,难以为大众所接受。其次,在网络发展的同时相应的业务开发没有跟上,导致目前 ATM 的发展举步维艰。第三,虽然 ATM 交换机作为网络的骨干节点已经被广泛使用,但 ATM 信元到桌面的业务发展却十分缓慢。

由于 IP 技术和 ATM 技术在各自的发展领域中都遇到了实际困难,彼此都需要借助对方以求得进一步发展,所以就出现了将这两种技术相结合的技术。在 ATM 网络中有两种不同的模型可以支持 IP 协议,这两种模型以不同的角度看待 ATM 协议层和 IP 的关系。

一种是重叠模型，将 ATM 层与现有协议分开，定义了全新的地址体系，即现有协议将运行于 ATM 之上。此覆盖模型需要定义新的地址体系和相关的路由协议，所有的 ATM 系统需要同时被赋予 ATM 地址和它要支持的高层协议地址。ATM 地址空间逻辑地与高层协议的地址空间相分隔，没有任何相关性。因此，所有运行于 ATM 子网上的协议需要某种 ATM 地址解析协议以把高层协议（如 IP）地址映射到相应的 ATM 地址。

另一种模型称作对等或集成模型，在本质上它是将 ATM 层看作 IP 的对等层。这种模型建议在 ATM 网络中使用与基于 IP 的网络中相同的地址方案，因此 ATM 端点将由 IP 地址来识别，ATM 信令也将携带这样的地址，且 ATM 信令的路由也使用现有的网络层路由协议。因为使用了现有的路由协议，所从对等模型就排除了开发新的 ATM 路由的需要。对等模型在简化了端系统地址管理的同时，很大程度上增加了 ATM 交换机的复杂度，因为 ATM 交换机必须具有多协议路由器的功能，支持现有的地址方案和路由协议。此外，现有的路由协议是基于当前的 LAN 和 WAN 开发的，不能很好地映射到 ATM 中及使用 ATM 的服务质量特性。在目前的解决方案中，IP 交换和 MPLS 是基于对等模型的。

对等模型中的 MPLS 是目前备受关注的一项技术。MPLS，即多协议标签交换，是由 IETF 在 1997 年初成立的 MPLS 工作组，利用集成模型中现有技术的主要思想与优势，制定出的一个统一的、完善的第 3 层交换技术标准。MPLS 明确规定了一整套协议和操作过程，最终在 IP 网内通过 ATM 和帧中继实现快速交换。MPLS 中的关键概念是用标签来识别和标记 IP 报文，并把标签封装后的报文转发到已升级改善过的交换机或路由器，由它们在网络内部继续交换标签，转发报文。IP 报文标签的产生和分配是建立在通过现有的 IP 路由协议获得网络路由信息的基础上的。MPLS 技术综合了网络核心的交换技术和网络边缘的 IP 路由技术各自的优点，能够提供现有传统 IP 路由技术所不能支持的要求保证 QoS 的业务，并带来更多的带宽控制、吞吐量保证和虚拟专用网功能，是下一代 Internet 宽带网络技术的核心。

8.4.3　宽带接入技术

接入网是整个宽带网络中与用户相连的最后一段，用户通过接入网连接到宽带网上。目前，宽带接入技术主要有下列几种。

1. 基于电信网用户线的数字用户线（DSL，Digital Subscriber Line）接入技术

DSL 技术是一系列基于双绞铜线的用户线高速传输技术，包括 HDSL、SDSL、ADSL、RADSL 及 IDSL 等，统称为 xDSL。

1）非对称数字用户线（ADSL，Asymmetrical Digital Subscriber Line）

ADSL 技术，其下行速率达 8 Mb/s，上行速率达 640 kb/s，能传输 3～5 km 的距离。ADSL 所支持的主要业务是因特网和电话，该技术接入速度可满足宽带因特网接入和部分宽带应用（如会议电视、视频点播等）。更重要的是，结合 ATM 等宽带干线网络技术，可以支持广播级的视频分发和视频点播（VOD，Video On Demand）。

利用 ADSL 技术开展宽带接入业务的优势非常明显，首先可以充分利用电信网现有的铜缆资源，保护这一巨大投资，并充分发挥铜线的潜力。其次，用户随时可以上网，无需每次重新建立连接，而且不会影响电话的使用，每个用户都可以独享高速通道，没有阻塞问

题。其主要缺点是对线对的要求苛刻，目前只有大约 30％的线对可以开通 ADSL 业务。

目前一种简化型的、无分路器的 ADSL 标准已经问世，称为 G.Lite。其基本特点有两点：第一是速率降低到 1.5 Mb/s 左右，第二是在用户端不用电话分路器，价格可以下降，安装更为方便。这种 ADSL 具有自适应速率适配能力，抗射频干扰的能力比一般 ADSL 强，主要业务为因特网接入、Web 浏览、IP 电话、远程教育、家庭工作、可视电话和电话等。

2）甚高比特率数字用户线（VDSL，Very high bit rate Digital Subscriber Line）

由于 ADSL 技术在提供图像业务方面的带宽十分有限以及经济上成本偏高，所以，这些缺点成为了 ADSL 迅速发展的障碍。VDSL 技术作为 ADSL 技术的发展方向之一，是目前较为先进的数字用户线技术，采用该技术可以进一步提高 xDSL 系统的下行带宽。

VDSL 技术仍旧在一对铜质双绞线上实现信号传输，不需要铺设新线路或对现有网络进行改造。用户一侧的安装也比较简单，只要用分离器将 VDSL 信号和话音信号分开，或者在电话前加装滤波器就能够使用。非对称下行数据的速率为 6.5～52 Mb/s，上行数据的速率为 0.8～6.4 Mb/s，对称数据的速率为 6.5～26 Mb/s，传输距离约为 300～1500 m。不过，值得注意的是，VDSL 技术的传输速率依赖于传输线的长度，所以，上述数据是相对而言的。

由于传输距离的缩短，传输码元之间的干扰会大大减小，它带来的好处是能够大大地简化对数字信号处理的要求，而且更加重要的是收发机成本与 ADSL 系统相比可以大大降低。因此，对于用户来说，假如采用了质量较好的配线或引入线，那么，将 FTTC（光纤到路边）技术，尤其是 APON 技术与 VDSL 技术相结合，作为 ONU（光网络单元）到用户间的配线，通过 FTTC 为企业用户和家庭提供宽带接入，这样可以实现设备成本和带宽能力方面的平衡，由此看来，VDSL 是一种比较现实的理想的宽带混合接入方案。

同时，由于距离短，VDSL 技术还能够克服 ADSL 技术的选线率低、速率不稳定等问题。VDSL 技术通常采用 CAP、DMT 调制方式和离散小波多频调制（DWMT）技术，其中 DWMT 采用了小波正交变换，所以性能比 DMT 更好，信噪比也得到了较大的提高。

2. 基于 CATV 网的混合光纤同轴电缆网络（HFC，Hybrid Fiber Coaxial）接入技术

CATV（有线电视）网是用来传输模拟电视信号的地面网络，所有用户共享下行带宽。HFC 技术推动了 CATV 网络的发展，HFC 网不仅可以提供原有的有线电视业务，而且可以提供话音、数据以及其他交互型业务，用户共享下行数据带宽，每一个子信道下行通道的数据吞吐量都可以达到 25～40 Mb/s。

传统的有线网只能传输单向业务，必须升级为双向的 HFC 网络才能实现双向宽带传输数字化多媒体信息，可开通 VOD、远程教学、远程医疗、因特网高速接入及语音电话等多种新的增值业务。Cable Modem 的开通率高，不存在 ADSL 因线缆质量和串扰引起的开通率低的问题，只会因为共享用户数的增多而降低每个用户的可用数据带宽。

3. 基于光缆的宽带光纤接入技术

1）宽带有源光接入

在各种宽带光纤接入网技术中，采用了 SDH 技术的接入网系统是应用最普遍的。这种系统可称之为有源光接入，主要是为了与基于无源光网络（PON，Passive Optical

Network)的接入系统相对比。SDH 技术是一种成熟、标准的技术，在骨干网中被广泛采用。在接入网中应用 SDH 技术，可以将 SDH 技术在核心网中的巨大带宽优势和技术优势带入接入网领域，充分利用 SDH 同步复用、标准化的光接口、强大的网管能力、灵活网络拓扑能力和高可靠性带来的好处，在接入网的建设发展中长期受益。

SDH 技术在接入网中的应用虽然已经很普遍，但仍只是 FTTC、光纤到楼（FTTB，Fiber-to-the Building）的程度，光纤的巨大带宽仍然没有到户。因此，要真正向用户提供宽带业务能力，单单采用 SDH 技术解决馈线、配线段的宽带化是不够的，在引入线部分可分别采用 FTTB/C＋xDSL、FTTB/C＋HFC、FTTB/C＋以太网接入等方式提供相关业务。

2）宽带无源光接入网

PON（无源光网络）是指不含有任何电子器件及电子电源，全部由光分路器 Splitter 等无源器件组成的 ODN 光配线网。目前用于宽带接入的 PON 技术主要有 ATM PON APON 和 Ethernet PON EPON。

PON 网络的突出优点是：消除了户外的有源设备，所有的信号处理功能均在交换机和用户宅内设备上完成。其传输距离比有源光纤接入系统的短，覆盖的范围较小，但造价低，无需另设机房，维护容易。PON 的复杂性在于信号处理技术。在下行方向上，交换机发出的信号是按广播式发给所有的用户。在上行方向上，各 ONU 必须采用某种多址接入协议，如 TDMA 协议，才能完成共享传输通道信息访问。

适合于 PON 的应用主要有高速接入和传输；集成数据，音频、视频业务；整合T1/E1传输线路，降低了 T1/E1 的维护和运营费用；DSL、LAN 扩展；广播视频和视频会议的应用等。

基于 ATM 的无源光网络（ATM PON）是既能提供传统业务，又能提供先进的多媒体业务的宽带平台。PON 的业务透明性较好，原则上可适用于任何制式和速率的信号。APON 下行速率为 622 Mb/s 或 155 Mb/s，上行速率为 155 Mb/s，可给用户提供灵活的高速接入。ATM PON 最重要的特点就是其无源点到多点式的网络结构。光分配网络中没有有源器件，比有源的光网络和铜线网络简单，更加可靠，易于维护。特别是如果 FTTH 大量使用，有源器件和电源备份系统从室外转移到了室内，对器件和设备的环境要求可以大大降低，维护周期可以加长。APON 的标准化程度很高，使得大规模生产和降低成本成为可能。此外，ATM 统计复用的特点也使 ATM PON 能比 TDM 方式的 PON 服务于更多的用户，ATM 的 QoS 优势也得以继承。

4. 基于以太网（Ethernet）的高速局域网接入

以太网接入方式与 IP 网很相似，技术上可以达到 10/100/1000 Mb/s 三级。采用专用的无碰撞全双工光纤连接，已可以使以太网的传输距离大为扩展，完全可以满足接入网的应用需要。以太网技术将 IP 包直接封装到以太网帧中，是目前与 IP 配合最好的协议之一，它以变长帧来传送变长的 IP 包。在当前因特网迅速发展的情况下，以太网正在转变成一种主要的接入方式。

5. 基于无线传输手段的无线接入技术

固定无线接入技术因其无须敷设线路，建设速度快，受环境制约少，初期投资省，安装灵活，维护方便等特点而成为接入网领域的新军。主要的宽带固定无线接入技术有三类：已经投入使用的多路多点分配业务（MMDS，Microwave Multipoint Distribution Systems）、直播卫星系统（DBS，Direct Broadcasting Satellite）以及本地多点分配业务（LMDS，Local Multipoint Distribution Systems）。

LMDS工作在毫米波波段，可用频带至少为1 GHz。典型的LMDS由类似蜂窝配置的多个发送机组成，单个蜂窝的覆盖区为2～5 km。LMDS不仅可以提供因特网接入，而且可以用来互连局域网。LMDS几乎可提供任何种类的业务，如话音、数据、图像等，还支持TCP/IP以及MPEG2等标准。

总的来看，宽带固定无线接入技术代表了宽带接入技术的一种新的不可忽视的发展趋势。

8.5 图像通信质量分析

8.5.1 对图像和通信系统的质量要求

任何通信网络对于其中传输的数据都有一定的性能指标要求，如比特率、传输时延和误码率等。这些性能指标可描述为业务质量（QoS）。一个网络提供给用户的业务质量由许多因素决定，包括网络的类型和级别、网络当前的使用情况、所传输的数据类型等。可能的业务质量并非总是可以预测的，且许多情况下随同一网络的不同连接而变。许多现有的网络并不为用户提供有保证的业务质量，即其业务质量是以不可预测的方式变化的。

由于视频传输的大信息量和有限的传输带宽，使得视频信息的传输对网络和系统的设计者而言，十分具有挑战性。即使经过压缩编码，图像仍然占有很宽的频带。视频通信对网络承载能力是一个极大的考验。

影响实时图像QoS的另一个因素是数据包经历延时（这里主要指可变时延）的频率和持续时间。延时主要是由于交换或寻路时的处理时间和排队时间造成的。时延抖动是指连续数据流对时延变化的敏感性。实时编码图像不允许大的传输时延的变化，例如500 ms的延时就会降低会议电视的质量；图像的伴音信息也不允许相对图像信息有较大的时延。而目前的许多网络却正是存在这一问题。

无论提供多少带宽，在共享网上的"碰撞"仍会影响服务质量。在任意时间内，不同网络段上存在各种类型的拥塞，因此传输过程中丢包现象不可避免。而视频和音频数据的实时性不允许其数据包重发。对接收端而言，数据包丢失率是质量的重要衡量指标。图像数字传输系统应使解码图像中的误差最小化，特别要使在解码帧中持续几帧的误差最小化或完全消除。为了在通信网络上有效可靠地进行图像通信，考察对于编码图像的业务质量要求是非常重要的。

图像通信系统对图像质量的要求主要包括以下几个方面：

1）图像质量

理想情况下，接收到的图像不应该受任何编码系统或传输媒介的影响和限制。

提供特定质量等级的活动图像的图像通信系统，其质量等级应该对每一帧都保持恒定，所显示的图像序列的质量应该与序列的内容或传输系统当前的状态或使用情况无关。

2）可见误差

在理想的数字图像通信系统中，解码的图像序列中不应出现任何由于传输系统的误码或数据包丢失引起的质量下降。

一个数字图像通信系统应使解码图像中的误差的发生最小化，特别要使在解码帧中持续几帧的误差最小化或完全消除。因为人类视觉系统（HVS）对图像信息中的误差和质量下降并不十分敏感，发生在单个解码帧中的一个误差通常只在 1/25 秒或 1/30 秒内可见，所以单帧中的误差一般对观察者不会有大的影响，而持续几帧的误差或质量下降区域对观察者来说要明显得多，影响也要大得多。

3）时延

在数字图像序列等实时数据的传输中，时延是一个重要参数。对于单向图像传输，例如数字广播电视，总的时延不是一个严重的问题，而时延抖动则是一个重要的参数。图像帧和相应的伴音信息必须以恒定的速率呈现给观察者，连续编码帧之间的任何时延的变化，都要在显示之前平滑掉。对于双向通信来说，经过图像通信系统的总时延尤其重要。理想情况下，在线路两端不应感受到时延。对于视频点播和网络购物等交互式视频服务系统，应尽量使得从用户发出请求到得到响应之间的时延不要太大。

理想的传输特性在实际中往往是达不到的，实际的通信网络能够提供的业务质量总是有一定局限性的。下面我们将讨论这些局限性对于在通信网络上传输的编码图像的影响以及解决的方法。

8.5.2 传输速率对图像业务质量的影响

1. 传输速率造成的影响

实际可用的数据传输率对编码的视频数据的质量影响较大。实用的视频编码技术通常是"有损失的"，即通过编码和压缩处理后在原始序列中一些图像细节的数据丢失了。大体来说，任何有损视频编码技术，编码数据的平均比特率与解码后的质量成比例。

1）固定比特率传输

许多现存的视频传输系统采用固定比特率通道（如基于 ISDN 的视频会议系统、数字电视广播等），编码的视频数据必须以固定比特率（CBR，Constant Bit Rate）在通道中传输。但是，目前流行的标准中的任何一种视频编码方式都有高的可变比特率，例如基于DCT 的编码特性中，含有大量空间细节的帧将产生比含有较少空间细节的帧更多的数据，而运动补偿帧间预测编码对含有大量运动或许多复杂运动的画面将比含有很少运动或根本没有运动的画面产生更多的数据。

为了将此可变数据速率映射到一个 CBR 信道上，由图像编码器产生的数据在传输之前必须经过缓冲，以平滑掉数据速率中的短时波动。由图像序列中空间或时间上的内容变化引起的数据速率长时波动不能用这种方式平滑，除非使用任意大的缓冲器。这种方法也就意味着解码的图像质量将随编码器的输出速率而变化，即随信道速率而变化，这种变化在低比特率传输时特别明显。通常采用的技术是将输出比特率的某种测度反馈到编码器，以调整压缩因子，这可通过改变量化步长来实现。

2）可变比特率传输（VBR，Variable Bit Rate）

可变比特率传输充分利用了图像编码数据速率可变的特点。编码的视频 VBR 传输能提供许多 CBR 传输没有的优点。VBR 的主要优点是可按照图像的复杂程度，决定需采用的码元数量来处理该图像。复杂的图像将获得较多的码元，而一般及简单的图像（例如静态及转变较慢的画面）则相对获得较少的码元，因此图像质量便会比 CBR 更加出色。

在分组交换网络上传输可变图像数据似乎是理想的，但也存在一定的局限性，如阻塞。即如果到达一个分组交换节点的数据流量超过该节点的容量，则该节点必须要丢掉新进入的数据包，显然，这对解码图像有着严重的影响。为避免这种阻塞的发生，需要控制网络上传输的数据流量，对图像数据而言，可通过网络上的阻塞信息控制编码器的输出比特率。对比特率的控制要求不像恒定比特率信道那样严格，但也是需要的。

2. 图像通信中的速率控制技术

为了有效地保证视频编码信息的互通，大多数视频编码标准（如 H.263、MPEG-2/4、H.264/AVC 等）仅规定了编码的基本方法、比特流的语法结构和标准的解码过程，而对于具体的编码过程则充分开放，允许实现者灵活地处置。大多数基于运动补偿和 DCT 的图像编码方法或国际标准所产生的压缩图像数据都是可变比特率的，由于大多数实际的网络不能处理无限制的比特率变化，所以在传输时将会引起严重的问题。视频编码中一个重要的问题是编码控制技术。编码参数的控制，如帧模式、宏块模式、运动矢量、量化步长等，直接关系到编码产生的比特数，关系到重建视频的质量，关系到视频编码器的复杂程度。因此，视频编码控制技术一直受到人们的关注，在这方面已做出了很大的努力，并取得了长足的进展。

应用系统的要求、传输环境和处理器能力等实际因素往往对视频编码的比特率和图像质量提出种种限制。为了在这些条件限制下，达到最佳的压缩性能，对视频编码过程进行控制是非常必要的。编码控制的目标就是在实际传输比特率的限制下，以最小的计算复杂度来获得尽可能好的图像质量。

视频编码控制主要有三种方式：失真控制、速率控制和计算复杂度控制。失真控制与速率控制，即率-失真优化，其目标就是在一定的传输率限制条件下，取得最好的图像质量。近来，视频编码的可变复杂度算法可以使开发者能够控制计算复杂度，在保证最小失真的前提下，联合控制比特率和计算复杂度，这就是算法复杂度控制。这三种控制方式是相互关联、相互影响的。图像质量或失真大小的控制是最终的目标，但这一目标往往难以直接达到。速率控制和计算复杂度控制是为获得最好图像质量服务的。本节主要针对传输速率对图像质量造成的影响，介绍速率控制方式，对另外两种控制方式有兴趣的读者，可以查阅相关参考资料。

速率控制是指如何进行视频编码以使产生的比特流满足目标比特率。在混合编码框架内，它简化为如何选择编码参数（帧率、帧间还是帧内等）以满足码率约束（详细介绍见第五章）。

为获得满意的视觉效果，所编码的视频最好具有恒定（或平滑变化）的质量。因为场景的活动性（用运动以及纹理复杂度表示）随时间变化，所以需要的比特从一帧到另一帧是变化的。即使我们接受视频质量的变化，也不能严格地使比特率恒定，因为在帧上使用了

VLC 和不同的编码模式。因此，我们可以期望的最好情况是在短的时间间隔内实现恒定的平均码率。在每个间隔内比特率的变化必须用位于编码器后的一个平滑缓冲器进行处理。从编码器输出的比特首先以可变的速率进入平滑缓冲器，然后以恒定的速率移出缓冲器。最大的时间间隔和在这个间隔内所允许的变化取决于应用的延迟要求和所需缓冲器的大小。缓冲器越大，视频质量就越好，但这也会引入更长的延迟。

大多数速率控制方案由两部分组成，如图 8.36 所示。

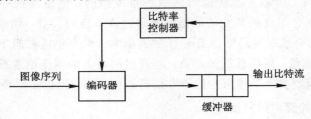

图 8.36 比特率控制

第一部分的作用是使图像序列经编码器编码后，已编码的比特流输入到一个缓冲器中。对于恒定比特率信道，该缓冲器中的数据以恒定的速率取出，只要缓冲器足够大，即使存在由 MPEG 的编码类型等引起的比特率变化也都可以被平滑掉。但是，实际中，缓冲器的大小总是有限的，而且越小越好，因为由缓冲过程带来的时延是和缓冲器的大小成正比的，而这种时延对于实时图像通信通常是不利的。这就是说，比特率的长时波动不能用这种方式平滑掉。第二部分的作用，就是通过将输出比特率的某种度量反馈回编码器，用以控制编码过程，从而改变输出比特率。

下面将介绍两种较为典型的速率控制算法，对其它控制方式有兴趣的读者，可以查阅相关参考文献。

1) 缓冲器比例反馈法

为了避免缓存数据的漫出(上溢)或变空(下溢)的发生，可将缓存的占有率 B 的信息"反馈"到编码器去控制量化步长 Q。随着 B 的增加/减少，Q 也随着增加/减少，这就引起压缩率的增加/减少，从而始终维持缓存容量在一个合理的范围内。

一种简单的速率控制算法是使量化步长的大小正比于输出缓冲器数据的多少。量化步长可用下式周期性地进行设置。

$$Q = \frac{\text{缓冲器中的数据量}}{\text{除法因子}} + \text{偏移值} \qquad (8.5-1)$$

式(8.5-1)中，缓冲器中的数据量为目前输出缓冲器中的比特数；除法因子是为了使 Q 的值处在一个合适的范围内；偏移值是量化步长的一个整数基准值。

在 MPEG 中，量化步长的取值限制在 1~31 的范围内，所以，除法因子和偏移值的限制要使量化步长在此范围内动态地变化。

这种方法的优点是十分简单和直接，但它有明显的不足之处，即解码图像质量的波动。例如，一旦视频场景中活动性突然增加，使得缓存占有率 B 增加太快，以至于来不及通过 Q 来控制速率，从而引起缓存上溢，这时惟一的办法只有跳帧，而跳帧就形成了帧率不稳。再如，在每一编码帧的结尾，随着 B 的增加 Q 会增加，这将导致在每一帧的开头图像质量较高，而在结尾(下部)由于大的量化间隔而质量明显下降。

2）MPEG－2 TM5 中的速率控制策略

MPEG－2 TM5 给出了一种比特率控制方案，该方案由以下三个步骤组成。

首先是计算图像的复杂度，给出将分配给一帧图像的目标比特数。复杂度由前一编码图像计算得到，当前编码帧所对应的前一同类型帧的综合复杂度分别为

$$X_i = S_i Q_i, \quad X_p = S_p Q_p, \quad X_b = S_b Q_b \qquad (8.5-2)$$

式中，Q 为整幅图像的平均量化步长；S 为对图像编码需要的比特数；下标 i，p，b 分别代表 I 帧，P 帧，B 帧。复杂度 X 的值越大，说明编码图像中所含的细节越丰富。

其次，进行比特率控制，为三种类型的编码图像设置三个虚拟缓冲器 d^i，d^p 和 d^b，实际缓冲器的数据量等于三个虚拟缓冲器的数据量之和。随着每个宏块的编码，按照当前图像已编码的比特数和目标比特数，计算相应的虚拟缓冲器的填满程度，然后将此结果反馈到量化控制器，用于选择当前宏块的量化步长。

最后，根据宏块的空间活动性对所选择的量化因子进行调整。如果宏块亮度分量的方差大，即有较多细节，则将量化步长增加，即采取较粗糙的量化处理。

这种比特率控制方案能够保持对传输比特率的紧密控制并以输出缓冲器中数据量的变化最小为控制准则。量化步长是在逐个宏块的基础上控制的，这意味着比特率的控制对图像内容和编码比特率的变化反应迅速。但是，这也说明压缩比和解码质量在一幅图像中是变化的。

8.5.3　图像传输差错与处理

因为实际的数字信道中存在干扰噪声，所以将会引入传输误码，使收到的码字与发送的码字不一致。另外一种传输中的差错是所谓的数据包丢失，它是在基于分组传输中，由于处理器的处理能力或传输信道的拥挤造成了数据包的丢失，它同样使得收到的码字与发送的码字不一致。误码率和丢包率是两个重要的传输性能指标，其高低直接影响到通信的质量。在图像的传输中，传输差错的影响表现为重建图像质量的损伤。因此在设计图像通信系统时，必须要考虑一定的措施，降低信道误码对图像质量的影响。

传输中产生的差错对重建图像的质量所产生的影响与很多因素有关，包括差错出现的位置以及编解码方案等。例如，出现单个误码时，误码在数据中的位置以及有误码的数据在图像中的位置不同会产生不同的作用。当误码发生在图像信息位时，它可能在图像的局部引起降质。而当误码发生在传输用的其它控制代码的位置时，比如发生在同步码时，它的危害更大，甚至有可能引起一帧图像的丢失。对于发生在图像信息位的误码，不同的编解码方案所受到的影响也是不同的。例如，对于 PCM 编码的图像，图像中会出现雪花点；对于 DPCM 系统则会出现拉条或彗星状误差图案；对于基于子块的变换编码，会出现块状误差图案。如果编码系统中还包括变长编码 VLC，误码的作用就更大，如果不采取保护措施，甚至会使解码器超出码字范围而无法继续工作。

现有的视频压缩编码国际标准，如 H.261、MPEG－2、H.263 等，都是基于离散余弦变换、帧间运动补偿和可变长编码等技术来达到数据压缩的目的的。因为压缩编码去掉了视频图像的空间和时间相关性，压缩率高，所以降低了对通信系统的带宽要求，但误码可能会在空间和时间上扩散，这将引起图像质量的急剧下降。对于不压缩的视频通信，用户

可接受的误码率约为 10^{-2}，而对于压缩编码视频通信，因误码会在空间和时间上扩散，这将引起图像质量急剧下降，其可接受的误码率约为 10^{-6}，且压缩率越大，其对误码率的要求就越高，同时码流速率越高，错误平均时间间隔越短。不同的错误类型对图像质量的影响不同。视频数字信号有两种类型的信息：一类是同步信息或控制信息，如 MPEG 编码中的各种头部信息，它们对图像的质量影响较大；另一类是图像数据信息，如 DCT 变换中的 AC 系数，它们对图像质量的影响相对较小。因为采用了帧间预测编码，所以不同的视频编码帧错误对图像质量的影响不同，如 MPEG 编码中的 I 帧误码会影响前一 B 帧和后续的另一 I 帧前的所有的 B、P 帧的图像质量。P 帧误码会影响其相邻的 B 帧的图像质量，而 B 帧误码只影响该 B 帧的图像质量。因此，对这些错误(特别是各种同步信息、控制信息以及 I 帧的错误等)进行恢复在编码视频通信中显得十分重要。

1. 简单传输模型的误码分析

为了分析传输误码对图像复原的影响，首先考虑一种简单的传输模型，如图 8.37 所示。

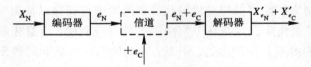

图 8.37 传输模型

由于信道中的干扰噪声，在信息位引入误码 e_C。因此解码端的输入为 $e_N + e_C$，假定编解码系统为线性系统，可用线性运算符 $L[.]$ 表示解码运算。于是输出为

$$X'_N = L(e_N + e_C) = L(e_N) + L(e_C) \tag{8.5-3}$$

式(8.5-3)中的第一项 $L(e_N)$ 是无误码时的解码结果。因此，解码端的恢复图像可以看作无误码的恢复图像和传输误码引起的"误码图案"两部分叠加而成。在分析传输误码对图像的影响时，可以只分析上式中的"误码图案"，它是单个误码 e_C 与解码器的单位冲激响应 h_R 的卷积。即

$$X'_{e_C} = e_C * h_R \tag{8.5-4}$$

通过实验可以发现，一维 DPCM(前值预测)的单误码为强水平线状，其原因是预测系数无衰减；二维 DPCM 的单误码图案为慧星状的扇形，它与误码在图像中的位置和预测公式，以及误码的强度等因素有关；如果是帧间预测，则误码的作用一直向后续帧传播。

对于二维 DCT，误码效应只在子块中分配，而且从变换域到图像域转换后被平均分配到子块中的各个像素，误码的作用更不明显。因此从抗误码的角度来看，变换编码比预测编码要好一些。

【例 8.1】 已知二维 DPCM 的预测公式为

$$\hat{X}_0 = \frac{1}{2X'_1} + \frac{1}{8X'_2} + \frac{1}{4X'_3} + \frac{1}{8X'_4}$$

如果单个误码的大小为 $e = 32$(0 到 255)，试分析误码图案(像素位置关系如图 8.38(a) 所示)。

解 从预测公式中可以知道，误码从发生的像素起，将影响其同一行的后续像素，以及其左下方各行的像素。如图 8.38(b) 所示，分别由预测公式求出误码图案中的前面几个值如下。

$$A = 32(设误码发生于 A)$$

$$B = \frac{1}{2} \times 32 = 16$$

$$C = \frac{1}{2} \times 16 = 8$$

$$D = \frac{1}{8} \times 32 = 4$$

$$E = \frac{1}{2} \times 4 + \frac{1}{4} \times 32 + \frac{1}{8} \times 16 = 12$$

$$F = \frac{1}{2} \times 12 + \frac{1}{8} \times 32 + \frac{1}{4} \times 16 + \frac{1}{8} \times 8 = 15$$

$$H = \frac{1}{8} \times 4 = 0(小于 1，取整为 0)$$

$$I = \frac{1}{4} \times 4 + \frac{1}{8} \times 12 = 2$$

$$J = \frac{1}{2} \times 2 + \frac{1}{8} \times 4 + \frac{1}{4} \times 12 + \frac{1}{8} \times 15 = 6$$

最后的结果如图 8.38(c) 所示。

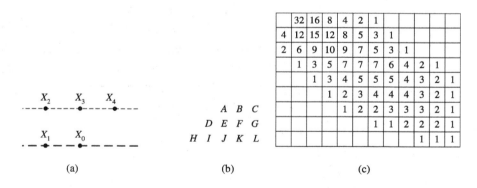

图 8.38　传输误码分析

2. 抗误码措施

在早期的编码系统中常常采用一些简单的辅助措施来减轻误码带来的影响。例如在二维 DPCM 中采用将图像分块的方法，将若干行作为一块，可以限制误码的扩散范围；也可采用 PCM/DPCM 相结合的方法，经过若干像素的 DPCM 编码后，周期性地将某个像素作 PCM 编码，这也可以限制误码扩散范围。

为了达到高效率的图像传输，目前的编码系统都采用了复杂的编码方案，帧间编码和 VLC 被广为使用。然而，在编码效率提高的同时，传输差错对编码系统的影响也大大增加。在传输的信息码流中出现的差错可能不仅造成同一帧图像出现误码图案，而且会在后续帧传播下去，更有甚者，如果无保护措施，还可能出现非法码字而使解码器停止工作。

为了在实际信道中传输图像，就不得不在编码过程中采用一些措施来限制差错造成的影响。例如，对于国际标准 H.261 等均采用混合编码，其数据采用图像组、帧、条带、宏块和子块等层次结构，它们的作用除了提供一定的编码参数选择外，还提供了出现差错后的再同步机制，使误差扩散被限制在帧、宏块组或宏块条等一定范围内。此外，采用定期刷新（即定期使用帧内编码模式）的方法可以消除帧间编码时出现在背景区的误码图像以及减少运算的累积误差对图像质量的影响。

随着数字通信技术的发展，使用移动网和 IP 网将成为多媒体通信的趋势，在突发误码环境下提供视频的可靠编码传输变得日益重要。视频编码通信有其本身的特点，近年来关于如何充分利用视频图像在时间和空间上的相关性来进行错误恢复的研究很多，主要包括错误隐藏以及一些信道纠错编码技术和视频图像的鲁棒性编码等。下面将简要介绍几种常用的错误检测和恢复方法。

1）纠错编码

纠错编码可减少所传输图像序列中的误码或信元丢失率。自动请求重发（ARQ）等反馈式误差控制方案通常不适合实时图像传输，因为这类方案引入的额外时延是图像的实时解码和显示所不能接受的。前向纠错编码（FEC）可成功地用于控制 MPEG-2 编码的数字广播电视等应用中的误码率，其中，误码率的减小是以增加传输带宽为代价的。

2）误码掩盖（Error Concealment）

误码掩盖是在发生误码的情况下由解码器用来隐藏其影响的一种方法，它能够最大限度地减少包丢失造成的影响。误码掩盖法采用技术手段将图像的丢失部分或受损部分隐藏起来，根据视觉感官滞后的自然属性，利用收到的视频信号的冗余部分来复原信号。它是利用图像序列中残存的各种空间的、时间的冗余特性来尽可能"恢复"原图像，改善观察者的主观视觉效果。具体做法就是利用间隙插入（Spacial interpolation）或时隙插入（Temporal interpolation）方法来借用同帧或者前一帧信号的相邻区域的编码，对信号进行还原处理。应用误码掩盖技术时，需要包丢失检测和比特误码检测机制的配合。

掩盖算法基本可以采用以下三种策略实现：

（1）对出错的帧进行整帧替代；

（2）用相同位置的块来取代；

（3）用运动矢量指向的宏块来取代。

误码掩盖可相应地分为时间掩盖、空间掩盖和运动补偿掩盖，下面分述之。

（1）时间掩盖是最简单的掩盖技术，其基本原理就是利用前一帧相同位置或运动矢量指向的位置来取代丢失或破坏了的区域。如果当前帧与前一帧之间的变化不大，用这种简单的时间掩盖是有效的；如果存在剧烈的运动或景物的改变，这种技术的效果将很差。

（2）当时间掩盖无效时，空间掩盖也许是一种合适的选择。一个失真的方块可用对两个无误差的相邻块的插值来代替。用这种方法，细节丰富的区域不能有效地代替，但低频信息的插值可以代替丢失方块的大体特征，从视觉上也许是可以接受的。

（3）时间掩盖的效果可通过估计丢失方块的运动矢量，而不是简单地假定其为零加以改善。在 MPEG 标准的 P 图像和 B 图像中，则可通过对两个无误差的相邻宏块的运动矢量的插值来进行。但对 I 图像或其相邻宏块为帧内编码的宏块则无法实行此项技术。

上述掩盖技术能够在存在误码时改善解码图像的质量，除了具有复杂运动或景物改变的情况之外，运动补偿掩盖是最有效的。但如果大量误差影响到编码序列，并位于特殊的参考帧中，那么掩盖方法并不是总能隐藏误差的作用。

由于这种技术和编码端无关，不占用额外的传输带宽，可以和编码标准无关，因而它在实际中有很大的应用，尤其是应用在传输观赏图像的情况下。

3）*层序编码法*（Hierarchical Encoding）

这是一种分层的编码方法，即将视频信号分解成不同的成分段，每段使用不重叠的频率。再将每个成分段分别进行编码和打包处理，在信号还原过程中，其高频成分就能够容忍较大的包丢失率。但低频成分对包丢失率还是非常敏感的。

4）*再同步*（Resynchronization）

再同步就是使解码器能够在出现传输差错后与码流重新同步。通常，前一个同步到再同步建立之间的数据将被舍弃，如果再同步能够确定差错出现的范围，就将极大地增强其它数据恢复或差错掩盖等的处理效率。

再同步技术实际上是一种数据打包技术，它通过在码流中插入再同步标识来实现。与图像组头、帧头、宏块头以及宏块条头等不同，再同步标识周期地插入比特流中，即视频数据包不是以包内的宏块数为基准，而是以包内的比特数为基准，由此可以改善运动区域的抗误码性能。

5）*数据恢复*（Data Recovery）

在一般情况下，同步被重新建立后，两个同步点之间的数据被舍弃，其中实际包括许多未遭破坏的数据。为此，可以使用所谓可逆变长编码 RVLC，这样就可以从新的同步点开始反向解码，直到差错发生点附近，使误码的影响降到最小。

8.5.4　传输时延对图像业务质量的影响

每一个应用数据元必须在可以允许的时间间隔内到达。接收端装有接收缓冲器，负责除去到达的每一个应用数据元的抖动。晚到的数据元就失去了应用数据元的作用，使接收缓冲器出现下溢现象；早到的数据元使接收缓冲器出现溢出现象。而接收端尚未释放已经存储在接收缓冲器中的数据元，结果，在视频通信中产生太大的时延抖动，导致大量的数据元丢失。另外，多媒体内容传送和图像通信应用之间的同步机制也要求时延变量保持在一定范围内。例如，视频会议业务就要求视频流和音频流必须在一定的时间内到达，这一时间应该保持在 90～120 ms 范围内。

图像通信系统中的总时延可以由许多因素引起。

首先，编码过程引入时延。在分块编码的电路中，例如 DCT 编码，在每个块的每列被编码和传输之前，需要存储每帧的几行（典型的为 8 或 16 行），这将导致几毫秒的延时。在 CBR 编码器中传输数据之前需要缓存数据，这又增加了一些延时，延时量的大小与缓存器的大小成正比。在 MPEG 中采用的双向预测编码将导致更大的延时，因为在对 B 帧图像编码之前，其前后的帧需要读入编码器，例如假设在一个 I 图像和 P 图像对之间需要 3 幅 B 图像编码，那么，在对 B 帧图像编码之前，就必须存储 5 帧图像，编码期间将引入 4 帧的时延，大约为 160 ms。为此，MPEG 图像序列常常是在传输和解码之前预先编码。

其次，传输媒介导致时延。这种时延可能是固定和可预测的（例如，在一个线路交换网如 ISDN 中），也可能是可变和不可预测的（例如，在 IP 网中）。

第三，解码器中的时延。实时图像必须以恒定的速率显示，如果通过网络的延时发生了变化，数据必须在解码器中缓存，以平滑输出，这就引入了和解码器的输入缓冲器大小成比例的时延。在 MPEG 解码器中，还有因双向预测的 B 帧图像的存在而引入的时延。在一个 B 帧图像解码之前，其前后的 I 帧图像和 P 帧图像必须首先解码和存储。要减少这种时延，可先由编码器将编码图像序列记录下来，然后再传输。每组 B 帧图像在一对 I 帧图像和 P 帧图像之后传输，这就意味着在 B 帧图像解码和显示之前只有一帧的时延。

习　题　8

1. 将调幅信号通过图 8.39 所示的残留边带滤波器产生 VSB 信号。当 $f(t)$ 为

(1) $f(t) = A\sin(100\pi t)$

(2) $f(t) = A[\sin(100\pi t) + \cos(200\pi t)]$

(3) $f(t) = A[\sin(100\pi t)\cos(200\pi t)]$

时，试求所得 VSB 信号的表达式。若载频为 10 kHz，载波幅度为 4，试画出所有 VSB 信号的频谱。

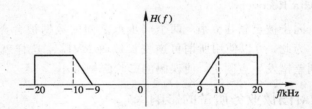

图 8.39　题 1 图

2. 已知 $f(t) = 5\cos(2\pi \times 10^3 t)$，$f_0 = 1$ MHz，$K_{FM} = 1$ kHz/V，要求：

(1) 写出 $M_{FM}(t)$ 表达式及其频谱式。

(2) 最大频偏 $\Delta f_{FM} = ?$

3. 设数字信息码流为 10110111001，画出以下情况的 2ASK、2FSK 和 2PSK 的波形。

(1) 码元宽度与载波周期相同。

(2) 码元宽度是载波周期的两倍。

4. 已知数字信号 $\{a_n\} = 1011010$，分别以下列两种情况画出 2PSK、2DPSK 及相对码 $\{b_n\}$ 的波形（假定起始码元为 1）。

(1) 码元速率为 1200 波特，载波频率为 1200 Hz。

(2) 码元速率为 1200 波特，载波频率为 2400 Hz。

5. 已知双比特码元 101100100100，未调载波周期等于码元周期，$\pi/4$ 移相系统的相位配置如图 8.40(a) 所示，试画出 $\pi/4$ 移相系统的 4PSK 和 4DPSK 的信号波形（参考码元波形如图 8.40(b) 所示）。

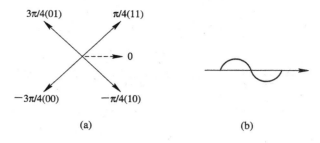

(a) (b)

图 8.40 题 6 图

6. 什么是数字基带传输？画出其基本框图。

7. 解释 MPSK 和 MQAM 调制的概念，比较它们的特性。分别说明 16PSK 和 16QAM 的调制原理并画出它们的星座图。

8. 什么是 MVSB 调制方式？画出它的调制器框图并解释其调制原理。

9. 什么是 COFDM 调制？解释其基本原理，并结合调制器原理框图作出说明。

第九章 图像通信应用系统

近年来，随着计算机和数字通信网络的日益普及，数字图像通信技术日臻成熟，图像通信方式越来越多，图像通信应用范围日益扩大，图像传输的有效性和可靠性不断改善。目前，已经出现或正在出现的图像通信领域的应用系统主要有：

- 可视电话
- 会议电视
- 远程教育，远程医疗
- 图文电视
- 视频点播 VOD(Video On Demand)
- 数字电视
- 流媒体

本章主要介绍会议电视、可视电话、远程图像通信系统、数字电视、VOD 和流媒体等几个典型的图像通信应用系统。其中，数字电视被各国视为新世纪的战略技术、新的经济增长点，各国都在大力研究、推广数字电视；流媒体在互联网上的应用日益普及，影响日益深入，竞争日益剧烈。

9.1 会议电视系统

会议电视系统就是利用电视技术和设备通过通信网络在两地(点到点会议电视系统)或多点(多点会议电视系统)召开会议的一种通信方式。它是一种集通信技术、计算机技术、微电子技术于一体的远程通信方式，是一种典型的、应用广泛的图像通信系统，也是迄今为止世界范围内发展最好和最为普及的图像通信的应用方式之一。

会议电视利用实时图像、语音和数据等进行通信。参与通信的双方或多方可以不受实际地理距离的限制，实现面对面交流，不仅能够相互听到对方的声音，看到对方的面貌、表情和动作等，还能面对同一图纸、图片和文本等进行讨论，合作设计、创作等。通信的参与者不需要实际集合到一起，大大节省了时间、出差费用和精力，从而极大地提高了工作效率。国内的宽带、高速通信网的建成和发展，为广泛开展会议电视业务提供了良好的基础。

9.1.1 会议电视系统的发展

会议电视系统的发展经历了从模拟方式传输(20 世纪 70 年代)到数字方式传输(20 世纪 80 年代)的发展过程。从 20 世纪 60 年代开始，世界发达国家就开始研究模拟会议电视系统，并逐渐商用化。20 世纪 70 年代末期，在压缩编码技术推动下，会议电视系统由模拟系统转向数字系统。20 世纪 80 年代初期，国外研制出 2 Mb/s 彩色数字会议电视系统，日本和美国形成了非标准的国内会议电视网。80 年代中期，大规模集成电路技术飞速发展，图像编解码技术取得突破，网络通信费用降低，为会议电视走向实用提供了良好的发展条件。80 年代末期 CCITT (Consultative Committee International on Telegraph and Telephone)制定了 H.320 系列标准，统一了编码算法，解决了设备间的互通问题。90 年代以来，H.320 标准作为视听多媒体业务的一种应用，在社会性的信息交流中起到了巨大的沟通作用。同时，随着 IP 网的发展，基于 IP 的 H.323 标准的会议电视系统也随之得以实现。

目前，成熟的基于 H.320 的会议电视系统势必进入转型阶段，即由电路交换的 ISDN 和专线网络向分组交换式的 IP 网过渡，所针对的市场由大型公司转向小型的工作组会议室、个人工作桌面直至发展到家庭。因此，基于分组交换网络的多媒体通信标准 H.323 的视频通信已成为业内人士和用户关注的焦点。

9.1.2 会议电视系统的分类

会议电视系统的分类方法很多，基于不同的出发点可以把会议电视分为不同的类型。

按会场数量来分，会议电视系统可分为点到点会议电视系统和多点会议电视系统两种。前者仅有两个会场，而后者则不少于三个会场。多点会议电视系统通常采用星形网络拓扑结构，并配有会议电视多点控制器 MCU(Multipoint Control Unit)。

按传输信道来分，会议电视系统可分为地面会议电视系统、卫星会议电视系统和混合型会议电视系统。地面会议电视系统的传输信道一般采用有线信道和微波通信信道，为全双工传输。会议控制信息和会议电视业务信息在带内一起进行传输。卫星会议电视系统的传输信道通常采用卫星通信网络，因卫星转发器资源有限，卫星会议电视系统不能为全双工传输，会议控制信息必须通过专用信道进行传输，即采用带外传输。混合型会议电视系统为地面会议电视系统和卫星会议电视系统的综合。

按会议电视终端来分，可分为会议室型会议电视系统、桌面型会议电视系统和可视电话型会议电视系统。会议室型会议电视系统使用标准的 H.320 终端，通信速率一般在 384 Kb/s 以上。桌面型会议电视系统使用 H.320 或 H.323 终端，能够利用现有的计算机网络，特别是可以利用 Internet，具有广泛的应用前景。可视电话型会议电视系统使用 H.324 终端，通信速率一般在 64 Kb/s 以内，在模拟或数字电话线上传输。

按有无独立的 MCU 来分，会议电视系统可分为集中型、分散型和混合型。集中型会议电视系统必须具有 MCU，分散型会议电视系统没有 MCU。

按不同的网络特点划分，会议电视系统主要有 H.320 系统、H.310 系统、H.321 系统、H.322 系统、H.323 系统、H.324 系统等六种类型，其关系如图 9.1 所示。H.320 系统是基于 p×64 Kb/s 的数字式传输网络的系统，典型的应用环境为 N - ISDN 网络、DDN 网络以及由数字专线组成的专网等。H.310/H.321 系统是基于 ATM(Asynchronous Transfer Mode)网络环境的系统。H.322 系统是基于保证质量的 LAN 上的系统，除了网络物理接口不一样之外，它与 H.320 系统使用相同的协议。H.323 是基于 IP 分组网络上的系统。H.324 系统是基于普通电话线的系统，常用于可视电话系统。其中，H.321 和 H.322 实质上是将系统的码流分别重组为 ATM 网和 LAN 网可接收的码流，起着一种网间适配的作用，本质上仍然是 H.320 系统。目前，较为实用的系统主要有两类，即用于 N-ISDN 的 H.320 系统和用于分组网的 H.323 系统。H.320 系统占有最大的应用市场，但基于 IP 的 H.323 系统具有良好的发展前途，将会成为未来会议电视发展的主流，但它的发展并不是取代 H.320 系统，而是更加促进 H.320 系统的发展。

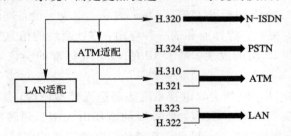

图 9.1　六种类型之间的关系

9.1.3　会议电视系统的组成

1. 会议电视系统的组成

会议电视系统由终端设备、多点控制单元(MCU)、传输网络等几部分组成。

终端设备包括视频输入/输出设备、音频输入/输出设备、视频编解码器、音频编解码器和复用/分接设备等，主要完成语音、图像的编解码及各种传输接口处理。它可以是多点交互式会议电视终端，也可以是安装了音频、视频硬件和软件的普通电脑，甚至是电话等。

多点控制单元(MCU)作为会议控制中心，能够将三个以上的终端连接成为一个完整的、由多人参与的会议。同时，它能够将来自多个会议终端的语音、视频和数据合成为一个多组交互式会议场景。MCU 的使用很简单，既支持工作站管理方式，也支持 Web 管理方式，可由终端用户使用 MCU 进行会议的控制和管理。

传输网络是会议电视传输视频、音频等信息的通道，主要有卫星帧中继网、地面帧中继网、DDN 专线、ISDN 网络和 X.25 网。宽带网络的普及给远程会议电视带来了更为广阔的空间，基于 H.323 协议的会议电视应用在 ADSL、LAN 等宽带接入网络上已经取得了相当好的效果。

2. 基于 IP 的 H.323 会议电视系统

随着计算机技术、通信技术、图像编解码技术和多媒体通信技术的迅速发展，基于 IP 的 H.323 电视会议系统已成为研究和开发的热点。在原 H.320 基础上发展起来的 H.323 完全兼容 H.320。H.323 能够运行在通用的网络体系平台上，提供了网络宽带管理功能，支持不同厂商的多媒体产品和应用具有互操作性。

H.323 用在基于包交换的网络上传输音频、视频和数据等多媒体信息。H.323 系统的基本组成单位是域，一个域至少包含一个终端。

H.323 终端是提供单向或双向实时通信的客户端，具有对视频和音频信号的编解码及显示功能，还具有传送静止图像、文件、共享应用程序等数据通信功能。H.323 终端允许不对称的视频传输，即通信双方可以以不同的图像格式、帧频和速率传输。H.323 的终端结构如图 9.2 所示。

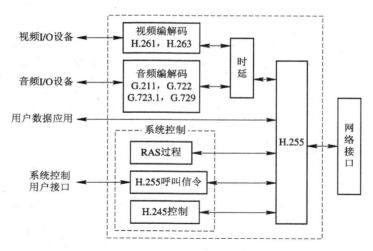

图 9.2 H.323 系统终端

9.2 可视电话系统

可视电话是指在普通电话功能的基础上，使通话双方能够看到对方活动图像的通信方式。其通信过程既包含通话的语音信号，又包含一定质量的图像信号，使人们的通话过程不再是单调的交谈，可以互相看到对方的图像，丰富了通信的内容。可视电话是一种面向公众的图像业务，因此要求其传输费用尽可能的低（与普通电话几乎相同）。通话过程中人们主要观察的是相互间的头肩像，图像内容简单，对细节的要求可适当降低。

9.2.1 可视电话系统的组成

可视电话系统的分类方法较多，按传输信道可分为模拟制式和数字制式可视电话系统；按传输图像可分为静止图像和活动图像可视电话系统；按图像色彩可分为黑白和彩色可视电话系统；按终端设备可分为普通型和多功能型可视电话系统。但无论哪种分类方法，可视电话系统都由以下四部分组成（如图 9.3 所示）。

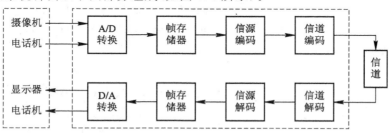

图 9.3 可视电话系统的组成

（1）语音处理部分：普通电话机、语音编码器等。

（2）图像信号输入部分：CCD 摄像机等。

（3）图像信号输出部分：监视器、液晶显示器、打印机等。

（4）图像信号处理部分：专用图像处理器等。

可视电话系统的核心是专用图像处理器部分，其余三部分构成可视电话终端，它们都有比较成熟的技术产品,可直接选择符合要求的产品。

图像处理器主要有 A/D 和 D/A 转换器、帧存储器、信源编解码器和信道编解码器。A/D 转换器和 D/A 转换器实现模拟到数字、数字到模拟的转换;帧存储器容量和类型的选择取决于所处理的图像信号;信源编码的目的是减少图像信息中的冗余度,压缩图像信号的频带或降低其数码率;信道编码的目的是在压缩后的图像信息中插入一些识别码、纠错码等控制信号,以提高图像信号传输时的抗干扰能力。

9.2.2 可视电话标准

可视电话要普及就必须能互通,而要互通就必须遵循统一的标准。ITU - T 的 H.324 系列标准是可视电话系统的标准。图 9.4 简单介绍了 H.324 系列标准的框图。

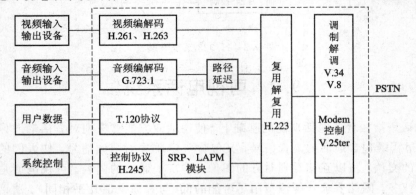

图 9.4 H.324 系列标准框图

9.2.3 可视电话的图像质量

人们最关心的是在低速的模拟电话线上传送的视频图像的质量。这类图像的缺陷主要表现为帧频偏低和图像分辨率偏低,使人觉得画面粗糙,物体运动有动画感,有明显的方块效应,尤其是显示活动性较强的图像时更是如此。此外,图像中还有拖影、台阶状或锯齿状边缘等缺陷。由图像编码的经验知,帧频大约在 20 帧/秒时,将得到和电视图像质量相近的动感效果。在 15 帧/秒时图像质量比较好,但是和语音的唇同步需要有一个小于 50 ms 的修正,否则语音将和视频的口形不匹配。在 5 帧/秒时,图像质量已经失真到无论如何也看不清嘴唇的动作了。

图像的清晰度和运动感觉是衡量可视电话质量的两个主要方面。对于比较大的显示屏,运动感和清晰度将更重要。对于基于电视的通过公共电话网连接到机顶盒的可视电话,用户期望在他的电视上看到 TV 质量的图像,而非跳动的图像。在这种情况下,用户一般对这类可视电话图像质量的评价较低。而对于一个 4 英寸的彩色 LCD 屏,或者在笔记本电脑的一个 QCIF 窗口,用户就不大会产生上述的感觉。只要有可能,可视电话最好采用小液晶屏幕、独立型式样,这样用户比较容易接受。

9.2.4 低速视频编码

在较低的传输速率下,如最普通的电话线,采用 H.261 标准的图像编码方案,已经难以获得较满意的图像质量。因此，ITU－T 在 H.261 建议的基础上制定了低码率图像压缩标准 H.263，使图像的质量获得较大的提高，但编码方案仍然是混合编码，适合在普通模拟电话线和 ISDN 上的数字图像通信业务。H.263 的视频信源编码算法的基本结构以 H.261 建议为基础，利用帧间预测减少时间相关性，然后利用对预测误差的编码减少空间相关性。信源编码可采用 sub-QCIF、QCIF、CIF、4CIF、16CIF 等图像格式，各种图像格式中图像的大小见前面第二章的介绍。

为了在低码率条件下取得较好的图像效果，ITU－T 在 1998 年发布了 H.263＋建议，在 2000 年发布了 H.263＋＋建议，其中增加了许多选项。这些先进的编码技术是 H.263 优于 H.261 的地方。这些技术的采用，可保证在极低的码率上取得比 H.261 编码器更好的图像质量。为了适应各种通信业务的需要，H.263 还吸收了 MPEG 建议中的双向运动预测等措施，进一步提高了帧间编码的预测精度。

9.2.5 可视电话的不同产品形式

现在已有不少公司加入到可视电话这一领域，各类新产品不断推出。实际流行的可视电话主要有下述三种形式。

一种是 PC 插卡式，即在 PC 上插入一块可视电话视频、音频编解码卡，利用 PC 显示器上的视频窗口显示对方和自己的图像。利用 PC 的声卡、麦克风及音箱作为可视电话的语音输入、输出通道。PC 内置或外置的调制解调器连接到电话线上，再外接一个摄像头就可以组成一台基于 PC 的多媒体可视电话。这种方式的好处是花费少，充分发挥了计算机的作用，并且借助了计算机的强大功能，可开发出很多新的应用功能。其缺点是使用不太方便，难以普及到一般家庭。

第二种方式是专门设计的独立机型的一体化可视电话，是可视电话的主流产品。它的体积小，外形很像普通的电话，不同之处是它多了一个扁平的液晶显示器，用于显示远方图像，也可显示本地图像。它的编解码器、调制解调器等部件都小型化后安装在电话机的底座上。因而，这种可视电话使用非常方便，大体上和普通电话一样。

第三种是称为机顶盒方式的可视电话。它由三部分组成：家用电视机、普通电话机和机顶盒。由于前两种一般家庭都有，因而实际上只需要购买一个机顶盒就可以了。不过这种方式的可视电话使用麻烦。

9.3 远程图像通信系统

远程图像系统集成了计算机技术、通信技术、图像解压缩技术、图像识别技术、图像采集技术、数据采集等诸多学科的技术，广泛应用于石油生产、医疗、储运、公路交费系统、森林防火、水源监视、城市安防等领域中。

远程图像通信应用的价值往往体现在"远程"上。因为近距离图像传输只需一根电缆线就可以了，但远距离图像传输就必须借助于图像压缩编码技术和现有的通信网技术，来跨越空间距离和时间距离的障碍，将远处的图像送到自己身边。本节主要介绍远程教育、远程医疗、远程监控等远程图像通信系统。

9.3.1 远程教育系统

远程教育 DE(Distance Education)是指建立在通信网络上的图像通信应用系统，也就是异地的老师、学生通过网上教学系统进行交流。广义上讲，远程教育是一种师生分离的、非面对面的教学方式。狭义上讲，远程教育是指通过电子通信的方式实现异地教学的双方活动，这种通信是双方的，而教学活动可以是实时的，也可以是非实时的。

1. 远程教育系统的组成与功能

1）远程教育系统的组成

远程教育系统，从服务方式上可分为实时交互式远程教学和异步多媒体教学两部分。

实时交互式远程教学的核心是会议电视系统。这部分主要由多媒体授课教室、多媒体听课室、多点控制器以及传输网络等组成。异步多媒体教学服务是指采用互联网及其技术组建的多媒体教学服务平台。多媒体课件是异步远程教学的核心内容。随着互联网的普及，基于互联网的异步多媒体教学成为最重要、最灵活、最有效而且最节省的教学方式，是任何一个远程教学系统重要的组成部分。

远程教育系统从系统功能层次上可分为管理控制层、系统核心层、教学用户接入层等三个部分。

管理控制层主要完成网络设备的管理、远程教育用户的管理以及业务的管理三方面的功能。它负责整个远程教育业务的管理和网络资源的调度，使得用户可以灵活地使用远程教育业务。系统核心层完成远程教育中图像、语音、数据的交换，提供教学会场多点控制、电子白板讨论、应用软件共享、媒体流的直播与点播等功能，使教师教学和学生上课、自习、测试完全实现电子化。用户接入层是指利用多种视音频终端产品组建用户学习环境。

2）远程教育系统的功能

（1）视音频功能。视音频的质量直接反映了远程教育系统的效果，远程教育系统必须能将本地和远端的视音频信号进行交互式传送。具体地讲，就是远程教育系统要能将本地画面、本地各种视频源的视频信号、录像资料等送至其它远程教室。音频应能支持自适应全双工回声抑制，利用全向麦克风，采用自动增益控制，保证发言人在距麦克风不同距离时音量相同，并能随时调节音量。特别是能够根据图像实际接收效果调节唇音同步，符合ITU-T要求，保证图像和语音的相对延时小于 40 ms。

（2）数据功能。在数据方面，要求能够实现电子白板应用、图文资料传送、应用软件共享等功能。这是现代远程教育系统区别于传统电大远程教育模式的重要部分。对数据功能的要求是：视频终端设备可通过局域网或互联网来相互传送数据；局域网或互联网上的数据或正在运行的 PC 屏幕能发送至所有的会场；具备快照功能，可随时拍摄本地或远端教室以及图文；利用白板功能，可以相互传送写画内容；可外接图文摄像机，存储、传送图文资料；本端和远端能以点对点方式相互共享应用软件。

（3）控制功能。控制功能是远程教育系统的核心。控制功能的强弱、灵活等直接影响到远程教学的结果，它包括系统管理者的控制功能和用户的控制功能。

实时视频信息的交互是通过会议电视的方式进行的，其控制主要是通过 MCU 来实现的。要求 MCU 能实现多级级联，一台 MCU 能同时召开多个不同的教学会议。用户有主席控制、语音控制及直接控制三种切换方式，可随时切换本地、远端会场图像和 PC 平台，各教室间的切换速度非常快，而且系统能够检测网络的运行状态，如网络速率、通信协议等。具体过程是：教师在授课室通过控制电子白板、视音频设备将授课的内容及教学情景实时传送到远端听课室，学生在远端听课室通过多种控制设备，现场回答老师提出的问题或向教师提出置疑。教师在讲课时通过控制设备看到各授课室的全貌，还可看到提问、回答问题的同学。

（4）信息服务。远程教学系统的信息服务部分主要包括：路由器 Hub，基带 Modern/DTU/其它接入设备，Web 服务器，多媒体信息服务平台。多媒体服务平台是校方采用互联网技术组成的与公众信息网互联的多媒体信息服务平台（教学网），为远端的学生提供图像和语音信息服务。学校将教学信息以多媒体的方式存放在该平台信息服务器中，学生可通过电脑拨服务平台的号码进入教学网，进行信息浏览、查询，还可以用电子邮件的方式交作业、提出问题和讨论问题。

2. 某大学远程教育系统举例

1）结构

图 9.5 给出了某大学远程教育系统的系统简图。

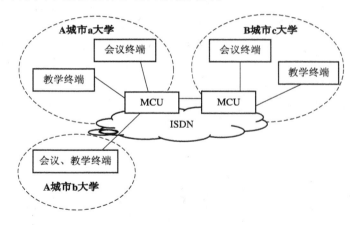

图 9.5　某大学远程教育系统简图

2）特点

（1）采用 N－ISDN 线路；

（2）实现 30 帧/秒（多制式）视频图像传输；

（3）A 城市 a 大学、B 城市 c 大学两校园实现多点控制功能；

（4）采用 H.323 标准；

（5）支持同屏 4 画面；

（6）可同时进行两地 2 个会议或学术活动；

（7）MCU 与校园网连接；

（8）远程教育网的视频、音频信号可以通过 A 城市、B 城市的校园网向校园内进行视音频播放。

9.3.2 远程医疗系统

远程医疗就是利用现代通信技术、电子技术和计算机技术来实现医学信息的远程采集、传输、处理、存储和查询。它通过通信和信息处理等技术进行异地间信息的储存、处理以及传送声音、图像、数据、文件、图片和活动彩色图像等医疗活动。它还可以实现远程手术，即操作者在相距遥远的地方通过精密电子机械对患者实施手术。现代电子技术、计算机技术和通信技术的迅猛发展为远程医疗的实现提供了基础。欧美、日本等国家借助先进的光纤、卫星等通信网络，比较早地建立起能传输高质量动态图像的远程医疗系统，而我国开展远程医疗的研究与应用比较晚。

1. 远程医疗系统的构成

典型的远程医疗系统主要由三部分组成：医疗站点（中心）、信息中心和通信网络。

（1）医疗站点（中心）。在医疗中心（如地区中心站）配备有现代化的医疗设备和医疗经验丰富的专家、医疗人员。在医疗站点（如远程医疗站点）配备一般的医疗设备和医务人员，为周围的医疗对象服务。

（2）医疗信息中心。医学中心数据库和远程医疗信息系统等是远程医疗的基础。它包括有足够的医疗信息，且常常以数字化格式存储，如 CT、X 光片、检验报告、处方、化验报告等，可供各站点共享使用。

（3）通信系统。这是远程医疗系统必不可少的组成部分之一，可以是专用通信网也可以是公用通信网。如在医疗单位内部或附近采用局域网，若干个城市内的医院采用广域网连接起来，还可采用互联网和其它商用通信网等。

2. 基于综合业务数字网的远程医疗系统

1）组成

综合业务数字网（ISDN，Integrated Services Digital Network）主要由终端设备、ISDN 数字网络和多点控制单元（MCU）三部分组成。

终端设备包括视、音频编解码器、ISDN 通信卡、摄像机、麦克风、扬声器、图像显示设备等。它主要是提供语音、图像和数据。

ISDN 提供终端设备间的通信线路。为了提高传输图像的质量，可绑定多条通信线路，增加传输速率。

MCU 是一个数字处理部件，通常在网络节点处用于组织多点通信。在连接三个以上的终端时，需要使用 MCU，它将接收的数据流进行切换、选择，并连续地发往其它各点。

2）基于 ISDN 网的远程医疗系统的建立

（1）会诊室的建立。在医院的方便位置选择一个 20 平米左右的房间，配置较亮的照明灯光和远程医疗终端设备：摄像机、编解码器、计算机/电视机、麦克风、扬声器等。必要时，将远程医疗终端的计算机接入医院的计算机网络系统。

（2）ISDN 网。向当地电信局申请一条 ISDN 电话线就可以了。

（3）投入运行。安装调试完毕后，就可以投入运行了。首先，拨打医院的终端电话号码，对方接应时，双方即建立声音、图像、数据的连接，可在各自的终端上"面对面"地沟通进行诊断。当需要多个医院的专家会诊时，你可在不挂断第一个医院电话的同时，向第二家医院拨号，实现与两家医院的联通。会诊时，终端自动将发言者的图像切换给参加者，也可将多个画面缩小同时显示在终端上。

9.3.3 远程监控系统

远程监控系统以计算机为中心，以数字图像处理技术为基础，利用图像数据压缩的国际标准，综合利用图像传感器、计算机网络、自动控制和人工智能等技术进行监控的系统。在 20 世纪 90 年代初及以前，主要是以模拟设备为主的模拟远程监控系统。20 世纪 90 年代中后期特别是最近几年，随着网络带宽、计算机处理能力和存储容量的提高，以及图像信息处理技术的发展，进入了全数字化网络图像监控系统，如网络视频监控系统，其中有基于 MPEG-1、MPEG-2、MPEG-4、H.264 等的网络视频服务器。

1. 远程监控系统的基本组成

如图 9.6 所示，远程监控系统主要由远端的图像采集、图像传输、图像切换、图像再现和系统监控等部分组成。

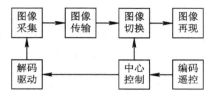

图 9.6　远程监控系统组成框图

2. 多媒体图像远程监控系统

多媒体图像远程监控系统是在计算机多媒体技术基础之上，使用先进的面向对象技术，为用户提供更多、更完善的服务，实现网络监控系统的功能设置和控制。多媒体控制系统可将来自各子系统，如专业报警系统、环境监测系统、通道控制及其它工程的控制信号系统集中管理起来。多媒体监控系统可在局域网或广域网上运行，以实现多用户、多个监控中心间灵活的互联控制。

1）多媒体图像远程监控系统的特点

（1）多媒体监控系统采用数字体制，便于存储和传输。

（2）支持网络视频会议，在网络上的超级用户可以召集多媒体图像远程监控系统的部分或全部工作站终端参加现场电视会议。

（3）通过局域网或广域网，相距遥远的监控中心和分中心的用户可协同进行监控和管理，拥有授权的用户在多媒体监控系统的任何一个工作站上都可进行集中式的监控和管理。

（4）多媒体图像监控系统的用户只要在人机界面上敲击设备图标就可完成相应设备的所有控制功能，操作简单、方便、快捷。

（5）能对恢复图像进行放大、增强、滤波与编辑。

2）对多媒体图像远程监控系统的要求

远程视频监控系统的普遍要求是实时性高，传输延迟小，可控制、切换多处视频源。

许多监控系统要求具备自动报警功能，具备智能化图像信息处理功能。

远程监控系统对现场信息的存储也有不同要求。有的只要求即时观看，不需要存储。但多数情况下要求有一定的存储容量，以便事后查看。

监控中心所监控的信息必须设置一定的级别权限。低级权限的人只能观看，高级权限的用户不仅可观看而且还可处理监控信息，发送监控命令等。

3. 银行远程监控系统举例

1) 分行或储蓄所视频监控系统的构成

分行及储蓄所视频监控系统如图 9.7 所示。

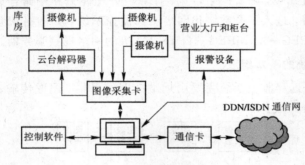

图 9.7 分行及储蓄所视频监控系统

在每个分行或储蓄所现场，营业厅、室外、柜台、前/后门、金库等场景均被多个摄像机监视。若警报发生，报警探测器联动视频控制，自动切换摄像视频，并且控制画面分割器，驱动快球转到相应预置位置，同时自动启动录像机、射灯和高音警报信号。

每个网点安装多个摄像机，监控中心可任选一个摄像机图像或任选多个摄像机图像构成一个画中画图像进行监控。当网络通信线路和网点摄像计算机出现故障或被人为破坏时，系统可向监控中心及时报警提示。

2) 监控中心部分的构成

远程的视频数据传至监控中心，在安装了图像接收解码软件的控制主机上解码回放，实现对远程多个现场的视频切换、摄像头变焦和云台转动等远端遥控功能。中心配置如图 9.8 所示。

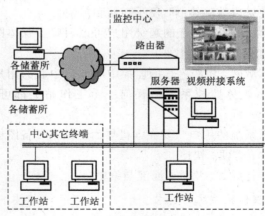

图 9.8 中心配置图

控制中心的视频控制主机，接收多个现场控制主机的视频数据并进行解码回放，同时远程遥控各现场的视频切换、摄像镜头变焦和云台的转动，接收响应远程报警信号。每台控制主机同时接收并回放多个远程现场的视频图像。

控制中心通过多端口路由器与多个远程分行实行联网组成局域网。在中心局域网上的任何主机，都可实现对多个不同分行现场的同时监控。控制中心附近的相关部门设分控计算机，分控计算机在某一时刻可监控多个现场的视频图像，对其进行控制。

9.4　数字电视系统

数字电视(DTV, Digital Television)是指一个从节目摄制、编辑、制作、存储、发射、传输，到信号的接收、处理、显示等全过程完全数字化的电视系统。数字电视广播的最大特点是以数字形式广播电视信号，其制式与模拟电视广播制式有着本质的区别。数字电视广播系统不仅使整个广播电视节目的制作和传输质量得到显著改善，信道资源利用率大大提高，而且可以提供其它增值业务，如数据广播、电视购物、电子商务、软件下载、视频点播(VOD)等，使传统的广播电视媒体从形态、内容到服务形式都发生革命性的改变，并将影响国家产业结构的升级与发展。

9.4.1　系统概述

1. 数字电视的发展简史

数字电视的发展主要经历了以下几个阶段：

1948 年，电视信号数字化(理论与实践开始)；

1980 年，国际电联(现 ITU－R)提出 601 建议；

1982 年，德国 ITT 研制出一套 PAL 接收机中使用的数字处理芯片；

1991 年春，公布 JPEG《静止图像编码建议》(草案)；

1991 年秋，公布 MPEG－1《活动图像及其伴音编码建议》(草案)；

1993 年秋，MPEG－2 建议出台；

1994 年夏，美国开始数字卫星(SDTV)直播；

1994 年秋，欧洲公布 DVB《数字视频广播标准》(草案)，包括 DVB－S，DVB－C 和 DVB－T，随后又制定了系列标准；

1996 年底，美国"联邦通信委员会"(FCC)批准数字电视标准；

1997 年 4 月初，美国 FCC 会议作出两项重要决定：① NTSC 向 DTV 过渡的日程表(2006 年底)，② 电视地面广播的政策(含频谱规定)；

1998 年秋，DTV 包括普通标准数字电视广播(SDTV)和高清晰度数字电视广播(HDTV)在美国市场启动；

1999 年初，推出 MPEG－4 标准；

2001 年，欧洲 DVB 组织提出了数字视频广播的 DVB 标准(包含了美国推广的 HDTV 标准的基本内容)。

2. 数字电视的分类

从数字电视传输图像的清晰度角度来看，数字电视可分为低清晰度电视(LDTV, Low

Definition Television)、标准清晰度电视(SDTV，Standard Definition Television)和高清晰度电视(HDTV，High Definition Television)三大类。

低清晰度电视扫描线数在 200～300 范围内，图像分辨率对应于现有的 VCD。

标准清晰度电视要求电视至少具备 480 隔行(480i)扫描，分辨率是 720×480i/30(NTSC，隔行)和 720×576i/25(PAL，隔行)。

高清晰度电视必须至少具备 720 线逐行(720p)或 1080 线隔行(1080i)扫描，分辨率有 1280×720p/60(NTSC，逐行)或者 1920×1080i/50(PAL，隔行)，屏幕纵横比为 16∶9，音频输出为 5.1 声道(杜比数字格式)，同时能兼容接收其它较低格式的信号并进行数字化处理重放。

从传输途径(传输信道)来分，数字电视可分为卫星数字电视广播、有线数字电视广播及地面数字电视广播等三类。这三种数字电视的信源编码方式相同，都是 MPEG-2 的复用数据包，但由于它们的传输途径不同，它们的信道编码也采用了不同的调制方式。

3. 数字电视的优点

数字电视给广播电视带来了新的活力，又为广播电视开展增值业务提供了条件。数字电视不仅拉动制造业，促进信息化发展，而且为广播电视的持续发展提供了极大的空间。

到目前为止，和现行的模拟电视相比，数字电视具有下述显著优点。

1) 图像质量高

在数字方式下，电视信号在传输过程中不容易引入噪声和干扰，大大改善了常有的模糊、重影、闪烁、雪花、失真等现象，接收端几乎可以达到演播室的图像质量，像素数高达 1920×1080。而目前的模拟电视系统，用户实际收到的电视节目图像质量普遍要比演播室的图像质量差许多。

2) 节目容量大

数字电视传送的是经过压缩编码的信号，只占用比较窄的频带，可充分利用有限的频带资源。例如，一个卫星转发器，只能转发一套模拟电视节目，但可转发 4～5 套同样清晰度等级的数字电视节目。现行的 550 MHz 的有线电视网络，传送模拟电视信号最多只能容纳 60～70 套节目，而传送数字电视信号，节目容量可达数百套。

3) 伴音质量好

模拟电视的伴音是单声道，即便加上丽音广播，也只是简单的双声道。而数字电视采用 AC-3 或 MUSICAM 等环绕立体声编解码方案，既可避免噪声、失真，又能实现多路纯数字环绕立体声，使声音的空间临场感、音质透明度和高保真等方面更好。而且可以传送 4 路以上的环绕立体声，真正获得家庭影院般的伴音效果。

4) 节省频率资源

采用数据压缩编码技术，在画面伴音等质量相同的情况下，所需频带仅是模拟的 1/4，可传输多套数字节目或一套高清晰度电视节目，充分利用信道资源。

5) 便于信号存储

信号的存储时间与信息特性有关。近年来，数字电视采用超大规模集成电路，可存储多帧电视信号，完成模拟技术不能达到的处理功能。

6）功能多、用途广

数字化信号便于制式转换，有利于加入许多新功能，如画中画、静止画面、画面变倍放大等，也有利于加密、收费、与计算机互联网连接等功能。

4. 数字电视（DTV）系统的关键技术

数字电视（DTV）系统结构框图如图9.9所示。在数字电视系统中，技术核心是信源编/解码、传送复用、信道编/解码、调制/解调、软件平台（中间件）、条件接收以及大屏幕显示等。

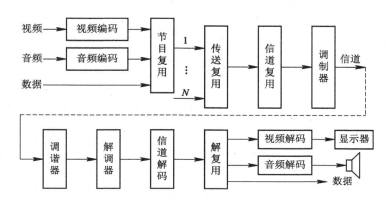

图 9.9 数字电视系统的结构框图

1）信源编解码

信源编解码包括压缩编解码技术和音频编解码技术。未经压缩的数字电视信号都有很高的数据率。首先必须对数字电视信号进行压缩处理，才能在有限的频带内传送数字电视节目。在视频压缩编解码方面，国际上统一采用MPEG-2国际标准。MPEG-2采用不同的层和级组合，应用面很广，支持标准分辨率16：9宽屏及高清晰度电视等多种格式。在音频编码方面，主要有MPEG-2和杜比公司的AC-3两种标准，欧洲、日本采用了MPEG-2标准，美国采用了AC-3方案。

2）传送复用

在发送端，复用器把音频、视频以及辅助数据的码流通过打包器打包，然后复合成单行串行的传输比特流，送给信道编码器及调制器。在接收端其过程则相反。采用电视节目数据打包的方式，使电视具备了可扩展性、分级性和交互性。同样，国际上统一采用MPEG-2标准作为数字电视的传输复用标准。

3）信道编解码及调制解调

经过信源编码和系统复接后生成的节目传送码流要到达用户接收机，通常需要通过某种传输信道。一般情况下，编码码流是不能或不适合直接通过传输信道传输的，必须将其处理成适合在规定信道中传输的形式。这种处理就称为信道编码与调制。

数字电视信道编解码及调制解调的目的是通过纠错编码、网格编码、均衡等技术提高信号的抗干扰能力，通过调制把传输信号放到载波上，为发射做好准备。各国数字电视标准不同，主要是纠错、均衡等技术不同，带宽不同，尤其是调制方式不同。

数字电视广播信道编码及调制标准规定了经信源编码和复用后信号在向有线电视、卫星、地面等传输信道发送前需要进行的处理，包括从复用器之后到最终用户的接收机之间的整个系统，它是数字电视广播系统的重要标准。

4）软件平台（中间件）

在数字电视系统中，如缺少软件系统，电视内容的显示、节目信息、操作界面等都无法实现，更不可能在数字电视平台上开展交互电视等其它增强型电视业务。中间件（Middleware）是一种将应用程序与底层的实时操作系统以及硬件实现的技术细节隔离开来的软件环境，支持跨硬件平台和跨操作系统的软件运行，使应用不依赖于特定的硬件平台和实时操作系统。

5）条件接收

条件接收系统（CAS，Conditional Access System）是数字电视广播实现收费的技术保障。如何阻止用户接收未经授权的节目和如何从用户处收费，这是条件接收系统必须要解决的两个问题。解决这两个问题的基本途径就是在发送端对节目进行加扰，在接收端对用户进行寻址控制和授权解扰。

9.4.2 高清晰度数字电视（HDTV）

高清晰度电视（HDTV）是数字电视（DTV）标准中最高级的一种。国际电信联盟的定义是："高清晰度电视应是一个透明系统，一个正常视力的观众在距该系统显示屏高度的三倍距离上所看到的图像质量，应具有观看原始景物或表演时所得到的印象。"高清晰度电视被称为"第三代电视"，是电视技术的发展方向。

1. 高清晰度数字电视的清晰度

图像清晰度是人们主观感觉到图像细节所呈现的清晰程度，即人眼在某一方向上能够看到的像素点数，用线数或行数表示。显然，扫描行数越多、图像的像素数越多，景物的细节就表现得越清楚，主观感觉到图像清晰度就越高。所以常用扫描行数来表示电视系统的清晰度。一台电视机的清晰度，受到整机信号带宽的限制、行扫描频率的限制以及显像管物理尺寸的限制。当扫描电子束能够聚焦到足够小的点，起主要作用的就是两个荧光粉点之间的最小距离，简称粉截距，这个数字越小就说明显像管的像素数越多。所以，电视图像的清晰度与电视机的下面3个指标有着密切的关系：

(1) 图像信号的频带宽度，单位是 MHz，标准不低于 30 MHz。

(2) 行扫描频率，单位是 kHz，标准不低于 45 kHz。

(3) 显像管的粉截距，单位是 mm，标准不高于 0.74 mm。

例如某品牌高清晰度电视机，其屏幕长宽比是 16∶9，采用变行频技术，逐行扫描方式，现在我们来看一下这3项指标：

• 频带宽：该机点频带宽是 74.25 MHz（点频带宽），折算成图像信号频带宽度，是 32 MHz（−3 dB 带宽）或 48 MHz（−6 dB 带宽）。该机理论上可以提供的最高水平清晰度线在 1920 线左右，垂直清晰度线可以达到 1500 线左右。

• 行频范围：该机的行频范围是 15～48 kHz，即该机的最高行扫描频率是 48 kHz，也就是在 1 秒钟内最多可以扫描 4 万 8 千条行线，这说明该机可以支持的扫描格式非常多。例如美国的数字高清晰度电视标准中的 $1920\times1080i\times60$ Hz 隔行扫描格式，需要的行频是 33 kHz 左右；美国标准的另一种更高的格式为 $1280\times720p\times60$ Hz 逐行扫描格式，需要的行频是 45 kHz。这些高清晰度数字电视的显示格式都在这个行频范围之内。

- 显像管粉截距：$0.63\sim0.73$ mm。

2. 高清晰度数字电视标准

数字电视的传输方式主要通过地面无线、卫星和有线电视广播。传输信道的特性不同，采用的信道编码和调制方案就不同，需要制定的传输标准也就不同。

对于卫星电视广播和有线电视广播，各国采用的信道编码和调制方案基本雷同。卫星广播系统信道编码和调制标准采用基于 QPSK 调制的欧洲 DVB - S，有线广播系统信道编码和调制标准采用基于多电平的 QAM 调制。

在地面数字电视广播方面，由于信号传播性能的不同及所处传送环境的差异，各国所采用的信道编码和调制方案也不尽相同。目前，全球数字电视广播已经形成了三种不同的地面数字电视传输标准体系：

- 美国的 ATSC（Advanced Television System Committee）数字电视标准（1996 年提出）；
- 欧洲的 DVB - T（Digital Video Broadcasting）数字电视标准（1997 年提出）；
- 日本的 ISDB - T（Integrated Services Digital Broadcasting）数字电视标准（1999 年提出）。

ATSC 采用单载波 8VSB 调制方式；DVB - T 和 ISDB - T 采用多载波 COFDM 调制方式。

我国的数字电视广播系统信道编码与调制规范 GT/T 17700 - 1999 基本上采用 DVB - S 标准，有线数字电视广播系统信道编码与调制规范 GY/T 170 - 2001 基本上采用 DVB - C 标准。因此，本节简要介绍 DVB 传输标准，以及国内的地面数字电视广播标准化状况。

1）欧洲的 DVB 标准简介

DVB 数字电视标准主要包括以下几个部分：

（1）基带处理部分。基带处理部分主要包括视频信号与音频信号的压缩处理方法、码流的组成等。DVB 采用 MPEG - 2 标准中的系统、视频、音频部分，用于形成 DVB 中的基本流 ES（Elementary Streams）和传送流 TS（Transport Streams）。

（2）传输部分。传输部分规定了基带信号如何通过各种广播信道进行传送，主要规定了信道编码及调制等方面的技术。传输标准主要有 DVB - S、DVB - C 和 DVB - T。

- DVB - S 标准：规定了数字电视通过卫星进行广播的方法，这是 DVB 最先制定的传输标准，其中的部分技术内容成为以后其它标准的一些基础。DVB - S 用于 11/12 GHz 的固定卫星业务（FSS）和广播卫星业务（BSS）段上，可实现多节目数字电视和高清晰度电视广播。

DVB - S 系统定义了从 MPEG - 2 复用器输出到卫星信道，对电视基带信号进行适配处理的设备功能模块，如图 9.10 所示。它对数据流作如下处理：传送复用适配和用于能量扩散的随机化处理、外编码、卷积交织、内编码、基带成形、调制等。

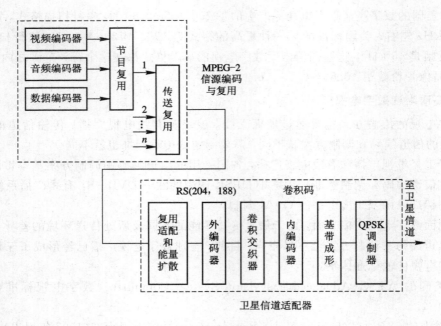

图 9.10　DVB－S 系统框图

• DVB－C 标准：规定了数字电视通过有线电视系统进行广播的方法。DVB－C 传输系统基于前向纠错编码和 QAM 调制技术。

• DVB－T 标准：规定了数字电视地面广播的方法。其调制方式采用了 COFDM 调制方法。

由上述三种主要传输方式还派生出许多其它方式，为此，人们相应制定了 DVB－CS、DVB－MS、DVB－MC 等标准。

（3）条件接收部分。条件接收系统用来实现节目流的加密和用户的授权解密，这是由于许多节目和服务不是免费的。条件接收由两部分组成：一是 SMS（Subscriber Management System），规定了如何对节目码流或服务进行加扰；另一个是 SAS（Subscriber Authorization System），规定了如何解密和传输用于解扰的控制字。DVB 只规定了条件接收系统的公共接口，而对条件接收系统本身不作规定，给用户留下了充分的自由选择余地。

（4）交互操作部分。交互式业务是未来数字业务发展的必然趋势。DVB 中的交互式业务是基于 MPEG－2 的 DSM－CC 标准的，它还制定了利用不同信道（包括 PSTN、ISDN、CATV、SMATV 等）提供交互式业务的方法。

（5）其它。DVB 还涉及到数字广播、数字卫星新闻收集、网络传输接口、数字电视测试测量、数字电视综合接收设备等。

2）我国的数字电视标准化状况

我国从 1994 年开始了 HDTV 的研究。1996 年，成立了“HDTV 总体组”，负责我国 HDTV 方面的技术研究和开发工作，开始了我国第一台 HDTV 样机的研制工作。1998 年 9 月，总体组完成了我国第一套 HDTV 电视功能样机系统，该系统先后申请国家发明专利 26 项，被两院院士评为 1998 年全国十大科技进展之一。1999 年 10 月，总体组研制的第二代 HDTV 系统，成功地现场直播了国庆典礼。"十五"以来，国家设立数字电视产业化重大专项，将技术标准作为其中的核心内容，并成立了由国家计委牵头，国家经贸委、科技部、信息产业部、广播电视总局、质检总局共同组成的领导机构，统一领导协调有关工作。在传输标准方面，先后有 6 个院校和研究机构分别提出和开发了 5 套地面数字电视传输体制和系统方案。国家标准化管理委员会委托全国广播电视标准化技术委员会于 2001 年 10 月～2002 年 4 月组织了对 5 个方案及相应试验样机的摸底测试。国家知识产权局于 2002 年 8～9 月对上述 5 个方案的 40 多项专利进行了认真深入的知识产权评估。2005 年初，我国的数字电视地面传输标准还在上海交大 ADTB－T 和清华大学 DMB－T 两个标准中犹豫不决、难以取舍。因为两家标准的主要区别在于上海交大采用的是单载波调制方式，而清华大学采用的是多载波调制方式，二者各有所长。目前，各省市台已经全面开始数字卫星DVB－S 广播，数字有线广播已经在部分城市得到应用，地面数字电视广播标准呼之欲出，预计：

2008 年，在北京奥运会上，将向世界用高清晰度数字电视节目转播奥运会；

2010 年，我国广播电视基本全面实现数字化；

2015 年，中国的电视台将全面停止模拟信号的播出，完成从模拟制式向数字化制式的过渡。

3. 地面数字多媒体/电视广播 DMB－T 传输系统

针对近年来互联网发展对多媒体电视广播新的服务需求，考虑到未来技术与市场的发展，清华大学 DMB 传输方案研究小组提出了一种创新的、适合我国国情的地面数字电视广播传输系统，称为地面数字多媒体电视广播 DMB－T(Terrestrial Digital Multimedia/TV Broadcasting)方案。

DMB－T 方案的目的是提供一种数字信息传输方法，系统的核心采用了 mQAM/QPSK 的时域同步正交频分复用 TDS－OFDM(Time Domain Synchronous－Orthogonal Frequency Division Multiplexing)调制技术。系统使用创新的前向纠错编码技术，并实现了分级调制和编码，同时，可以实现多媒体业务。

1）系统组成

DMB－T 传输系统由传输协议、信号处理算法和硬件系统等功能模块组成。

传输协议：

· 基于多载波调制方式的时域同步正交平分复用 TDS－OFDM 调制技术；

· 基于递归算法的纠错编码技术；

· 分级复接编码调制技术；

· 扩频同步技术。

信号处理算法：

· 多载波调制算法 OFDM；

· 伪随机序列同步算法；

· 前向纠错编码递归、交织算法；

· 信号复接技术；

· 接收机同步、解调、编码算法。

硬件系统:

- 发射机的数字复接、调制和编码;
- 发射机的上变频和功率放大;
- 接收机的高频头;
- 接收机数字解调和编码。

系统的发送端结构如图 9.11 所示。

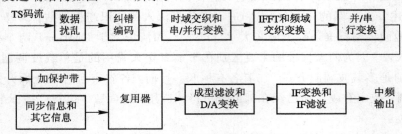

图 9.11 DMB - T 传输系统的发送端结构图

2) DMB - T 的信道编码与调制

(1) 前向纠错编码。针对不同的应用,地面数字多媒体电视传输系统的前向纠错编码分为两种模式:电视模式和多媒体模式。

① 电视传输专用的前向纠错编码。用于电视节目广播的前向纠错编码是采用 2/3 格型码、卷积交织码和 RS 分组码构成的级联码。DMB - T 传输系统如果采用电视节目广播前向纠错编码模式,其数据传输速率为每个信号帧可传 9 个 MPEG - TS 码流包,相当于 24.383 Mb/s。

② 用于多媒体传输的前向纠错编码。用于多媒体综合数据业务服务的前向纠错编码是采用多层分组乘积码。多层分组乘积码由分组乘积码 BPC(3762,2992) 构成。DMB - T 传输系统如果采用多媒体综合数据业务服务前向纠错编码模式,其数据传输速率为每个信号帧可传 12 个 MPEG - TS 码流包,相当于 32.511 Mb/s。

DMB - T 传输系统中定义的分组乘积码是一种系统码,其解码器可以采用高性能 TURBO 算法。DMB - T 传输系统的分组乘积码分为 3 层。不同层的分组乘积码按定义映射到 64QAM 星座符号的不同比特位,因此具有不同程度的抗干扰能力。DMB - T 传输系统的多媒体数据流可以根据需要给予不同的保护优先级。

输入的 MPEG - TS 码流具有 3 个优先级。每个优先级的 TS 码流分别进行 BPC 编码形成不同优先级的比特流。高优先级 BPC 比特流映射为 64QAM 星座图的高位 MSB,中优先级 BPC 比特流映射为 64QAM 星座图的中间位,而低优先级 BPC 比特流映射为 64QAM 星座图的低位 LSB。

针对地面无线广播信道的时域选择和频域选择特性,DMB - T 传输系统在时域和频域都进行数据交织编码。时域交织编码是在多个信号帧之间进行的,而频域交织编码是在一个信号帧之内进行的。DMB - T 传输系统的频域交织编码是根据映射表来进行的。频域交织编码器将由 3780 个符号组成的输入符号矢量映射成一个新的输出矢量。

(2) TDS - OFDM 调制模式。TDS - OFDM 调制按下列步骤进行:

① 输入的 MPEG - TS 码流经过信道编码处理后在频域形成长度为 3780 的 IDFT 数

据块；

② 采用 DFT 将 IDFT 数据块变换为长度为 3780 的时域离散样值帧体，7.56 M/s 个样值；

③ 在 OFDM 的保护间隔插入长度为 378 的 PN 序列作为帧头；

④ 将帧头和帧体组合成时间长度为 550 μs 的信号帧；

⑤ 采用具有线性相位延迟特性的 FIR 低通滤波器对信号进行频域整形；

⑥ 将基带信号进行上变频调制到 RF 载波上。

3）DMB－T 的主要技术性能

（1）分级的帧结构。日帧、超帧、帧群、信号帧和绝对时间同步，便于用户根据节目时刻表选择接收需要的信息，利于省电、便携和移动接收应用。

（2）快速同步。DMT－T 系统采用 PN 序列填充的时域同步正交频分复用调制 TDS－OFDM，采用沃尔什编码的伪随机序列同步头，能够实现快速同步。

（3）系统扩展性。DMB－T 采用了时域扩频同步序列，具有码分多址的能力，可以识别信号帧、基站等，因此，可以用 DMB－T 组成蜂窝式广播网，也可以实现定向传输。

DMB－T 协议和绝对时间同步，支持定时接收、存储和省电的应用。对于手持设备和便携设备，这是一个重要的特性，特别是对于未来数字广播系统的重要需求，这一特性更具优势。

（4）系统兼容性。DMB－T 和 DVB－T 系统均采用 OFDM 技术，非常方便 DMB－T/DVB－T 双制式设备的开发。

9.4.3 数字电视机顶盒(STB)

随着电视广播的数字化技术的不断发展，模拟电视机最终将被数字电视机所取代。但是，我国目前老百姓家庭中有几亿台的模拟电视机，在我国逐步从模拟电视广播向数字电视广播过渡的进程中，这些模拟电视机不可能即时淘汰。数字机顶盒 STB(Set Top Box)就是这一过渡期间最好的解决方案。

数字电视机顶盒是一种扩展电视机功能的新型家用电器，由于人们通常将它放在电视机上边，所以称为机顶盒。它可以把卫星直播数字电视信号、地面数字电视信号、有线电视网数字信号甚至互联网的数字信号转换成模拟电视机可以接收的信号，使现有的模拟电视机也能显示数字化信号。

1. 数字机顶盒的原理

机顶盒有两大类，一种是通过接收数字编码的电视信号（来自卫星或有线电视网，使用 MPEG 压缩方式），获得更清晰、更稳定的图像和声音质量，这种机顶盒一般称为电视机顶盒。另外一种机顶盒内部包含操作系统和互联网浏览软件，通过电话网或有线电视网连接国际互联网，使用电视机作为显示器，从而实现没有电脑的上网，这种机顶盒叫做互联网机顶盒。

数字有线电视机顶盒框图如图 9.12 所示。它主要由高频调谐解调器、频率合成器、信道解码器和 MPEG－2 解压缩器组成。其中高频调谐解调器、频率合成器和信道解码器组成了数字高频头。数字电视机顶盒的基本功能是将从电视网接收的数字有线电视信号，经高频调谐解调器进行下变频得到频率较低的中频信号，完成选台功能。高频调谐解调器同时还要完成数字解调功能。中频信号经放大后再进行信道解码，在信道解码中它要完成 R－S 解纠错、卷积解交织、解能量扩散等工作，然后送入 MPEG－2 解码板中，再进行传输流解多路复用、节目流解多路复用，最后进行数字视频解压缩、数字音频解压缩，之后，输出模拟的视频、音频信号。

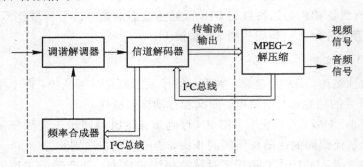

图 9.12　数字电视机顶盒方框图

2. 数字机顶盒的功能

数字机顶盒的基本功能是接收数字电视广播节目，同时它还具有广播和交互式多媒体应用功能。具体包括下述功能：

1）电子节目指南

为用户提供一种容易使用、界面友好、可以快速访问想看节目的方式，用户可以通过该功能看到一个或多个频道甚至所有频道上近期将播放的电视节目。

2）高速数据广播

能为用户提供股市行情、票务信息、电子报纸、热门网站等各种信息。

3）软件在线升级

这一功能可看成是数据广播的应用之一。数据广播服务器按 DVB 数据广播标准将升级软件广播下来，机顶盒能识别该软件的版本号，在版本不同时接收该软件，并对保存在存储器中的软件进行更新。

总之，到目前为止，围绕数字机顶盒的数字视频、数字信息与交互式应用三大核心功能已开发了多种增值业务。

3. 数字机顶盒实例

这里介绍一种满足使用 LGS8222 构建的 DMB－T 协议标准清晰度机顶盒的方案。

如图 9.13 所示，DMB－T 标清机顶盒的主要组成部分包括：高频头、DMB－T 信道解调芯片、MPEG－2 解码芯片、电源单元、各种外围存储器和放大器。标清机顶盒内建解复用器、MPEG－2 解码器和 PAL/NTSC 编码器、红外遥控接口以及一个 81 MHz 的 CPU。系统使用 16 MB 的 SDRAM 作为 MPEG 和 CPU 共享的存储器，使用 4 MB 的 Flash 存储器作为程序存储器。机顶盒输入为符合 DMB－T 规范的射频信号，输出为音频、视频信号。为了便于车载，机顶盒的电源输入为直流 12 V，系统总功耗 8 W。为便于监视接收性能，机顶盒还提供了误码指示信号。

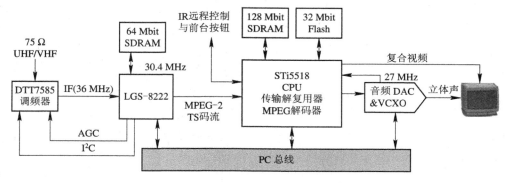

图 9.13　DMB-T 机顶盒框图

下面介绍机顶盒框图中的关键部分。

1) 高频头

高频头采用 Thomson 公司的 DTT7578/7579(立式/卧式)两种高频头。它是 Thomson 公司为数字地面电视广播开发的高频头,其工作频率范围为 V 段(177 ～ 227 MHz)和 U 段(470 ～ 860 MHz),输出为中频 36 MHz。在高频头内部有两级 AGC——射频 AGC 和中频 AGC。

2) DMB-T 信道解码芯片

LGS-8222 是清华大学数字电视技术研究中心最新推出的符合 DMB-T 规范的单片信道接收解调芯片。LGS-8222 内建高性能 A/D 转换器,A/D 转换器对输入的模拟中频信号进行数模变换,然后对信号进行同步、均衡、纠错,最后输出 MPEG-2 码流。

3) MPEG-2 解码芯片

STi5518 是 ST 公司推出的一种新型的 MPEG-2 解码器。STi5518 在一块芯片上集成有一个传送信号分离器模块、一个 ST2032 位 CPU、一个音频/视频 MPEG-2 解码器、显示和图形功能模块、一个数码视频编码器以及系统外围设备。STi5518 能够与 LGS8222 实现无缝结合,构成一个 DMB-T 数字机顶盒。

9.5　视频点播(VOD)系统

在传统的广播电视中,用户是被动地接收电视台所播出的节目。随着数字图像通信技术的发展,特别是视频编码和宽带通信网络技术的进步,人们按照自己的意愿选择电视节目的期望成为可能,实现这种可能的就是 VOD 系统。

VOD(Video On Demand)是一种可以按用户需要点播节目的交互式视频系统,可以为用户提供各种交互式信息服务。VOD 是多媒体技术、计算机技术、网络通信技术、电视技术和数字压缩技术等多学科、多领域融合交叉结合的产物。它摆脱了传统电视受时空限制的束缚,解决了一个想看什么节目就看什么节目,想何时看就何时看的问题。利用 VOD 技术,通过多媒体网络将视频流按照个人的意愿送到任一点播终端。它区别于传统信息发布的最大不同是:一,主动性;二,选择性。

9.5.1　VOD 发展历程的四个阶段

第一代 VOD 系统主要采用的网络传输协议为 UDP 协议。应用范围主要是局域网，因为协议本身的一些因素，响应速度比较慢，而且还需对服务器进行特别设置。

第二代 VOD 系统采用的网络传输协议为 TCP 协议。此协议占用资源较大，但是能够保证视频高质量的传输，适合局域网，也可在城域网、广域网中应用。但应用此传输协议的产品往往点播时响应速度很慢，需要昂贵的专业视频服务器，并且需对路由器、网关、防火墙做相应的特殊设置，才可实现远程 VOD 点播。

第三代 VOD 系统采用的网络传输协议为 RTP。RTP 只有与 RTCP 配合使用才能提高传输效率，它支持格式较少。目前大多数的国内和国外的 VOD 产品都使用此种技术，但必需对路由器、网关进行特殊设置后，才能在国际互联网上实现远程 VOD 点播，需要专用的视频服务器，价格昂贵，需预读一段才能播放，点播响应速度较慢。

第四代 VOD 系统采用的网络传输协议为 HTTP 国际标准协议，应用范围广，不但可以在局域网上使用，也能很好地应用在城域网与广域网上。基于该协议的特点，视频流在传输过程中不需要对路由器、网关进行设置，点播响应速度较快。只要网页能访问到，就可以点播节目。

9.5.2　VOD 系统的组成

交互式视频点播系统一般由 VOD 服务端系统、传输网络、用户端系统三个部分组成。VOD 系统如图 9.14 所示。

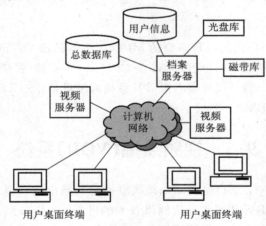

图 9.14　VOD 系统的组成

服务端系统主要由视频服务器、档案管理服务器、内部通讯子系统和网络接口组成。档案管理服务器主要承担用户信息管理、计费、影视材料的整理和安全保密等任务。内部通讯子系统主要完成服务器间信息的传递以及后台影视材料和数据的交换。网络接口主要实现与外部网络的数据交换和提供用户访问接口。视频服务器主要由存储设备、高速缓存和控制管理单元组成，其目标是实现对媒体数据的压缩和存储，以及按请求进行媒体信息的检索和传输。视频服务器与传统的数据服务器有许多显著的不同，需要增加许多专用的软硬件功能设备，以支持该业务的特殊需求。例如，媒体数据检索、信息流的实时传输以及信息的加密和解密等。对于交互式的 VOD 系统来说，服务端系统还需要实现对用户请求的实时处理、访问许可控制、VCR（Video Cassette Recorder）功能（如快进、暂停等）的模拟。

传输网络系统包括主干网络和本地网络两部分。它负责视频信息流的实时传输，是影响连续媒体网络服务系统性能的极为关键的部分。媒体服务系统的网络部分投资巨大，故而在设计时不仅要考虑当前媒体的应用对高带宽的需求，而且还要考虑将来发展的需要和向后的兼容性。当前，可用于建立这种服务系统的网络物理介质主要是有线电视的同轴电缆、光纤和双绞线，而采用的网络技术主要是快速以太网、FDDI 和 ATM 技术。

用户使用相应的终端设备与某种服务或服务提供者进行联系和互相操作。在 VOD 系统中，需要电视机和机顶盒；而在一些特殊系统中，可能还需要一台配有大容量硬盘的计算机以存储来自视频服务器的影视文件。在用户端系统中，除了涉及相应的硬件设备外，还需要配备相关的软件。此外，在进行连续媒体播放时，媒体流的缓冲管理、声频与视频数据的同步、网络中断与演播中断的协调等问题都需要进行充分的考虑。

9.5.3　VOD 系统的关键技术

1. 视频服务器的节目组织

视频服务器需要一个分布式暂存器管理算法，以确定哪些视频节目应存储于视频服务器中，该算法也决定是否将一个受欢迎的节目复制到其它视频服务器中。

2. 视频服务器的选择

VOD 系统必须确定将用户选中的节目加载到哪个视频服务器上。同时，还要选择一个节目源，即一个档案服务器或视频服务器。相应的算法应该根据网络的负荷、用户可能播放视频节目的视频服务器的负荷、节目源的负荷以及影响系统运行特性的决策规则等进行选择。

3. I/O 队列的管理

系统管理第三类存储设备的 I/O 排队问题。因为用户可能要求在未来某个预定时间播放某个视频节目。例如，一个教师可能要求在某个时间播放预先录制好的某次讲演等。

4. 其它管理业务

系统提供的其它管理业务包括版权保护、版权付费、节目加载及建立索引，以及系统性能参数的动态管理等。

9.5.4　基于有线电视的视频点播

有线电视视频点播，是指利用有线电视网络，采用多媒体技术，将声音、图像、图形、文字、数据等集成为一体，向特定用户播放其指定的视听节目的业务活动。包括按次付费、轮播、按需实时点播等服务形式。

视频点播的工作过程为：用户在客户端启动播放请求，这个请求通过网络发出，到达并由服务器的网卡接收，传送给服务器。经过请求验证后，服务器把存储于子系统中可访问的节目名准备好，使用户可以浏览到所喜爱的节目单。用户选择节目后，服务器从存储子系统中取出节目内容，并传送到客户端播放。通常，一个"回放连接"定义为一个"流"，系统采用先进的"带有控制的流"技术，支持上百个高质量的多媒体"流"传送到网络客户机。客户端可以在任何时间播放服务器视频存储器中的任何多媒体资料。客户端接收到一小部分数据时，便可以观看所选择的多媒体资料。这种技术改进了"下载"或简单的"流"技术的缺陷，能够动态调整系统工作状态，以适应变化的网络流量，保证恒定的播放质量。

视频点播分为互动点播和预约点播两种。互动点播即用户通过拨打电话，电脑自动安排其所需节目。预定点播即用户通过打电话到点播台，然后由人工操作，按其要求定时播出节目。

9.5.5 基于互联网的 VOD 系统

基于互联网的 VOD 系统中，在提供 VOD 服务的点设立服务中心和 VOD 服务器。访问 VOD 的客户利用 HTTP 协议和 VOD 访问站点的 Web 服务器建立连接，并向 Web 服务器发送正常的 HTML 请求，以获得本次服务。当 Web 服务器响应请求时，本地的 VOD 服务器建立连接，通知 VOD 服务器发送视频信息给请求的客户，客户收到视频信息，激发浏览器播放视频。客户和 VOD 服务器的交互均通过 Web 服务器进行。

9.6 流媒体原理及应用

网络技术、多媒体技术的迅猛发展对 Internet 产生了极大的影响。随着宽带化成为建设信息高速网络架构的重点，许多城市的城域网的接入都实现了宽带化，架构了以 IP 为基础的无阻塞数据承载平台。网络的宽带化使人们在宽阔的信息高速路上可以更顺畅地进行交流，使网络上的信息不再只是文本、图像，而是视频和语音（一种更直观更丰富的新一代的媒体信息表现形式）。

尽管网络带宽进一步扩展，但是面对有限的带宽和拥挤的拨号网络，实现网络的视频、音频、动画传输最好的解决方案就是流式媒体的传输方式。通过流方式进行传输，即使在网络非常拥挤或很差的拨号连接的条件下，也能提供较为清晰、连续的影音给用户，实现了网上动画、视音频等多媒体文件的实时播放。

9.6.1 流媒体概述

在流格式媒体出现之前，人们若想从网络上观看影片或收听音乐，必须先将音视频文件下载至计算机储存后，才可以播放。这不但浪费下载时间、硬盘空间，而且无法满足用户使用方便及确切的需要。

流媒体（Streaming Media）的发展，克服了这些不足。流媒体是一种可以使音频、视频和其它多媒体能在 Internet 及 Intranet 上以实时的、无需下载等待的方式进行播放的技术。流式传输方式是将动画、视音频等多媒体文件经过特殊的压缩方式分成一个个压缩包，由视频服务器向用户计算机连续、实时传送。在采用流式传输方式的系统中，用户不必像非流式播放那样等到整个文件全部下载完毕后才能看到当中的内容，而是只需经过几秒或几十秒的启动延时，即可利用相应的播放器或其它的硬件、软件对压缩的动画、视音频等流式多媒体文件解压后进行播放和观看，多媒体文件的剩余部分将在后台的服务器内继续下载。当然，流媒体的使用者必须事先安装播放流媒体的软件。

通常，流包含两种含义，广义上的流是使音频和视频形成稳定和连续的传输流和回放流的一系列技术、方法和协议的总称，习惯上称之为流媒体系统；狭义上的流是相对于传统的下载—回放（Download–Playback）方式而言的一种媒体格式，能从 Internet 上获取音频和视频等连续的多媒体流，客户可以边接收边播放，时延大大减少。

总的说来，流媒体技术起源于窄带互联网时期。由于经济发展的需要，人们迫切渴求一种网络技术，以便进行远程信息沟通。从 1994 年一家叫做 Progressive Networks 的美国公司成立之初，流媒体开始正式在互联网上登场亮相。1995 年，他们推出了 C/S 架构的音频系统 Real Audio，并在随后的几年内引领了网络流式技术的汹涌潮流。1997 年 9 月，该公司更名为 Real Networks，相继发布了多款应用非常广泛的流媒体播放器 RealPlayer 系列，在其鼎盛时期，曾一度占据该领域超过 85% 的市场份额。Real Networks 公司可以称得上是流媒体真正意义上的始祖。

如今，流媒体成为互联网应用的主流之一，并因其广泛而又独特的魅力占领互联网重要市场，从而推动互联网整体架构的革新，拉动信息经济的发展。流媒体市场已经呈现出巨大的收入潜能。巨大的市场吸引越来越多的企业参与竞争。前些年，Apple、Cisco、Philips 和 Sun 等公司宣布成立互联网流媒体联盟（ISMA），意在共同推动流媒体市场，并制定相应的开放标准和实施协议。一个全球化的流媒体市场和竞争格局那时已初步形成，如何在这个市场上取得一定份额，成为当前诸多企业关注的焦点。国内外厂商的纷纷拥入，将使我国的流媒体市场更加活跃，更加成熟，当然，竞争也将更加激烈。仅从今天看来，流媒体的影响与作用无疑是积极、喜人的。

流媒体在中国的宽带建设中被列为最主要的应用之一，人们普遍看好流媒体技术未来的发展。网站巨头 Yahoo 公司创始人杨致远曾预言，鉴于宽带网络用户数量日益增加，企业高度重视流媒体技术的时候已经到来。他说："从早期发展向大规模应用的过渡已基本完成，我们相信，通过网络传播多媒体信息的条件已经成熟，流媒体技术腾飞的时刻即将到来"。

在我国，流媒体技术的发展主要体现在应用流媒体技术进行 Internet/Intranet 网上直播及点播。1998 年，中央电视台春节联欢晚会首次利用 Internet 向全世界华人直播春节晚会，虽然视频效果较差，但观众反应仍非常热烈。2003 年千龙网的世界杯女排赛直播，也吸引了大批观众。同时还有其它许多网站提供类似的直播服务。目前，国内的流媒体的应用基本集中在电视台、广播电台等拥有传统媒体和雄厚资金支持的行业。

9.6.2　流媒体的优点

与单纯的下载方式相比，这种对多媒体文件边下载边播放的流式传输方式具有以下所述优点：

1）启动延时大幅度地缩短

用户不用等待所有内容下载到硬盘上才开始浏览，我们现在可以用 10 Mb/s 到桌面的校园网络来进行视频点播，无论是上班时间还是晚上，速度都相当快，一般来说，一个 45 分钟的影片片段在一分钟以内就开始显示在客户端上，而且在播放过程中一般不会出现断续的情况。

2）存储空间少

流媒体运用了特殊的数据压缩解压缩技术（CODEC），与同样内容的声音文件（.wav）以及视频文件（.avi）相比，流媒体文件的大小只有它们的 5% 左右。另外，由于它采用的是"边传输边播放边丢弃"技术，流媒体数据包到达终端后经过播放器解码还原出视频信息后即丢弃，只需要少量的缓存，不需要占用很多存储空间。

3）所需带宽小

由于多媒体文件经压缩后体积大大缩小，所以传输的带宽要求也较低，用普通 Modem 拨号上网的用户也可进行视频点播。

4）可双向交流

流媒体服务器与用户端流媒体播放器之间的交流是双向的。服务器在发送数据时还在接收用户发送来的反馈信息，在播放期间双方一直保持联系。用户可以发出播放控制请求（跳跃、快进、倒退、暂停等），服务器可自动调整数据发送。

5）版权保护

由于流媒体可以做到在数据播放后即被抛弃，因此流媒体可以有效地进行版权保护，因为流媒体根本没有在用户的计算机上保存过。而对于下载文件，不可能做到这一点。因为下载后文件在用户的硬盘上，在没有进行加密或者数字版权管理(DRM)前，根本无法防范盗版。

9.6.3　流媒体系统的组成

1. 流媒体的工作原理

实时流式传输（Real-time streaming transport）和顺序流式传输（Progressive streaming transport）是在网络上实现流式传输音视频（A/V）等多媒体信息的两种方法。两者皆为流式传输。

顺序流式传输即顺序下载，在下载文件的同时可观看在线媒体，在给定的时刻用户只能观看自己下载的部分，而不能跳到还未下载的后续部分。顺序流式传输适合高质量的短片段，如片头、片尾和广告。由于该文件在播放前观看的部分是无损下载的，因而这种方法保证了电影播放的最终质量，这意味着用户在观看前必须经历延迟，对于较慢的连接尤其如此。

实时流式传输必须保证媒体信号带宽与网络连接匹配，使媒体可被实时看到，需要专用的流媒体服务器与传输协议。当网络拥挤或出现问题时，由于出错丢失的信息被忽略掉，因而视频质量相对较差。如果欲保证图像的质量，顺序流式传输也许更好些。

流式传输的实现需要两个条件：

· 流式传输的实现需要合适的传输协议；

· 流式传输的实现还需要缓存。

使用缓存系统能消除时延和抖动的影响，以保证数据包顺序正确，从而使媒体数据能够连续输出。如图 9.15 所示，流式传输的过程如下：

（1）用户选择某一流媒体服务后，Web 浏览器与 Web 服务器之间使用 HTTP/TCP 交换控制信息，以便把需要传输的实时数据从原始信息中检索出来。

（2）Web 浏览器启动音视频客户程序，使用 HTTP 从 Web 服务器检索相关的参数对音视频客户程序初始化，这些参数可能包括目录信息、音视频数据的编码类型或与音视频检索相关的服务器地址。

（3）音视频客户程序及音视频服务器运行实时流协议，以交换音视频传输所需的控制信息。实时流协议提供执行播放、快进、快倒、暂停及录制等命令的方法。

（4）音视频服务器使用 RTP/UDP 协议将音视频数据传输给音视频客户程序，一旦音视频数据抵达客户端，音视频客户程序即可播放输出。

在流式传输中，使用 RTP/UDP 和 RTSP/CP 两种不同的通信协议与音视频服务器建立联系，目的是为了能够把服务器的输出重定向到一个非运行音视频客户程序的客户机的目的地址。

图 9.15　流式传输的基本原理

2. 流媒体系统的组成

流媒体系统由以下几个部分组成。

（1）编码工具：用于创建、捕捉和编辑多媒体数据，形成流媒体格式；

（2）服务器：存放和控制流媒体的数据；

（3）网络协议：媒体传输协议甚至是实时传输协议的网络协议；

（4）播放器：供客户端浏览流媒体文件；

（5）其它部分：媒体内容检索系统、数字版权管理（DRM）系。

1）编码工具

编码工具的作用主要是创建、捕捉和编辑多媒体数据，形成流媒体格式。它的核心部分是对音视频数据进行压缩。压缩的标准主要有 MPEG - 4、H.263、H.264 等。

2）服务器

服务器不仅需要存放和控制流媒体的数据，而且服务器端软件应该具有强大的网络管理功能，支持广泛的媒体格式，支持最大量的互联网用户群与流媒体商业模式。面对越来越巨大的流应用需求，系统必须拥有良好的可伸缩性。随着业务的增加和用户的增多，系统可以灵活地增加现场直播流的数量，并通过增加带宽集群和接近最终用户端的边缘流媒体服务器的数量，以增加并发用户的数量，不断满足用户对系统的扩展要求。

3）网络协议

流媒体的传输协议主要有实时传输协议族 RTP 与 RTCP、资源预订协议 RSVP 以及实时流协议 RTSP。

（1）实时传输协议族 RTP 与 RTCP。大多数流媒体应用并不直接使用组播，而是采用基于组播的应用层协议，RTP 与 RTCP 就是这样的协议。实时传输协议族是由两个相关的协议构成：RTP（Real-Time Transport Protocol）用于数据的传输；RTCP（Real-Time Transport Control Protocol）用于统计、管理和控制 RTP 传输。RTP 与 RTCP 协同完成传输任务。

RTP 是用于 Internet 上针对多媒体数据流的一种传输协议。RTP 被定义为在一对一或一对多的传输情况下工作，其目的是提供时间信息和实现流同步。RTP 通常使用 UDP 来传送数据，但 RTP 也可以在 TCP 或 ATM 等其它协议之上工作。当应用程序开始一个 RTP 会话时将使用两个端口：一个给 RTP，一个给 RTCP。RTP 本身并不能为按顺序传送数据包提供可靠的传送机制，也不提供流量控制或拥塞控制，它依靠 RTCP 提供这些服务。通常 RTP 算法并不作为一个独立的网络层来实现，而是作为应用程序代码的一部分。

RTCP 和 RTP 一起提供流量控制和拥塞控制服务。在 RTP 会话期间，各参与者周期性地传送 RTCP 包。RTCP 包中含有已发送的数据包的数量、丢失的数据包的数量等统计资料，因此，服务器可以利用这些信息动态地改变传输速率，甚至改变有效载荷类型。RTP 和 RTCP 配合使用，它们能以有效的反馈和最小的开销使传输效率最佳化，因而特别适合传送网上的实时数据。

（2）资源预订协议 RSVP。由于音频和视频数据流比传统数据对网络的延时更敏感，因而要在网络中传输高质量的音频、视频信息，除带宽要求之外，还需其它更多的条件。RSVP（Resource Reservation Protocol）协议是一种可以提供音频、视频、数据等混合服务的互联网络综合服务（IIS，Internet Integrated Service）。通过它，主机端可以向网络申请特定的 QoS，为特定的应用程序提供有保障的数据流服务。同时，RSVP 在数据流经过的各个路由器节点上对资源进行预留，并维持该状态直到应用程序释放这些资源。

（3）实时流协议 RTSP。实时流协议 RTSP（Real-Time Streaming Protocol）定义了一对多应用程序如何有效地通过 IP 网络传送多媒体数据。它是由 Real networks 和 Netscape 共同提出的。RTSP 协议在体系结构上位于 RTP 和 RTCP 之上，它使用 TCP 或 RTP 完成数据传输。HTTP 与 RTSP 相比，HTTP 传送 HTML，而 RTSP 传送的是多媒体数据。HTTP 请求由客户机发出，服务器做出响应；使用 RTSP 时，客户机和服务器都可以发出请求，即 RTSP 可以是双向的。

4）播放器——供客户端浏览流媒体软件

播放器的主要功能是充当解码器。播放器支持实时音频和视频直播和点播，可以嵌入到流行的浏览器中，可播放多种流行的媒体格式，支持流媒体中的多种媒体形式，如文本、图片、Web 页面、音频和视频等集成表现形式。在带宽充裕时，流式媒体播放器可以自动侦测视频服务器的连接状态，选用更适合的视频，以获得更好的效果。

5）媒体内容自动索引检索

媒体内容自动索引检索系统能对媒体源进行标记，捕捉音频和视频文件并建立索引，建立高分辨率媒体的低分辨率代理文件，从而可以用于检索、视频节目的审查、基于媒体片段的自动发布，形成一套强大的数字媒体管理发布应用系统。

（1）索引和编码。该系统允许同时索引和编码，使用先进的技术实时处理视频信号，而且可以根据内容自动地建立一个视频数据库（或索引）。

（2）媒体分析软件。该系统可以实时地根据屏幕的文字来进行识别，并且可以通过实时语音识别来鉴别口述单词、说话者的名字和声音类型，而且还可以感知出屏幕图像的变化，并把收到的信息归类成一个视频数据库。媒体分析软件还可以感知到视觉内容的变化，可以智能化地把这些视频分解成片段并产生一系列可以浏览的关键帧图像，用户用这些信息索引还可以搜索想要的视频片段。使用一个标准的 Web 浏览器，用户可以像检索互联网其它信息一样来检索视频片段。

6）媒体数字版权加密系统（DRM）

这是在互联网上以一种安全方式进行媒体内容加密的端到端的解决方案，它允许内容提供商在其发布的媒体或节目中指定时间段、观看次数以及对相关内容进行加密和保护。

服务器鉴别和保护需要保护的内容，DRM 认证服务器支持媒体灵活的访问权限（时间限制、区间限制、播放次数和各种组合），支持其它具有完整商业模型的 DRM 系统集成，包括订金、VOD、出租、所有权、B to B 的多级内容分发版权管理领域等，是运营商保护内容和依靠内容赢利的关键技术保障。

9.6.4　流媒体传输方式

流媒体的传输技术主要有三种：单播、组播和广播。

1. 单播

单播即点对点的连接。在单播中流媒体的源和目的地是一一对应的，即流媒体从一个源（服务器端）发送出去后只能到达一个目的地（客户端），在客户端与媒体服务器之间只建立一个单独的数据通道，从一台服务器送出的每个数据包只能传送给一个客户机。单播连接提供了对流的最大控制，但这种方式由于每个客户端各自连接服务器，从而会迅速用完网络带宽。单播传输方式只适用于客户端数量较少的情况，如视频点播。

2. 组播

组播也称为多播，它是一种基于"组"的广播，其源和目的地是一对多的关系，但这种一对多的关系只能在同一个组内建立。也就是说，流媒体从一个源（服务器端）发送出去后，任何一个已经加入了与源同一个组的目的地（客户端）均可以接收到，但该组以外的其它目的地（客户端）均接收不到。对于内容相同的数据包，服务器向一组特定的用户只发送一次。使用多播的优势在于原来由服务器承担的数据重复分发工作转到路由器中完成，由路由器负责将数据包向所连接的子网转发，每个子网只有一个多播流。这样就减少了网络上所传输信息包的总量，使网络利用率大大提高，成本大为降低。多播更适用于现场直播。

3. 广播

广播的源和目的地也是一对多的关系，但这种一对多的关系并不局限于组，也就是说，流媒体从一个源（服务器端）发送出去后，同一网段上的所有目的地（客户端）均可以接收到。在广播过程中，客户端接收流，但不能控制流。例如，用户不能暂停、快进或后退该流。广播可以看作组播的一个特例。

广播和组播对于流媒体传输来说是很有意义的，因为流媒体的数据量往往都很庞大，需要占用很大的网络带宽。如果采用单播方式，那么有多少个目的地就得传输多少份流媒体，所以所需的网络带宽与目的地的数目成正比。如果采用广播或组播方式，那么流媒体在源端只需传输一份，组内或同一网段上的所有客户端均可以接收到，这就大大降低了网络带宽的占用率。

9.6.5 当前流媒体的主要厂商

到目前为止，流媒体的主要提供厂商有 Microsoft、Real Networks、Apple 等。它们提供的流媒体解决方案分别是 Microsoft 公司的 Windows Media Technolby、Real Networks 公司的 Real System 和 Apple 公司的 QuickTime，它们是当前流媒体解决方案的三大主流。

1) Windows Media Technolby

Microsoft 提出的信息流式播放方案是 Windows Media Technolby，其主要目的是在 Internet 和 Intranet 上实现包括音频、视频信息在内的多媒体流信息的传输。其核心是 ASF(Advanced Stream Format)文件。ASF 是一种包含音频、视频、图像以及控制命令、脚本等多媒体信息在内的数据格式，这些数据通过被分成一个个的网络数据包在 Internet 上传输，实现流式多媒体内容的发布。因此，我们把在网络上传输的内容就称为 ASF Stream。ASF 支持任意的压缩/解压缩编码方式，并可以使用任何一种底层网络传输协议，具有很大的灵活性。Microsoft 已将 Windows Media 技术捆绑在 Windows 2000 中，并打算将 ASF 用作将来的 Windows 版本中多媒体内容的标准文件格式，这无疑将对 Internet 特别是流式技术的应用和发展产生重大影响。

2) Real System

Real System 由媒体内容制作工具 Real Producer、服务器端 Real Server、客户端软件 (Client Software)三部分组成。其流媒体文件包括 RealAudio、Real Video、Real Presentation 和 Real Flash 四类文件，分别用于传送不同的文件。Real System 采用 Sure Stream 技术，自动并持续地调整数据流的流量以适应实际应用中的各种不同网络带宽需求，轻松地在网上实现视音频和三维动画的回放。

Real 流式文件采用 Real Producer 软件制作。系统首先把源文件或实时输入变为流式文件，再把流式文件传输到服务器上供用户点播。

3) QuickTime

Apple 公司于 1991 年开始发布 QuickTime，它几乎支持所有主流的个人计算平台和各种格式的静态图像文件、视频和动画格式，具有内置 Web 浏览器插件(Plug-in)技术，支持 IETF(Internet Engineering Task Force)流标准以及 RTP、RTSP、SDP、FTP 和 HTTP 等网络协议。

QuickTime 包括服务器 QuickTime Streaming Server、带编辑功能的播放器 QuickTime Player(免费)、制作工具 QuickTime 4 Pro、图像浏览器 Picture Viewer 以及使 Internet 浏览器能够播放 QuickTime 影片的 QuickTime 插件。QuickTime 4 支持两种类型的流：实时流和快速启动流。使用实时流的 QuickTime 影片必须从支持 QuickTime 流的服务器上播放，它是真正意义上的 Streaming Media，使用实时传输协议(RTP)来传输数据。快速启动影片可以从任何 Web Server 上播放，使用超文本传输协议(HTTP)或文件传输协议(FTP)来传输数据。

9.6.6　流媒体技术的主要应用

1. 数字图书馆

数字图书馆是采用现代高新技术所支持的数字信息资源系统，已被认为是互联网上信息资源理想的管理和运作模式。通俗地说，数字图书馆将是一个不受时空限制、多功能、便于使用、超大规模的信息资源中心。而在传统图书馆向多功能数字图书馆演变过程中我们必然会碰到的一个很重要的问题就是多媒体信息资源的数字化问题。因为多媒体信息本来就占据信息资源的很大部分，而且在传统图书馆中，现有的多媒体信息主要保存在录影带、磁带、CD、VCD、DVD 等载体上，这些载体不仅难于长期保存，而且难于查询和使用，更不用说能够在网络上传输并提供给全球的网民使用。因此，流媒体技术的产生和发展将为数字图书馆解决多媒体信息处理难题提供一套完整的解决方案。

2. 远程教育

在流媒体技术产生之前，"先下载后播放"的信息处理模式显然不能处理实时信息，因为对现场直播的信息来说，信息在源源不断地产生，信息如果在产生结束后才能在用户端输出，就失去实时的意义了。基于这种情况，网络远程教学采用的是异步授课，即利用 Web 浏览技术，教师事先将制作好的课件放到网上，学员可以在任何自己认为适当的时间学习，这种方式由于牺牲了授课的实时交互性，师生之间基本上没有直接交流，使得教学的生动性大打折扣。流媒体技术的出现使得网络远程实时授课成为可能，教师、学生之间实现了交互音频和视频、交互数据应用。进行实时讨论时，教学过程中的教师与学生之间、学生与学生之间的信息是即时传递与反馈的，教师可以直接指导和监督学生的学习过程，并亲自给出教学建议，还可及时根据学生的反馈信息调整教学方法，从而收到良好的教学效果。

随着网络及流媒体技术的发展，越来越多的远程教育网站开始采用流媒体作为主要的网络教学方式。

3. 宽带网视频点播

视频点播 VOD(Video On Demand)技术已经不是什么新鲜的概念了，最初的 VOD 应用于卡拉 OK 点播，当时的 VOD 系统是半自动的，需要人工参与。随着计算机的发展，VOD 技术逐渐应用于局域网及有线电视网中，此时的 VOD 技术趋于完善，但有一个困难阻碍了 VOD 技术的发展，那就是音视频信息的庞大容量。

这样，服务器端不仅需要大量的存储系统，同时还要负荷大量的数据传输，导致服务器根本无法进行大规模的点播。同时，由于局域网中的视频点播覆盖范围小，用户也无法通过互联网等网络媒介收听或观看局域网内的节目。

此时流媒体技术出现了，在视频点播方面我们完全可以遗弃局域网而使用互联网。由于流媒体经过了特殊的压缩编码，使得它很适合在互联网上传输。客户端采用浏览器方式进行点播，基本无需维护。由于采用了先进的集群技术，可对大规模的并发点播请求进行分布式处理，使其能适应大规模的点播环境。

随着宽带网和信息家电的发展，流媒体技术会越来越广泛地应用于视频点播系统。

习　题　9

1. 阐述会议电视系统的基本组成及其分类方法。
2. 简要介绍可视电话的系统结构。
3. 什么是数字电视？数字电视和传统的模拟电视相比较有何优点？发展数字电视的意义何在？
4. 简述数字电视系统的组成及其关键技术。
5. 数字电视标准包括哪些？
6. 有线数字电视机顶盒提供的基本功能有哪些？
7. 一个数字电视机顶盒由哪几部分组成？未来机顶盒的发展方向是什么？
8. 就你所掌握的资料或信息，结合我国情况，谈谈机顶盒产业的现状。
9. 简述 VOD 系统的组成及其关键技术。
10. 视频点播与交互电视是不是一回事？若不是，两者在系统结构和技术上有哪些重要区别？
11. 流媒体与单纯的下载方式相比有什么优点？
12. 简要说明流媒体的工作过程。
13. 简要说明流媒体系统的组成。
14. 流媒体传输所用的传输协议主要有哪些？

附录 A　CCITT T.4(G3)标准编码数据

表 A - 1　CCITT T.4(G3)终止码表

游长	白　码	黑　码	游长	白　码	黑　码
0	00110101	0000110111	32	000110111	000001101010
1	000111	010	33	00010010	000001101011
2	0111	11	34	00010011	000011010010
3	1000	10	35	00010100	000011010011
4	1011	011	36	00010101	000011010100
5	1100	0011	37	00010110	000011010101
6	1110	0010	38	00010111	000011010110
7	1111	00011	39	00101000	000011010111
8	10011	000101	40	00101001	000001101100
9	10100	0000100	41	00101010	000001101101
10	00111	0000100	42	00101011	000011011010
11	01000	0000101	43	00101100	000011011011
12	001000	0000111	44	00101101	000001010100
13	000011	00000100	45	00000100	000001010101
14	110100	00000111	46	00000101	000001010110
15	110101	000011000	47	00001010	000001010111
16	101010	0000010111	48	00001011	000001100100
17	101011	00000110000	49	01010010	000001100101
18	0100111	0000001000	50	01010011	000001010010
19	0001100	00001100111	51	01010100	000001010011
20	0001000	00001101000	52	01010101	000000100100
21	0010111	00001101100	53	00100100	000000110111
22	0000011	00000110111	54	00100101	000000111000
23	0000100	00000101000	55	01011000	000000100111
24	0101000	00000010111	56	01011001	000000101000
25	0101011	00000011000	57	01011010	000001011000
26	0010011	000011001010	58	01011011	000001011001
27	0100100	000011001011	59	01001010	000000101011
28	0011000	000011001100	60	01001011	000000101100
29	00000010	000011001101	61	00110010	000001011010
30	00000011	000001101000	62	00110011	000001100110
31	00011010	000001101001	63	00110100	000001100111

表 A - 2　CCITT T. 4(G3)形成码表

游长	白码	黑码	游长	白码	黑码
64	11011	0000001111	960	011010100	000001110011
128	10010	000011001000	1024	011010101	0000001110100
192	010111	000011001001	1088	011010110	0000001110101
256	0110111	000001011011	1152	011010111	0000001110110
320	00110110	000000110011	1216	011011000	0000001110111
384	00110111	000000110100	1280	011011001	0000001010010
448	01100100	000000110101	1344	011011010	0000001010011
512	01100101	0000001101100	1408	011011011	0000001010100
576	01101000	0000001101101	1472	010011000	0000001010101
640	011001111	0000001001010	1536	010011001	0000001011010
704	011001100	0000001001011	1600	010011010	0000001011011
768	011001101	0000001001100	1664	011000	0000001100100
832	011010010	0000001001101	1728	010011011	0000001100101
896	011010011	0000001110010	EOL	000000000001	000000000001

表 A - 3　CCITT T. 4(G3)扩展形成码表(黑白相同)

游长	码字	游长	码字
1729	00000001000	2240	000000010110
1856	00000001100	2304	000000010111
1920	00000001101	2368	000000011100
1984	000000010010	2432	000000011101
2048	000000010011	2496	000000011110
2112	000000010100	2560	000000011111
2176	000000010101		

附录 B JPEG 标准编码数据

表 B - 1 亮度 AC 系数 Huffman 码表

行程/尺寸	码长	码 字	行程/尺寸	码长	码 字
0/0（EOB）	4	1010	8/1	9	11111100
0/1	2	00	8/2	15	111111111000000
0/2	2	01	8/3	16	1111111110110110
0/3	3	100	8/4	16	1111111110110111
0/4	4	1011	8/5	16	1111111110111000
0/5	5	11010	8/6	16	1111111110111001
0/6	7	1111000	8/7	16	1111111110111010
0/7	8	11111000	8/8	16	1111111110111011
0/8	10	1111110110	8/9	16	1111111110111100
0/9	16	1111111110000010	8/A	16	1111111110111101
0/A	16	1111111110000011	9/1	9	111111001
1/1	4	1100	9/2	16	1111111110111110
1/2	5	11011	9/3	16	1111111110111111
1/3	7	1111001	9/4	16	1111111111000000
1/4	9	111110110	9/5	16	1111111111000001
1/5	11	11111110110	9/6	16	1111111111000010
1/6	16	1111111110000100	9/7	16	1111111111000011
1/7	16	1111111110000101	9/8	16	1111111111000100
1/8	16	1111111110000110	9/9	16	1111111111000101
1/9	16	1111111110000111	9/A	16	1111111111000110
1/A	16	1111111110001000	A/1	9	1111111010
2/1	5	11100	A/2	16	1111111111000111
2/2	8	11111001	A/3	16	1111111111001000
2/3	10	1111110111	A/4	16	1111111111001001

行程/尺寸	码长	码　字	行程/尺寸	码长	码　字
2/4	12	111111110100	A/5	16	1111111111001010
2/5	16	1111111110001001	A/6	16	1111111111001011
2/6	16	1111111110001010	A/7	16	1111111111001100
2/7	16	1111111110001011	A/8	16	1111111111001101
2/8	16	1111111110001100	A/9	16	1111111111001110
2/9	16	1111111110001101	A/A	16	1111111111001111
2/A	16	1111111110001110	B/1	10	1111111001
3/1	6	111010	B/2	16	1111111111010000
3/2	9	111110111	B/3	16	1111111111010001
3/3	10	111111110101	B/4	16	1111111111010010
3/4	16	1111111110001111	B/5	16	1111111111010011
3/5	16	1111111110010000	B/6	16	1111111111010100
3/6	16	1111111110010001	B/7	16	1111111111010101
3/7	16	1111111110010010	B/8	16	1111111111010110
3/8	16	1111111110010011	B/9	16	1111111111010111
3/9	16	1111111110010100	B/A	16	1111111111011000
3/A	16	1111111110010101	C/1	10	1111111010
4/1	6	111011	C/2	16	1111111111011001
4/2	10	1111111000	C/3	16	1111111111011010
4/3	16	1111111110010110	C/4	16	1111111111011011
4/4	16	1111111110010111	C/5	16	1111111111011100
4/5	16	1111111110011000	C/6	16	1111111111011101
4/6	16	1111111110011001	C/7	16	1111111111011110
4/7	16	1111111110011010	C/8	16	1111111111011111
4/8	16	1111111110011011	C/9	16	1111111111100000
4/9	16	1111111110011100	C/A	16	1111111111100001
4/A	16	1111111110011101	D/1	11	11111111000
5/1	7	1111010	D/2	16	1111111111100010

行程/尺寸	码长	码　字	行程/尺寸	码长	码　字
5/2	11	11111110111	D/3	16	1111111111100011
5/3	16	1111111110011110	D/4	16	1111111111100100
5/4	16	1111111110011111	D/5	16	1111111111100101
5/5	16	1111111110100000	D/6	16	1111111111100110
5/6	16	1111111110100001	D/7	16	1111111111100111
5/7	16	1111111110100010	D/8	16	1111111111101000
5/8	16	1111111110100011	D/9	16	1111111111101001
5/9	16	1111111110100100	D/A	16	1111111111101010
5/A	16	1111111110100101	E/1	16	1111111111101011
6/1	7	1111011	E/2	16	1111111111101100
6/2	12	111111110110	E/3	16	1111111111101101
6/3	16	1111111110100110	E/4	16	1111111111101110
6/4	16	1111111110100111	E/5	16	1111111111101111
6/5	16	1111111110101000	E/6	16	1111111111110000
6/6	16	1111111110101001	E/7	16	1111111111110001
6/7	16	1111111110101010	E/8	16	1111111111110010
6/8	16	1111111110101011	E/9	16	1111111111110011
6/9	16	1111111110101100	E/A	16	1111111111110100
6/A	16	1111111110101101	F/0(ZRL)	11	11111111001
7/1	8	11111010	F/1	16	1111111111110101
7/2	12	111111110111	F/2	16	1111111111110110
7/3	16	1111111110101110	F/3	16	1111111111110111
7/4	16	1111111110101111	F/4	16	1111111111111000
7/5	16	1111111110110000	F/5	16	1111111111111001
7/6	16	1111111110110001	F/6	16	1111111111111010
7/7	16	1111111110110010	F/7	16	1111111111111011
7/8	16	1111111110110011	F/8	16	1111111111111100
7/9	16	1111111110110100	F/9	16	1111111111111101
7/A	16	1111111110110101	F/A	16	1111111111111110

表 B－2 色差 AC 系数 Huffman 码表

行程/尺寸	码长	码　字	行程/尺寸	码长	码　字
00(EOB)	2	00	8/1	8	11111001
0/1	2	01	8/2	16	1111111110110111
0/2	3	100	8/3	16	1111111110111000
0/3	4	1010	8/4	16	1111111110111001
0/4	5	11000	8/5	16	1111111110111010
0/5	5	11001	8/6	16	1111111110111011
0/6	6	111000	8/7	16	1111111110111100
0/7	7	1111000	8/8	16	1111111110111101
0/8	9	111110100	8/9	16	1111111110111110
0/9	10	1111110110	8/A	16	1111111110111111
0/A	12	111111110100	9/1	9	111110111
1/1	4	1011	9/2	16	1111111111000000
1/2	6	111001	9/3	16	1111111111000001
1/3	8	11110110	9/4	16	1111111111000010
1/4	9	111110101	9/5	16	1111111111000011
1/5	11	11111110110	9/6	16	1111111111000100
1/6	12	111111110101	9/7	16	1111111111000101
1/7	16	1111111110001000	9/8	16	1111111111000110
1/8	16	1111111110001001	9/9	16	1111111111000111
1/9	16	1111111110001010	9/A	16	1111111111001000
1/A	16	1111111110001011	A/1	9	111111000
2/1	5	11010	A/2	16	1111111111001001
2/2	8	11110111	A/3	16	1111111111001010
2/3	10	1111110111	A/4	16	1111111111001011
2/4	12	111111110110	A/5	16	1111111111001100
2/5	15	111111111000010	A/6	16	1111111111001101
2/6	16	1111111110001100	A/7	16	1111111111001110
2/7	16	1111111110001101	A/8	16	1111111111001111
2/8	16	1111111110001110	A/9	16	1111111111010000
2/9	16	1111111110001111	A/A	16	1111111111010001
2/A	16	1111111110010000	B/1	9	111111001

行程/尺寸	码长	码 字	行程/尺寸	码长	码 字
3/1	5	11011	B/2	16	1111111111010010
3/2	8	11111000	B/3	16	1111111111010011
3/3	10	1111111000	B/4	16	1111111111010100
3/4	12	111111110111	B/5	16	1111111111010101
3/5	16	1111111110010001	B/6	16	1111111111010110
3/6	16	1111111110010010	B/7	16	1111111111010111
3/7	16	1111111110010011	B/8	16	1111111111011000
3/8	16	1111111110010100	B/9	16	1111111111011001
3/9	16	1111111110010101	B/A	16	1111111111011010
3/A	16	1111111110010110	C/1	9	111111010
4/1	6	111010	C/2	16	1111111111011011
4/2	9	111110110	C/3	16	1111111111011100
4/3	16	1111111110010111	C/4	16	1111111111011101
4/4	16	1111111110011000	C/5	16	1111111111011110
4/5	16	1111111110011001	C/6	16	1111111111011111
4/6	16	1111111110011010	C/7	16	1111111111100000
4/7	16	1111111110011011	C/8	16	1111111111100001
4/8	16	1111111110011100	C/9	16	1111111111100010
4/9	16	1111111110011101	C/A	16	1111111111100011
4/A	16	1111111110011110	D/1	11	11111111001
5/1	6	111011	D/2	16	1111111111100100
5/2	10	1111111001	D/3	16	1111111111100101
5/3	16	1111111110011111	D/4	16	1111111111100110
5/4	16	1111111110100000	D/5	16	1111111111100111
5/5	16	1111111110100001	D/6	16	1111111111101000
5/6	16	1111111110100010	D/7	16	1111111111101001
5/7	16	1111111110100011	D/8	16	1111111111101010
5/8	16	1111111110100100	D/9	16	1111111111101011
5/9	16	1111111110100101	D/A	16	1111111111101100
5/A	16	1111111110100110	E/1	14	11111111100000
6/1	7	1111001	E/2	16	1111111111101101

行程/尺寸	码长	码　字	行程/尺寸	码长	码　字
6/2	11	11111110111	E/3	16	1111111111101110
6/3	16	111111110100111	E/4	16	1111111111101111
6/4	16	111111110101000	E/5	16	1111111111110000
6/5	16	111111110101001	E/6	16	1111111111110001
6/6	16	111111110101010	E/7	16	1111111111110010
6/7	16	111111110101011	E/8	16	1111111111110011
6/8	16	111111110101100	E/9	16	1111111111110100
6/9	16	111111110101101	E/A	16	1111111111110101
6/A	16	111111110101110	F/0(ZRL)	10	1111111010
7/1	7	1111010	F/1	15	111111111000011
7/2	11	11111111000	F/2	16	1111111111110110
7/3	16	1111111110101111	F/3	16	1111111111110111
7/4	16	1111111110110000	F/4	16	1111111111111000
7/5	16	1111111110110001	F/5	16	1111111111111001
7/6	16	1111111110110010	F/6	16	1111111111111010
7/7	16	1111111110110011	F/7	16	1111111111111011
7/8	16	1111111110110100	F/8	16	1111111111111100
7/9	16	1111111110110101	F/9	16	1111111111111101
7/A	16	1111111110110110	F/A	16	1111111111111110

附录 C   QM 编码器概率估计数据

QM 编码器的概率估计表

Q_e Index	Q_e Value	Next-Index		Switch MPS	Q_e Index	Q_e Value	Next-Index		Switch MPS
		LPS	MPS				LPS	MPS	
0	5A1D	1	1	1	57	01A4	55	58	0
1	2586	14	2	0	58	0160	56	59	0
2	1114	16	3	0	59	0125	57	60	0
3	080B	18	4	0	60	00F6	58	61	0
4	03D8	20	5	0	61	00CB	59	62	0
5	01DA	23	6	0	62	00AB	61	63	0
6	00E5	25	7	0	63	008F	61	32	0
7	006F	28	8	0	64	5B12	65	65	1
8	0036	30	9	0	65	4D04	80	66	0
9	001A	33	10	0	66	412C	81	67	0
10	000D	35	11	0	67	37D8	82	68	0
11	0006	9	12	0	68	2FE8	83	69	0
12	0003	10	13	0	69	293C	84	70	0
13	0001	12	13	0	70	2379	86	71	0
14	5A7F	15	15	1	71	1EDF	87	72	0
15	3F25	36	16	0	72	1AA9	87	73	0
16	2CF2	38	17	0	73	174E	72	74	0
17	207C	39	18	0	74	1424	72	75	0
18	17B9	40	19	0	75	119C	74	76	0
19	1182	42	20	0	76	0F6B	74	77	0
20	0CEF	43	21	0	77	0D51	75	78	0
21	09A1	45	22	0	78	0BB6	77	79	0
22	072F	46	23	0	79	0A40	77	48	0
23	055C	48	24	0	80	5832	80	81	1
24	0406	49	25	0	81	4D1C	88	82	0
25	0303	51	26	0	82	438E	89	83	0

Q_e Index	Q_e Value	Next-Index LPS	Next-Index MPS	Switch MPS	Q_e Index	Q_e Value	Next-Index LPS	Next-Index MPS	Switch MPS
26	0240	52	27	0	83	3BDD	90	84	0
27	01B1	54	28	0	84	34EE	91	85	0
28	0144	56	29	0	85	2EAE	92	86	0
29	00F5	57	30	0	86	299A	93	87	0
30	00B7	59	31	0	87	2516	86	71	0
31	008A	60	32	0	88	5570	88	89	1
32	0068	62	33	0	89	4CA9	95	90	0
33	004E	63	34	0	90	44D9	96	91	0
34	003B	32	35	0	91	3E22	97	92	0
35	002C	33	9	0	92	3824	99	93	0
36	5AE1	37	37	0	93	32B4	99	94	0
37	484C	64	38	0	94	2E17	93	86	0
38	3A0D	65	39	0	95	56A8	95	96	1
39	2EF1	67	40	0	96	4F46	101	97	0
40	261F	68	41	0	97	47E5	102	98	0
41	1F33	69	42	0	98	41CF	103	99	0
42	19A8	70	43	0	99	3C3D	104	100	0
43	1518	72	44	0	100	375E	99	93	0
44	1177	73	45	0	101	5231	105	102	0
45	0E74	74	46	0	102	4C0F	106	103	0
46	0BFB	75	47	0	103	4639	107	104	0
47	09F8	77	48	0	104	415E	103	99	0
48	0861	78	49	0	105	5627	105	106	1
49	0706	79	50	0	106	50E7	108	107	0
50	05CD	48	51	0	107	4B85	109	103	0
51	04DE	50	52	0	108	5597	110	109	0
52	040F	50	53	0	109	504F	111	107	0
53	0363	51	54	0	110	5A10	110	111	1
54	02D4	52	55	0	111	5522	112	109	0
55	025C	53	56	0	112	59EB	112	111	1
56	01F8	54	57	0					

附录 D　缩略语英汉对照

A/D	ADC：Analbue-Digital Converter	模拟数字转换器
A/V	Audio/Video	音频/视频
AC	Alternating Current	交流
ADSL	Asymmetric Digital Subscriber Line	非对称数字用户线
AM	Amplitude Modulation	幅度调制
AMI	Aliernate Mark Inversion Code	传号交替反转码
ARQ	Automatic Repeat Request	自动重发请求
ASK	Amplitude Shift Keying	幅移键控
ATM	Asynchronous Transfer Mode	异步传输模式
ATSC	Advanced Television System Committee	高级电视制式委员会
AWGN	Additive White Gaussian Noise	加性高斯白噪声

BSS	Broadcasting Satellite Service	广播卫星业务
BCH	Bose-Chaudhuri-Hocquenghem	BCH 码
B – ISDN	Broadband Integrated Services Digital Network	宽带综合业务数字网
BMA	Block Matching Algorithm	块匹配算法
BPF	Band-Pass Filters	带通滤波器
B to B	Business to Business	企业对企业

CAS	Conditional Access System	条件接收系统
CATV	Cable Television	电缆电视、有线电视
CBP	Coded Block Pattern	编码块模式
CBR	Constant Bit Rate	恒定比特率
CCD	Charge Coupled Device	电荷耦合器件
CCIR601		ITU – R 制定的一种数字视频格式
CCITT	Consultative Committee International on Telegraph and Telephone	国际电话和电报咨询委员会
CD – ROM	Compact Disk – Read – Only Memory	只读型 CD 光盘
CIE	International Committee on Illumination	国际照明委员会
CIF	Common Intermediate Format	通用中间格式
CM	Cable Modem	电缆调制解调器

CMOS	Complementary Metal-Oxide Semiconductor	金属氧化物半导体
COFDM	Coded Orthogonal Frequency Division Multiplexing	编码正交频分复用
CRT	Cathode Ray Tube	阴极射线管
C/S	Client/Server	客户机/服务器
CSA	Cross Search Algorithm	交叉搜索法
CTC	Convolution Turbo Code	卷积 Turbo 码

D/A	Digital to Analb Conversion	数字/模拟转换
DC	Direct Current	直流
DCT	Discrete Cosine Transform	离散余弦变换
DDN	Digital Data Network	数字数据网
DE	Distance Education	远程教育
DFD	Displacement Frame Difference	位移帧差误差
DFT	Discrete Fourier Transform	离散傅里叶变换
DG	Differential Gain	微分增益
DMC	Discrete Memoryless Channel	离散无记忆信道
DP	Differential Phase	微分相位
DPCM	Differential Pulse Code Modulation	差分脉冲编码调制
DPSK	Differential Phase Shift Keying	相对相移键控
DQDB	Distributed Queue Double Bus	分布队列双总线
DRM	Digital Rights Management	数字版权管理
DS	Diamond Search	菱形搜索法
DSB	Digital Sound Broadcasting	数字声音广播
DSB	Double Side Band	双边带
DSCQS	Double Stimulus Continuous Quality Scale	双刺激连续质量分级法
DTTB	Digital Terrestrial Television Broadcast	数字地面电视广播
DTV	Digital Television	数字电视
DU	Data Unit	数据单元
DV(DVC)	Digital Video Cassette	数字视频盒式磁带
DVB	Digital Video Broadcasting	数字视频广播
DVB‑C	Digital Video Broadcasting – Cable	数字有线电视广播
DVB‑S	Digital Video Broadcasting – Satellite	数字卫星电视广播
DVB‑T	Digital Video Broadcasting – Terrestrial	地面数字视频广播
DVD	Digital Versatile Disc	高密度数字通用光盘
DWT	Discrete Wavelet Transform	离散小波变换

EBCOT	Embedded Block Coding with Optimized Truncation	最优截断的嵌入式块编码

| EOB | End Of Block | 块结束 |
| EZW | Embedded Coding using Zerotrees of Wavelet coefficients | 用小波系数的零树进行嵌入式编码 |

F

FACS	Facial Action Coding System	面部动作编码系统
FD	Frame Difference	帧差
FDDI	Fiber Distributed Data Interface	光纤分布式数据接口
FDMA	Frequency Division Multiple Access	频分多址访问传输
FFT	Fast Fourier Transform	快速傅里叶变换
FIR	Finite Impulse Response	有限冲激响应
FM	Frequency Modulation	调频
FS	Full Search method	全搜索法
FSK	Frequency Shift Keying	频移键控
FSS	Four Step Search	四步搜索法
FTP	File Transfer Protocol	文件传输协议

G

| GOP | Group Of Pictures | 图像组 |

H

HDB	High Density Bipolar Code	高密度双极性码
HDTV	High Definition Television	高清晰度电视
HEC	Hybrid Error Control	混合差错控制
HFC	Hybrid Fiber COAX	混合光纤同轴电缆
HSI	Hue Saturation Intensity	色调 饱和度 强度
HTML	Hyper Text Markup Language	超文本标记语言
HTTP	Hypertext Transfer Protocol	超文本传输协议
HVS	Human Visual System	人类视觉系统

I

IDCT	Inverse Discrete Cosine Transform	离散余弦反变换
IETF	Internet Engineering Task Force	国际互联网工程任务组
IFS	Iterated Function System	迭代函数系统
IIS	Internet Integrated Service	互联网络综合服务
IP	Internet Protocol	因特网协议
IRQ	Information Repeat Request	信息反馈
ISDB	Integrated Services Digital Broadcasting	综合业务数字广播
ISDN	Integrated Services Digital Network	综合业务数字网
ISMA	Internet Streaming Media Alliance	互联网流媒体联盟

ISO	International Standardization Organization	国际标准化组织
ITU	International Telecommunication Union	国际电信联盟
ITU - RS	ITU Radio-communication Sector	ITU(国际电信联盟)无线通信部
ITU - T	ITU Telecommunication standardization sector	国际电信联盟电信部

JPEG	Joint Photographic Experts Group	联合图片专家组
JPEG - LS	Lossless and near - lossless compression Standard of JPEG	JPEG 的无损/近无损压缩标准

LAN	Local Area Network	局域网
LCD	Liquid Crystal Display	液晶显示器
LD	Laser Disc	激光视盘
LDTV	Low Definition Television	(数字式)低清晰度电视
LED	Light Emitting Diode	发光二极管
LPS	Less Probable Symbol	小概率符号
LSB	Least Significant Bit	最低有效位
LZW	Lempel & Ziv & Welch	LZW 算法(三个人名的首字母)

MAC	Media Access Control	媒体接入控制
MAD	Minimum Absolute Difference	最小绝对差
MAN	Metropolitan Area Network	城域网
MASK	Multiple Amplitude-Shift-Keying	多进制幅度键控
MB	Macro Block	宏块
MC	Motion Compensation	运动补偿
MCU	Minimum Coding Unit	最小编码单元
MFSK	Multiple Frequency Shift Keying	多进制频移键控
MODEM	Modulator/Demodulator	调制/解调器
MOS	Mean Opinion Score	平均判分
MPEG	Moving Pictures Expert Group	活动图像专家组
MPSK	Multiple Phase Shift Keying	多进制相移键控
MQAM	Multiple Quadrature Amplitude Modulation	多进制正交幅度调制
MSB	Most Significant Bit	最高有效位
MSDL	MPEG - 4 Syntactic Description Language	MPEG - 4 句法描述语言
MSE	Mean Square Error	均方误差
MSTP	Multi-Service Transport Platform	多业务传送平台
MV	Motion Vector	运动矢量
MVSB	Multiple Vestigial Side Band modulation	多进制残留边带调制

NAL	Network Abstraction Layer	网络提取层
NCCF	Normalized Cross Correlation Function	归一化互相关函数
NMSE	Normalized Mean Square Error	归一化均方误差
NTSC	National Television System Committee	大多数北美国家采用的模拟电视制式

OFDM	Orthogonal Frequency Division Multiplexing	正交频分复用
OOK	On-Off Keying	通断键控
OSI	Open System Interconnection	开放系统互连

PAL	Phase Alternation Line by line	大多数西欧国家采用的模拟电视制式
PCM	Pulse Code Modulation	脉冲编码调制
PDH	Plesiochronous Digital Hierarchy	准同步数字序列
PDP	Plasma Display Panel	等离子显示器
PM	Phase Modulation	相位调制
PMSE	Peak Mean Square Error	峰值均方误差
POS	Packet Over SONET	同步光纤网络(SONET)上的信息包
PPP	Peer-Peer Protocol	端对端协议
PSK	Phase Shift Keying	相移键控
PSNR	Peak Signal to Noise Ratio	峰值信噪比
PSTN	Public Switch Telephone Network	公用电话交换网

QCIF	Quarter Common Intermediate Format	1/4 通用中间格式
QAM	Quadrature Amplitude Modulation	正交调幅
QDPSK	Quadrature Differential Phase Shift Keying	四相差分相移键控
QMF	Quadrature Mirror Filter	正交镜像滤波器
QoS	Quality of Service	服务质量
QP	Quantization Parameter	量化参数
QPSK	Quaternary Phase Shift Keying	四相相移键控

R

RD	Rate Distortion	率失真
RGB	Red Green Blue	用红、绿、蓝作基色的彩色坐标
RL	Run Length	游程长度
RLC	Run Length Coding	游程长度编码

RS	Reed-Solomon	里德-所罗门码
RSVP	Resource Reservation Protocol	资源保护协议
RTCP	Real-Time Transport Control Protocol	实时传输控制协议
RTP	Real-time Transport Protocol	实时传输协议
RTSP	Real-time Transport Streaming Protocol	实时流协议

S

SAD	The Sum of Absolute Differences	求和绝对误差
SAQ	Successive Approximation Quantization	逐次逼近量化
SAS	Subscriber Authorization System	用户验证系统
SBC	Sub-Band Coding	子带编码
SDH	Synchronous Digital Hierarchy	同步数字序列
SDP	Session Description Protocol	会话描述协议
SDTV	Standard Definition Television	标准清晰度电视
SECAM	SEquential Couleur Avec Memoire	顺序与存储彩色电视系统
SIF	Source Input Format	源输入格式
SMS	Subscriber Management System	用户管理系统
SNR	Signal-to-Noise Ratio	信噪比
SPIHT	Set Partitioning in Hierarchical Trees	分等级树的集分割
SSCQE	Single Stimulus Continuous Quality Evaluation	单刺激连续质量评价方法

T

TCP	Transmission Control Protocol	传输控制协议
TDL	Two-Dimensional Logarithmic	二维对数法
TDM	Time Division Multiple	时分复用
TDMA	Time Division Multiple Access	时分多址接入
TS	Transport Streams	传送流

U

UTP	Unshielded Twisted Paired	非屏蔽双绞线

V

VBR	Variable Bit Rate	可变比特率
VCD	Video Compact Disk	视频压缩光盘
VCL	Video Coding Layer	视频编码层
VM	Verification Model	验证模型
VO	Video Object	视频对象
VOD	Video On Demand	视频点播
VOL	Video Object Layer	视频对象层
VOP	Video Object Plane	视频对象平面

VQ	Vector Quantization	矢量量化
VQEG	Video Quality Experts Group	视频质量专家组
VSB	Vestigial Side Band	残留边带调制

W

| WT | Wavelet Transform | 小波变换 |
| WAN | Wide Area Network | 广域网 |

Y

| YC_bC_r | | 大多数数字视频格式的彩色坐标，包含一个亮度（Y）和两个色差（C_b 和 C_r）分量 |

Z

| ZRL | Zero Run Length | 零游程 |

参 考 文 献

1 吴乐南. 数据压缩. 北京：电子工业出版社，2000

2 朱秀昌，刘峰，胡栋. 数字图像处理与图像通信. 北京：北京邮电大学出版社，2002

3 王汇源. 数字图像通信原理与技术. 北京：国防工业出版社，2000

4 胡栋. 静止图像编码的基本方法与国际标准. 北京：北京邮电大学出版社，2003

5 Salomon，David 著. 数据压缩原理与应用. 第二版. 吴乐南等译. 北京：电子工业出版
社，2003

6 丁贵广，计文平，郭宝龙等. Visual C++ 6.0 数字图像编码. 北京：机械工业出版社，
2004

7 杨枝灵，王开等. Visual C++ 数字图像获取、处理及实践应用. 北京：人民邮电出版
社，2003

8 张旭东，卢国栋，冯健. 图像编码基础和小波压缩技术——原理、算法和标准. 北京：
清华大学出版社，2004

9 仇佩亮. 信息论与编码. 北京：高等教育出版社，2003

10 何东建，耿楠，张义宽等. 数字图像处理. 西安：西安电子科技大学出版社，2003

11 陈守吉，张立明. 分形与图像压缩. 上海：上海科技教育出版社，1998

12 沈兰荪. 图像编码与异步传输. 北京：人民邮电出版社，1999

13 姜秀华主编. 数字电视原理与应用. 北京：人民邮电出版社，2003

14 余兆明，余智. 数字电视原理. 北京：人民邮电出版社，2004

15 Wang Yao，Ostermann Jorn，Zhang Ya-Qin 著. 视频处理与通信. 侯正信等译. 北京：
电子工业出版社，2003

16 刘富强主编. 数字视频信息处理与传输教程. 北京：机械工业出版社，2004

17 卢官明，宗昉. 数字电视原理. 北京：机械工业出版社，2004

18 A. MURAT TEKALP 著. 数字视频处理. 崔之祜译. 北京：电子工业出版社，1998

19 靳济芳. VC++6.0 小波变换技术与工程实践. 北京：人民邮电出版社，2004

20 张益贞，刘滔. VC++实现 MPEG/JPEG 编解码技术. 北京：人民邮电出版社，2002

21 余松煜，张文军，孙军. 现代图像信息压缩技术. 北京：科学出版社，1998

22 吴成柯，戴善荣，陆心如. 图像通信. 西安：西安电子科技大学出版社，1996

23 胡栋，朱秀昌. 图像通信技术及应用. 南京：东南大学出版社，1996

24 朱秀昌，胡栋. 数字图像通信. 北京：人民邮电出版社，1994

25 原岛博主编. 图像信息压缩. 薛培鼎等译. 北京：科学出版社，2004

26 彭玉华. 小波变换与工程应用. 北京：科学出版社，1999

27 张新政. 现代通信系统原理. 北京：电子工业出版社，1995

28 沈保锁，候春萍. 现代通信原理. 北京：国防工业出版社，2002

29 宋祖顺等. 现代通信原理. 北京：电子工业出版社，2001

30 曹志刚，钱亚书. 现代通信原理. 北京：清华大学出版社，1992

31 边居廉，许生旺，李清. 图像通信技术. 北京：国防工业出版社，2002

32 黄孝建，门爱东，杨波等. 数字图像通信. 北京：人民邮电出版社，1999

33 刘富全. 纠错编码技术及应用. 哈尔滨：哈尔滨船舶工程学院出版社，1993

34 归绍升. 纠错编码技术和应用. 上海：上海交通大学出版社，1988

35 朱秀昌，刘峰. 会议电视系统及应用技术. 北京：人民邮电出版社，1999

36 刘富强，钱建生，曹国清. 多媒体图像技术及应用. 北京：人民邮电出版社，2000

37 刘富强. 数字视频监控系统开发及应用. 北京：机械工业出版社，2003

38 刘毓敏. 数字视音频技术与应用. 北京：机械工业出版社，2003

39 鲁业频. 数字电视基础. 北京：电子工业出版社，2002

40 杨万全，熊淑华，卫武迪，韩运浦. 现代通信技术. 成都：四川大学出版社，2000

41 中国人民解放军总装备部军事训练教材编辑工作委员会. 图像通信技术. 北京：国防工业出版社，2002

42 朱秀昌. 图像通信应用系统. 北京：北京邮电大学出版社，2003

43 Steve Mack. 流媒体宝典. 北京：电子工业出版社，2003

44 Michael Topic. 流媒体技术及商机揭密. 北京：电子工业出版社，2004

45 杨福生. 小波变换的工程分析与应用. 北京：科学出版社，2003

46 Pennebaker, William B. , Mitchell, Joan L 著. JPEG 静止图像数据压缩标准. 黎洪松等译. 北京：学苑出版社，1996

47 章毓晋. 图像工程（上册）—图像处理和分析. 北京：清华大学出版社，1999

48 杨品，钟玉琢等译. MPEG 运动图像压缩编码标准. 北京：机械工业出版社，1995

49 Gonzalez, Rafael C.著. 数字图像处理. 阮秋琦，阮宇智译. 北京：电子工业出版社，2003

50 陶德元，何小海等. 小波变换及其在图像处理中的应用. 四川大学学报（自然科学版），1994，4

51 陶德元，何小海等. 彩色图像的 HVC 表色空间同其他表色空间的换算. 数据采集与处理，1994，4

52 何小海，吴小强等. 小波变换与矢量量化编码. 四川大学学报（自然科学版），1997，1

53 袁晓，何小海，陶德元等. 一类新子波的稳定性和正交条件研究. 电子学报，2000，10

54 陶德元，何小海等. RS 码编译码算法的实现. 四川大学学报（自然科学版），2000，6

55 陶德元，袁晓，何小海. 一类复子波的时-频局域化特征分析. 成都：电子科技大学学报，2001，1

56 袁晓，陶青川，何小海. 广义 Battle-Lemarié 子波. 电子学报，2003，2

57 吴志华，罗代升，陶青川，滕奇志. 基于 TCP/IP 的远程数字监控系统. 电讯技术，2002，2

58 吴炜，左航，余艳梅等. 一种高速 DQPSK 的设计与实现. 成都大学学报（自然科学版），2003，3

59 缪立丹，陶青川，罗代升. 四维网格编码调制与解调. 数据采集与处理，2002，1

60 何捷，何小海，滕奇志. 一种 AM 调幅——2FSK 调频通信系统的研究. 信息与电子工

程，2004，1

61　滕奇志，何小海，罗代升. 自适应遗传算法用于心肌细胞运动矢量检测. 四川大学学报（自然科学版），2005，1

62　吴振宇. 二值图像压缩 JBIG 标准. 电子技术，1998.8

63　尚明生，王庆先. 一种新的基于分裂法的矢量量化算法. 四川师范学院学报（自然科学版），2002，23(1)

64　李弼程，文超，平息建. 两个优于分裂法的初始码书设计算法. 中国图像图形学报，2000，5A(1)

65　宋庆峰，刘洁，路啸. 数字卫星传输系统. 现代电视技术，2003，12

66　池秀清. 信源编码与信道编码. 科技情报与开发研究，2001，11(6)

67　朱起悦. RS 码编码和译码的算法. 电讯技术，1999，39(2)

68　骆立俊. MPEG-2 标准的码率控制算法. 电视技术，1998，9

69　孟利民，仇佩亮. HDTV 中 8-VSB 调制技术. 电视技术，1999，9，总第 207 期

70　袁华彬，葛建华，蒋锦星，应新瑜. 全数字高清晰度电视中 8-VSB 传输系统. 通信技术，1996，1

71　王富奎，鲁智. 数字电视 8-VSB 调制原理与硬件实现. 山东理工大学学报（自然科学版），2004，18(5)

72　倪林. 数字化为微波传输系统开辟了新纪元. 内蒙古广播与电视技术，1997，8

73　刘波. 新一代的纠错码 Turbo 码. 河北工程技术职业学院学报，2002，1

74　徐元欣，王匡，仇佩亮. 实现卷积交织的几种实用方法. 电路与系统学报，2001，6(1)

75　李宗凡. 关于斜线交织技术的研究. 湖南广播电视大学学报，2003，3

76　郝诗忠. 浅析通信信号差错控制与编码. 当代通信，2004，21

77　Li Renxiang, Zeng Bing, Liou Ming L.. A new three-step search algorithm for block motion estimation. IEEE Trans. on Circuits and Systems for video tech, 1994, vol. 4 (4)

78　Po Lai-Man, Ma Wing-Chung. A novel four-step search algorithm for fast block motion estimation. IEEE Trans. on Circuits and Systems for video tech, 1996, vol. 6(3)

79　Zhu Shan, Kai-Kuang, A New Diamond Search Algorithm for Fast Block-Matching Motion Estimation, IEEE Trans. Image Process, 2000, vol. 9 (2)

80　Lin Tai. Pol, Tung Liu. Chii, Wang Jia shung, A new fast block matching algorithm based on complexity-distortion optimization, International Journal of Imaging Systems and Technology, 2002, vol. 12(2)

81　罗轶洲，王群生，冯永浩. DMB-T 系统技术要点概述. 世界广播电视，2002，9

82　杨林，杨知行，门爱东. 地面数字多媒体/电视广播传输系统. 世界广播电视，2002，3

83　杨林，杨知行，吴佑寿. 一种新的地面数字多媒体/电视广播传输系统. 电视技术，2002，1

84　杨知行. 地面数字多媒体/电视传输标准方案的进展. TV ENGINEERING，2003，11

85　潘长勇，阳辉. DMB-T 数字多媒体接收机. 电子产品世界，2004，4

86　陈代武，彭宇行. 流媒体技术及其在校园教育信息资源传输中的应用. 电化教育研究，

2003,9

87 杨立军，杨路明. 基于 Internet 的流媒体技术的研究. 湖南工业职业技术学院学报，2004,4(3)

88 王国军，宋晓虹. 基于 IP 的 VOD 关键技术的研究. 中国有线电视，2004，17

89 胡俊. 流媒体技术在数字图书馆中的应用. 情报科学，2001，4

90 周文斌，王晓燕. 基于流媒体技术的网络远程教学. 中国电化教育，2002，4

91 罗斯青，孙晶. 互联网视频业务图像质量的评估标准与方法. 现代电视技术，2004，4

92 王少燕，艾达. 图像通信的发展方向及其关键技术. 现代电信科技，2002，2

93 朱凯，孟相如，马志强. H.323 会议电视系统终端的实现. 中国有线电视，2004，15

94 ITU – T，Video Codec for Audiovisual Service at p × 64kbit/s，ITU – TRecommendation H.261，1990

95 ITU – T，Video Coding for Very Low Bitrate Communication，ITU – TRecommendation H.263，version 1，Nov.1995，version 2，1998

96 ISO/IEC JTC1，Coding of Moving Pictures and Associated Audio for Digital Storage Media at Up to About 1.5Mbit/s – Part 2：Video，ISO/IEC11172 – 2(MPEG – 1)，1993

97 钟玉琢，王琪等. 基于对象的多媒体数据压缩编码国际标准：MPEG – 4 及其校验模型. 北京：科学出版社，2000

98 Wiegand Thomas (Ed). Draft ITU – T Recommendation and Final Draft International Standard of Joint Video Specification (ITU – T Rec. H.264 | ISO/IEC 14496 – 10 AVC)，JVT – G050，2003

99 Koga，T.，，Imuma，K et. Motion-Compensated Interframe Coding for Video Conferencing. Proc. NTC81，New Orleans，LA，1981

100 Tham，J.Y.，Ranganath，S.，Ranganath，M.，and Kassim，A.A.. A novel unrestricted center-biased diamond search algorithm for block motion estimation. IEEE Trans. Circuits Syst. Video Technol，1998，vol.8

101 Cheung Chun-Ho and Po Lai-Man. A Novel Cross-Diamond Search Algorithm for Fast Block Motion Estimation. IEEE Trans. Circuits Syst. Video Technol，2002. vol.12(12)

102 Wiegand Thomas，Zhang Xiaozheng，and Girod Bernd. Long-Term Memory Motion-Compensated Prediction. IEEE Transactions on Circuits and Systems for Video Technology，1998

104 Pennebaker，W.B.，Mitchell，J.L.，Langdon，G.G.，and Arps，R.B.. An Overview of the Basic Principles of the Q-Coder AdaptiveBinary Arithmetic Coder. IBM J. Res. Dev，1988，vol.32

105 Rissanen，J. and Mohiuddin，K.M.. A Multiplication-Free Multialphabet Arithmetic Code. IEEE Trans. Commun.，1989. vol.37

106 Wiegand，Thomas，Schwarz，Heiko，Joch，Anthony，Kossentini，Faouzi，and Sullivan，Gary J.. Rate-Constrained Coder Control and Comparison of Video Coding

Standards. IEEE Transactions on Circuits and Systems for Video Technology, 2003

107　Wiegand, Thomas, Lightstone, Michael et. Rate-Distortion Optimizated Mode Selection for Very Low Bit Rate Video Coding and the Emerging H. 263 Standard. IEEE Trans. Circuits and Systems for Video Technology, 1996, vol. 6.

108　Sullivan, G. J. and Wiegand, T. . Rate-Distortion Optimization for Video Compression. IEEE Signal Processing Magazine, 1998, vol. 15

109　Wiegand, T. and Girod, B. . Lagrangian Multiplier Selection in Hybrid Video Coder Control. in Proc. ICIP 2001, Thessaloniki, Greece, 2001